复杂碳酸盐岩储层岩石物理
与测井评价技术

张占松　张　冲　聂　昕　著

科　学　出　版　社

北　京

内 容 简 介

本书针对复杂碳酸盐岩储层的岩性和储集空间的复杂特征，与油田地质、油藏测井资料紧密结合，以多个油田区块为例，介绍碳酸盐岩的岩石物理特征，复杂岩性储层及测井响应特征，测井相-岩性测井识别方法及测井响应知识库建立方法，基于测井相-岩相的储层评价方法，复杂碳酸盐岩储层测井分类，复杂碳酸盐岩储层渗透率测井评价方法，薄片孔隙特征参数自动拾取与储层分类方法和碳酸盐岩储层水淹层评价方法。

本书可供石油勘探开发领域的综合研究人员、测井技术人员、工程技术人员及高等院校相关专业师生参考使用。

图书在版编目（CIP）数据

复杂碳酸盐岩储层岩石物理与测井评价技术/张占松，张冲，聂昕著. —北京：科学出版社，2024.6
ISBN 978-7-03-078551-0

Ⅰ.①复… Ⅱ.①张… ②张… ③聂… Ⅲ.①碳酸盐岩油气藏-储集层-研究 ②油气测井-研究 Ⅳ.①TE344 ②TE151

中国国家版本馆 CIP 数据核字（2024）第 101844 号

责任编辑：杜 权 何靖祺/责任校对：张小霞
责任印制：彭 超/封面设计：苏 波

科学出版社 出版
北京东黄城根北街 16 号
邮政编码：100717
http://www.sciencep.com
武汉精一佳印刷有限公司印刷
科学出版社发行 各地新华书店经销
*
开本：787×1092 1/16
2024 年 6 月第 一 版 印张：18 1/4
2024 年 6 月第一次印刷 字数：440 000

定价：268.00 元

（如有印装质量问题，我社负责调换）

前　言

复杂岩性地层是测井资料储层评价中的一个难点，通常使用的基本方法是测井新技术（例如核磁共振测井、成像测井、元素测井等），针对砂砾岩、碳酸盐岩或火山岩等岩性解决某一方面的问题。西非大陆边缘盆地的陆架-陆坡礁滩混合相储层岩性（泥岩、泥灰岩、灰岩、白云岩、硬石膏、砂岩及其复合岩性同时存在）和储层孔隙空间复杂，又有相对低阻特征，测井新技术测量资料相对较少，且分辨率差。混合岩性的骨架参数确定困难，致使利用测井资料确定储层的基本参数——孔隙度时有较大误差，由此带来渗透率和饱和度计算的不准确。针对常规测井资料处理及评价技术在复杂岩性地层评价方面的不足，本书以测井相-岩性划分、测井信息提取及知识库建立为核心，以油气测井储层正确评价为目标，开展复杂岩性地层岩性、物性、含油性测井响应特征及测井相-岩性判别研究，建立针对大陆边缘盆地复杂岩性地层的测井相-岩性测井响应知识库，构建基于测井相-岩性的相控储层参数计算、油气储层评价技术体系及相应软件系统。

建立测井相-岩性测井响应特征知识库。充分利用取心和录井资料进行对比分析，并解释，提取、总结成像测井等特殊测井资料所反映的岩性、结构和沉积构造特征，形成特殊测井资料识别岩性和物性的图像模式；从岩石物理理论出发，充分利用测井信息，计算矿物、岩石或储层性质的新特征参数并进行区分；对关键井常规测井资料进行聚类分析，同时把聚类结果同取心和录井资料进行对比，提取不同岩性和物性地层的测井响应特征；以复杂岩性地层的岩性和物性测井响应特征为基础，建立测井相-岩性测井响应知识库。

制定测井相-岩性划分方法和标准。采用有监督模式识别（贝叶斯判别、Fisher 判别、神经网络和支持向量机），通过多种模式识别方法对比和实际资料处理，优选用于测井相-岩性划分的测井特征曲线和有效的测井相-岩性划分方法和标准。

构建基于测井相-岩性的油气层评价技术体系。在测井相-岩性识别和划分的基础上，以岩石物理实验资料为基础，针对不同测井相-岩性分别建立储层物性解释模型：①基于体积模型的测井解释模型和多矿物测井最优化解释模型；②多元回归模型；③非参数统计模型；④以岩电关系为基础，建立饱和度解释模型。

与碎屑岩油气勘探相比，研究区块碳酸盐岩储层强烈的非均质性和各向异性特征给测井评价带来了一系列的挑战。主要体现在以下方面：一是储层类型多、非均质性强，基质低孔低渗，储集空间及其组合形式多样，定量评价碳酸盐岩储层有效性的方法尚未建立；二是多期油气充注与储层的非均质性导致油、气、水分布复杂，产液性质变化大，高部位出水、低部位产油气的现象时有发生，定量确定碳酸盐岩储层流体饱和度的方法与技术尚未建立；三是碳酸盐岩产层下限的确定方法与技术急需丰富与完善。

构建复杂碳酸盐岩储层孔隙结构测井评价技术体系。海外重点区块在开发过程中遇到了大量碳酸盐岩储层，其复杂的岩性和多样的孔隙致使储层的微观孔隙结构十分复杂，而复杂的孔隙结构又是影响储层物理特性的主导因素，控制测井响应特征。常规测井资料的宏观响应特征很难反映储层微观特性，从而影响储层的测井资料参数计算。在划分岩性的基础上，从分析复杂碳酸盐岩储层孔隙结构成因和类型出发，通过核磁和成像等特殊测井资料的精细处理与分析，与实验分析资料对比，研究不同孔隙结构储层的测井响应特征，实现不同孔隙结构储层的定性分类评价；采用核磁 T_2 谱分析技术、核磁测井处理与解释技术和成像测井孔隙度谱分析技术等，提取表征储层孔隙与喉道大小、几何形状、分布、相互连通及配比关系、流体分布体积等特征的相关表征参数，实现不同孔隙结构储层的定量表征与分类评价。

建立基于孔隙结构的渗透率模型。相比于砂岩储层，碳酸盐岩储层在地层建造过程、矿物组成及后期成岩产物等方面有着自身独有的特点，具有复杂多样的孔隙度-渗透率关系。研究区孔隙度相同或相近的碳酸盐岩储层往往渗透性相差很大，这说明孔隙度并非是控制岩石渗透率的唯一因素，孔隙类型、孔隙大小、空间分布、孔隙连通性和孔道迂曲度等因素也会影响岩石渗透率。针对这些特点，本书充分利用核磁和成像测井资料，根据已有渗透率模型进行资料处理，分析存在的问题和原因；基于孔隙性介质的数字岩心理论，应用孔隙级流动模拟方法，系统、定量地分析不同孔隙结构条件下各种参数对储层岩石渗透率的影响规律，在此基础上建立渗透率模型；通过分析渗透率与孔隙度、束缚水饱和度、岩石比表面积、颗粒大小、分选、黏土含量、喉道大小等微观结构参数的相关性来建立间接的渗透率计算模型；研究基于等效岩石组分理论的复杂碳酸盐岩储层渗透率解释模型。

建立基于孔隙结构的饱和度模型。阿奇公式是评价油气含量的经典模型，复杂孔隙结构地层岩电关系呈现出非阿奇特性。针对复杂碳酸盐岩储层，采用变 m、n 指数，根据孔隙结构分类建立饱和度模型；采用等效岩石组分模型，并引入孔隙结构系数表示不同孔隙的体积比，精确描述由复杂孔隙结构引起的非阿奇特性，形成基于孔隙结构的饱和度评价方法；考虑背景电阻率、孔隙结构及不导电孔隙度等因素，建立消除背景导电的饱和度模型。

构建基于生产测井资料的水淹层测井评价技术体系。水淹层评价的基本参数是驱油效率和含水率，其关键参数是剩余油饱和度。在分析影响定量评价剩余油饱和度因素的基础上，将裸眼井测井资料和生产测井资料结合起来，确定地层孔隙度、泥质含量，以及岩石骨架、地层水、油气、泥质的热中子宏观俘获截面等关键参数；通过裸眼井测井资料获得束缚水和残余油饱和度，采用生产测井资料获得剩余油饱和度，建立相对渗透率与含水率的关系，进行水淹层评价。

本书第 2、3、4、5、6（6.1～6.4 节）、8 章由张占松撰写，第 6 章第 6.5 节和第 7 章由张冲撰写，第 1 章由聂昕撰写。全书由张占松统稿。秦瑞宝、李雄炎、曹景记、张超谟、方思南，研究生宋秋强、朱林奇、周雪晴、韩艺、张宏悦、张鹏浩、陈烈、郭建宏、张杰、张亚男等参加了本书部分章节的研究工作。

本书得到中海油研究总院有限责任公司，特别是测井室全体人员的大力支持，在此一并表示感谢。

本书的大部分成果来自“十三五”国家科技重大专项课题“复杂碳酸盐岩储层测井

评价关键技术研究与应用”和“十二五”国家科技重大专项课题“大陆边缘盆地复杂岩性地层测井评价技术研究”，针对性和实践性较强，书中难免存在不足之处，敬请广大读者批评指正。

张占松

2023年10月于武汉蔡甸

目　录

第1章 碳酸盐岩的岩石物理特征

岩石物理是地球物理勘探的基础，对碳酸盐岩的孔渗特征及岩电特征等的基础认识是利用地球物理测井资料评价碳酸盐岩的前提。本章首先基于实际岩石实验数据，探讨碳酸盐岩的孔渗特征及岩电特征，然后基于数字岩心技术，进行碳酸盐岩导电性模拟，补充岩电实验获得的认识。

1.1 孔渗特征

碳酸盐岩储层原生孔隙度很小，储集油气能力非常差，所以主要的储集空间是受到次生改造作用后形成的次生孔隙。与碎屑岩储层相比，碳酸盐岩储层的孔隙空间结构更加复杂，各向异性也更加明显。碳酸盐岩储层空间的成因不同，所产生的储集空间结构主要有孔隙、喉道、洞穴和裂缝4种[1]。结构之间相互组合可以形成以下几种类型的碳酸盐岩储层（表1.1）。

表1.1 几种常见的碳酸盐岩储层类型

储层类型	孔隙空间	渗滤通道
孔隙型	孔隙	喉道
裂缝型	裂缝	裂缝
裂缝-孔隙型	以孔隙为主	裂缝、喉道
裂缝-孔洞型	孔隙、洞穴、裂缝	裂缝、喉道

从表1.1中可以看出，不同结构类型的碳酸盐岩储层储集空间差异很大，其渗流能力的影响因素和岩石物理性质也各不相同。因此，确定储层储集空间类型是碳酸盐岩储层测井综合解释与评价的首要问题。在此工作基础之上，人们才能对储层进一步开展深层次的分析研究工作[2]。

1.1.1 孔隙型储层

碳酸盐岩储层中孔隙型储层的储集空间主要发育较为均匀的孔隙，渗流空间主要以喉道为主，其中较为常见的孔隙有粒间孔、晶间孔、生物骨架孔等类型。

沉积环境和岩性是孔隙型碳酸盐岩储层主要的控制因素，该储层类型一般发育在潮下带—开阔台地的浅滩和生物礁相地层中。晶间孔隙型储层一般存在于白云岩地层中。然而现实中存在的一般都是上述几种孔隙类型的混合孔隙型储层，只有一种类型的孔隙型碳酸盐岩储层非常少见。

1.1.2 裂缝型储层

裂缝型储层一般存在于基质孔隙度相对较低的碳酸盐岩中，主要发育在地质运动强烈的地带，尤其是断裂层段附近。该类储层的基质孔隙度一般都小于 1%，孔径小于 0.01 mm，原生物性条件非常差。只有储层厚度足够大且裂缝发育足够充分，才能形成具备经济开采前景的工业油气藏。

由于裂缝型碳酸盐岩储层受到的构造应力不同，裂缝发育的角度也存在较大的差异。当储层中纵向应力比横向应力更大时，高角度裂缝比较发育，这类裂缝一般发育在厚层状的碳酸盐岩储层中。当储层中纵向应力小于横向应力时，低角度裂缝比较发育，这类储层一般发育在储层岩性纵向差异比较明显且较薄的碳酸盐岩储层中。当储层应力变化比较复杂，同一个储层中产生了不同角度的裂缝时，这些裂缝相互交织便形成了碳酸盐岩储层中物性最好、储集性能最高的网状裂缝型储层。

1.1.3 裂缝-孔隙型储层

裂缝-孔隙型储层指的是保留了一部分原生孔隙，同时岩石也被裂缝所切割的储层。裂缝-孔隙型储层中油气储存的主要空间是原生孔隙，也有部分油气存在于裂缝中。另外，裂缝可以作为碳酸盐岩储层中油气流动的通道，沟通储层中部分原生孔隙，甚至很多独立且封闭的“死孔隙”。这极大地改善了储层的物性条件，提升了储层的有效储集能力和渗流能力，尤其是当孔隙和裂缝形成具有双重介质特征且空间结构较为复杂的裂缝-孔隙网络系统时，效果更加明显。

裂缝-孔隙型碳酸盐岩是目前世界范围内分布最广泛、产量也极高的储层。该类储层中发现了很多世界级大型油气田，如伊拉克基尔库克（Kirkuk）油田和伊朗加奇萨兰（Gachsaran）油田。它们的油气储量达到 80 亿～150 亿桶，孔隙度平均为 7.5%，基岩渗透率较低，通常小于（10～20）$\times10^{-3}\,\mu m^2$。虽然基岩的渗透率非常低，但是储层实际的渗透性非常好，产量很高。这主要是因为储层中存在大量非常发育的裂缝，形成了非常好的渗流通道，改善了储层整体的物性条件。

1.1.4 裂缝-孔洞型储层

裂缝-孔洞型储层指的是发育有多种具有不同尺度孔隙和溶洞的储层。这些孔、洞主要受到地下水的溶蚀作用而形成，其原生孔隙大小差异也较为明显。在裂缝-孔洞型储层中，孔隙和溶洞作为主要的油气储存空间，而裂缝是主要的油气流通通道。当裂缝连通溶蚀孔、洞，形成形状变化多样的孔-洞-缝三重介质特性的系统时，对形成高产油气藏十分有利。

为明确碳酸盐岩的孔隙度、渗透率变化特征，对 20 块碳酸盐岩样品开展覆压孔渗实验。20 块岩心样品的物性随覆压的变化数据如表 1.2 所示。岩心孔隙度、渗透率随有效应力变化趋势见图 1.1。岩心样品的孔隙度为 1%～11%。从实验结果可知，岩心的孔隙度和渗透率均随有效应力的增大而降低。

表 1.2　碳酸盐岩岩心覆压孔渗测试数据

岩样编号	围压/MPa	孔隙度/%	渗透率/（$\times10^{-3}$ μm^2）	孔隙体积/cm^3
1	5.00	6.73	1.88×10^{-2}	1.149
	10.00	6.44	7.12×10^{-3}	1.099
	20.00	5.91	1.14×10^{-3}	1.009
	30.00	5.53	6.80×10^{-4}	0.944
	40.00	5.29	3.73×10^{-4}	0.903
	50.00	4.86	2.57×10^{-4}	0.829
2	5.00	4.59	1.98×10^{-1}	0.607
	10.00	4.22	1.55×10^{-1}	0.557
	20.00	3.97	9.41×10^{-2}	0.525
	30.00	3.87	2.69×10^{-2}	0.511
	40.00	3.75	1.82×10^{-2}	0.495
	50.00	3.62	6.84×10^{-3}	0.478
3	5.00	4.46	1.05×10^{-2}	0.757
	10.00	4.36	7.87×10^{-3}	0.740
	20.00	4.30	4.96×10^{-3}	0.730
	30.00	4.25	3.28×10^{-3}	0.721
	40.00	4.23	2.33×10^{-3}	0.718
	50.00	4.21	1.67×10^{-3}	0.714
	60.00	4.15	1.32×10^{-3}	0.704
	70.00	4.13	9.77×10^{-4}	0.701
4	5.00	4.49	1.05×10^{-2}	0.761
	10.00	4.36	7.87×10^{-3}	0.742
	20.00	4.31	4.96×10^{-3}	0.729
	30.00	4.28	3.28×10^{-3}	0.721
	40.00	4.24	2.33×10^{-3}	0.720
	50.00	4.22	1.67×10^{-3}	0.712
	60.00	4.19	1.32×10^{-3}	0.704
	70.00	4.16	9.77×10^{-4}	0.699
5	5.00	8.89	6.29×10^{-2}	1.426
	10.00	8.59	5.33×10^{-2}	1.377

续表

岩样编号	围压/MPa	孔隙度/%	渗透率/（$\times10^{-3}\ \mu m^2$）	孔隙体积/cm^3
5	20.00	8.22	4.70×10^{-2}	1.318
	30.00	7.98	3.97×10^{-2}	1.280
	40.00	7.89	2.93×10^{-2}	1.264
	50.00	7.68	1.35×10^{-2}	1.231
6	5.00	5.82	2.36×10^{-1}	0.955
	10.00	5.47	1.09×10^{-1}	0.898
	20.00	5.08	1.55×10^{-2}	0.835
	30.00	4.81	4.11×10^{-3}	0.790
	40.00	4.63	2.15×10^{-3}	0.760
	50.00	4.38	1.05×10^{-3}	0.718
7	5.00	7.65	2.06×10^{-1}	1.326
	10.00	7.37	1.25×10^{-1}	1.276
	20.00	7.02	6.73×10^{-2}	1.216
	30.00	6.77	3.07×10^{-2}	1.173
	40.00	6.48	1.99×10^{-2}	1.122
	50.00	6.27	8.69×10^{-3}	1.085
8	5.00	10.09	9.90	1.613
	10.00	9.81	7.63	1.568
	20.00	9.58	5.28	1.530
	30.00	9.44	4.06	1.509
	40.00	9.31	3.27	1.488
	50.00	9.24	2.47	1.477
9	5.00	10.66	7.49	1.575
	10.00	10.42	6.47	1.539
	20.00	10.13	5.81	1.496
	30.00	10.02	5.34	1.479
	40.00	9.84	5.02	1.453
	50.00	9.73	4.77	1.436
10	5.00	8.89	6.29×10^{-2}	1.426
	10.00	8.59	5.33×10^{-2}	1.377
	20.00	8.22	4.70×10^{-2}	1.318
	30.00	7.98	3.97×10^{-2}	1.280
	40.00	7.89	2.93×10^{-2}	1.264
	50.00	7.68	1.35×10^{-2}	1.231

续表

岩样编号	围压/MPa	孔隙度/%	渗透率/($\times10^{-3}\mu m^2$)	孔隙体积/cm^3
11	5.00	8.89	6.29×10^{-2}	1.426
	10.00	8.59	5.33×10^{-2}	1.377
	20.00	8.22	4.70×10^{-2}	1.317
	30.00	7.98	3.97×10^{-2}	1.298
	40.00	7.85	2.93×10^{-2}	1.265
	50.00	7.61	1.35×10^{-2}	1.229
12	5.00	9.92	4.40×10^{-1}	1.900
	10.00	9.61	2.12×10^{-1}	1.842
	20.00	9.27	1.03×10^{-1}	1.775
	30.00	8.76	5.53×10^{-2}	1.678
	40.00	8.66	2.22×10^{-2}	1.660
	50.00	8.58	7.79×10^{-3}	1.644
13	5.00	6.68	7.49×10^{-2}	1.261
	10.00	6.49	4.50×10^{-2}	1.225
	20.00	6.23	2.89×10^{-2}	1.177
	30.00	5.82	6.73×10^{-3}	1.099
	40.00	5.33	2.29×10^{-3}	1.007
	50.00	4.84	6.29×10^{-4}	0.913
14	5.00	10.44	1.44×10^{-1}	1.883
	10.00	10.17	6.00×10^{-2}	1.833
	20.00	9.85	2.35×10^{-2}	1.776
	30.00	9.67	8.93×10^{-3}	1.744
	40.00	9.53	3.26×10^{-3}	1.718
	50.00	9.39	1.87×10^{-3}	1.692
15	5.00	2.35	6.55×10^{-3}	0.385
	10.00	2.22	3.11×10^{-3}	0.363
	20.00	2.23	7.97×10^{-4}	0.365
	30.00	2.10	2.45×10^{-4}	0.344
	40.00	1.95	2.33×10^{-6}	0.319
	50.00	—	—	—
16	5.00	2.65	5.28×10^{-3}	0.473
	10.00	2.65	2.72×10^{-3}	0.473
	20.00	2.66	6.34×10^{-4}	0.474
	30.00	2.54	1.04×10^{-4}	0.453

续表

岩样编号	围压/MPa	孔隙度/%	渗透率/（$\times10^{-3}\mu m^2$）	孔隙体积/cm^3
16	40.00	2.10	4.02×10^{-6}	0.375
	50.00	—	—	—
17	5.00	3.04	6.43×10^{-3}	0.487
	10.00	3.05	3.51×10^{-3}	0.488
	20.00	2.99	9.56×10^{-4}	0.479
	30.00	2.88	2.94×10^{-4}	0.461
	40.00	2.61	1.16×10^{-5}	0.418
	50.00	—	—	—
18	5.00	3.08	2.25×10^{-2}	0.592
	10.00	3.04	1.13×10^{-2}	0.584
	20.00	2.89	2.57×10^{-3}	0.555
	30.00	2.74	8.34×10^{-4}	0.526
	40.00	2.68	2.97×10^{-4}	0.515
	50.00	2.51	7.77×10^{-5}	0.482
	60.00	2.43	3.36×10^{-6}	0.467
19	5.00	2.08	3.76×10^{-3}	0.489
	10.00	2.01	2.03×10^{-3}	0.473
	20.00	1.97	9.16×10^{-4}	0.463
	30.00	1.95	4.42×10^{-4}	0.459
	40.00	1.88	1.24×10^{-4}	0.442
	50.00	1.87	1.44×10^{-5}	0.440
	60.00	1.83	1.48×10^{-6}	0.430
20	5.00	2.12	1.40×10^{-3}	0.505
	10.00	2.01	9.18×10^{-4}	0.479
	20.00	2.04	4.31×10^{-4}	0.486
	30.00	1.99	1.60×10^{-4}	0.474
	40.00	1.95	3.64×10^{-5}	0.465
	50.00	1.94	1.52×10^{-6}	0.463
	60.00	1.91	8.62×10^{-7}	0.455

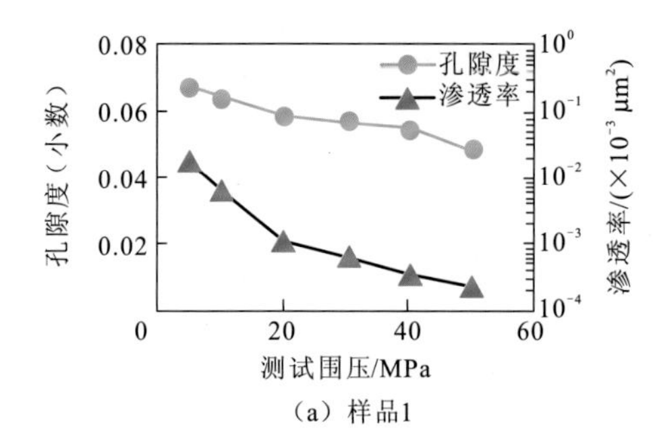

（a）样品1

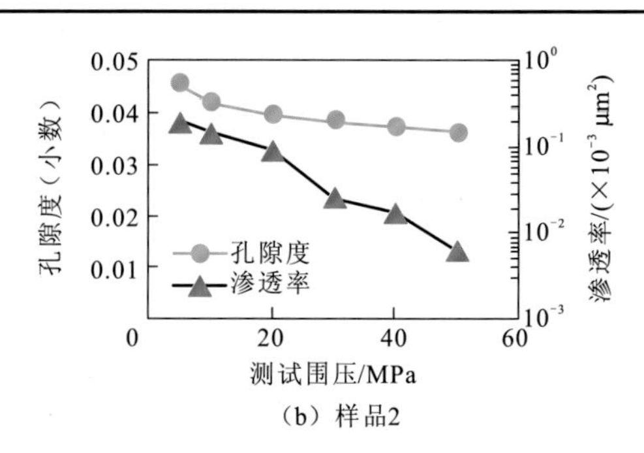

（b）样品2

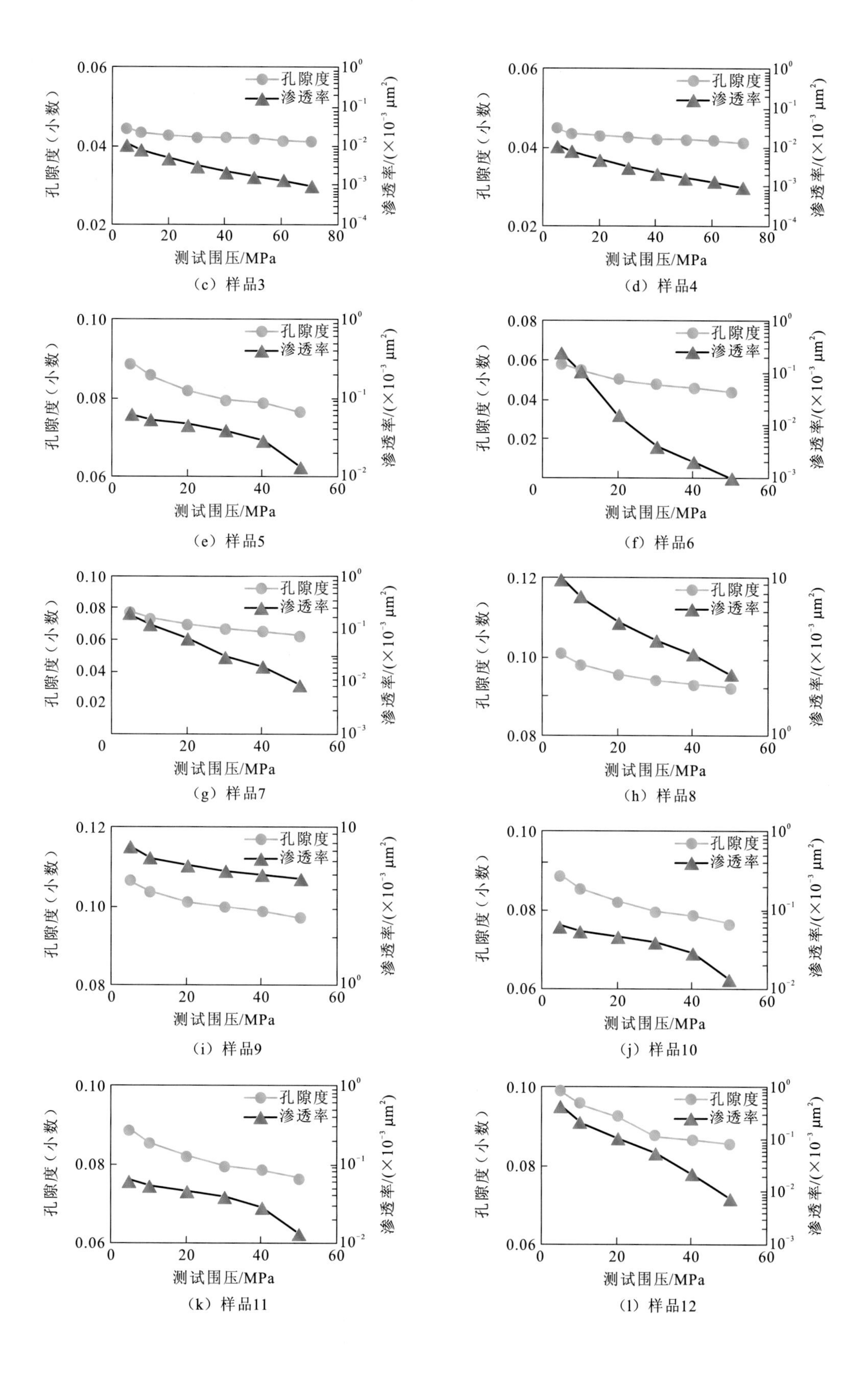

(c) 样品3

(d) 样品4

(e) 样品5

(f) 样品6

(g) 样品7

(h) 样品8

(i) 样品9

(j) 样品10

(k) 样品11

(l) 样品12

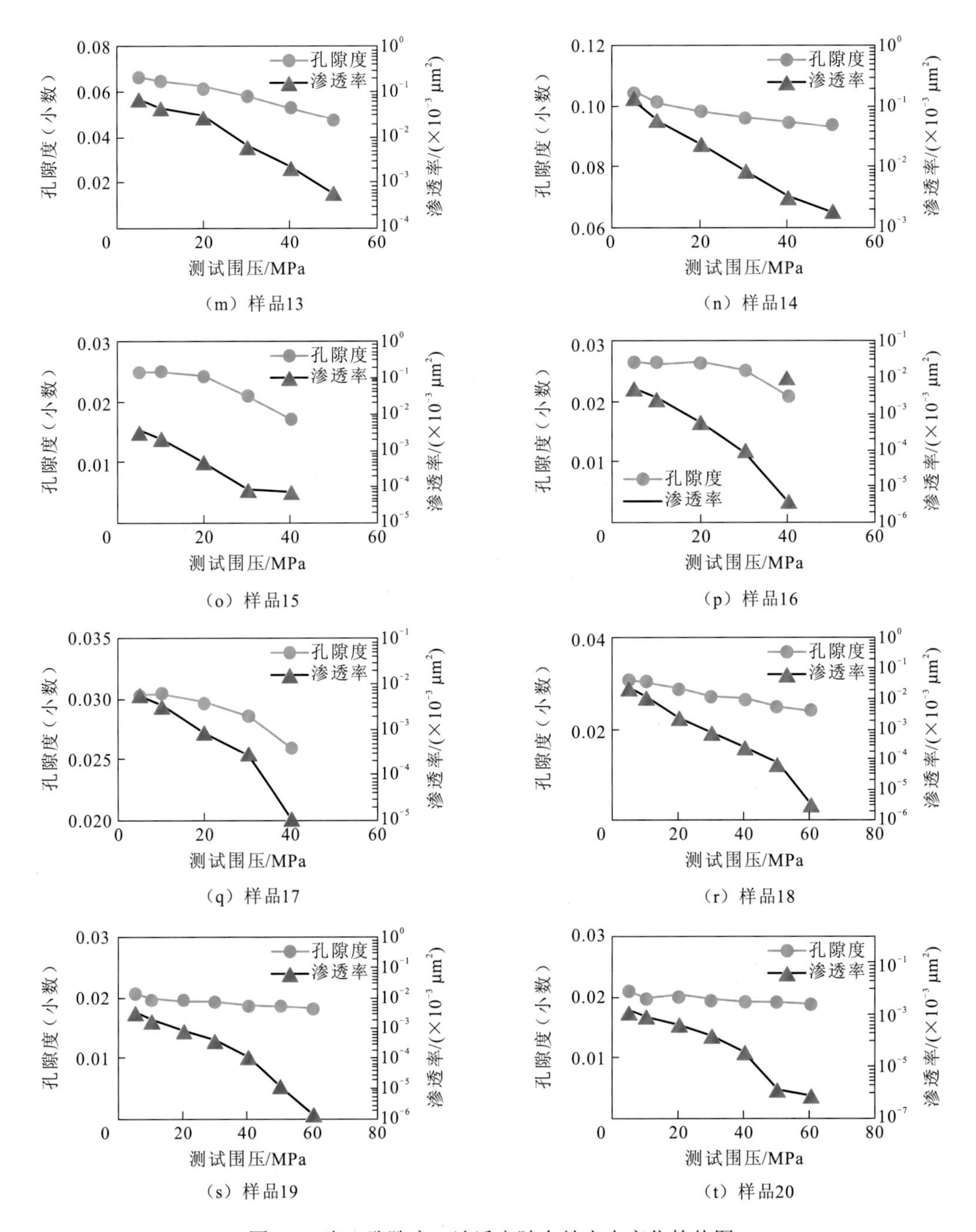

图 1.1　岩心孔隙度、渗透率随有效应力变化趋势图

1.2 岩电特征

阿奇公式（Archie equation）是电阻率测井解释最基本的公式。阿奇公式揭示了胶结良好饱含水纯砂岩的电阻率与所含地层水电阻率之比，与地层水性质无关，只与地层性质有关的客观规律，有的学者又称此规律为阿奇定律。该比值被称为地层因素，用 F 表

示，F 主要与岩石的孔隙度、孔隙胶结类型有关，其表达式为

$$F = \frac{R_0}{R_w} = \frac{\sigma_w}{\sigma_0} = \frac{a}{\phi^m} \tag{1.1}$$

式中：R_0 为孔隙中 100%含水的地层电阻率；R_w 为地层水电阻率；σ_0 为孔隙 100%含水的地层电导率；R_w 为地层水电导率；a 为比例系数，其值决定于岩性；ϕ 为岩石孔隙度；m 为胶结系数，随着岩石胶结程度不同而变化。

阿奇公式的第二部分是关于地层真电阻率 R_t 与 100%含水的地层电阻率 R_0 的关系的总结。R_t 与 R_0 的比值与地层含水饱和度及岩石岩性有关，该比值 I 称为电阻率增大系数。电阻率增大系数表达式为

$$I = \frac{R_t}{R_0} = \frac{b}{S_w^n} \tag{1.2}$$

式中：b 为比例系数，不同的岩石有不同的值，一般取 1；n 为饱和度指数，不同的岩石有不同的值，一般接近 2。

不同储层往往有不同的岩电特征，对应不同的 a、b、m、n 值。为研究实际碳酸盐岩在地层条件下岩石的导电性，开展岩石高温（100 ℃）高压（40 MPa）状态下的岩心岩电实验。

根据地层水溶液矿化度（120 000 mg/L）与离子类型，确定高温（100 ℃）时地层水电阻率 R_w 为 0.07 Ω · m。岩心地层因素测试结果见表 1.3。对所有岩心样品作地层因素与孔隙的交会图。当地层因素与孔隙度拟合趋势线（图 1.2）过理论点(1,1)时，得到胶结指数 m 为 2.203。

表 1.3　孔隙度及地层因素数据

样号	饱含水的地层电阻率 R_0/(Ω · m)	孔隙度 ϕ /%	地层因素 F
1	19.08	8.37	272.521 0
2	25.34	3.25	362.020 0
3	38.91	4.32	555.840 4
4	46.74	4.33	667.719 0
5	21.43	7.44	306.186 0
6	97.00	4.49	1 385.731 0
7	41.43	6.39	591.909 0
8	34.46	9.46	492.303 0
9	15.19	10.70	216.973 0
10	96.18	7.61	1 374.020 0

在岩心驱替过程中，测量不同含水饱和度下地层真电阻率 R_t，并计算得到岩石电阻率增大系数 I。测试时岩心基本参数及测量条件见表 1.4。根据表中测量的岩石电阻率增大系数与含水饱和度结果，利用双对数坐标下的交会图（图 1.3），得到所有岩心样品的 b 值为 0.990 8，n 值为 2.258。

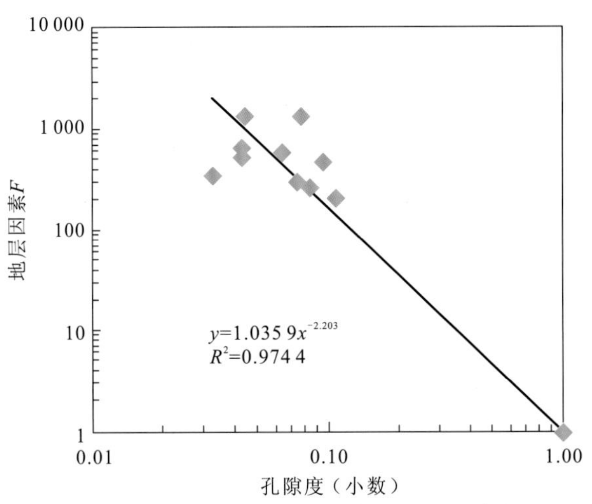

图 1.2　地层因素与孔隙度交会图（过理论点）

表 1.4　电阻率增大系数与含水饱和度测量结果

岩心编号	地层真电阻率 R_t/（Ω·m）	含水饱和度 S_w	电阻率增大系数 I	岩心编号	地层真电阻率 R_t/（Ω·m）	含水饱和度 S_w	电阻率增大系数 I	岩心编号	地层真电阻率 R_t/（Ω·m）	含水饱和度 S_w	电阻率增大系数 I
1	97.00	1.000	1.000	5	21.43	1.000	1.000	9	15.19	1.00	1.00
	174.61	0.761	1.800		33.19	0.778	1.549		32.07	0.78	2.11
	253.82	0.660	2.617		47.35	0.682	2.209		35.57	0.70	2.34
	289.97	0.628	2.989		55.62	0.647	2.595		49.98	0.60	3.29
	396.90	0.592	4.092		67.41	0.609	3.145		93.55	0.51	3.69
2	25.34	1.000	1.000	6	97.00	1.000	1.000	10	96.18	1.000	1.000
	39.27	0.787	1.550		174.61	0.761	1.800		137.62	0.792	1.431
	50.68	0.700	2.000		253.82	0.660	2.617		189.97	0.739	1.975
	77.44	0.616	3.056		289.97	0.628	2.989		228.30	0.636	2.374
	93.55	0.512	3.691		396.90	0.592	4.092		345.16	0.596	3.589
3	38.91	1.000	1.000	7	41.43	1.000	1.000				
	66.12	0.706	1.699		104.83	0.671	2.530				
	90.29	0.619	2.321		118.99	0.662	2.872				
	115.24	0.558	2.962		145.48	0.625	3.511				
	169.32	0.526	4.352		176.86	0.581	4.269				
4	46.74	1.000	1.000	8	34.46	1.000	1.000				
	70.37	0.795	1.506		57.34	0.742	1.664				
	85.07	0.712	1.820		70.65	0.666	2.050				
	140.35	0.619	3.003		105.28	0.617	3.055				
	268.34	0.511	5.741		134.52	0.555	3.903				

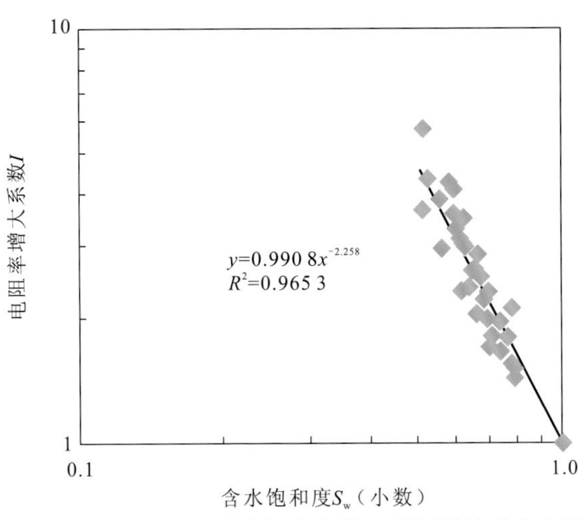

图 1.3　电阻率增大系数与含水饱和度测量结果交会图

1.3　基于数字岩心技术的岩电特征数值模拟

由于碳酸盐岩储层的石灰岩或白云岩骨架都不导电，所以其导电性主要受储集空间的空间结构和内部流体性质的影响。碳酸盐岩储集空间的导电性影响因素主要有孔洞的形态和大小、裂缝的宽度和角度发育等情况及结构表面润湿性；储集空间内部流体性质的导电性影响因素主要是含水饱和度和地层水矿化度。碳酸盐岩的导电性研究方法通常有岩石物理实验和基于数字岩心技术的方法。岩石物理实验虽然是研究碳酸盐岩导电性质的重要传统手段，但是其存在费用高、周期长的特点，并且裂缝型储层中存在具有裂缝的代表性岩心取心困难的问题。利用数字岩心技术可以很好地解决上述问题。数字岩心技术是通过构建三维数字岩心模型，并利用数值模拟手段对目标岩石的物理性质进行有效模拟的方法。国内外有大量学者进行了这方面的工作。利用数字岩心进行岩石导电性的数值模拟有基尔霍夫节点电压法、随机游走法、格子玻尔兹曼法和有限元法。与碎屑岩相比碳酸盐岩孔隙结构更加复杂，各向异性更加突出。孔洞型储层和裂缝型储层是碳酸盐岩中常见的孔隙结构。用多块孔隙度不同的岩心样本进行测试，孔隙的结构会有很大的差异，不能准确地反映结果。本节基于现有碳酸盐岩 CT 扫描模型，利用数学形态法和分数布朗运动等多种数学方法构建具有相同孔隙形态的不同孔隙大小和不同裂缝形态的碳酸盐岩储层模型。利用有限元法对溶蚀孔、洞型和裂缝型碳酸盐岩储层的导电性进行模拟，并分析多种因素对碳酸盐岩导电性的影响。

1.3.1　碳酸盐岩数字岩心建模

1. X-CT 扫描

X-CT 全称为 X 射线计算机断层成像。系统包括 X 射线源、样品夹持器（载物台）和 X 射线探测器。由 X 射线源对样品发射 X 射线，夹持器夹持并旋转样品，接收器接收衰减后的透射 X 射线。通过计算机精确控制 X 射线的强度、样品夹持器旋转角度等参数，将接收器所检测的信号经过软件处理变成扫描图像后呈现（图 1.4）。

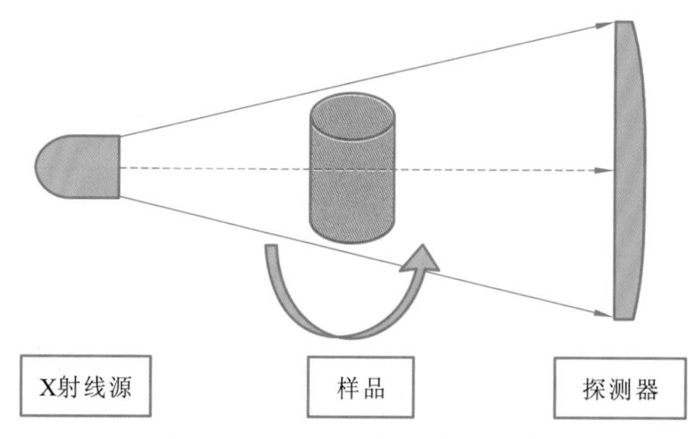

图 1.4　X-CT 工作原理示意图

利用 X-CT 扫描建模的方法是目前通过物理手段建立数字岩心模型的主流手段之一。该技术已被广泛用于储层岩石学的研究、渗透率的计算、孔隙度及孔隙结构的定量分析、储层的流动与驱替过程分析等领域。基于 X-CT 扫描的数字岩心更加精确，更符合实际。近些年，随着 X-CT 扫描分辨率的提高，其研究的尺度已经大大提高。

X-CT 扫描三维数字岩心的原理是利用 X 射线在通过样品时，样品中的原子与穿透的 X 射线发生摩擦、碰撞等作用，从而导致射线的能量衰减。如果射线穿过了不一样的材质，那么它的衰减程度也会产生明显差异。基于该原理，通过测量 X 射线穿过不同材质后的衰减系数即可对材质进行判别。经研究，X 射线的衰减系数满足计算式

$$I = I_0 \mathrm{e}^{-\sum_i \mu_i L_i} \tag{1.3}$$

式中：I_0 和 I 分别为射线穿过物体前后的能量；μ_i 和 L_i 分别为第 i 种组分的衰减系数和 X 射线所穿过的路线长度。

仪器在旋转样品的同时，发射 X 射线并从对面检测并记录 X 射线的透射强度。样品不同的组分密度决定了射线衰减后的强度。经过重建算法（如卷积滤波法和迭代法）处理后，就呈现出样品的三维灰度图像，其灰度差异反映样品的组分密度变化。

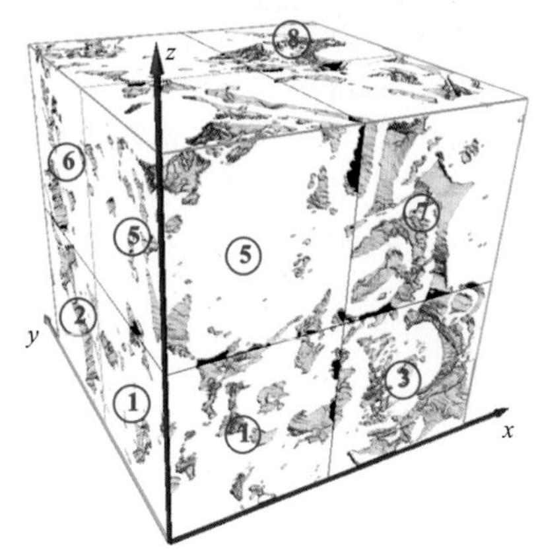

图 1.5　经 X-CT 扫描的碳酸盐岩数字岩心整体样品

经过 X-CT 扫描后的数字岩心样品是由“0”和“1”堆积成的三维数据体，其中“0”代表孔隙，“1”代表骨架。基于该三维数据体，可以进行阈值的划分。本小节所处理的碳酸盐岩数字岩心样品来源于帝国理工大学的 X-CT 扫描成果（图 1.5）。立方体样品分辨率为 2.85 μm，尺寸为 400×400×400 像素。经计算，该样品的孔隙度为 23.3%，平均渗透率为 $1\,102\times10^{-3}\,\mu\mathrm{m}^2$。

为提高研究的可靠性，需增加研究样本的数量。因此，将该样品均分为 8 份，即图 1.5 中的样品①～⑧，每份样品尺寸为 200×200×200 像素。表 1.5 为整体样品和均分后的样品①～⑧的孔隙

度统计表。经过选择，重点研究样品①和样品③，其中样品①孔隙度最小，而样品③孔隙度较大，作为研究样本比较有代表性。

表 1.5　碳酸盐岩数字岩心研究样品孔隙度　（单位：%）

项目	样品编号								
	①	②	③	④	⑤	⑥	⑦	⑧	整体
孔隙度	17.63	19.44	25.72	21.19	19.34	21.83	26.49	34.45	23.26

2. 数学形态法

1964 年，数学形态法被首次提出，并被应用于铁矿核的定量岩石学分析中的颗粒分析。数学形态法是使用某一特定形态的结构元素去量度和提取图像中的对应形状，从而分析识别图像的方法，主要包括 4 种基本的运算方式：膨胀运算、腐蚀运算、开运算和闭运算[3]。利用这 4 种运算方式可以建立具有不同储集空间结构和流体分布的三维数字岩心模型。

在使用数学形态法时，膨胀运算可被用于将目标图像放大，而腐蚀运算则被用于将目标图像缩小。假设 A 为原始集合，B 为结构元素的集合，膨胀运算定义为

$$A \oplus B = \left\{ x | (\hat{B})_x \cap A \neq \varnothing \right\} \tag{1.4}$$

式中：$A \oplus B$ 代表 A 被 B 膨胀，其中 $\oplus$ 为膨胀算子；$\varnothing$ 为空集；$\hat{B}$ 为集合 B 关于原点的映射，使 $\hat{B}$ 平移 x 即可形成集合 $(\hat{B})_x$；$A \oplus B$ 为集合 $(\hat{B})_x$ 与集合 A 不为空集的结构元素参考点的集合。

如图 1.6（b），$\hat{B}$ 是图中以一定像素作为半径的圆，经过膨胀运算 $A \oplus B$ 处理后，图 1.6（a）即成为图 1.6（b）中灰色部分。

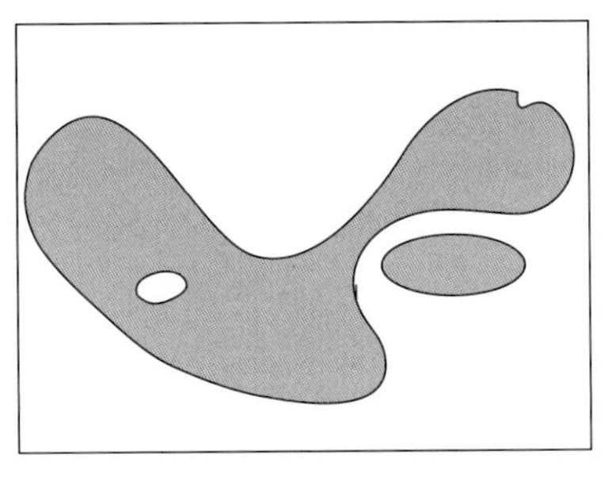

（a）原始图像a

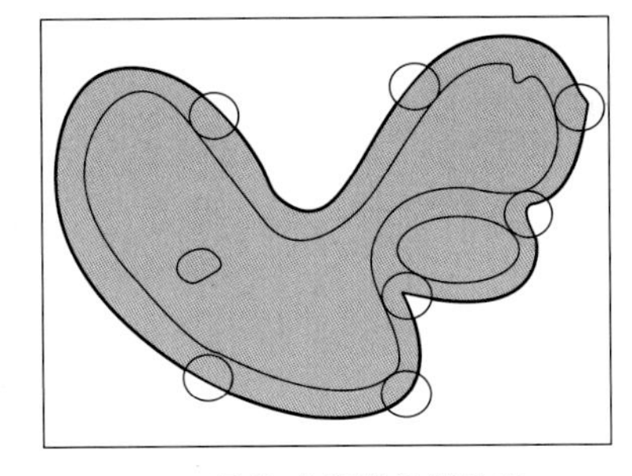

（b）图像a的膨胀运算结果

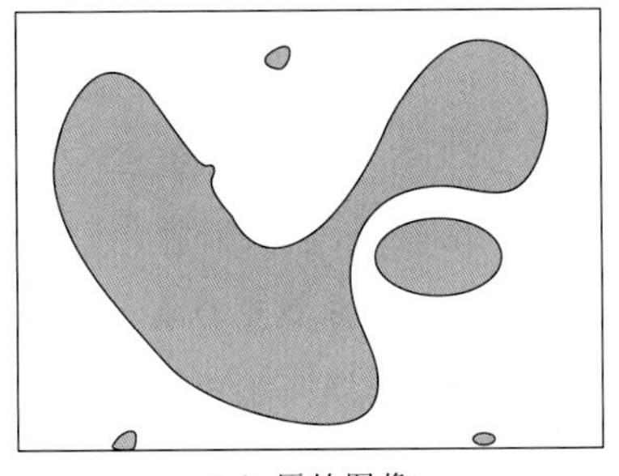

（c）原始图像b

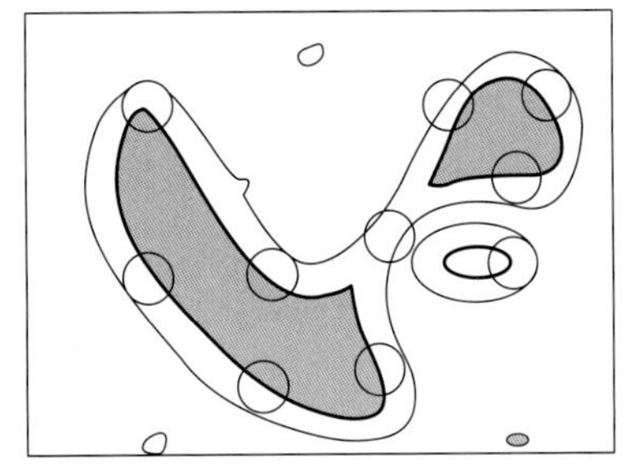

（d）图像b的腐蚀运算结果

图 1.6　膨胀运算与腐蚀运算原理示意图

腐蚀运算定义为

$$A\Theta B=\left\{x|(\hat{B})_x\subseteq A\right\} \tag{1.5}$$

式中：$A\Theta B$ 代表 A 被 B 腐蚀，Θ 为腐蚀算子；$A\Theta B$ 为集合 $(\hat{B})_x$ 仍在集合 A 中结构元素参考点的集合。

图 1.6（d）中，$\hat{B}$ 是图中以一定像素作为半径的圆，经过腐蚀运算 $A\Theta B$ 处理后，图 1.6（c）即成为图 1.6（d）中灰色部分。

对数学形态法中的膨胀运算与腐蚀运算这对算法整合运用后可以生成另外一对非常重要的算法：开运算和闭运算。开运算是先进行腐蚀运算后再进行膨胀运算；闭运算是先进行膨胀运算后再进行腐蚀运算。利用开运算可以有效地消除图像中比较狭窄的部分，而闭运算则可以有效弥补图像中的狭窄部分。

开运算定义为

$$A\circ B=(A\Theta B)\oplus B \tag{1.6}$$

集合 A 被集合 B 开运算就是 A 被 B 腐蚀后的结果再被 B 膨胀。如图 1.7（b）所示，$\hat{B}$ 是图中以一定像素作为半径的圆，图 1.7（a）经过开运算 $A\circ B$ 处理后，即成为图 1.7（b）中灰色部分。

闭运算定义为

$$A\bullet B=(A\oplus B)\Theta B \tag{1.7}$$

集合 A 被集合 B 闭运算就是 A 被 B 膨胀后的结果再被 B 腐蚀。如图 1.7（d）所示，$\hat{B}$ 是图中以一定像素作为半径的圆，图 1.7（c）经过闭运算 $A\bullet B$ 处理后，即成为图 1.7（d）中灰色部分。

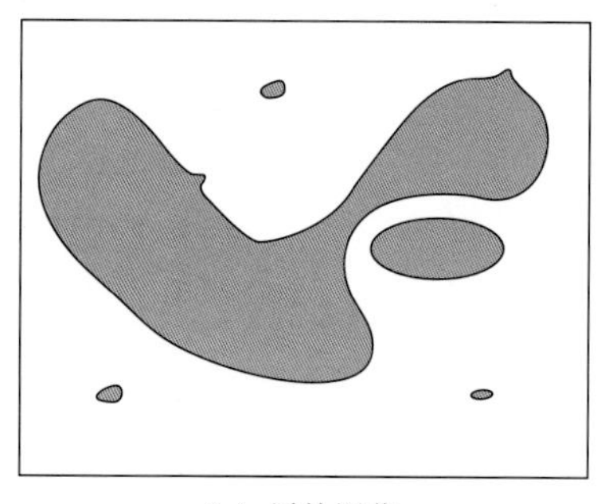

（a）原始图像a

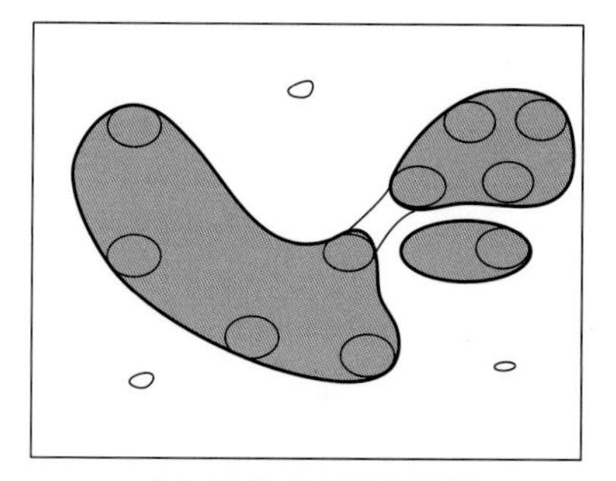

（b）图像a的开运算结果

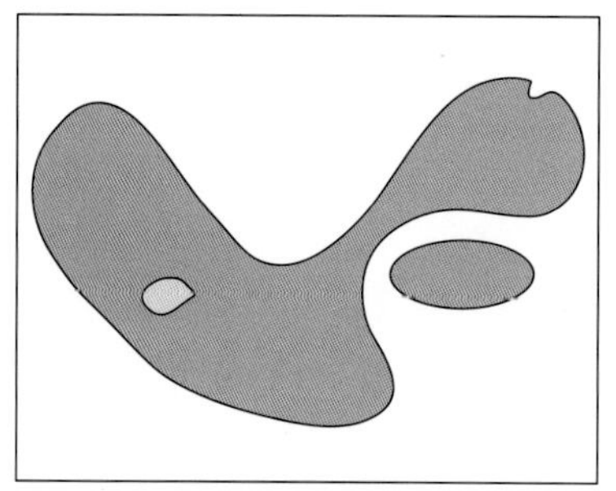

（c）原始图像b

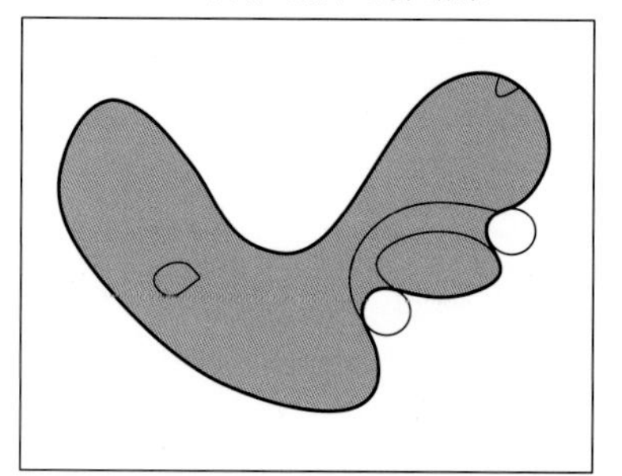

（d）图像b的闭运算结果

图 1.7　开运算与闭运算原理示意图

3. 不同孔隙度大小的数字岩心建模

溶蚀孔、洞型储层是一种非常重要的次生孔隙型碳酸盐岩储层，大量的高产油气田都集中在该类型储层中。溶蚀孔、洞是由储层中富含的易溶矿物溶解后留下的孔隙空间。由于储层的非均质性，取不同部位的岩样，孔隙度会有极大的差别。极限情况下，可能会是 0，也可能接近 100%。

为研究孔隙度对碳酸盐岩储层导电性能的影响，需建立具有多种孔隙度大小的数字岩心模型。由于碳酸盐岩的孔隙度大小主要受化学沉积作用和溶蚀作用的影响，而数学形态法中的膨胀运算和腐蚀运算又比较符合碳酸盐岩孔隙度形成的物理意义，因此，基于 X-CT 扫描的数字岩心模型，利用膨胀运算和腐蚀运算进行处理，得到不同孔隙度的碳酸盐岩数字岩心。图 1.8 为不同孔隙度大小的碳酸盐岩数字岩心样品的一个方向的切面图。

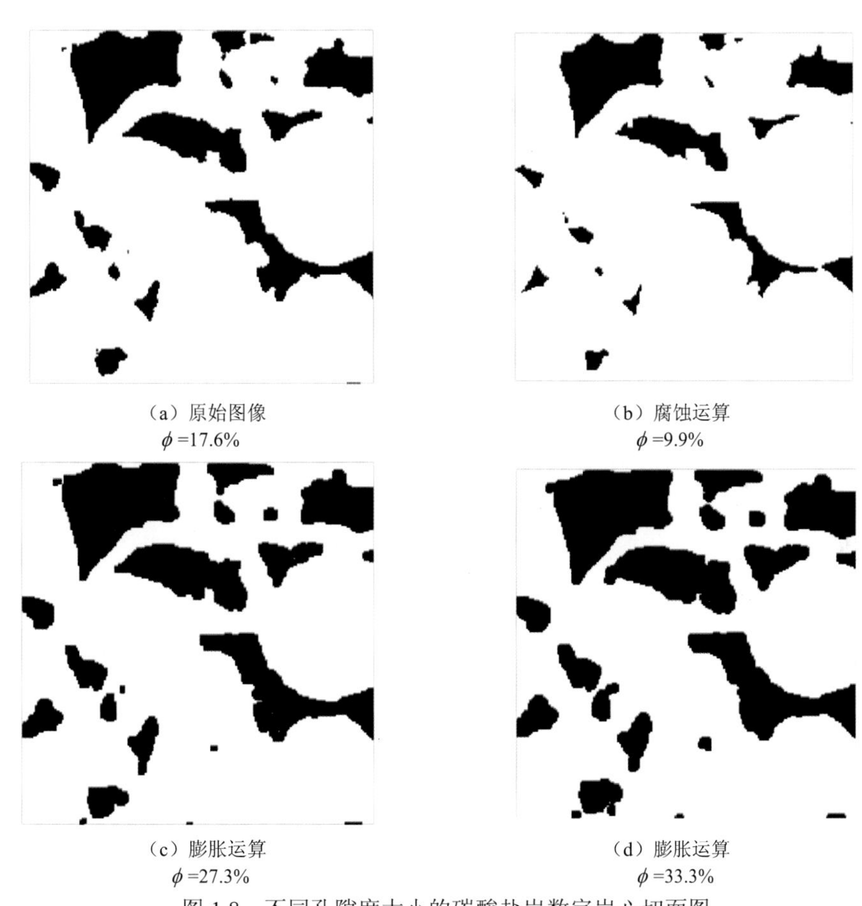

（a）原始图像 ϕ=17.6%　　（b）腐蚀运算 ϕ=9.9%

（c）膨胀运算 ϕ=27.3%　　（d）膨胀运算 ϕ=33.3%

图 1.8　不同孔隙度大小的碳酸盐岩数字岩心切面图

三维数字岩心本质上是由“0”和“1”组成的三维数据体。图 1.8（a）为原始三维数字岩心的一个二维切面，其中孔隙部分为“0”（黑色部分），骨架部分为“1”（白色部分）。数学形态法都在孔隙空间中运算。图 1.8（b）是由原始三维数字岩心以 1 个像素单位半径的球体为结构单位进行腐蚀运算形成的切面图像。而图 1.8（c）和（d）是由原始三维数字岩心分别以 1 和 2 像素单位半径的球体为结构单位进行膨胀运算形成的切面图像。

通过控制作为结构体的球的半径进而控制孔隙度的大小，这种方法与碳酸盐岩中溶蚀孔洞形成的物理机制相契合，因此具有实际操作意义。

4. 流体分布建模

影响碳酸盐岩储层导电性的重要因素主要是储集空间的形态结构和孔隙流体的分布情况。为探究不同孔、缝空间特征和空间中流体分布对碳酸盐岩储层导电性的影响，基于 X-CT 扫描的三维数字岩心模型，利用膨胀运算和腐蚀运算建立具有不同孔隙度的岩心模型；利用闭运算建立具有不同润湿性和饱和度的岩心模型；利用分子布朗运动模型建立不同宽度和角度的裂缝型数字岩心模型，为进一步用数值模拟研究碳酸盐岩的导电性特征奠定基础。

图 1.9 为不同含水饱和度的水湿碳酸盐岩流体分布切面图，该数字岩心的尺寸为 200×200×200 像素，单位像素间距为 2.85 μm。分别选取 1～5 像素半径的球体作为结构元素，在孔隙空间中应用数学形态法中的开运算，就可以模拟水驱油的过程。图 1.9（b）～（f）就是经过运算后的结果。图中灰色部分代表骨架，红色部分代表油，蓝色部分代表水。

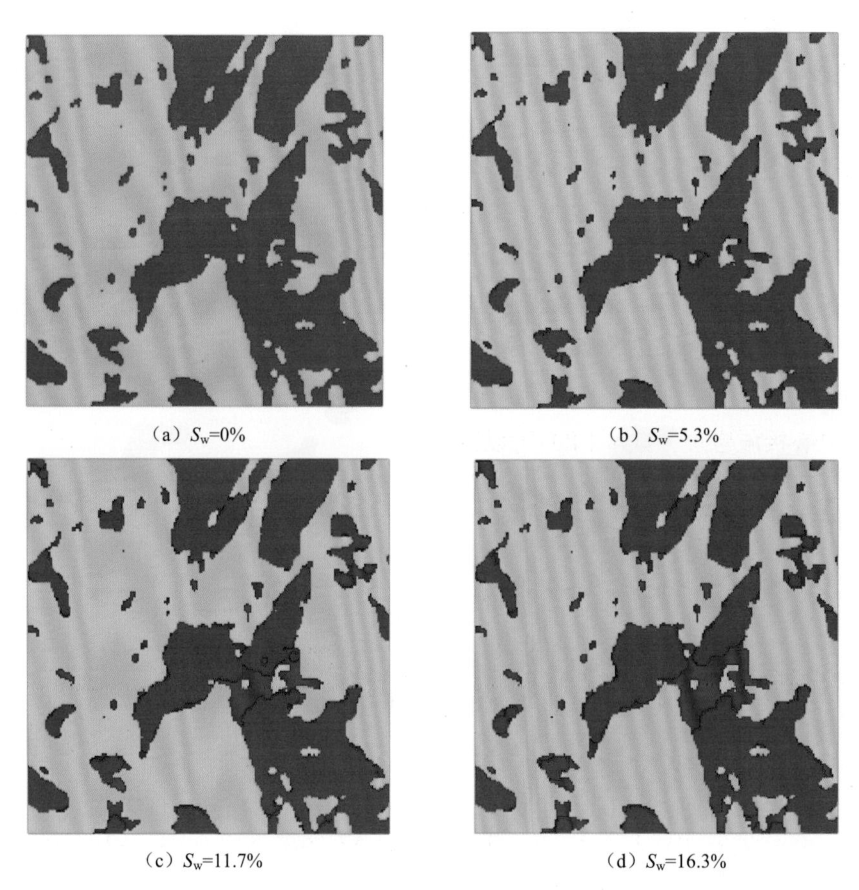

（a）S_w=0%　　（b）S_w=5.3%

（c）S_w=11.7%　　（d）S_w=16.3%

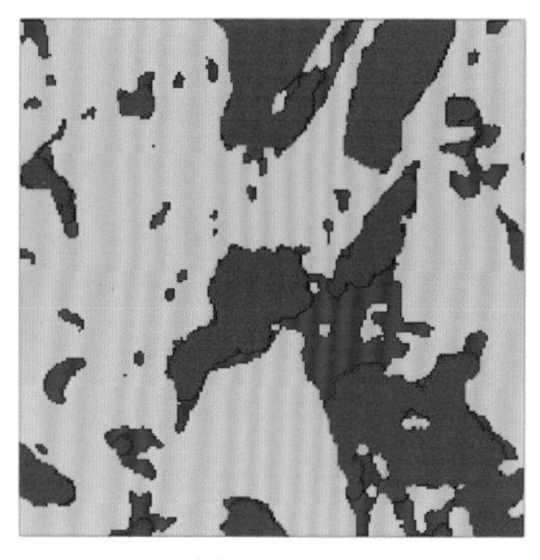

(e) S_w=24.3%

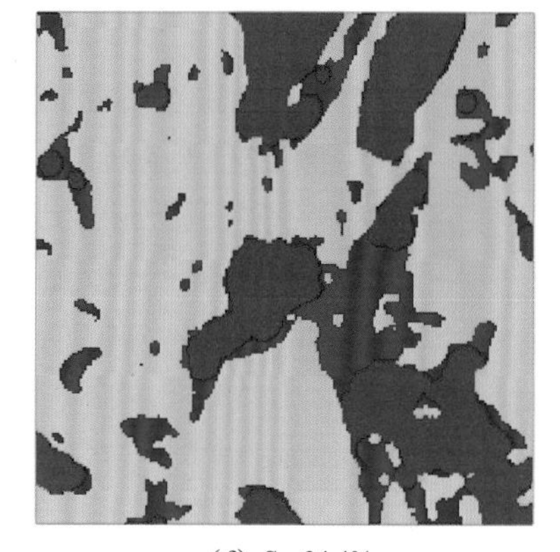

(f) S_w=34.4%

图 1.9　不同含水饱和度的水湿碳酸盐岩切面图

从图 1.9 中可以发现，在饱含油的水湿碳酸盐岩中进行水驱时，随着选取的球体结构元素半径的增加，注入水先占据孔隙空间中较小的孔隙，然后逐步占据较大的空间，由此可以确定不同含水饱和度下孔隙空间中的油水分布情况。与之相反，在饱含油的油湿碳酸盐岩开始驱入水的时候，注水迅速占据孔隙里面的较大孔隙，再逐步占据较小孔隙。

5. 基于分数布朗运动模型的裂缝构造模拟

裂缝型储层一般存在于基质孔隙度相对较低的碳酸盐岩中。裂缝对碳酸盐岩储层非常重要，因为它往往可以改善储层的整体物性，成为储层的储集和渗流空间。但受到裂缝型岩心取心易碎和裂缝参数难以度量等因素的影响，裂缝型碳酸盐岩储层的导电性研究依然不完善，故选择分数布朗运动模型模拟裂缝的构造，通过数值模拟的方法研究裂缝型碳酸盐岩储层中裂缝的角度和宽度对其导电性的影响。

近年来，较多研究表明岩石的裂缝表面具有极高的空间相关性和自仿射分形特征。分数布朗运动模型就是一种常用的自仿射分形[4,5]，满足计算式

$$E\left[\left(G_H(X+h)-G_H(X)\right)^2\right]=|h|^{2H}\ \sigma^2 \tag{1.8}$$

根据中心极限定理，式（1.8）可以变为

$$\sigma^2(h)=\sigma^2(1)h^{2H} \tag{1.9}$$

标准差 σ 为

$$\sigma_j^2=\frac{\sigma_{j-1}^2}{2^H}=\frac{\sigma_0^2}{(2^H)^j}\left(1-\frac{2^H}{4}\right) \tag{1.10}$$

式中：$G_H(X)$ 为满足分数布朗运动的随机行走，X 为位置坐标；h 为偏移的距离，满足高斯分布；E 为数学期望；H 为裂缝粗糙度指数，约为 0.8[6,7]，且与储层岩性及裂缝模式无关；σ 为标准差；σ_0 为初始标准差，为 0～1 随机值；j 为迭代运算次数。

由于 X-CT 扫描的数字岩心尺寸为 200×200×200 像素，所以只需采用改进型随机增加法（modified successive random addition，MSRA）生成大小为 513×513 像素的裂缝粗糙表面，主要步骤如下。

(1)对 513×513 像素的粗糙表面的 4 个顶点进行赋值，该赋值满足正态分布 $N(0,\sigma_0^2)$，

并将 4 个顶点编号为 1。

（2）对 4 个编号为 1 的顶点进行插值，得到中心点的值并将其编号为 2，再对编号 1 和 2 的点加上一个随机数，该随机数满足正态分布 $N(0,\sigma_1^2)$。

（3）对最邻近的编号为 1 和 2 的点进行插值，得到每个方形边的中点值并将其编号为 3，再对编号 1、2 和 3 都加上一个随机数，该随机数满足正态分布 $N(0,\sigma_2^2)$。

（4）如图 1.10 所示，一直循环执行上述步骤 256 次后，即可得 513×513 个像素点的二维矩阵，二维数据矩阵上的任意点都一直加着满足正态分布 $N(0,\sigma_j^2)$ 的随机数，一直到 σ_j^2 逼近 σ_0^2。最终得到的矩阵即为合格的裂缝粗糙表面（图 1.11）。

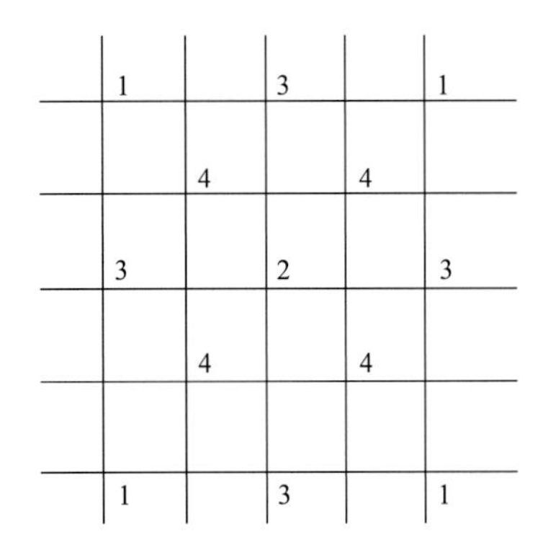

图 1.10　MSRA 算法二维矩阵示意图

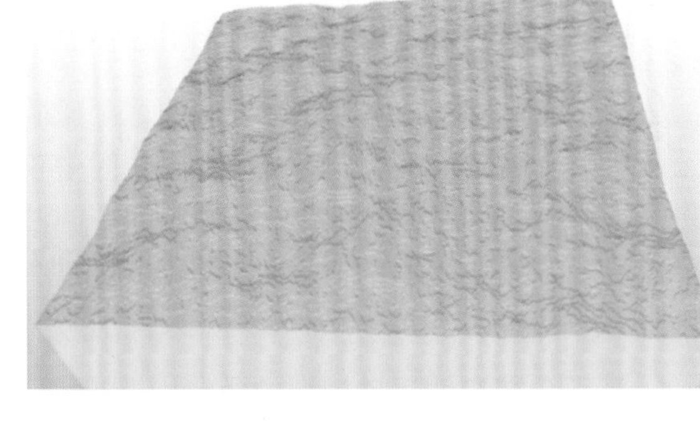

图 1.11　MSRA 算法生成的裂缝粗糙表面

最后，将制作的二维裂缝粗糙表面进行三维化处理，并通过平移和旋转等处理即可形成具备不同角度和宽度裂缝形态的数字岩心模型。

由于选取的数字岩心的大小为 200×200×200 像素，所以从 513×513 像素的二维裂缝表面中截取大小为 200×200 像素的裂缝面。然后设定基于上述分数布朗运动模型生成的二维裂缝粗糙表面 $z=f(x,y)$为三维空间中裂缝下表面。设裂缝的宽度为 d，则裂缝上表面为 $Z=z+d$。由于 X-CT 扫描的数字岩心模型中骨架为“1”，孔隙空间为“0”，所以设裂缝上下表面之间的值为“0”。通过改变 d 的值，就可以获得 1～10 像素不同宽度的裂缝形态，单位像素间距为 2.85 μm。将三维裂缝数据与 X-CT 扫描获得的数字岩心数据相结合，便可以得到不同宽度的裂缝型碳酸盐岩岩心模型（图 1.12）。

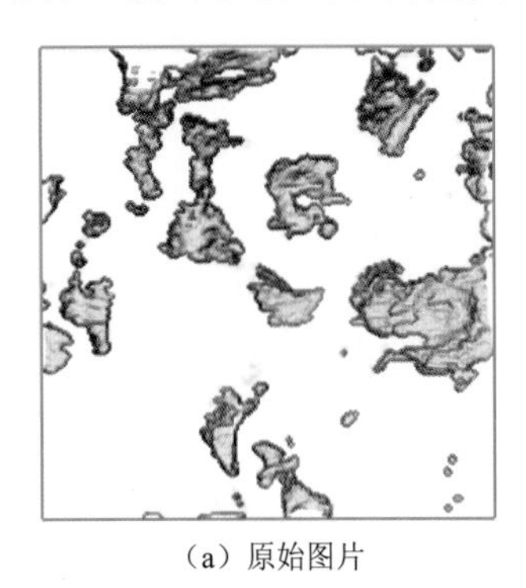

（a）原始图片

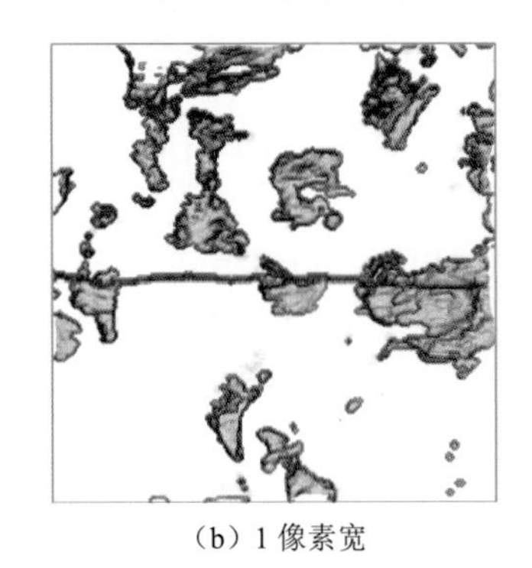

（b）1 像素宽

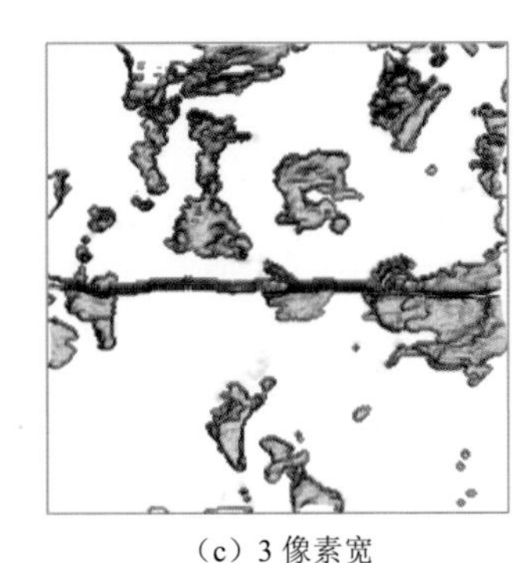

（c）3 像素宽

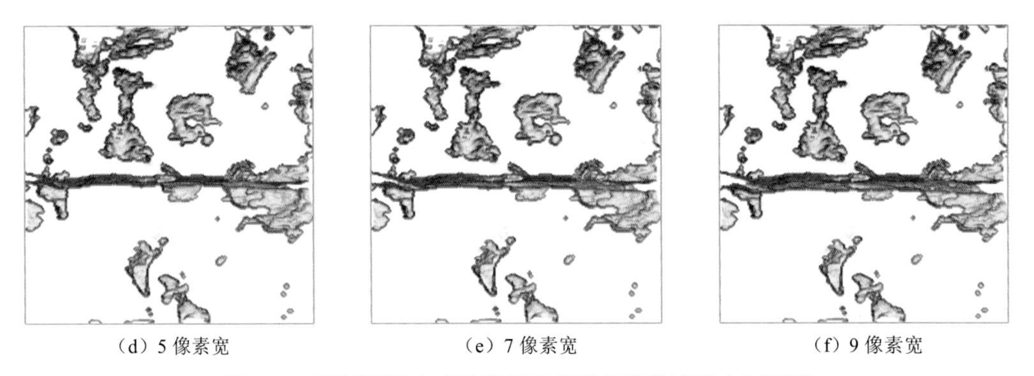

（d）5 像素宽 （e）7 像素宽 （f）9 像素宽

图 1.12 不同裂缝宽度的裂缝型碳酸盐岩数字岩心切面图

为模拟不同产状的裂缝形态，以 5 像素为宽度，像素分辨率为 2.85 μm，对裂缝体进行旋转操作，并与 X-CT 扫描的数字岩心结合，可以得到 0°、15°、30°、45°、60°、75° 和 90° 的裂缝型碳酸盐岩岩心（图 1.13）。

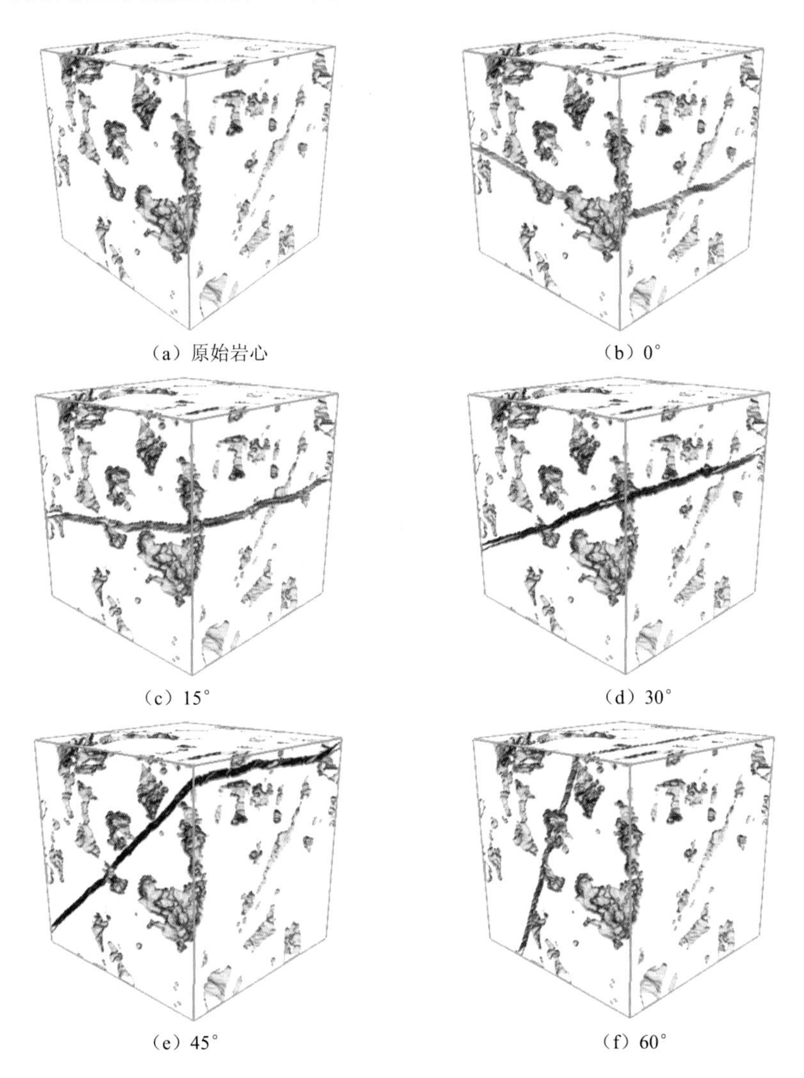

（a）原始岩心 （b）0°

（c）15° （d）30°

（e）45° （f）60°

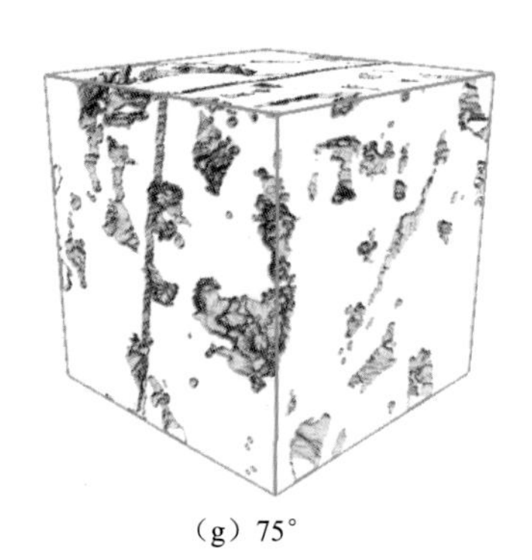

(g) 75°

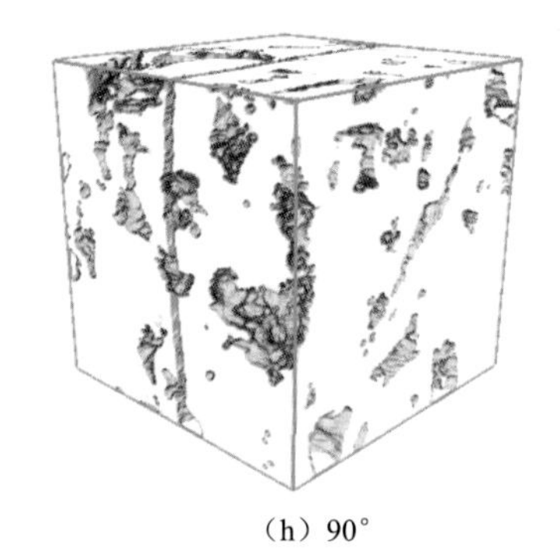

(h) 90°

图 1.13 不同裂缝角度的裂缝型碳酸盐岩数字岩心模型

1.3.2 数字岩心有效导电性的有限元模拟

纯碳酸盐岩骨架是由几乎绝缘的白云岩和石灰岩组成，所以整体的导电性主要会受孔隙中流体分布形式和流体导电性能的影响。通过数值模拟，可以克服常规岩石实验手段中存在的岩石储集空间结构难以定量确定的问题。该技术不但可以定量控制数字岩心储集空间的结构，而且能对有不同流体分布状况的储层状态进行定量模拟。因而大部分学者都采用数值模拟方法对岩石的电学特性进行研究。

数字岩心是利用有限元法计算电导率的前提和基础。本节使用的数字岩心是 X-CT 扫描的大小为 200×200×200 像素、分辨率为 2.85 μm 的三维数据体，其中“0”是孔隙，“1”是骨架。三维数字岩心相对精确地模拟了岩石储集空间的结构，本节将详细阐述利用有限元法模拟数字岩心电导率的方法。

利用有限元法研究岩石电导率的数字岩心技术最核心的部分就是分块逼近思想。即将每个单元点上的电压求解转化为系统整体能量极值求解的问题，从而算出整个三维数据体的有效电导率。为使能量 E_n 取极小值，需满足能量对变量 μ_m（结点电压）的偏导数均为零，即

$$\frac{\partial E_\mathrm{n}}{\partial \mu_m}=0 \tag{1.11}$$

式中：E_n 为能量；m 为结点编号。

在求解时，当能量 E_n 对 m 个结点电压的偏导数构成的梯度矢量的平方和小于某一给定允许误差时，可近似认为式（1.11）成立，即确定了三维数字岩心中的电压分布和有效电性参数[8]。

在利用有限元法求解问题时，应将实际模型中需要计算的部分进行网格划分，网格划分越密集，所构建的模型与实际模型就更加接近。与相邻单元相连的结点就是网格线的交会点[9,10]。本节的数字岩心是由 200×200×200 像素组成的不需要划分网络的离散三维数据体。数据体中每个像素点都是独立的立方单元体，每个单元体与邻近的单元体都有 8 个结点相连。

定义每个单元上 8 个结点编号，从而建立在每个像素上的有限元方程。三维数字岩心每个单元的能量由该单元 8 个结点上的电压所确定。单元的标号(i, j, k)确定了它在三维数字岩心中的空间位置，令该单元的 8 个结点中第一个结点的编号为(i, j, k)，与该单元的

编号相同。表 1.6 给出了在利用有限元法计算数字岩心有效电导率时，每个单元上结点的编号规则。8 个结点的编号是通过每个结点相对于第一个结点(i, j, k)的偏移量$(\Delta i, \Delta j, \Delta k)$来定义的。图 1.14 给出了单元编号规则，同时定义了坐标系，图中的坐标系(i, j, k)与坐标系(x, y, z)相对应。

表 1.6　第(i, j, k)像素的有限元编号

Δi	0	1	1	0	0	1	1	0
Δj	0	0	1	1	0	0	1	1
Δk	0	0	0	0	1	1	1	1
有限元编号	1	2	3	4	5	6	7	8

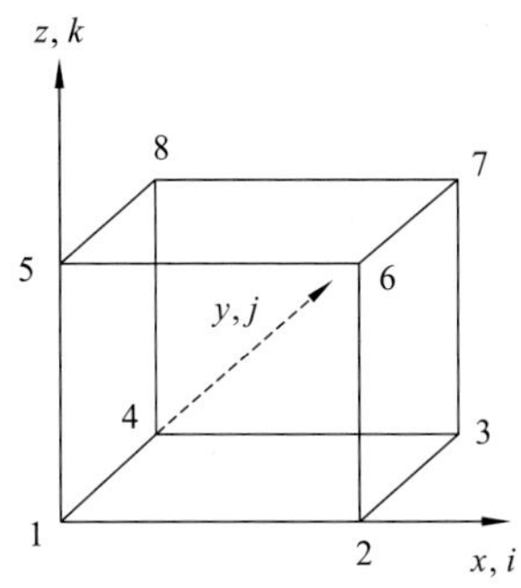

图 1.14　像素（单元）结点编号示意图

利用有限元法模拟三维数字岩心的电导率时，首先需要将每个像素单元的边长定义为单位长度。在本小节的推导式中，下标 r 和 s 范围均为 1～8，表示每个有限元中的所有结点，p 和 q 范围均为 1～3，表示笛卡儿坐标系中的三个坐标轴方向（$1=x, 2=y, 3=z$）的向量[9,10]。

有限元法的主要作用是将系统的总能量以各个结点电压的形式表示出来，从而将连续统一的待处理区域有效地离散化。三线性插值法是众多实现方法中最常用的一种。利用三线性插值法的本质是给出一个单元的能量，其中包含对整个单元的积分，而后将所有单元的方程合成一个全局能量泛函。对于该泛函处理的流程为：首先，以通过线性插值获得的结点电压的形式将每个单元中的场表示成一个(x, y, z)的函数；然后，对该函数进行积分，将会得到一个结点电压的二次泛函，用于表示该单元的能量。系统的总能量取决于各个单元的能量，所以系统总能量也可以表示成关于结点电压的二次泛函，基于共轭梯度法，对二次泛函进行处理，将表达式对结点电压进行极小化处理；最后，基于插值法利用获得的结点电压计算平均电流、总能量等参数。这样即可确定数字岩心的有效电导率及其他性质。

对于每个独立的单元，定义 $V(x, y, z)$为在单元上面施加的电压，其中 $0<x<1$，$0<y<1$，$0<z<1$。从第一个单元开始（表 1.6 和图 1.14），$V(x, y, z)$由结点电压线性插值计算，即

$$V(x,y,z) = N_r u_r \tag{1.12}$$

式中：$N_r=N_r(x, y, z)$。

三维情况下 N_r 实际的函数形式为

$$
\begin{aligned}
N_1 &= (1-x)(1-y)(1-z) \\
N_2 &= x(1-y)(1-z) \\
N_3 &= xy(1-z) \\
N_4 &= (1-x)y(1-z) \\
N_5 &= (1-x)(1-y)z \\
N_6 &= x(1-y)z \\
N_7 &= xyz \\
N_8 &= (1-x)yz
\end{aligned} \tag{1.13}
$$

单元中的局部场 e，由局部电压的表达式表示：

$$e_p(x,y,z) = -\frac{\partial V(x,y,z)}{\partial x_p} \tag{1.14}$$

用结点电压的形式来表示 e_p（e 的第 p 个分量）为

$$e_p(x,y,z) = \frac{-\partial}{\partial x_p}(N_r \mu_r) = \left(\frac{-\partial N_r}{\partial x_p}\right)\mu_r \tag{1.15}$$

式中：$\frac{-\partial N_r}{\partial x_p} \equiv n_{pr}$ 为一个大小为 3×8 的二维数据矩阵，连接着 8 向量的结点电压和 3 向量的局部场，且 U_r 与 x 无明显的联系。表 1.7 给出了这个矩阵的分量。

像素中消耗的总能量为

$$E_\text{n} = \int_0^1\int_0^1\int_0^1 \mathrm{d}x\mathrm{d}y\mathrm{d}z\left(\frac{1}{2}e_p\sigma_{pq}e_q\right) \tag{1.16}$$

各个像素的能量为

$$E_\text{n} = \frac{1}{2}\mu_r \boldsymbol{D}_{rs}\mu_s \tag{1.17}$$

式中：σ_{pq} 为 pq 方向的电导率。

表 1.7 $\frac{-\partial N_r}{\partial x_p} \equiv n_{pr}$ 矩阵各分量表达式

r	$\frac{-\partial N_r}{\partial X_p} = n_{1r}$	$\frac{-\partial N_r}{\partial x_p} = n_{2r}$	$\frac{-\partial N_r}{\partial x_p} = n_{3r}$
1	$(1-y)(1-z)$	$(1-x)(1-z)$	$(1-x)(1-y)$
2	$-(1-y)(1-z)$	$x(1-z)$	$x(1-y)$
3	$-y(1-z)$	$-x(1-z)$	xy
4	$y(1-z)$	$-(1-x)(1-z)$	$(1-x)y$
5	$(1-y)z$	$(1-x)z$	$-(1-x)(1-y)$
6	$-(1-y)z$	xz	$-x(1-y)$
7	$-yz$	$-xz$	$-xy$
8	$(1-y)z$	$-(1-x)z$	$-(1-x)y$

式中：D_{rs} 是一个 8×8 的三维刚度矩阵，由式（1.16）和式（1.17）比较得来。式（1.16）中，用每个组分单元的电导率张量来计算能量，所有单元的能量总和就构成了整个数字

岩心在施加电场条件下系统所消耗的总能量。对该结点电压所满足的偏微分方程取极小值，才可以求得最终离散化的解。

为建立每个像素局部能量与系统总能量的关系，需要将单元内的结点编号转换为整个三维数字岩心系统中结点的编号 pix(m)。而在 1.3.1 小节中所建立的三维数字岩心模型均以三维数组 $f(i, j, k)$形式存储，其中 i=1∶nx，j=1∶ny，k=1∶nz。因此，需要先定义三维数组与一维数组编号的转换关系，即

$$m = nx \cdot ny \cdot (k-1) + nx \cdot (j-1) + i \tag{1.18}$$

编号 m 不仅作为数字岩心中的第 m 个像素，也指全局结点中第 m 个结点。第 m 个结点的局部结点编号为 1。在三维数字岩心中，每个处于非边界上的结点均为 8 个单元的顶点（被 8 个单元所公用）。为将局部刚度矩阵组装成三维数字岩心总刚度矩阵，必须明确上述 8 个单元中所有结点的编号，用 ib 来表示。

若要将局域场与全局场联系起来，单元结点的局部排序与单元的整体排序的关系十分重要。若编号为 m 的结点对应(i, j, k)，则相对应的 8 个单元的 27 个结点相对 m 点的位置可以用 i、j、k 加上 1 或减去 1 来表示，即对应每一个 m，它的相邻结点可以用数组 ib=$ib(m, 27)$来表示。表 1.8 为相邻单元结点标记规则。例如，$ib(m, 25)$与第 m 个结点的(i, j, k)相对位置为(0, 0, −1)的结点。需要说明的是，因为 m 与(i, j, k)的固定关系，m 结点标记很易获得，但在周期性边界条件下，邻点可能位于图像另一端。ib 中用到的局部 1～8 标记和相对应的全局 1～27 邻点标记参见表 1.8。

表 1.8　三维数字岩心有限元运算中的相邻结点编号

Δi	0	1	1	1	0	−1	−1	−1	0	0	1	1	1	0	−1	−1	−1	0	0	1	1	1	0	−1	−1	−1	0
Δj	1	1	0	−1	−1	−1	0	1	0	1	1	0	−1	−1	−1	0	−1	0	1	1	0	−1	−1	−1	0	1	0
Δk	0	0	0	0	0	0	0	0	0	−1	−1	−1	−1	−1	−1	−1	−1	−1	1	1	1	1	1	1	1	1	1
邻点编号	1	2	3	4	5	6	7	8	27	9	10	11	12	13	14	15	16	25	17	18	19	20	21	22	23	24	26

周期性边界条件指的是当邻点在图像外部时，它将周期性地连接到图像系统的另外一侧。例如，一个边长为 10 个像素的三维数字图像，由式（1.18）可知，位于 i=5，j=6，k=10 的一个结点的 m 值是 145，18 号邻点将位于 i=6，j=7，k=11 处。而 k=11 大于边长 10，因此 k 编号将变为 $k-nz$=11−10=1。i=6，j=7，k=1 的 m 编号为 66，所以 ib(145, 18)=66。其他面（i=nx，j=ny）、边缘（i=nx 且 j=ny；i=nx 且 k=nz；j=ny 且 k=nz）或角落（i=nx，j=ny，k=nz）也都适用。

表 1.9　有限元编号和邻点编号的对应关系表

有限元编号	1	2	3	4	5	6	7	8
邻点编号	27	3	2	1	26	19	18	17

解方程组前，需要考虑问题的边界条件。因为式（1.17）正定，所以当全部电压为零时存在极小值，但该情况没有物理意义。利用周期性边界施加电场，能量相对一个施加的电场达到极小值，与电压都为 0 的极小值相比，这样的解才具有物理意义。

考虑某个单元，i=nx，$j<ny$，$k<nz$，编号为 m。当评价系统的能量时，由于这些结点

会使 $i=nx+1$，大于边长，是未定义的单元，在 2、3、6、7 结点处无电压。周期性边界采取系统另一侧的具有相同的 j 和 k，但 $i=1$ 的点（即编号 $M=m-nx+1$）的 1、4、5、8 结点的电压来替代这 4 个结点的电压，而这些定义了电压的点在长度上会有一个跳跃。若给出施加的电场 $\hat{E}=(Ex, Ey, Ez)$，那么平均来讲这些结点间会有一个 $-E_x nx$ 的电压降。因此，第 m 个像素的能量表达式中所用到的电压为：$u_1=u_1(\mathrm{m})$；$u_2=u_1(M)-E_x nx$；$u_3=u_4(M)-E_x nx$；$u_4=u_4(m)$；$u_5=u_5(m)$；$u_6=u_5(M)-E_x nx$；$u_7=u_8(M)-E_x nx$；$u_8=u_8(m)$。

对于边界上的单元，结点电压可记为 $u_r=U_r+\delta_r$，其中 U_r 为 $ib(m,n)$提供的 8 向量的电压，δ_r 是一个 8 向量的校正因子，根据单元所在的位置调整。在计算角、边或面上的单元能量时，邻点数组 ib 从全部图像中选取合适的结点电压，把选取的电压加到能量的表达式（1.17）中，则像素的刚度矩阵表达式可写为

$$E_{\mathrm{n}} = \frac{1}{2}\left[\mu_r \boldsymbol{D}_{rs} \mu_s + 2\delta_r \boldsymbol{D}_{rs} \mu_s + \delta_r \boldsymbol{D}_{rs} \delta_s\right] \tag{1.19}$$

式（1.19）给出了一项结点电压的二次式、一项结点电压的线性式及一项与结点电压相关的常数项。在讨论的特殊情形下，$i=nx$，$j<ny$，$k<nz$，δ_r 中的 8 个向量分别为：$\delta_1=0$，$\delta_2=-E_x nx$，$\delta_3=-E_x nx$，$\delta_4=0$，$\delta_5=0$，$\delta_6=-E_x nx$，$\delta_7=-E_x nx$，$\delta_8=0$。

式（1.19）可写为

$$E_{\mathrm{n}} = \frac{1}{2}\mu_r \boldsymbol{D}_{rs} \mu_s + b_r \mu_r + C \tag{1.20}$$

式中

$$b_r = \delta_r \boldsymbol{D}_{rs}, \quad C = \frac{1}{2}\delta_r \boldsymbol{D}_{rs} \delta_s \tag{1.21}$$

将每个单元加起来，形成一个全局数组 b，给出随电压线性变化的能量和一个全局常数 C。对 b 和 C 有贡献的只有单元边界上有结点并且具有非零的刚度矩阵的单元，要想有效地去除周期性边界，需在图像周围加上一层绝缘层，使 b 和 C 为 0，就可以生成非周期性边界[8]。表 1.10 给出了数字岩心各个面、边和角等边界上 δ_r 的表达式。

表 1.10　三维数字岩心各表面、边和角处的 δ_r 表达式

r	$i=nx$	$j=ny$	$k=nz$	$i=nx$ $j=ny$	$i=nx$ $k=nz$	$j=ny$ $k=nz$	$i=nx$ $j=n$ $k=nz$
1	0	0	0	0	0	0	0
2	$-E_x nx$	0	0	$-E_x nx$	$-E_x nx$	0	$-E_x nx$
3	$-E_x nx$	$-E_y ny$	0	$-E_x nx$ $-E_y ny$	$-E_x nx$	$-E_y ny$	$-E_x nx$ $-E_y ny$
4	0	$-E_y ny$	0	$-E_y ny$	0	$-E_y ny$	$-E_y ny$
5	0	0	$-E_z nz$	0	$-E_z nz$	$-E_z nz$	$-E_z nz$
6	$-E_x nx$	0	$-E_z nz$	$-E_x nx$	$-E_x nx$ $-E_z nz$	$-E_z nz$	$-E_x nx$ $-E_z nz$
7	$-E_x nx$	$-E_y ny$	$-E_z nz$	$-E_x nx$ $-E_y ny$	$-E_x nx$ $-E_z nz$	$-E_y ny$ $-E_z nz$	$-E_x nx$ $-E_y ny$ $-E_z nz$
8	0	$-E_y ny$	$-E_z nz$	$-E_y ny$	$-E_z nz$	$-E_y ny$ $-E_z nz$	$-E_y ny$ $-E_z nz$

建立总能量的等式后，接下来要找到能够使系统能量最小的一系列电压，可以采用共轭梯度法计算。完成这一目标需要计算能量的梯度。能量梯度是一个包含了能量对所有结点电压的偏微分的向量，它只有十分小时才可以逼近精确解，当它为 0 时的解就是精确解。能量梯度表达式为

$$\frac{\partial E_{\mathrm{n}}}{\partial \mu_m} = \boldsymbol{A}_{mn}\mu_n + b_m \tag{1.22}$$

式中：$\boldsymbol{A}_{mn}$ 和 b_m 为全局量，包括了所有关于 U_m 的项。

由靠一个结点 m 连接的 8 个单元的刚度矩阵 $\boldsymbol{D}_{rs}$ 建立起全局矩阵 $\boldsymbol{A}_{mn}$。矩阵 $\boldsymbol{A}_{mn}$ 很大，但很稀疏，为广义稀疏矩阵。在计算中若只通过单个单元的刚度矩阵和适当的编号系统来计算 $\boldsymbol{A}_{mn}$ 和 u_n，必须使用正确的 $\boldsymbol{D}_{rs}$ 项代替 $\boldsymbol{A}_{mn}$ 项。

1.3.3 溶蚀孔、洞型碳酸盐岩储层导电性数值模拟

碳酸盐岩的骨架主要以几乎绝缘的石灰岩和白云岩为主，其导电能力主要取决于储集空间中的流体性质和流体分布情况。而碳酸盐岩储层的基质孔隙非常小，其导电性受次生的溶蚀孔、洞的影响比较大，所以本节选取多个溶蚀孔、洞型碳酸盐岩数字岩心样品，对具有不同孔隙度、地层水矿化度、润湿性及饱和度等微观因素的储层展开模拟，并进行对比研究，重点研究孔隙度和流体分布对碳酸盐岩导电性能的影响。

1. 孔隙度的影响

碳酸盐岩储层孔隙空间结构复杂，各向异性强。因此，研究碳酸盐岩储层中的孔隙变化对储层导电性的影响非常重要。

将图 1.13 中所展示的数字岩心大小均为 200×200×200 像素的岩样①～⑧进行数值模拟，可以得到对应方向的等效电阻率（表 1.11），进而可以得出 F-ϕ 关系数据（表 1.12）。将 8 个岩样 x、y 和 z 方向的地层因素和孔隙度进行汇总交会，得到交会图 1.15。从图 1.15 中可以看出，碳酸盐岩储层整体上大致满足阿奇公式。该 400×400×400 像素大小的碳酸盐岩数字岩心在 x 方向的 a 为 0.921，m 为 2.24；在 y 方向的 a 为 0.893，m 为 2.18；在 z 方向的 a 为 0.88，m 为 2.3。

表 1.11　数字岩心样品①～⑧数值模拟地层因素与孔隙度数据成果表

样品	孔隙度 ϕ/%	岩石骨架体积 V_{ma}	地层水电阻率 R_w/(Ω·m)	x 方向等效电阻率 R_x/(Ω·m)	y 方向等效电阻率 R_y/(Ω·m)	z 方向等效电阻率 R_z/(Ω·m)
①	17.6	0.824	1.0	48.48	53.00	52.08
②	19.4	0.806	1.0	50.26	42.00	68.02
③	25.7	0.743	1.0	15.45	14.93	14.98
④	21.2	0.788	1.0	29.37	38.00	27.67
⑤	19.3	0.807	1.0	26.16	25.27	33.03
⑥	21.8	0.782	1.0	37.15	16.10	29.39

续表

样品	孔隙度 ϕ/%	岩石骨架体积 V_{ma}	地层水电阻率 R_w/(Ω·m)	x 方向等效电阻率 R_x/(Ω·m)	y 方向等效电阻率 R_y/(Ω·m)	z 方向等效电阻率 R_z/(Ω·m)
⑦	26.5	0.735	1.0	19.41	13.93	17.23
⑧	34.4	0.656	1.0	8.27	8.35	8.81

表 1.12　数字岩心样品①和③数值模拟地层因素与孔隙度数据成果

样品	岩心模型	孔隙度 ϕ/%	骨架体积 V_{ma}	地层水电阻率 R_w/(Ω·m)	x 方向地层因素 F_x	y 方向地层因素 F_y	z 方向地层因素 F_z
①	S_1	10.1	0.899	1.00	264.52	452.10	222.49
	S1	27.3	0.727	1.00	17.62	22.63	17.62
	S2	33.3	0.667	1.00	10.93	13.50	10.90
	S3	43.0	0.570	1.00	5.97	7.16	6.35
	S	17.6	0.824	1.00	48.23	86.76	51.89
③	S_3	10.9	0.891	1.00	133.79	112.46	94.09
	S_2	15.5	0.845	1.00	63.38	46.27	36.88
	S_1	20.3	0.797	1.00	27.14	23.65	21.86
	S	25.7	0.743	1.00	15.45	14.93	14.98

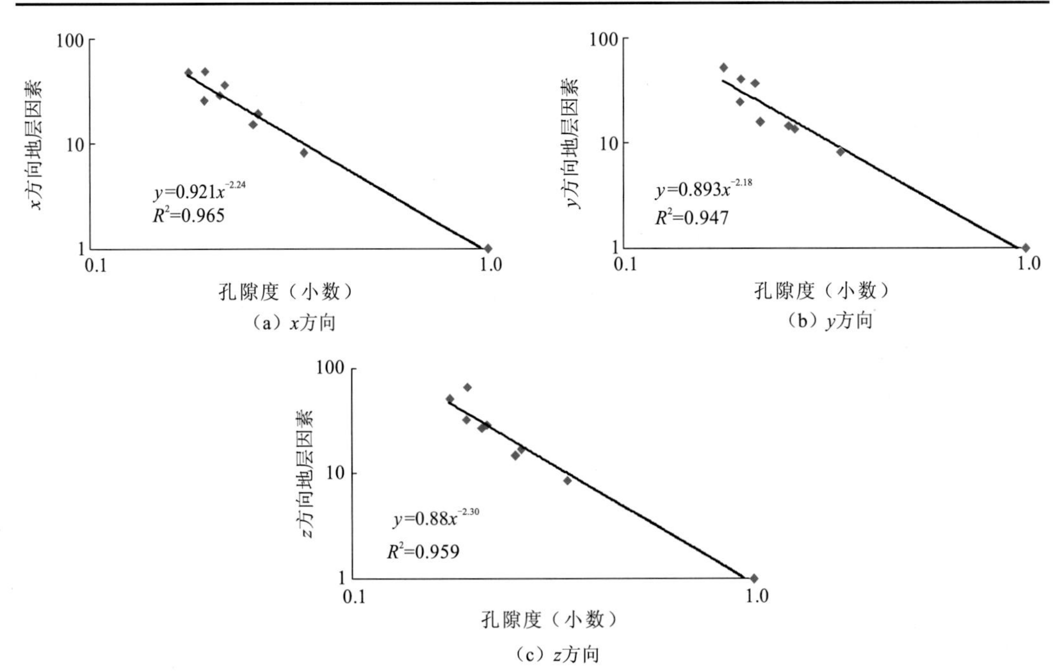

图 1.15　数字岩心样品①～⑧地层因素与孔隙度交会图

但是，图 1.15 中也反映出碳酸盐岩的 F-ϕ 关系较为离散，并不完全满足幂函数的关系。因此，基于 1.3.1 小节中利用数学形态法建立的相同孔隙结构不同孔隙大小的数字岩心模型，利用有限元法对其进行数值模拟，从而确定碳酸盐岩储层中孔隙度这一单因素对其导电性的影响。

基于数字岩心样品①和样品③分别进行腐蚀运算和膨胀运算，得到具有相同孔隙形态和迂曲度、不同孔隙度大小的岩心模型。表 1.12 为数字岩心样品①和样品③数值模拟的地层因素与孔隙度详细数据成果表。表中 S 代表样品①或样品③原始的岩心模型，而 S_1、S_2、S_3 是以 1、2、3 个像素为半径的球体为结构元素进行腐蚀运算得出的岩心模型；S1、S2、S3 是以 1、2、3 像素半径的球体为结构元素进行膨胀运算得出的岩心模型。

图 1.16 和图 1.17 分别展示了数字岩心样品①和样品③在 x、y 和 z 三个方向上的地层因素和孔隙度之间的关系。数字岩心样品①在 x 方向的 a 为 0.847，m 为 2.40；在 y 方向的 a 为 0.823，m 为 2.67；在 z 方向的 a 为 0.9，m 为 2.35。数字岩心样品③在 x 方向的 a 为 0.921，m 为 2.20；在 y 方向的 a 为 0.938，m 为 2.9；在 z 方向的 a 为 0.969，m 为 2。这一结果与图 1.15 展示的数字岩心整体的结果较为接近。

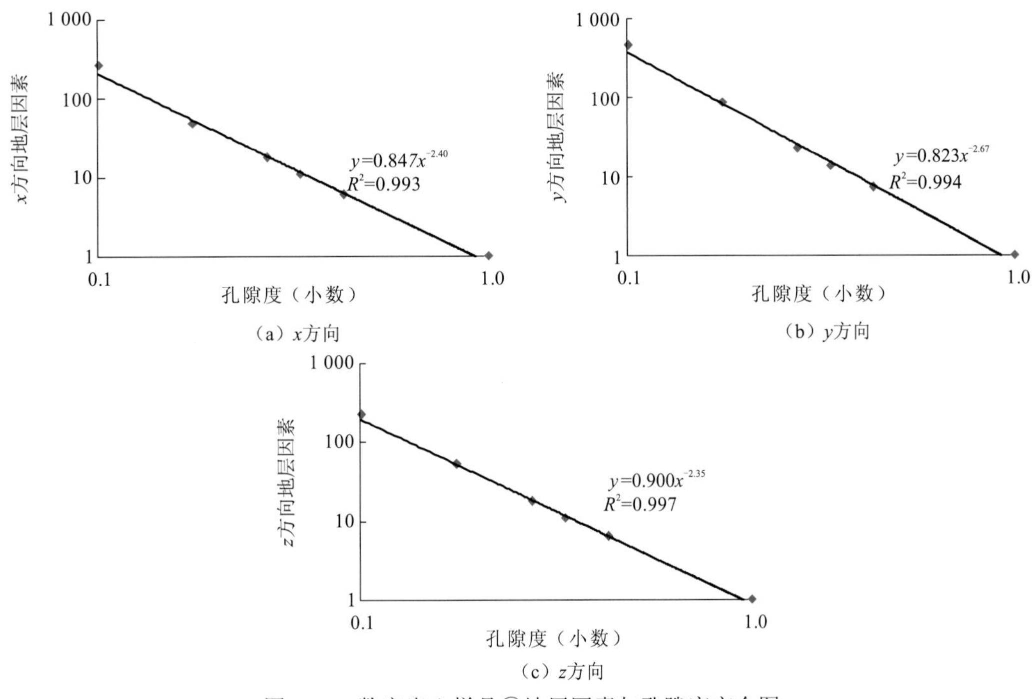

图 1.16　数字岩心样品①地层因素与孔隙度交会图

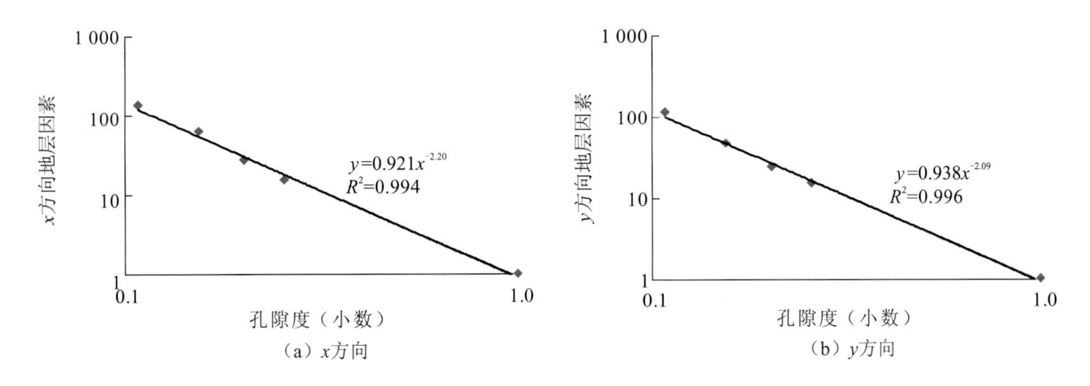

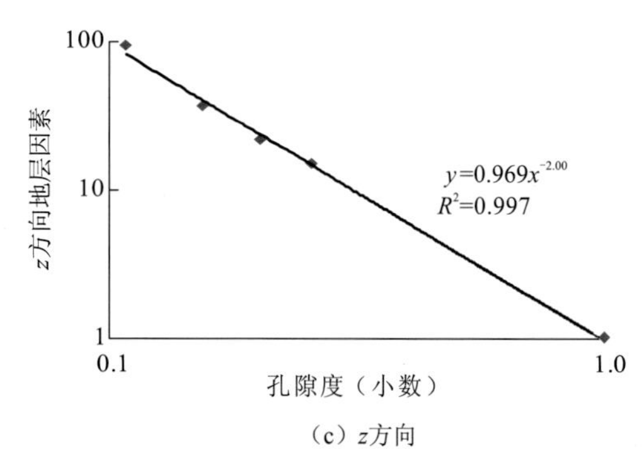

（c）z方向

图 1.17　数字岩心样品③地层因素与孔隙度交会图

图 1.16 和图 1.17 中样品①和样品③的 F - ϕ 关系相关性均在 0.99 以上，相关性非常高。这种现象说明图 1.15 中较为离散的 F - ϕ 关系主要受孔隙的形态和迂曲度等孔隙结构的影响，而与孔隙的大小几乎没有关系。

2. 地层水的影响

纯灰岩或纯白云岩碳酸盐岩是由固体骨架及孔隙空间组成，而固体骨架几乎不导电，所以孔隙空间的结构形态和流体电导率对岩石的导电性影响非常大。流体主要由油气和水组成，而油气的电阻率非常高，所以碳酸盐岩的电阻率主要受地层水的分布、饱和度及矿化度的影响。

一般情况下，地层水中有 NaCl、KCl、$MgSO_4$ 和 Na_2SO_4 等不同导电性的盐类。在实际应用中，将它们换算成等效 NaCl 的矿化度，进而通过式（1.23）转换成对应的 24 ℃条件下地层水电阻率。

$$R_w = 0.012\,3 + \frac{3\,647.5}{(\text{等效NaCl矿化度})^{0.955}} \tag{1.23}$$

基于此公式，利用有限元法模拟不同矿化度条件下的碳酸盐岩导电性。选择的地层水电导率为 1 S/m、2 S/m、3 S/m、5 S/m、7 S/m 和 10 S/m，其所对应的地层水矿化度为 5 438 mg/L、11 386 mg/L、17 642 mg/L、30 946 mg/L、45 259 mg/L 和 68 651 mg/L。

基于膨胀运算对碳酸盐岩数字岩心样品①进行处理，得到多个具有不同孔隙度的岩心模型。基于这些模型利用有限元法模拟可得到不同孔隙度条件下地层水矿化度对储层电阻率的影响（表 1.13）。表中岩心模型一栏中 S 代表样品①原始的岩心模型，S1、S2、S3 是以 1、2、3 像素半径的球体为结构元素进行膨胀运算得出的岩心模型。

表 1.13　数字岩心样品①数值模拟地层因素与孔隙度数据成果表

岩心模型	孔隙度 ϕ/%	岩石骨架体积 V_{ma}	地层水电导率 C_w/（S/m）	x 方向等效电阻率 R_x/（Ω · m）	y 方向等效电阻率 R_y/（Ω · m）	z 方向等效电阻率 R_z/（Ω · m）	x 方向地层因素 F_x	y 方向地层因素 F_y	z 方向地层因素 F_z
S	17.6	0.824	1.0	48.23	86.76	51.89	48.23	86.76	51.89
S	17.6	0.824	2.0	24.12	43.38	25.95	48.23	86.76	51.89
S	17.6	0.824	3.0	16.03	29.18	17.45	48.10	87.54	52.35
S	17.6	0.824	5.0	9.61	17.51	10.44	48.06	87.57	52.18
S	17.6	0.824	7.0	6.92	12.25	7.45	48.47	85.73	52.14

续表

岩心模型	孔隙度 ϕ/%	岩石骨架体积 V_{ma}	地层水电导率 C_w/(S/m)	x方向等效电阻率 R_x/(Ω·m)	y方向等效电阻率 R_y/(Ω·m)	z方向等效电阻率 R_z/(Ω·m)	x方向地层因素 F_x	y方向地层因素 F_y	z方向地层因素 F_z
S	17.6	0.824	10.0	4.81	8.76	5.22	48.06	87.57	52.18
S1	27.3	0.727	1.0	17.62	22.63	17.62	17.62	22.63	17.62
S1	27.3	0.727	2.0	8.81	11.31	8.81	17.62	22.63	17.62
S1	27.3	0.727	3.0	5.88	7.48	5.89	17.63	22.45	17.67
S1	27.3	0.727	5.0	3.53	4.49	3.53	17.65	22.46	17.66
S1	27.3	0.727	7.0	2.52	3.23	2.52	17.63	22.59	17.61
S1	27.3	0.727	10.0	1.76	2.25	1.77	17.65	22.46	17.66
S2	33.3	0.667	1.0	10.93	13.50	10.90	10.93	13.50	10.90
S2	33.3	0.667	2.0	5.46	6.75	5.45	10.93	13.50	10.90
S2	33.3	0.667	3.0	3.70	4.61	3.62	11.10	13.82	10.87
S2	33.3	0.667	5.0	2.18	2.70	2.18	10.91	13.50	10.88
S2	33.3	0.667	7.0	1.56	1.93	1.55	10.93	13.51	10.88
S2	33.3	0.667	10.0	1.09	1.35	1.09	10.91	13.50	10.88
S3	43.0	0.570	1.0	5.97	7.16	6.35	5.97	7.16	6.35
S3	43.0	0.570	2.0	2.99	3.58	3.17	5.97	7.16	6.35
S3	43.0	0.570	3.0	2.02	2.38	2.07	6.05	7.13	6.22
S3	43.0	0.570	5.0	1.19	1.43	1.27	5.97	7.15	6.34
S3	43.0	0.570	7.0	0.85	1.02	0.91	5.97	7.15	6.34
S3	43.0	0.570	10.0	0.60	0.72	0.63	5.97	7.15	6.34

图 1.18 展示了数字岩心样品①在不同孔隙度条件下 X、Y 和 Z 三个方向上电阻率与地层水电导率的关系。从该图中可以看出以下几点。

（1）纯骨架碳酸盐岩储层电阻率与地层水的电导率呈对数线性相关关系。

（2）相同地层水电导率条件下，随着孔隙度的增加，储层电阻率降低。

（3）纯骨架碳酸盐岩储层中，多种孔隙度条件下的曲线均相互平行，说明电阻率减小的速率和孔隙度的关系不大。

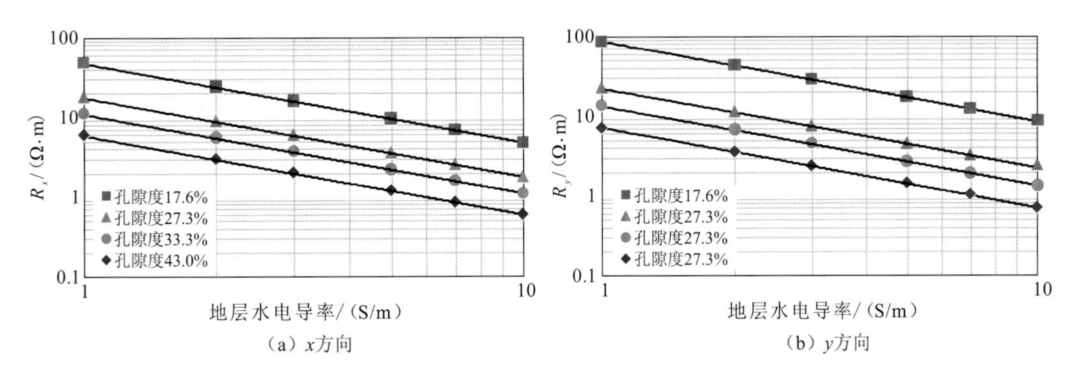

（a）x方向　　（b）y方向

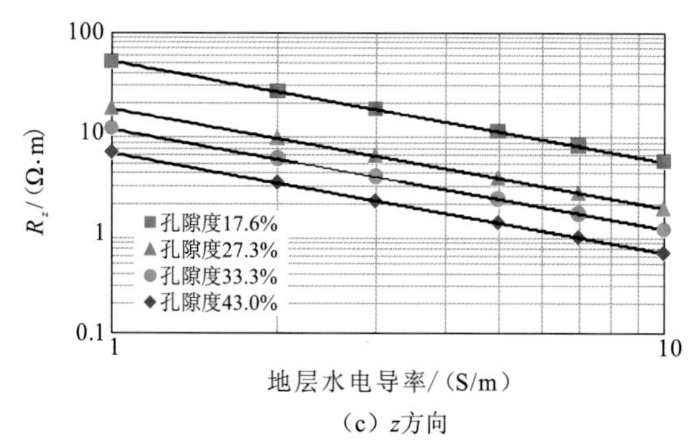

（c）z方向

图 1.18 数字岩心样品①不同孔隙度条件下电阻率与地层水电导率关系图

（4）结合表 1.13 可看出，在相同孔隙度条件下，三个方向的地层因素几乎不变，说明地层因素与地层水电导率没有关系。

对碳酸盐岩数字岩心样品③进行闭运算处理，模拟饱含不同电导率地层水的油湿岩石的油驱水过程。如表 1.14 所示，岩心模型一栏中的 Sw0～Sw5 代表以 0～5 像素半径的球体为结构元素进行闭运算得到的不同饱和度岩心模型，基于这些模型利用有限元法模拟了不同含水饱和度条件下地层水矿化度对储层电阻率的影响。

表 1.14 数字岩心样品③数值模拟储层电阻率与饱和度数据成果

岩心模型	水体积 V_w	骨架体积 V_{ma}	油体积 V_o	水饱和度 S_w	水电导率 C_w/（S/m）	x 方向电阻率 R_x/（Ω·m）	y 方向电阻率 R_y/（Ω·m）	z 方向电阻率 R_z/（Ω·m）
Sw0	0.257	0.743	0.000	1.000	1.00	15.45	14.93	14.98
Sw1	0.243	0.743	0.014	0.947	1.00	20.16	17.98	17.29
Sw2	0.227	0.743	0.030	0.883	1.00	26.91	24.75	20.24
Sw3	0.215	0.743	0.042	0.837	1.00	28.65	28.83	23.56
Sw4	0.195	0.743	0.063	0.757	1.00	37.06	40.19	33.50
Sw5	0.169	0.743	0.089	0.656	1.00	59.16	90.57	52.50
Sw0	0.257	0.743	0.000	1.000	2.00	7.67	7.46	7.50
Sw1	0.243	0.743	0.014	0.947	2.00	10.06	9.06	8.61
Sw2	0.227	0.743	0.030	0.883	2.00	13.44	12.43	10.08
Sw3	0.215	0.743	0.042	0.837	2.00	14.29	14.43	11.68
Sw4	0.195	0.743	0.063	0.757	2.00	18.32	20.21	17.11
Sw5	0.169	0.743	0.089	0.656	2.00	30.25	44.84	26.11
Sw0	0.257	0.743	0.000	1.000	3.00	5.10	4.98	5.01
Sw1	0.243	0.743	0.014	0.947	3.00	6.67	6.05	5.74
Sw2	0.227	0.743	0.030	0.883	3.00	8.94	8.30	6.73
Sw3	0.215	0.743	0.042	0.837	3.00	9.47	9.63	7.83
Sw4	0.195	0.743	0.063	0.757	3.00	12.12	13.52	11.43
Sw5	0.169	0.743	0.089	0.656	3.00	19.61	30.73	17.24
Sw0	0.257	0.743	0.000	1.000	5.00	3.07	2.99	3.01

续表

岩心模型	水体积 V_w	骨架体积 V_{ma}	油体积 V_o	水饱和度 S_w	水电导率 C_w/（S/m）	x 方向电阻率 R_x/（Ω·m）	y 方向电阻率 R_y/（Ω·m）	z 方向电阻率 R_z/（Ω·m）
Sw1	0.243	0.743	0.014	0.947	5.00	4.00	3.63	3.44
Sw2	0.227	0.743	0.030	0.883	5.00	5.29	4.97	4.03
Sw3	0.215	0.743	0.042	0.837	5.00	5.71	5.77	4.68
Sw4	0.195	0.743	0.063	0.757	5.00	7.36	8.11	6.73
Sw5	0.169	0.743	0.089	0.656	5.00	11.78	18.44	10.33
Sw0	0.257	0.743	0.000	1.000	7.00	2.20	2.13	2.14
Sw1	0.243	0.743	0.014	0.947	7.00	2.87	2.58	2.47
Sw2	0.227	0.743	0.030	0.883	7.00	3.94	3.55	2.85
Sw3	0.215	0.743	0.042	0.837	7.00	4.06	4.13	3.37
Sw4	0.195	0.743	0.063	0.757	7.00	5.24	5.77	4.88
Sw5	0.169	0.743	0.089	0.656	7.00	8.36	13.64	7.33
Sw0	0.257	0.743	0.000	1.000	10.00	1.53	1.49	1.50
Sw1	0.243	0.743	0.014	0.947	10.00	2.00	1.82	1.72
Sw2	0.227	0.743	0.030	0.883	10.00	2.64	2.49	2.02
Sw3	0.215	0.743	0.042	0.837	10.00	2.85	2.89	2.34
Sw4	0.195	0.743	0.063	0.757	10.00	3.68	4.05	3.36
Sw5	0.169	0.743	0.089	0.656	10.00	5.99	9.04	5.23

图 1.19 展示了数字岩心样品③在不同地层水电导率条件下 x、y 和 z 三个方向上电阻率与含水饱和度的关系。从该图中可以看出以下几点。

（1）不同地层水电导率的纯骨架碳酸盐岩电阻率均与含水饱和度呈现对数线性负相关关系。

（2）相同含水饱和度的条件下，随着地层水电导率的升高，储层电阻率降低。

（3）纯骨架碳酸盐岩储层中，不同种类地层水电导率的电阻率与含水饱和度曲线均相互平行，说明电阻率减小的速率和地层水电导率的关系不大。

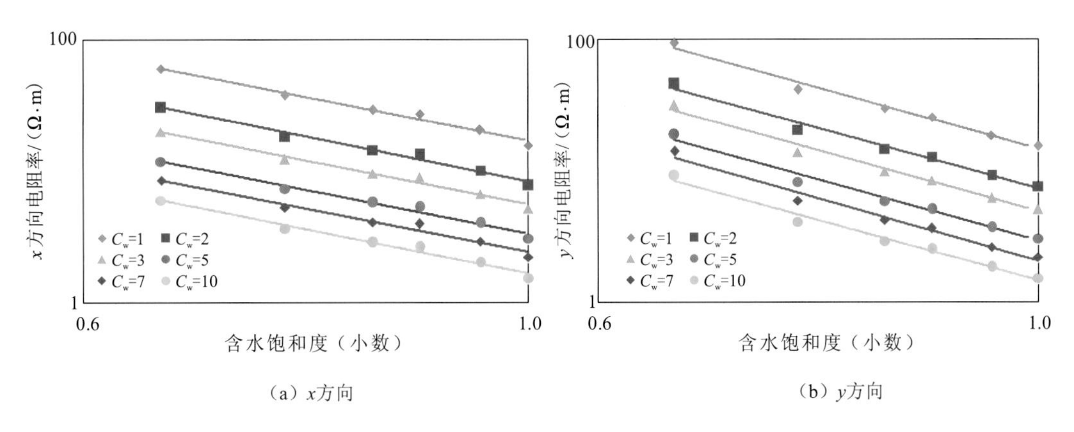

（a）x方向　　（b）y方向

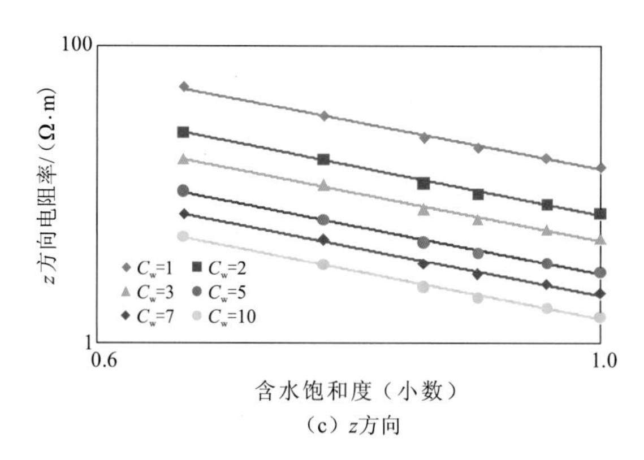

（c）z方向

图 1.19　数字岩心样品③不同饱和度条件下电阻率与地层水电导率关系图

3. 流体分布的影响

基于大小为 200×200×200 像素的 X-CT 三维数字岩心样品③，利用数学形态法的闭运算模拟孔隙空间的水驱饱含油的水湿岩石过程，建立不同含水饱和度的岩石模型。如表 1.15 所示，S4~S18 是以 4~18 像素半径的球体为结构元素进行闭运算得到的不同含水饱和度的岩心模型。另外，设所含地层水电导率为 1 S/m，骨架电导率为 0 S/m，利用有限元法进行数值模拟计算得到不同岩样 x、y 和 z 方向上的电阻率增大指数。

表 1.15　数字岩心样品③数值模拟储层含水饱和度与电阻率增大指数数据成果

样品	岩心模型	油体积 V_o	骨架体积 V_{ma}	水体积 V_w	水饱和度 S_w	地层水电导率 C_w/（S/m）	x 方向电阻率增大指数 I_x	y 方向电阻率增大指数 I_y	z 方向电阻率增大指数 I_z
③	S4	0.195	0.743	0.063	0.243	1.0	69.00	40.46	64.99
	S5	0.169	0.743	0.089	0.344	1.0	20.35	11.69	15.13
	S6	0.145	0.743	0.112	0.436	1.0	8.58	5.85	7.34
	S7	0.128	0.743	0.129	0.500	1.0	5.72	3.75	4.81
	S8	0.092	0.743	0.166	0.644	1.0	2.69	2.05	2.38
	S9	0.079	0.743	0.178	0.693	1.0	2.36	1.80	2.07
	S10	0.069	0.743	0.188	0.730	1.0	2.14	1.69	1.88
	S12	0.048	0.743	0.209	0.814	1.0	1.70	1.45	1.49
	S15	0.031	0.743	0.226	0.880	1.0	1.38	1.27	1.28
	S18	0.004	0.743	0.254	0.986	1.0	1.03	1.04	1.03

图 1.20 为数字岩心样品③数值模拟后得到的电阻率增大指数与含水饱和度交会图。通过观察图中电阻率增大指数与含水饱和度关系曲线的变化趋势具有以下特征。

（1）含水饱和度在图 1.20 中为 60%时（黄线部分）出现两种不同的曲线趋势形态。

（2）当含水饱和度大于 60%时，在 x、y 和 z 方向上的饱和度指数 n_x 为 2.25，n_y 为 1.54，n_z 为 1.97，均较为接近 2，比较符合阿奇公式。

（3）当含水饱和度小于 60%时，在 x、y 和 z 方向上的饱和度指数 n_x 为 3.48，n_y 为 3.28，n_z 为 3.6，较之含水饱和度大于 60%时，非阿奇特征比较明显。

综上所述，同一碳酸盐岩储层中的饱和度指数 n 是会随着 S_w 变化的。另外，阿奇公式更加适用于含水饱和度大于 60%的碳酸盐岩储层的饱和度计算。

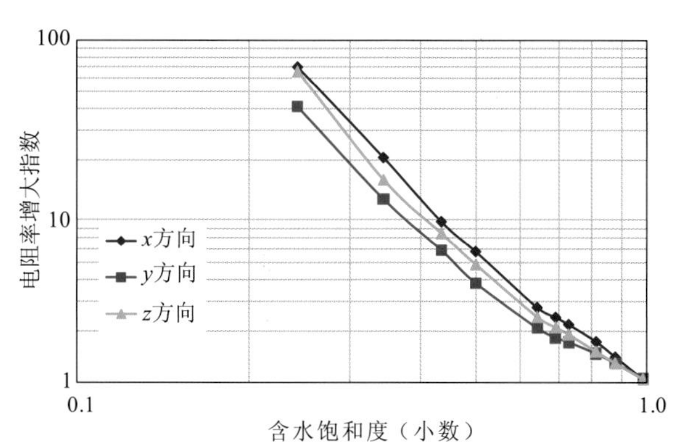

图 1.20　数字岩心样品③电阻率增大指数和含水饱和度交会图

储层中的流体分布主要受润湿性的控制，对储层导电性影响非常大。一般情况下，在储集空间中，润湿性流体会附着在孔隙的表面，占据较小的孔隙空间，非润湿性流体则占据着较大的孔隙空间。另外，润湿性流体在低饱和度时也可以继续保持着延续性，但是非润湿性流体则必须要达到一定的饱和度。

基于三维数字岩心样品③，利用数学形态法的闭运算分别模拟孔隙空间的油驱饱含水的水湿岩石过程和油驱饱含水的油湿岩石过程，并建立不同含水饱和度的岩石模型。如表 1.16 所示，Pw7～Pw18 是以 7～18 像素半径的球体为结构元素进行闭运算得到的不同含水饱和度的水湿岩心模型；Po1～Po5 是以 1～5 像素为结构元素经过同样处理得到的油湿岩心模型。另外，由于含水饱和度在小于 60%时出现了非阿奇现象，选择含水饱和度大于 60%的岩心模型进行模拟和比较。

表 1.16　数字岩心样品③数值模拟不同润湿性的储层电阻率增大指数变化成果

润湿性	岩心模型	水体积 V_w	油体积 V_o	骨架体积 V_{ma}	水饱和度 S_w	水电导率 C_w/（S/m）	x 方向电阻率增大指数 I_x	y 方向电阻率增大指数 I_y	z 方向电阻率增大指数 I_z
水湿	Pw7	0.129	0.128	0.743	0.500	1.0	5.72	3.75	4.81
	Pw8	0.166	0.092	0.743	0.644	1.0	2.69	2.05	2.38
	Pw9	0.178	0.079	0.743	0.693	1.0	2.36	1.80	2.07
	Pw10	0.188	0.069	0.743	0.730	1.0	2.14	1.69	1.88
	Pw12	0.209	0.048	0.743	0.814	1.0	1.70	1.45	1.49
	Pw15	0.226	0.031	0.743	0.880	1.0	1.38	1.27	1.28
	Pw18	0.254	0.004	0.743	0.986	1.0	1.03	1.04	1.03
油湿	Po1	0.243	0.014	0.743	0.947	1.0	1.30	1.20	1.15
	Po2	0.227	0.030	0.743	0.883	1.0	1.74	1.66	1.35

续表

润湿性	岩心模型	水体积 V_w	油体积 V_o	骨架体积 V_{ma}	水饱和度 S_w	水电导率 C_w/（S/m）	x 方向电阻率增大指数 I_x	y 方向电阻率增大指数 I_y	z 方向电阻率增大指数 I_z
油湿	Po3	0.215	0.042	0.743	0.837	1.0	1.85	1.93	1.57
	Po4	0.195	0.063	0.743	0.757	1.0	2.40	2.69	2.24
	Po5	0.169	0.089	0.743	0.656	1.0	3.83	6.07	3.50

图 1.21 为不同润湿性的岩样数值模拟后得到的电阻率增大指数与含水饱和度的交会图。通过观察图中油湿和水湿的曲线的变化趋势可以发现如下特征。

（1）相同含水饱和度条件下，油湿岩石的电阻率要明显大于水湿岩石的电阻率，尤其是在其含水饱和度较低时的差距更大。

（2）油湿岩石的饱和度指数明显大于水湿岩石。油湿岩石在 x、y 和 z 方向上的饱和度指数分别为 3.00、4.15 和 3.00，而水湿岩石分别为 2.44、1.80 和 2.20。

出现上述现象的原因是润湿性可以影响不同含水饱和度条件下储集孔隙中的相关流体的分布。水湿条件下，水相主要填满小孔隙，油相则填满了大孔隙，因此水湿相比较于油湿相岩石存有更多的导电通道，导电性能更好。因此，在利用阿奇公式计算含水饱和度时，确定岩石的润湿性非常重要。

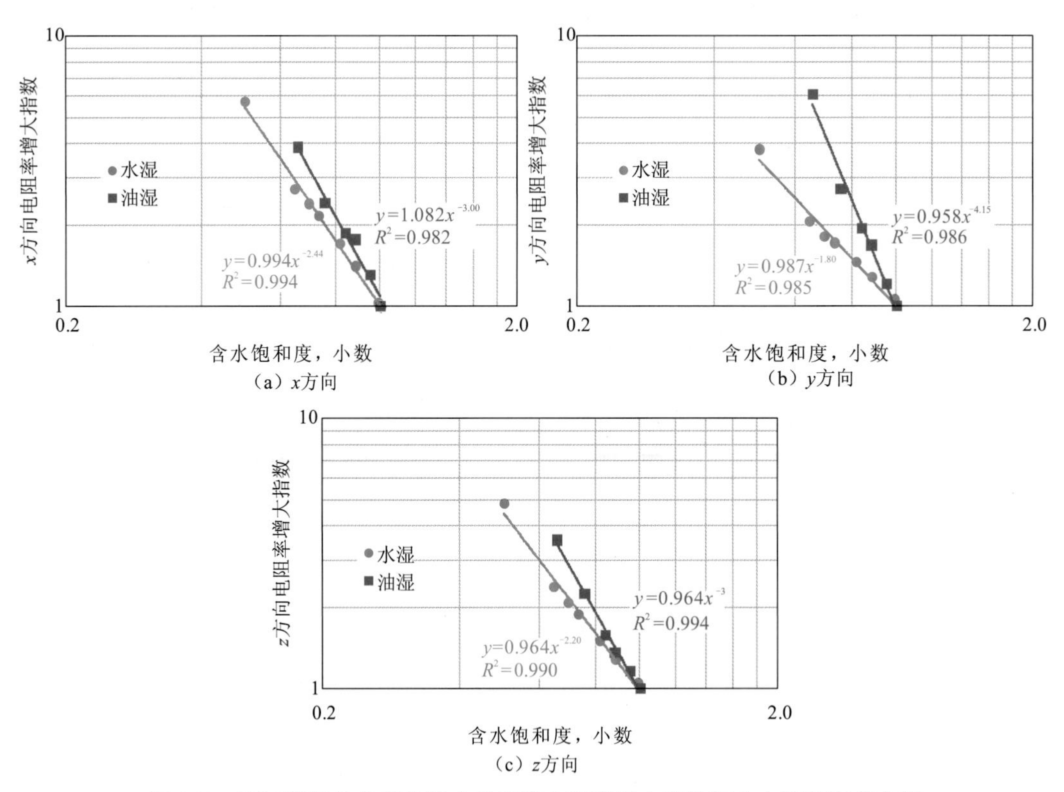

图 1.21 不同润湿性的数字岩心样品③电阻率增大指数和含水饱和度交会图

1.3.4 裂缝型碳酸盐岩储层导电性数值模拟

裂缝是碳酸盐岩储层中最基本的地质特征。裂缝是指岩石受到外力作用、失去内聚力而发生各种破裂或断裂所形成的切割岩石组构的片状空间。裂缝型储层一般存在于基质孔隙度相对较低的碳酸盐岩中。因此，裂缝的宽度和角度等发育情况的研究对储层导电性评价非常重要。但是，在实验室开展裂缝型储层的特性研究时，会遇到几个问题：①不同裂缝形态的裂缝型碳酸盐岩取心困难；②实验过程会破坏岩石裂缝的原始形态；③取心后裂缝宽度和角度等重要指标难以确定。

因此，使用物理方法研究裂缝对储层导电性的影响比较困难。但是，基于 X-CT 扫描的数字岩心建立不同宽度和角度的三维裂缝型碳酸盐岩岩心并利用数值模拟技术可以辅助解决这些问题。

虽然只对单条裂缝对碳酸盐岩储层导电性的影响进行研究，但是单条裂缝是构成岩石裂缝网络的基础，因此，本节通过对 1.3.1 小节建立的具有不同宽度和角度裂缝形态的数字岩心进行数值模拟，研究单条裂缝的宽度和角度对碳酸盐岩储层导电性的影响。

1. 裂缝宽度的影响

裂缝型碳酸盐岩储层中，由于原生基质孔隙较小，所以裂缝往往是最大的流体储集空间，控制着岩石储集空间中的流体分布。因此，裂缝对储层的导电性影响非常大，而裂缝的宽度是裂缝发育形态最基础的特征之一。

为研究裂缝宽度对岩石导电性的影响，基于 1.3.1 小节建立的不同裂缝宽度的数字岩心模型（图 1.12），令孔隙中全部充填地层水，水的电导率为 1 S/m，骨架的电导率为 0 S/m（图 1.22）。利用有限元法进行数字岩心的数值模拟，所得结果见表 1.17。该表中的岩心模型一栏中的 W1～W10 分别代表该样品的裂缝宽度为 1～10 像素，单位像素间距为 2.85 μm。

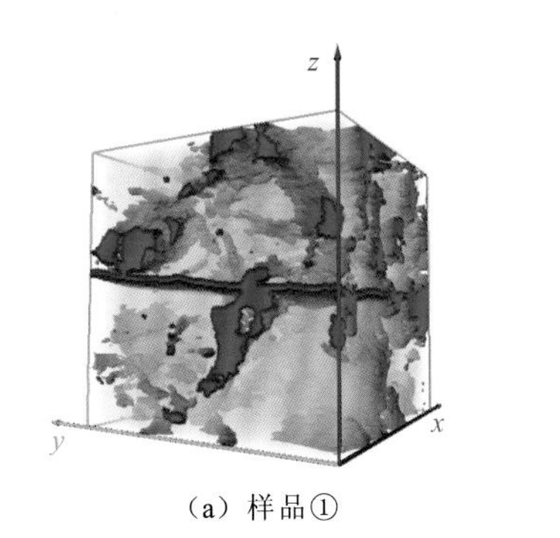

（a）样品①　　（b）样品③

图 1.22 裂缝型碳酸盐岩数字岩心样品示意图

表 1.17 样品①、③的不同宽度裂缝样品地层因素和孔隙度关系模拟结果

样品	岩心模型	裂缝宽度/μm	孔隙度 ϕ/%	骨架体积 V_{ma}	x 方向地层因素 F_x	y 方向底层因素 F_y	z 方向地层因素 F_z	x 方向胶结系数 m_x	y 方向胶结系数 m_y	z 方向胶结系数 m_z
①	W1	2.85	18.1	0.819	35.79	62.58	44.07	2.09	2.42	2.21
	W2	5.70	18.5	0.815	30.46	48.10	42.49	2.02	2.29	2.22

续表

样品	岩心模型	裂缝宽度/μm	孔隙度 ϕ/%	骨架体积 V_{ma}	x方向地层因素 F_x	y方向底层因素 F_y	z方向地层因素 F_z	x方向胶结系数 m_x	y方向胶结系数 m_y	z方向胶结系数 m_z
①	W3	8.55	18.9	0.811	26.67	39.35	41.75	1.97	2.21	2.24
	W4	11.40	19.3	0.807	23.51	33.54	41.33	1.92	2.14	2.27
	W5	14.25	19.8	0.802	20.97	29.28	41.00	1.88	2.08	2.29
	W6	17.10	20.2	0.798	18.81	25.50	40.91	1.83	2.02	2.32
	W7	19.95	20.6	0.794	17.12	22.09	40.92	1.80	1.96	2.35
	W8	22.80	21.0	0.79	15.66	19.57	41.01	1.76	1.91	2.38
	W9	25.65	21.4	0.786	14.47	17.76	40.94	1.74	1.87	2.41
	W10	28.50	21.9	0.781	13.46	16.30	40.85	1.71	1.84	2.44
③	W1	2.85	26.1	0.739	14.05	13.57	14.90	1.97	1.94	2.01
	W2	5.70	26.6	0.734	13.10	12.68	14.82	1.94	1.92	2.03
	W3	8.55	27.0	0.730	12.30	11.89	14.68	1.92	1.89	2.05
	W4	11.40	27.4	0.726	11.60	11.18	14.61	1.89	1.86	2.07
	W5	14.25	27.8	0.722	10.97	10.57	14.54	1.87	1.84	2.09
	W6	17.10	28.2	0.718	10.38	9.99	14.51	1.85	1.82	2.12
	W7	19.95	28.7	0.713	9.85	9.48	14.47	1.83	1.80	2.14
	W8	22.80	29.1	0.709	9.29	9.03	14.42	1.80	1.78	2.16
	W9	25.65	29.5	0.705	8.83	8.63	14.36	1.78	1.76	2.18
	W10	28.50	29.9	0.701	8.44	8.27	14.31	1.77	1.75	2.20

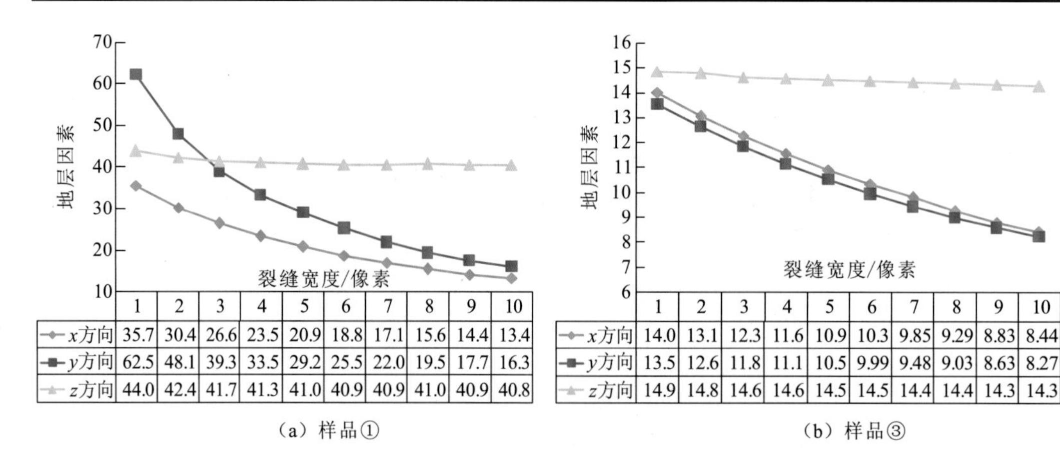

(a) 样品①　　(b) 样品③

图 1.23　样品①和样品③的地层因素和裂缝宽度交会图

从图 1.23 可以看出，两个样品在平行于裂缝方向的 x 和 y 方向的地层因素 F 随着裂缝宽度的增加而明显降低，但垂直于裂缝方向的地层因素 F 变化较小。对其进一步研究可知，随着裂缝型碳酸盐岩总孔隙度的增大，x 和 y 方向地层因素呈现明显的对数线性负相关关系，z 方向地层因素受总孔隙度的影响不明显，如图 1.24 和图 1.25 中红色点部分。

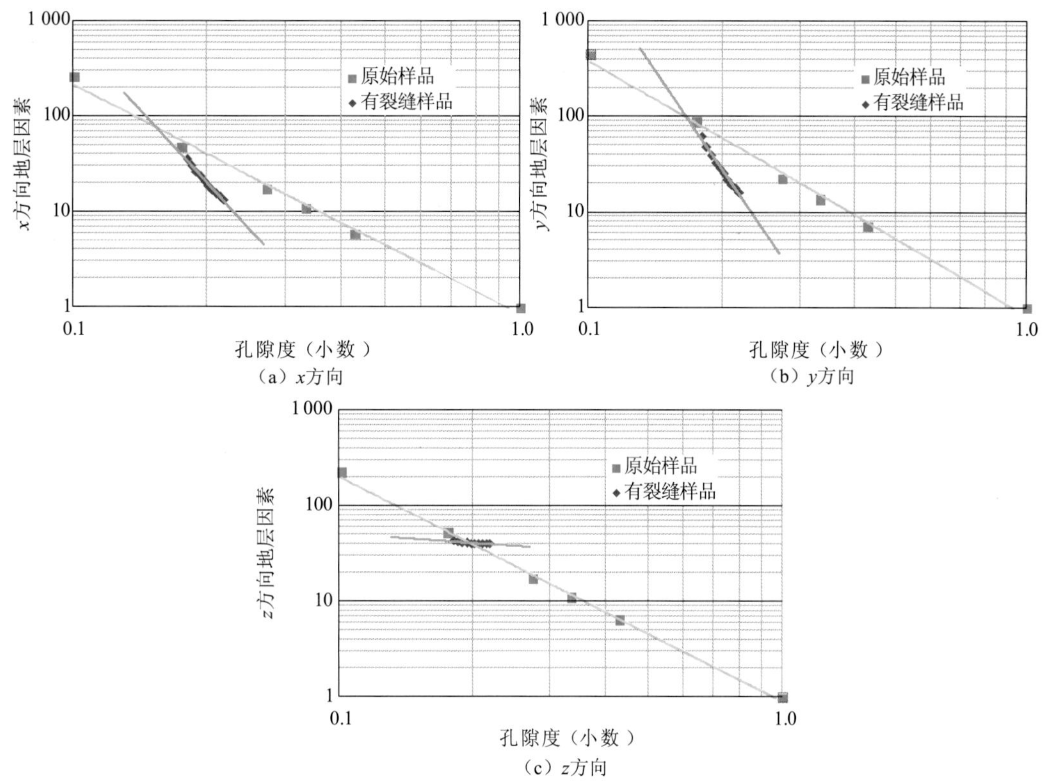

（a）x方向　（b）y方向　（c）z方向

图 1.24　样品①原始样品和不同宽度裂缝样品地层因素和孔隙度交会图

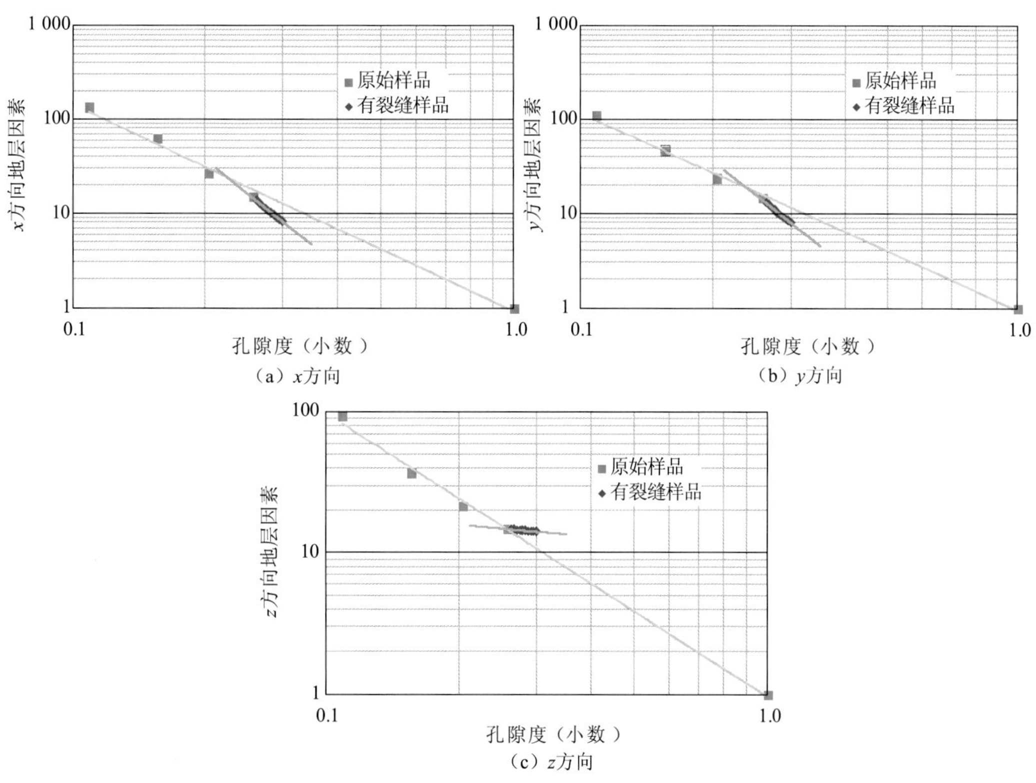

（a）x方向　（b）y方向　（c）z方向

图 1.25　样品③原始样品和不同宽度裂缝样品地层因素和孔隙度关系交会图

另外，根据胶结指数计算式：$M=-\lg F/\lg\phi$ 计算并制作胶结指数 m 和裂缝型数字岩心的总孔隙度的交会图（图 1.26）。从图中可以看出，平行于裂缝的 x 与 y 方向，胶结指数 m 随着孔隙度的增加而减小，而垂直于裂缝的 z 方向，胶结指数 m 随着孔隙度的增加而增大。出现该现象主要是因为充满地层水的水平裂缝相当于一条导电电路，在水平方向上相当于基质孔隙流体与裂缝孔隙流体并联，导致电阻率减小明显，而孔隙度变化较小，所以胶结指数下降。与此对应，在 z 方向则是相当于基质孔隙流体与电阻率极小的裂缝孔隙流体串联，导致电阻率变化不明显，而孔隙度变大，所以胶结指数上升。该结论与川东北海相碳酸盐岩的岩电实验结果吻合[11]。

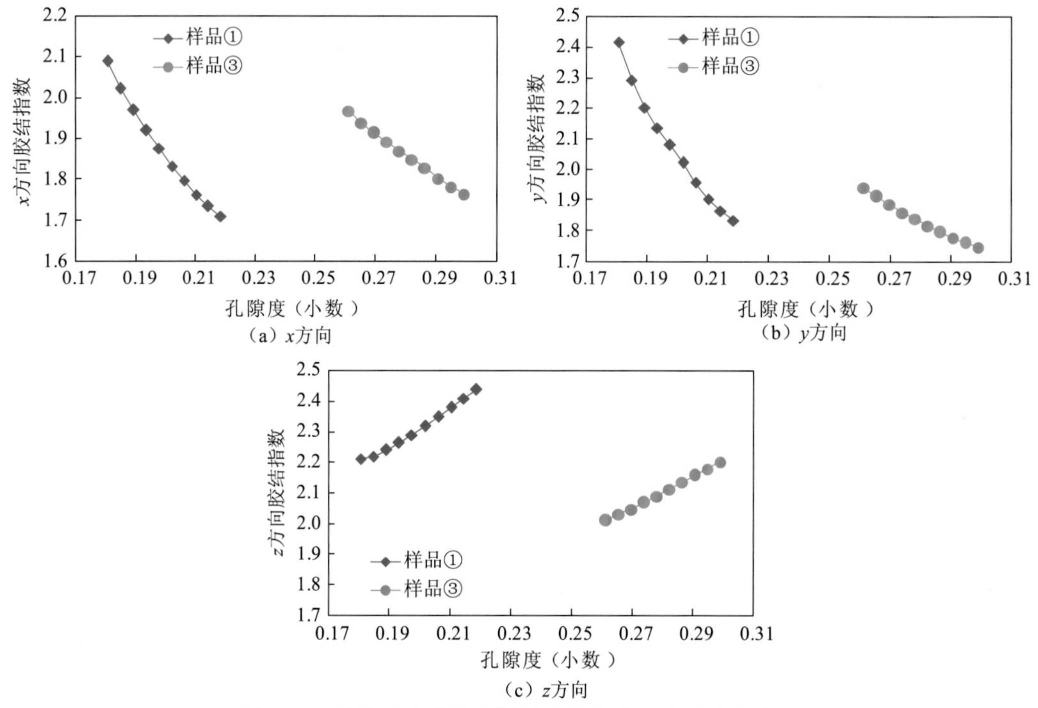

图 1.26　裂缝型碳酸盐岩样品胶结指数和孔隙度交会图

综上所述，在裂缝型碳酸盐岩储层中，随着总孔隙度的增加，平行于裂缝延伸方向的胶结指数 m 降低，而垂直于裂缝延伸方向的胶结指数 m 升高。

为研究裂缝宽度对电阻率增大指数和饱和度指数的影响，选择 X-CT 扫描样品③，建立以 1 像素、3 像素、5 像素、7 像素和 9 像素为裂缝宽度的数字岩心模型［图 1.22（b）］。该样品③模型的储集空间由基质孔隙和裂缝孔隙两部分组成。设孔隙中全部充填地层水，而水的电导率为 1 S/m，骨架的电导率为 0 S/m。

利用有限元法对样品进行数字岩心的数值模拟，所得结果见表 1.18。该表中的岩心模型一栏中的 Wide0Sw0 代表没有裂缝的原始样品③，含水饱和度为 100%，而 Wide0Sw1～Wide0Sw4 分别代表以 1～4 像素半径的球体为结构元素进行闭合运算得出的岩心模型。另外，以 Wide1Sw0～Wide9Sw0 为例，Wide1～9 代表裂缝宽度为 1 像素、3 像素、5 像素、7 像素、9 像素。V_w、V_o 和 V_{ma} 分别代表水、油和骨架的体积分数。I_x、I_y 和 I_z 分别代表 x、y 和 z 方向上的模拟的电阻率增大指数。该数值模拟实验主要模拟油湿岩石的油驱水过程。

表 1.18　样品③的不同宽度裂缝样品电阻率指数和含水饱和度关系统计

岩心模型	水体积 V_w	油体积 V_o	骨架体积 V_{ma}	水饱和度 S_w	水电阻率 R_w/（Ω·m）	x 方向电阻率增大指数 I_x	y 方向电阻率增大指数 I_y	z 方向电阻率增大指数 I_z
Wide0Sw0	0.26	0.00	0.74	1.00	1.00	1.00	1.00	1.00
Wide0Sw1	0.24	0.01	0.74	0.95	1.00	1.30	1.20	1.15
Wide0Sw2	0.23	0.03	0.74	0.88	1.00	1.74	1.66	1.35
Wide0Sw3	0.22	0.04	0.74	0.84	1.00	1.85	1.93	1.57
Wide0Sw4	0.19	0.06	0.74	0.76	1.00	2.40	2.69	2.24
Wide1Sw0	0.26	0.00	0.74	1.00	1.00	1.00	1.00	1.00
Wide1Sw1	0.24	0.02	0.74	0.93	1.00	1.43	1.34	1.16
Wide1Sw2	0.23	0.03	0.74	0.87	1.00	1.91	1.84	1.35
Wide1Sw3	0.19	0.07	0.74	0.74	1.00	2.84	3.01	2.44
Wide1Sw4	0.18	0.08	0.74	0.68	1.00	4.02	4.04	3.32
Wide3Sw0	0.27	0.00	0.73	1.00	1.00	1.00	1.00	1.00
Wide3Sw1	0.25	0.01	0.73	0.94	1.00	1.38	1.25	1.14
Wide3Sw2	0.23	0.04	0.73	0.85	1.00	2.03	1.98	1.40
Wide3Sw3	0.19	0.08	0.73	0.72	1.00	3.24	3.44	2.45
Wide3Sw4	0.18	0.09	0.73	0.66	1.00	4.59	4.62	3.37
Wide5Sw0	0.28	0.00	0.72	1.00	1.00	1.00	1.00	1.00
Wide5Sw1	0.26	0.01	0.72	0.95	1.00	1.23	1.15	1.15
Wide5Sw2	0.25	0.03	0.72	0.89	1.00	1.54	1.43	1.35
Wide5Sw3	0.19	0.08	0.72	0.70	1.00	3.63	3.89	2.45
Wide5Sw4	0.18	0.10	0.72	0.64	1.00	5.13	5.23	3.38
Wide7Sw0	0.29	0.00	0.71	1.00	1.00	1.00	1.00	1.00
Wide7Sw1	0.27	0.01	0.71	0.95	1.00	1.19	1.14	1.15
Wide7Sw2	0.26	0.03	0.71	0.90	1.00	1.38	1.33	1.37
Wide7Sw3	0.22	0.07	0.71	0.75	1.00	3.19	3.01	2.31
Wide7Sw4	0.18	0.11	0.71	0.63	1.00	5.74	5.80	3.38
Wide9Sw0	0.29	0.00	0.71	1.00	1.00	1.00	1.00	1.00
Wide9Sw1	0.28	0.01	0.71	0.95	1.00	1.16	1.12	1.15
Wide9Sw2	0.27	0.03	0.71	0.90	1.00	1.32	1.30	1.38
Wide9Sw3	0.23	0.06	0.71	0.79	1.00	1.57	1.62	1.99
Wide9Sw4	0.21	0.08	0.71	0.72	1.00	2.46	2.30	2.43

图 1.27～图 1.29 分别是样品③在 x、y 和 z 方向上电阻率增大指数与裂缝型岩心总孔隙度的交会图。从图中可以发现，在含水饱和度大于 60%时，电阻率增大指数与总孔隙度呈现较好的对数线性关系，与砂岩储层类似，适用于阿奇公式。表 1.19 是对图 1.27～

图 1.29 的饱和度指数 n 和比例系数 b 的统计表。从表中可以清楚地看出样品③的比例系数 b 约为 1，饱和度指数 n 呈现一定的变化特征。图 1.30 展示了随着裂缝宽度的增加，裂缝型碳酸盐岩岩样的总孔隙度增加的特征，在 x 和 y 方向上的饱和度指数变大，而在 z 方向上，饱和度指数呈现相反的趋势。

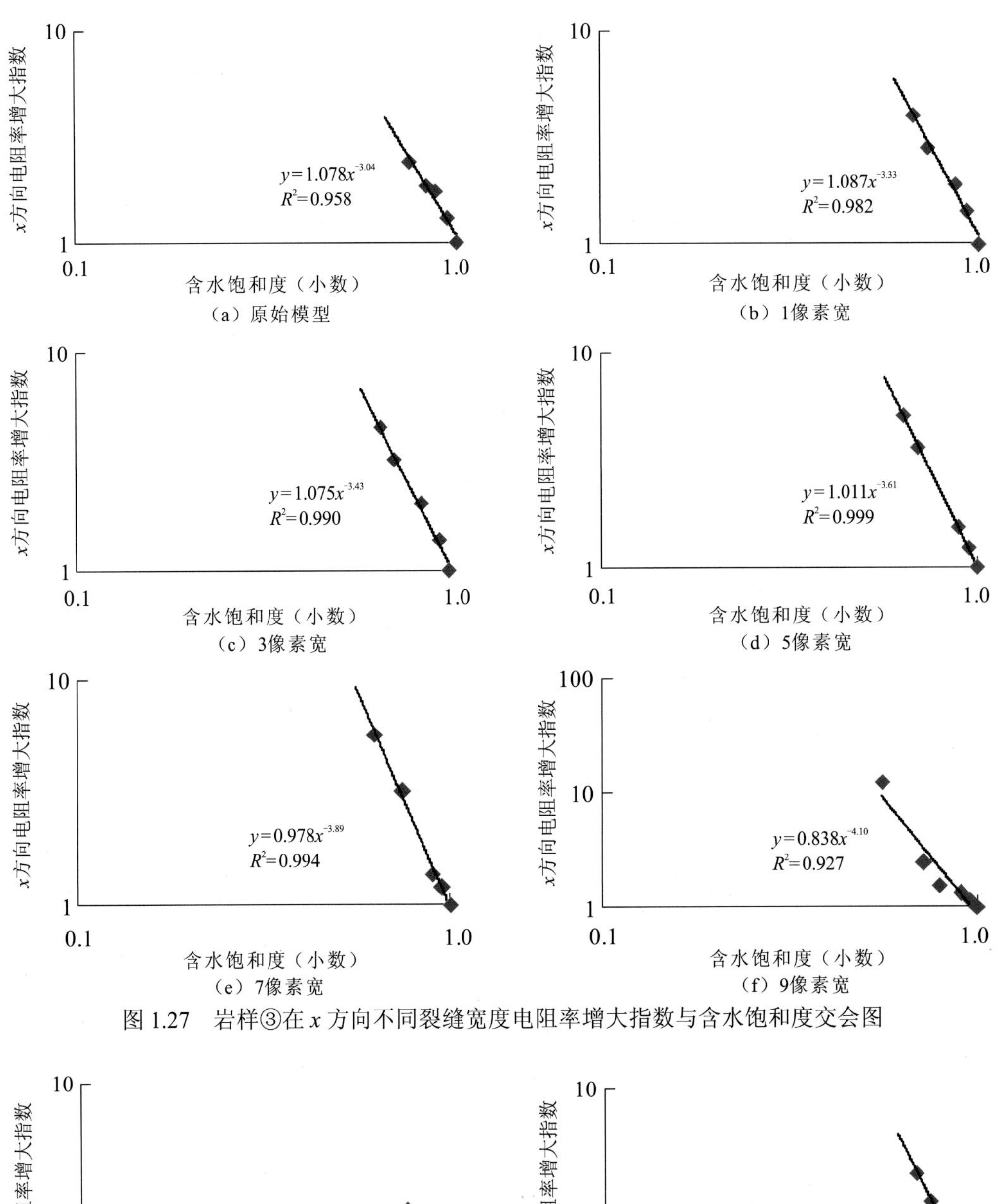

图 1.27 岩样③在 x 方向不同裂缝宽度电阻率增大指数与含水饱和度交会图

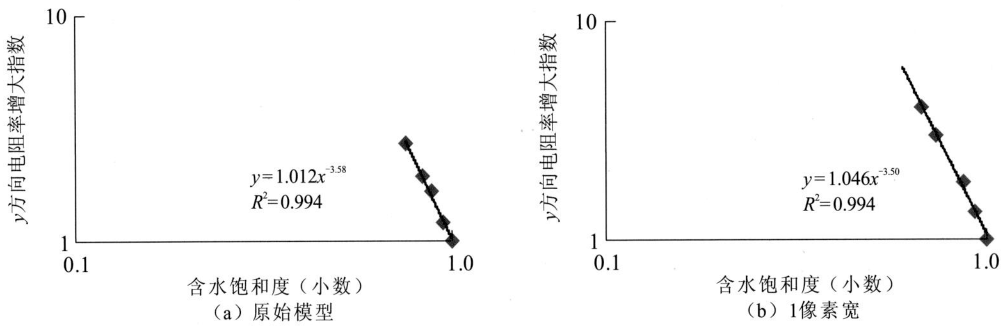

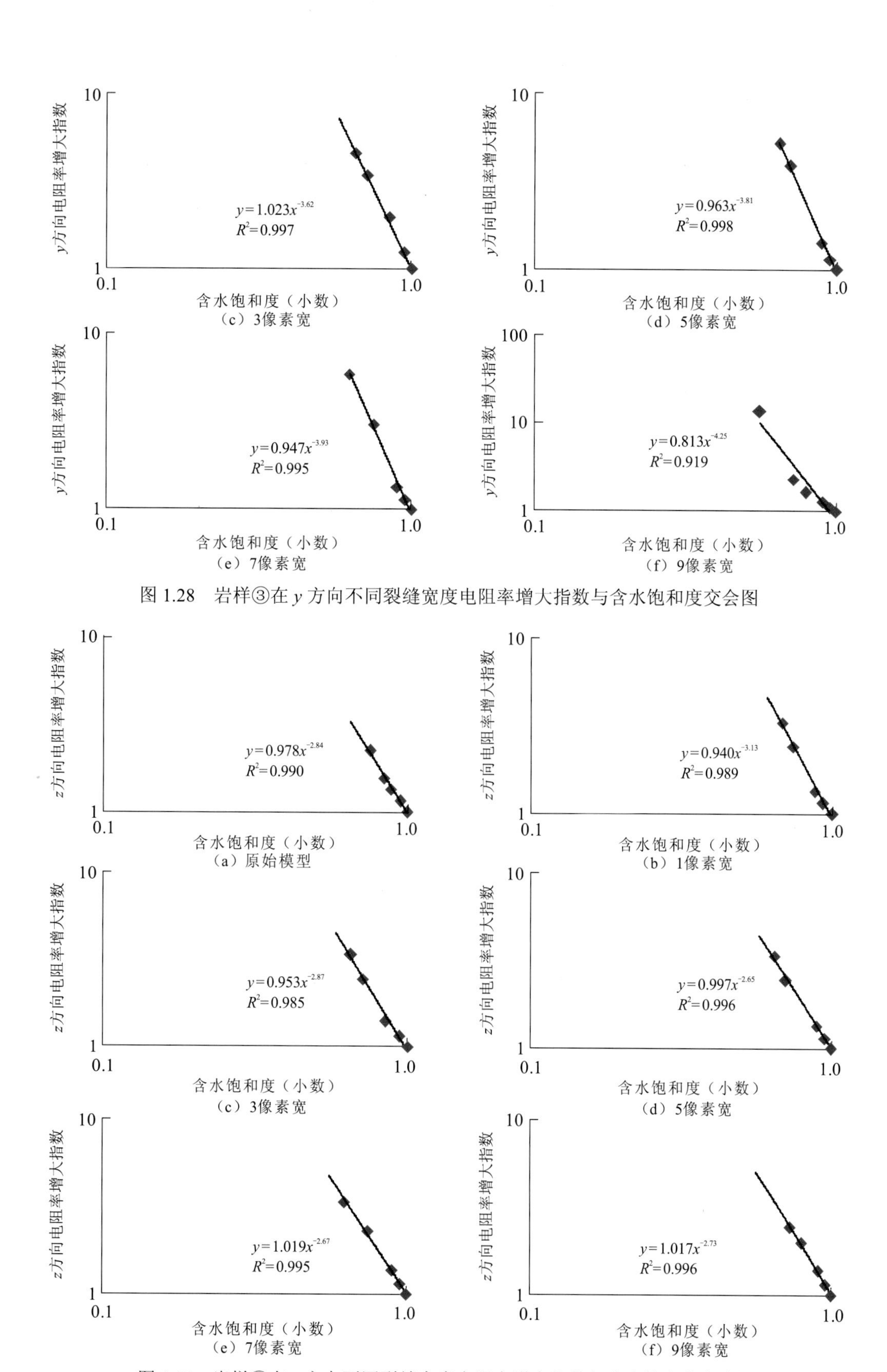

图 1.28　岩样③在 y 方向不同裂缝宽度电阻率增大指数与含水饱和度交会图

图 1.29　岩样③在 z 方向不同裂缝宽度电阻率增大指数与含水饱和度交会图

表 1.19　样品③的不同宽度裂缝样品岩电参数 b、n 统计表

项目	x 方向		y 方向		z 方向	
裂缝宽度	b	n	b	n	b	n
无裂缝	1.078	3.04	1.012	3.58	0.978	2.84
1 像素宽	1.087	3.33	1.046	3.50	0.940	3.13
3 像素宽	1.075	3.43	1.023	3.62	0.953	2.87
5 像素宽	1.011	3.61	0.963	3.81	0.997	2.65
7 像素宽	0.978	3.89	0.947	3.93	1.019	2.67
9 像素宽	1.002	4.10	0.947	4.25	1.019	2.73

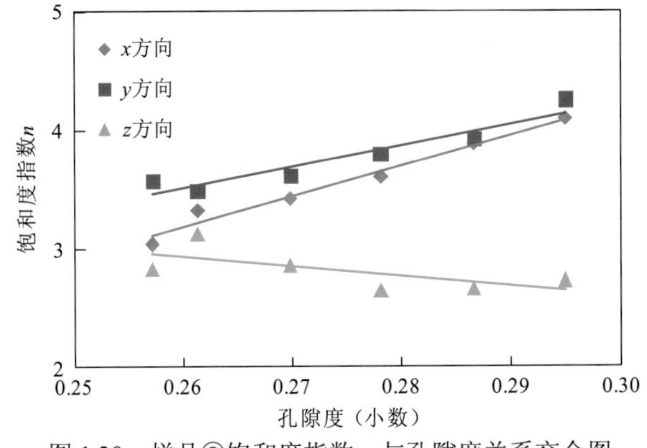

图 1.30　样品③饱和度指数 n 与孔隙度关系交会图

综上所述，裂缝型碳酸盐岩的总孔隙度会增加，使得平行于裂缝方向的饱和度指数 n 增加，而垂直于裂缝方向的饱和度指数 n 降低。该结论与川东北海相碳酸盐岩的岩电实验结果吻合[12]。

2. 裂缝角度的影响

裂缝按照产状分类可分为高角度缝（裂缝倾角 θ>75°）、斜交缝（15°<θ<75°）、低角度缝（θ<15°）。裂缝的产生主要是因为储层受到了较强的构造应力。裂缝角度对研究裂缝型碳酸盐岩储层的导电性非常重要。

裂缝角度的不同会导致岩石的电阻率变化较大。因此，为研究裂缝宽度对岩石导电性的影响，建立宽度为 5 像素，具有 0°、15°、30°、45°、60°、75°及 90°不同裂缝角度的数字岩心模型（图 1.13）。基于样品①和样品③建立的三维裂缝型碳酸盐岩数字岩心模型的大小为 200 像素×200 像素×200 像素。设定裂缝孔隙中全部充填地层水，而水的电导率为 1 S/m，骨架的电导率为 0 S/m。利用有限元法进行数字岩心的数值模拟，所得结果见表 1.20。表中的岩心模型一栏中的 Ag0～Ag90 代表裂缝型碳酸盐岩中裂缝的角度，F_x、F_y 和 F_z 代表在 x、y 和 z 方向上数值模拟的地层因素结果。

表 1.20 样品①、③的不同宽度裂缝样品地层因素和孔隙度关系模拟结果

样品	岩心模型	孔隙度 ϕ /%	骨架体积 V_{ma}	水电阻率 R_w/（Ω · m）	F_x	F_y	F_z
①	Ag0	19.7	0.803	1.0	23.57	25.93	41.47
	Ag15	19.9	0.801	1.0	26.48	26.57	36.46
	Ag30	19.8	0.802	1.0	29.33	25.99	32.71
	Ag45	19.7	0.803	1.0	30.39	25.17	25.15
	Ag60	19.7	0.803	1.0	38.14	23.61	23.90
	Ag75	19.7	0.803	1.0	40.94	24.46	22.63
	Ag90	19.8	0.802	1.0	40.62	26.96	19.12
③	Ag0	27.8	0.722	1.0	11.87	10.45	15.44
	Ag15	27.8	0.722	1.0	11.27	10.47	13.99
	Ag30	27.7	0.723	1.0	11.79	10.41	12.64
	Ag45	27.5	0.725	1.0	10.92	10.05	11.95
	Ag60	27.6	0.724	1.0	13.47	10.29	11.18
	Ag75	27.7	0.723	1.0	14.72	9.98	10.89
	Ag90	27.6	0.724	1.0	15.55	10.29	10.50

图 1.31 为结合了 30°、45°和 60°裂缝的碳酸盐岩样品①的形态示意图。从图中可以看出，当裂缝角度在 0°～45°时，裂缝面是沿着 x 和 y 轴走向的，当裂缝角度在 >45°～90°时，裂缝面则沿着 y 和 z 轴走向。

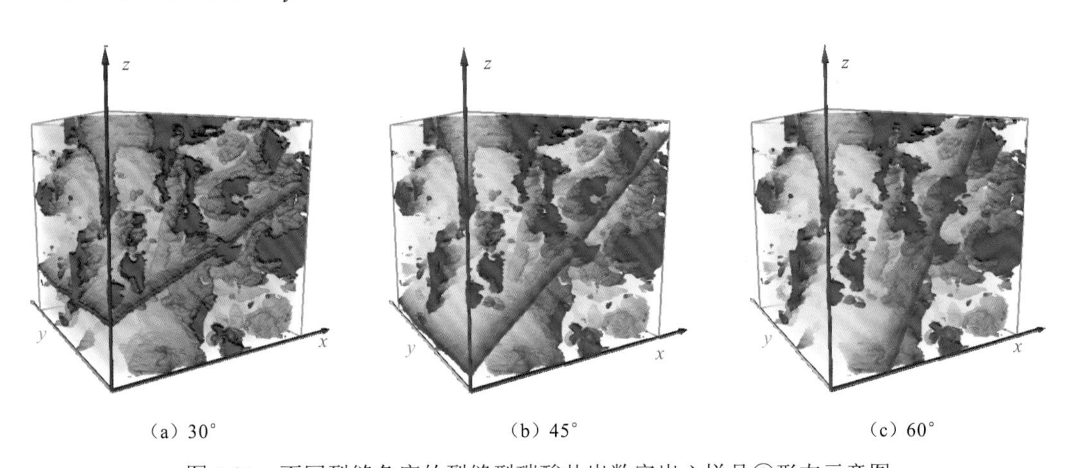

（a）30°　　（b）45°　　（c）60°

图 1.31 不同裂缝角度的裂缝型碳酸盐岩数字岩心样品①形态示意图

图 1.32 为裂缝角度与地层因素关系图，可以看出，随着裂缝角度在 0°～90°变化，在 x、y 和 z 方向的电阻率具有以下几种特征。

（1）x 方向的地层因素随着裂缝角度的增加而增大。当裂缝角度为 0°时，裂缝面平行于 xy 面，就相当于裂缝面将上、下两部分的基质流体电阻率与裂缝流体电阻率进行并联，此时岩样的电阻率最低。当裂缝角度在 0°～45°逐渐变大时，裂缝流体电阻率逐渐

与基质孔隙流体电阻率串联，并且串联的部分越来越大，所以电阻率逐渐变大。

图 1.32（a）中在裂缝角度 0°～45° 时出现了地层因素偏小的现象，主要是因为碳酸盐岩储层具有非常强的非均质性，所以当裂缝绕着中心以不同的角度旋转时，会分别贯穿不同的储集空间，尤其是很多密闭、单独的孔隙。这种情况会导致测出的电阻率出现部分偏差。

当裂缝角度在 45°～90° 时，沿着 x 轴方向，裂缝空间中的流体形成的电阻率很小的导电通道与岩石原始基质孔隙度中的导电通道串联，随着裂缝角度增大，裂缝孔隙度则逐渐变小，此时的电阻率也逐渐变大。

（2）y 方向的地层因素变化幅度较小。不论裂缝旋转的角度怎样变化，裂缝面始终与 y 轴平行。裂缝中的流体所形成的裂缝电导率一直与原生孔隙中流体的电导率并联，导致虽然裂缝角度在变化，但是整体上裂缝孔隙度变化不明显，因此在 y 方向的电阻率变化幅度较小。

（3）z 方向的地层因素随着裂缝角度的增加而减小。z 方向的电性的变化大致与 x 方向相反。当裂缝角度在 0°～45° 时，沿着 z 轴的方向，裂缝空间中流体的电阻率与岩石基质孔隙流体串联，电阻率相对较大，而且随着裂缝角度在 0°～45° 逐渐增大，裂缝孔隙度逐渐变大，所以导电性逐渐变好，电阻率逐渐下降。

当裂缝角度在 45°～90° 时，沿着 z 轴方向，裂缝空间中的流体形成的电阻率很小的导电通道与岩石原始基质孔隙度中的导电通道出现了部分并联，并且并联部分随着裂缝角度变大而增大，所以测得的电阻率也随之逐渐减小。

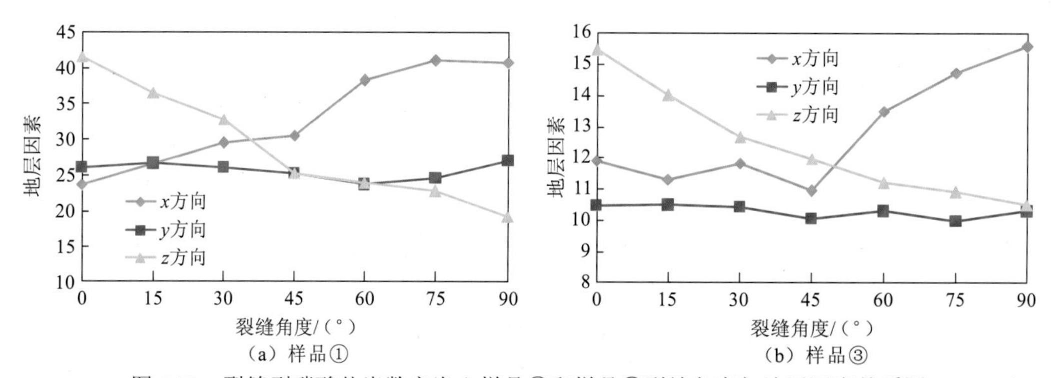

（a）样品①　（b）样品③

图 1.32　裂缝型碳酸盐岩数字岩心样品①和样品③裂缝角度与地层因素关系图

第 2 章 研究区复杂岩性储层及测井响应特征

本书研究区主要为刚果（布）Haute Mer A 区块、伊拉克米桑（Missan）油田和哈法亚（Halfaya）油田，三个研究区块分别处于不同的地理位置，具有不同的地质特征和沉积环境。

2.1 刚果（布）Haute Mer A 区块

刚果（布）Haute Mer A 区块隶属于下刚果盆地，岩层分布见图 2.1，主要为陆架-陆坡礁滩混合相。岩性为泥岩、泥灰岩、灰岩、白云岩、硬石膏、砂岩等，矿物包括黏土、白云石、方解石、石英，还含有少量的石膏、黄铁矿等。

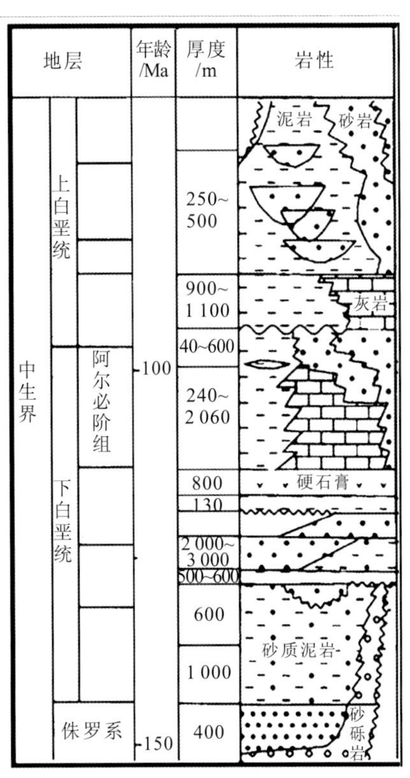

图 2.1 下刚果盆地岩层分布图

下刚果盆地面积为 16.9×10^4 km^2，主要位于海上，陆上面积仅为 1.9×10^4 km^2。盆地位于加蓬、刚果（布）、安哥拉（卡宾达省）、刚果（金）及安哥拉海域。盆地北界为马永巴隆起，南界为安布里什隆起，东界为前寒武系基底，西界为大陆架边缘，为西非被动大陆边缘盆地之一。

该盆地的中生界分为上白垩统、下白垩统和部分侏罗系，其中阿尔必阶组属下白垩统，阿尔必阶组之上为上白垩统。下白垩统又分为盐上、盐下两个部分。前人研究表明，盐上含油气系统属湖相沉积[12]。

阿尔必阶组碳酸盐岩储层位于盐上部分，储层平均孔隙度为 10%～20%，渗透率为 10～20 mD[13]。盐上成藏组合为海相沉积，有碎屑岩和碳酸盐岩两种储层，碳酸盐岩储层在阿尔必阶组以上消失。

2.1.1 岩性特征

统计分析阿尔必阶组 mohm-1 井、nksm-1 井和 nksm-4 井的取心描述资料（图 2.2）。结果显示灰岩、鲕粒灰岩和泥质灰岩的出现频率较高，细砂岩、灰质细砂岩、粉砂质灰岩、白云质灰岩、白云岩和粉砂质白云岩出现的频率中等，其他岩性出现的频率较低。

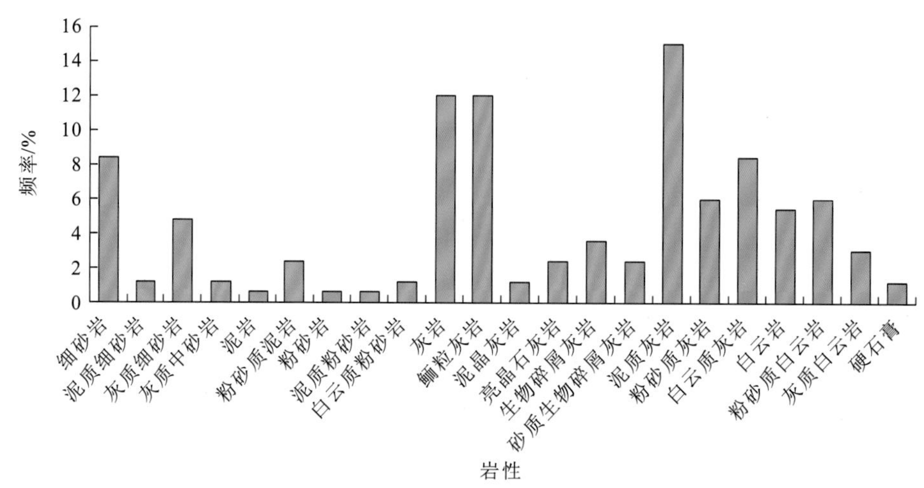

图 2.2 Haute Mer A 区块阿尔必阶组取心段岩性出现频率

在综合分析的基础上，分别统计分析上、下阿尔必阶组的岩石发育类型（图 2.3～图 2.8）。总体趋势为：白垩系上阿尔必阶组上段主要以碎屑岩为主，随着深度的增加，白垩系上阿尔必阶组碳酸盐岩含量增加，到白垩系下阿尔必阶组，基本上以碳酸盐岩为主，单纯的碎屑岩含量较少。

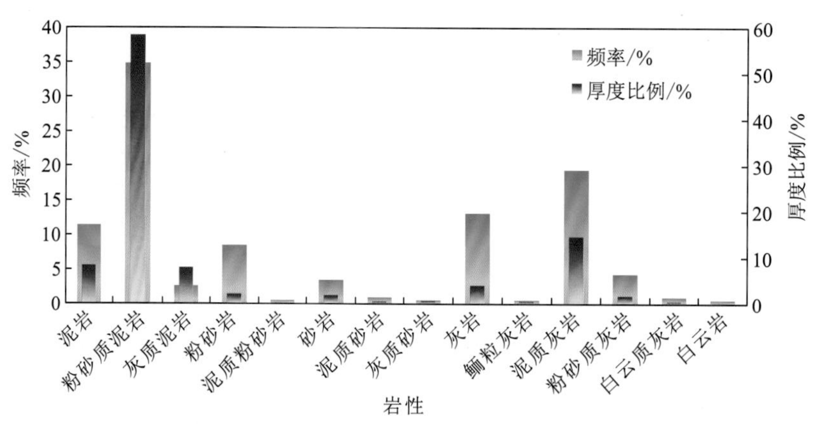

图 2.3 mohm-1 井上阿尔必阶组岩性比例

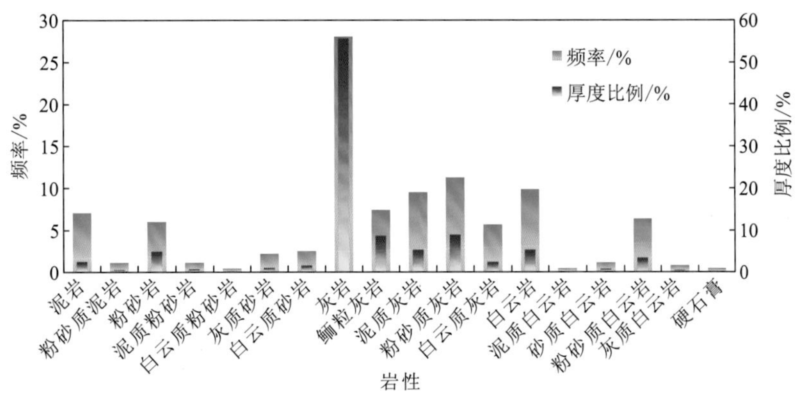

图 2.4　mohm-1 井下阿尔必阶组岩性比例

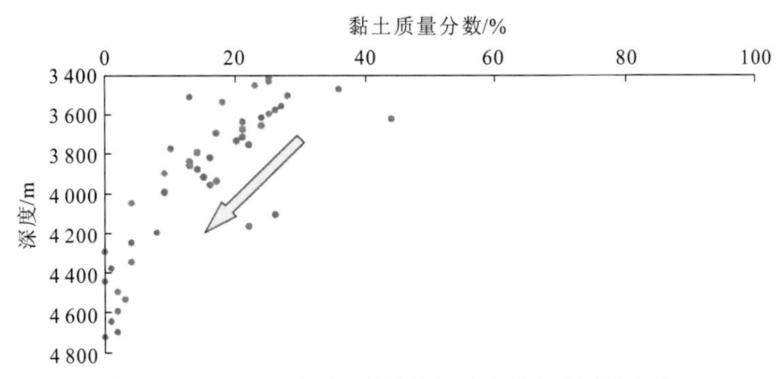

图 2.5　mohm-1 井阿尔必阶组黏土含量与深度关系图

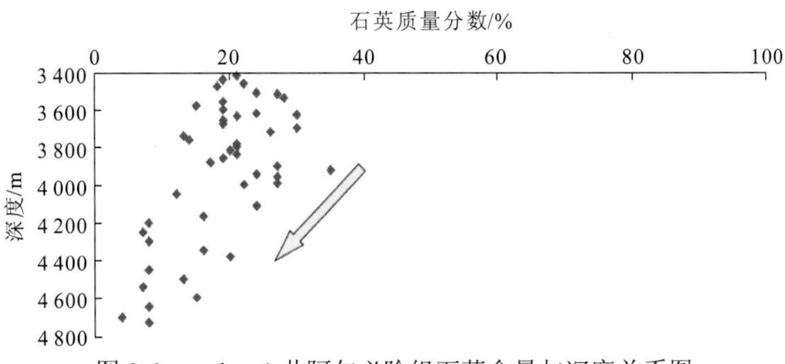

图 2.6　mohm-1 井阿尔必阶组石英含量与深度关系图

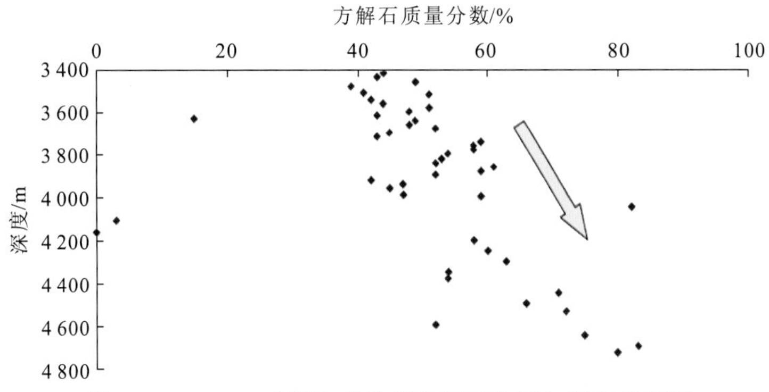

图 2.7　mohm-1 井阿尔必阶组方解石含量与深度关系图

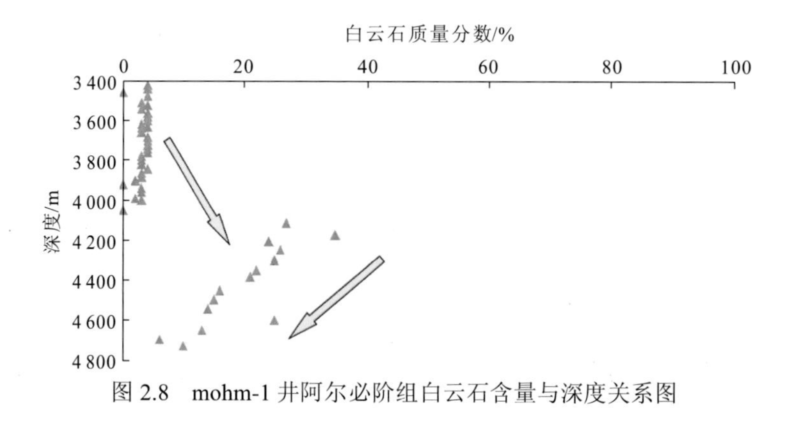

图 2.8 mohm-1 井阿尔必阶组白云石含量与深度关系图

2.1.2 物性特征

对于阿尔必阶组来说，mohm-1 井、mohm-2 井的平均孔隙度较大、渗透率较小，nksm-4 井的平均孔隙度较小、渗透率较大（表 2.1）。分析认为，这三口井中孔渗的差异可能由岩性的差异导致，mohm-1 井、mohm-2 井以碳酸盐岩为主，nksm-4 井含有较多的陆源碎屑岩。

表 2.1 岩心物性分析数据统计表

井号	层位	样品数	孔隙度/%			渗透率/mD		
			最大值	最小值	平均值	最大值	最小值	平均值
mohm-1	阿尔必阶组	126	28.0	2.0	15.0	186	0.01	6.21
mohm-2		40	30.0	4.9	15.0	325	0.02	16.50
nksm-4		121	14.6	0.8	5.6	388	0.10	25.50

孔渗分布直方图（图 2.9～图 2.10）表明：阿尔必阶组孔隙度较低且分布均匀，主要分布在 2%～20%，渗透率分布差异较大，最小值为 0.05 mD，最大值可以达到 200 mD 以上。

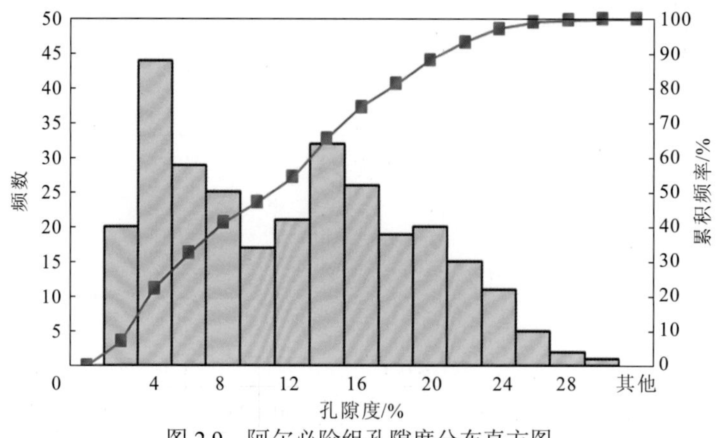

图 2.9 阿尔必阶组孔隙度分布直方图

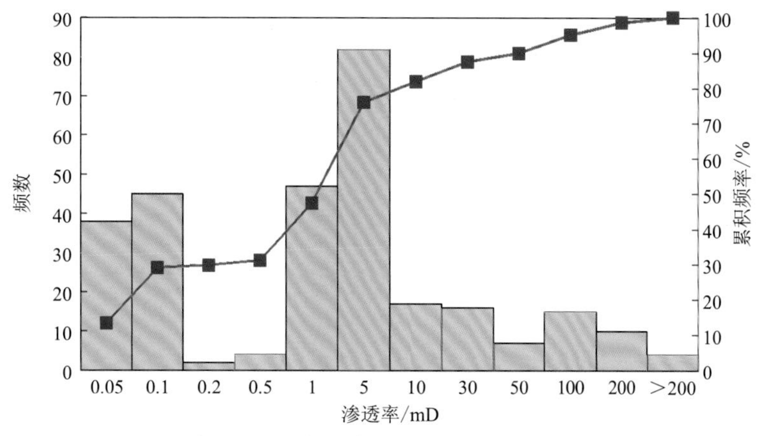

图 2.10　阿尔必阶组渗透率分布直方图

孔渗交会图（图 2.11）表明，孔隙度与渗透率之间的关系较差。岩石薄片分析和取心资料显示，刚果（布）Haute Mer A 区块发育粒间孔隙、粒内孔隙、晶间孔隙和少量裂缝等多种孔隙类型，岩石矿物成分种类多、差异大。因此，储层非均质性较强可能是导致孔渗关系复杂的因素之一。

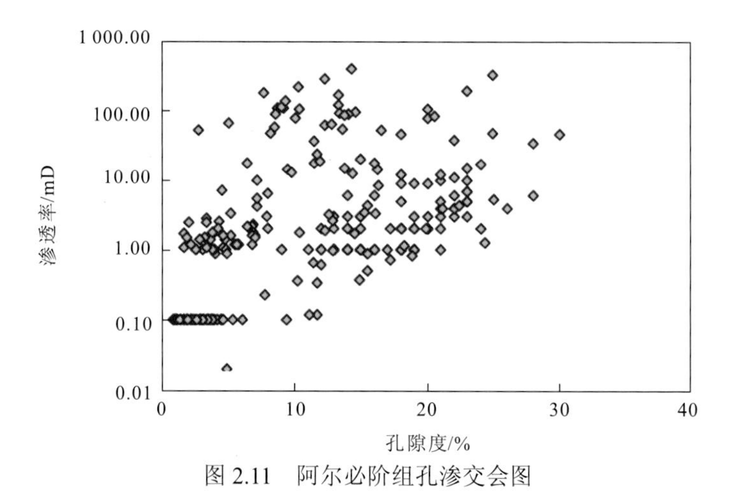

图 2.11　阿尔必阶组孔渗交会图

2.1.3　储层含油性

储层含油性是对储层含油饱和度的定性描述，含油级别的高低反映了含油饱和度的变化。刚果（布）Haute Mer A 区块中岩性以碳酸盐岩为主的储层大部分酸化压裂后高产工业油气流，而以碎屑岩为主的储层自喷可高产工业油气流（表 2.2）。

表 2.2　Haute Mer A 区块储层试油情况统计

井号	测试层			求产时间	工作制度	流量		气油比
	层位	岩性	射孔井段/m			油/（m^3/天）	气/（m^3/天）	
mohm-1	下阿尔必阶组	以碳酸盐岩为主，含砂质	4 065～4 093	酸化前	20/64”	192.0	11 552.0	60.0
				酸化后	28/64”	564.0	25 015.0	45.0

续表

井号	测试层			求产时间	工作制度	流量		气油比
	层位	岩性	射孔井段/m			油/（m^3/天）	气/（m^3/天）	
mohm-1	下阿尔必阶组	碳酸盐岩	4 021～4 042	酸化前	12/64”	9.0	—	—
				酸化后	28/64”	303.0	16 036.0	53.0
mohm-2	下阿尔必阶组	碳酸盐岩和碎屑岩	3 832～3 888	酸化前	32/64”	242.0	11 088.0	46.2
				酸化后	32/64”	756.0	18 750.0	25.0
ktnsm-2	下阿尔必阶组	碳酸盐岩	3 310.5～3 326.5	—	16/64”	10.0	—	—
		碳酸盐岩和碎屑岩	3 285.5～3 292.5	酸化后	24/64”	82.3	—	2 429.0
		碎屑岩	3 003～3 019	—	32/64”	273.0	—	159.0
				—	32/64”	216.0	—	312.0
				—	48/64”	254.0	—	384.0
		碎屑岩	2 921～2 937	—	24/64”	208.0	—	140.0
				—	32/64”	230.0	—	230.0
				—	16/64”	108.0	—	155.0
		碳酸盐岩	2 810～2 821	酸化前	32/64”	250.0	—	110.0
				酸化后	32/64”	400.0→271.0	—	135.0
ktnsm-4	下阿尔必阶组	碳酸盐岩	2 677～2 758	—	1/2”	132.0	318.620	2 398.0
				—	1/4”	41.0	109.457	2 657.0
				—	3/4”	168.0	482.352	2 861.0
nksm-1	下阿尔必阶组	以碳酸盐岩为主，含砂质	3 379～3 398	—	24/64”	143.0	—	285.0
		碳酸盐岩和砂岩	3 313～3 319	—	32/64”	251.0	—	310.0
		以砂岩为主，含碳酸盐岩	3 269～3 284	—	32/64”	133.0	—	980.0
		以砂岩为主，含碳酸盐岩	3 033～3 079	—	32/64”	186.0	—	1 742.0
	森诺曼阶组	碎屑岩	2 237.5～2 274.5	—	32/64”	150.0	—	210.0

2.1.4 测井响应特征

Haute Mer A 区块阿尔必阶组岩性复杂，同一种岩石可能出现多种测井响应特征，在建立测井相-岩性知识库以前，笼统地分析所有类型岩石的测井响应特征意义不大。但是，岩性相对较纯、厚度稍大的地层所反映的测井响应特征还是比较典型的，因此本节主要分析这类岩石的典型测井响应特征。

较为纯净的砂岩、灰岩、白云岩和泥岩，常规测井曲线差异特征较为明显；而对于混合岩性，常规测井曲线的特征差异不明显。不同岩性，岩性密度、自然伽马、中子、密度测井响应值较为敏感。岩心描述显示发育少量裂缝，但在地层微电阻率扫描成像（formation microelectrical scanner，FMS）测井图像上不易被识别。根据取心标定的岩性，选取一些出现频率高，代表性较好，特征较为明显的岩性段，分析其测井响应特征。

图 2.12 中砂岩在测井曲线形态上表现为自然伽马（natural gamma ray，GR）测井曲线为漏斗形或柱形，测井值为 17～38 API，光电吸收截面指数均值约为 3.2b/e，密度均值约为 2.48 g/cm^3，中子孔隙度均值约为 8%，声波测井值为 63～72 μs/ft，深电阻率值

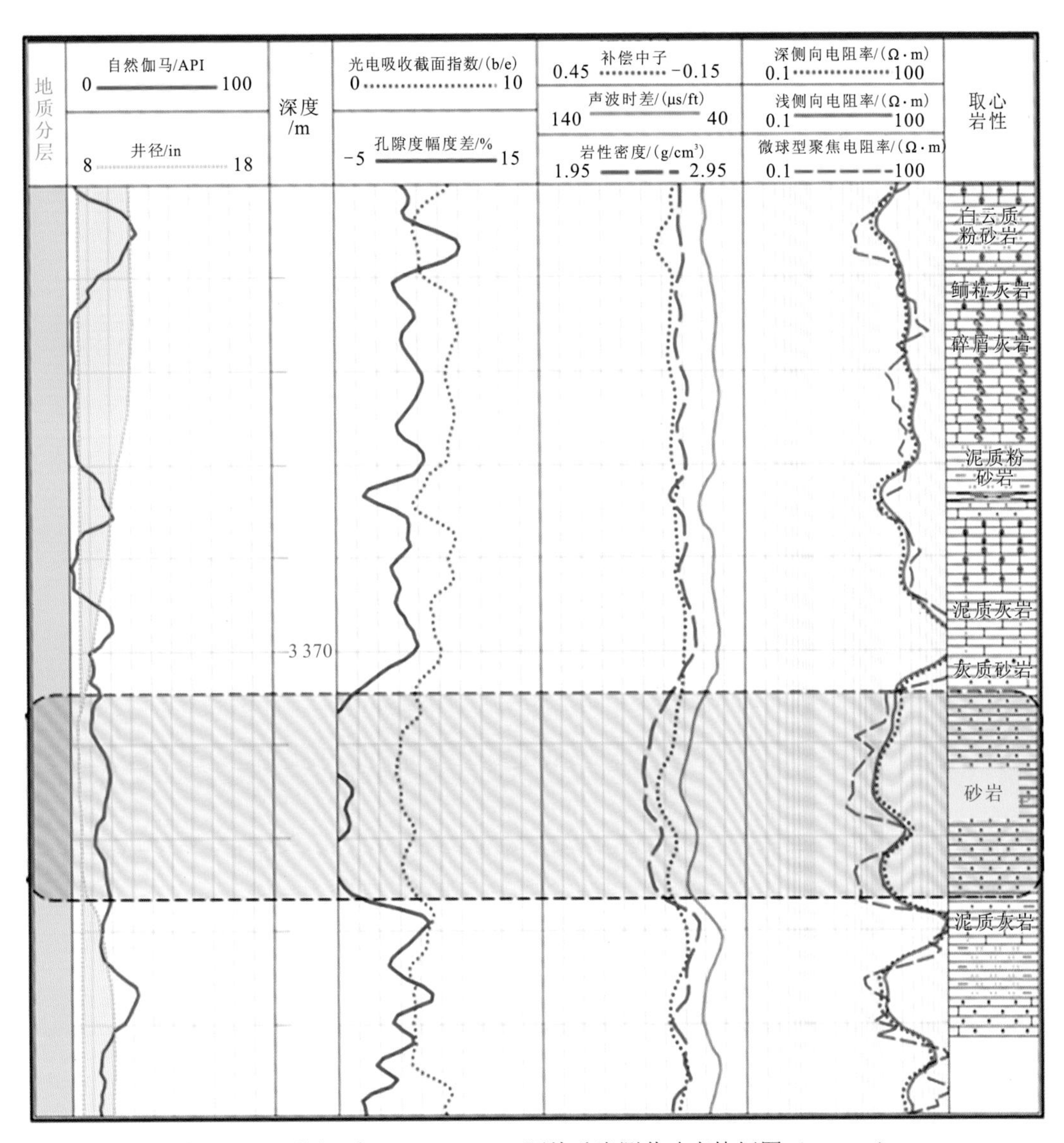

图 2.12 刚果（布）Haute Mer A 区块砂岩测井响应特征图（1∶100）

b/e 为伽马光子与岩石中一个电子发生光电效应的平均光电吸收截面

1 in=2.54 cm；1 ft=0.304 8 m

范围为 8～30 Ω · m，均值为 14 Ω·m。较纯的砂岩三孔隙度曲线之间的幅度差比较稳定，孔隙度幅度差曲线值最小，均值约为−4.7%，密度低于泥岩，岩性指数呈低值，深电阻率和声波时差值较高。

灰岩是在阿尔必阶组中出现的频率最高，种类也最复杂的岩性。由于其孔隙结构、岩石结构等差异较大，灰岩的三孔隙度曲线没有明显的规律，纯灰岩孔隙度曲线的幅度差约为 0，中子孔隙度与视灰岩孔隙度大致相等。一般自然伽马值较低。含泥质或者含云质灰岩的孔隙度幅度差增大，含砂灰岩的孔隙度幅度差减小（图 2.13）。

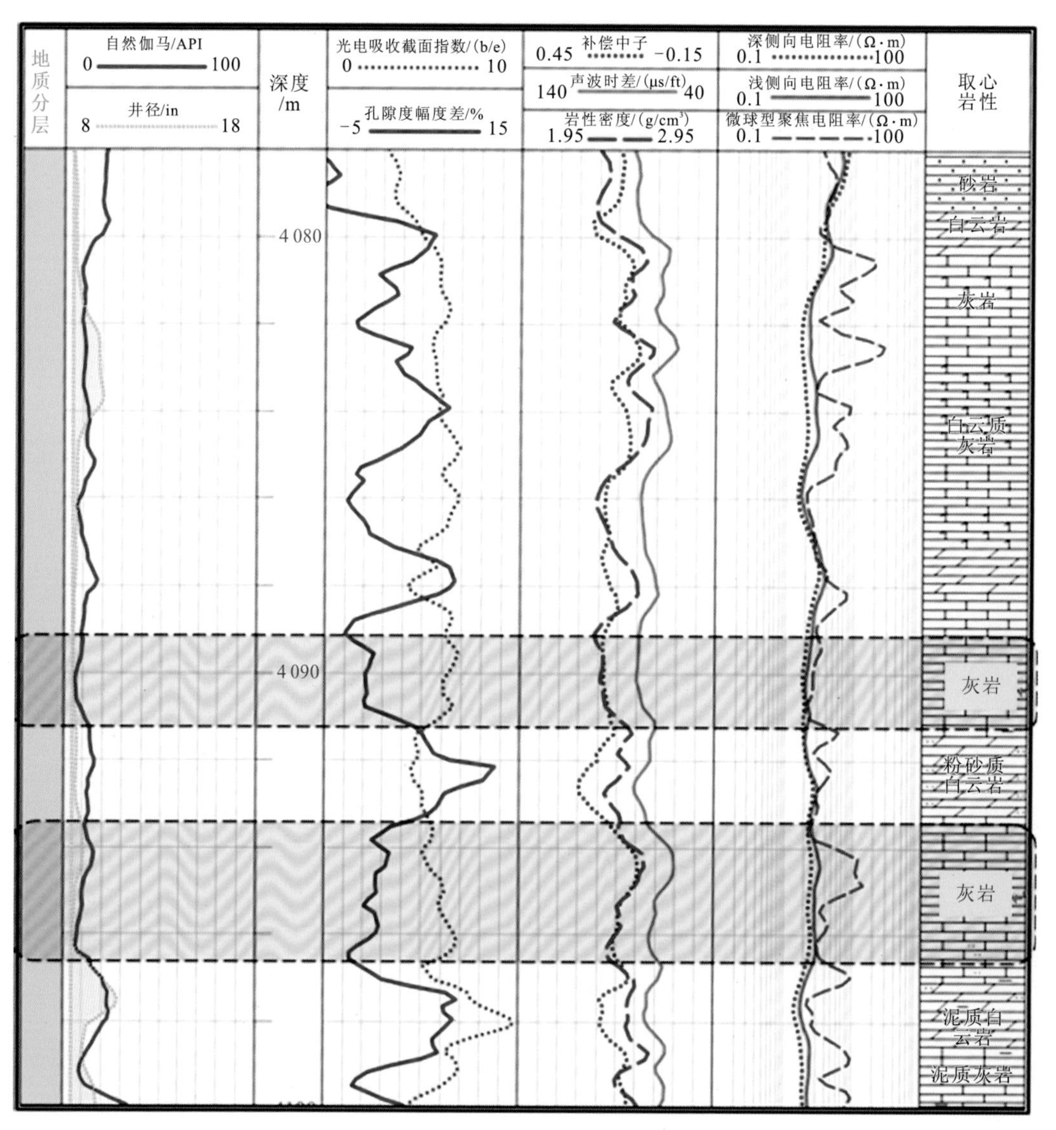

图 2.13　刚果（布）Haute Mer A 区块灰岩测井响应特征（1∶100）

纯白云岩在阿尔必阶组取心段中很少见，且白云岩的种类也比较繁多。由于其层厚和出现频率的限制，白云岩的测井响应规律并不明显。刚果（布） Haute Mer A 区块中较纯的白云岩一般自然伽马值中到低；中子孔隙度与视灰岩孔隙度之间表现为正差异，其幅度差高于纯灰岩，但低于泥岩（图 2.14）。

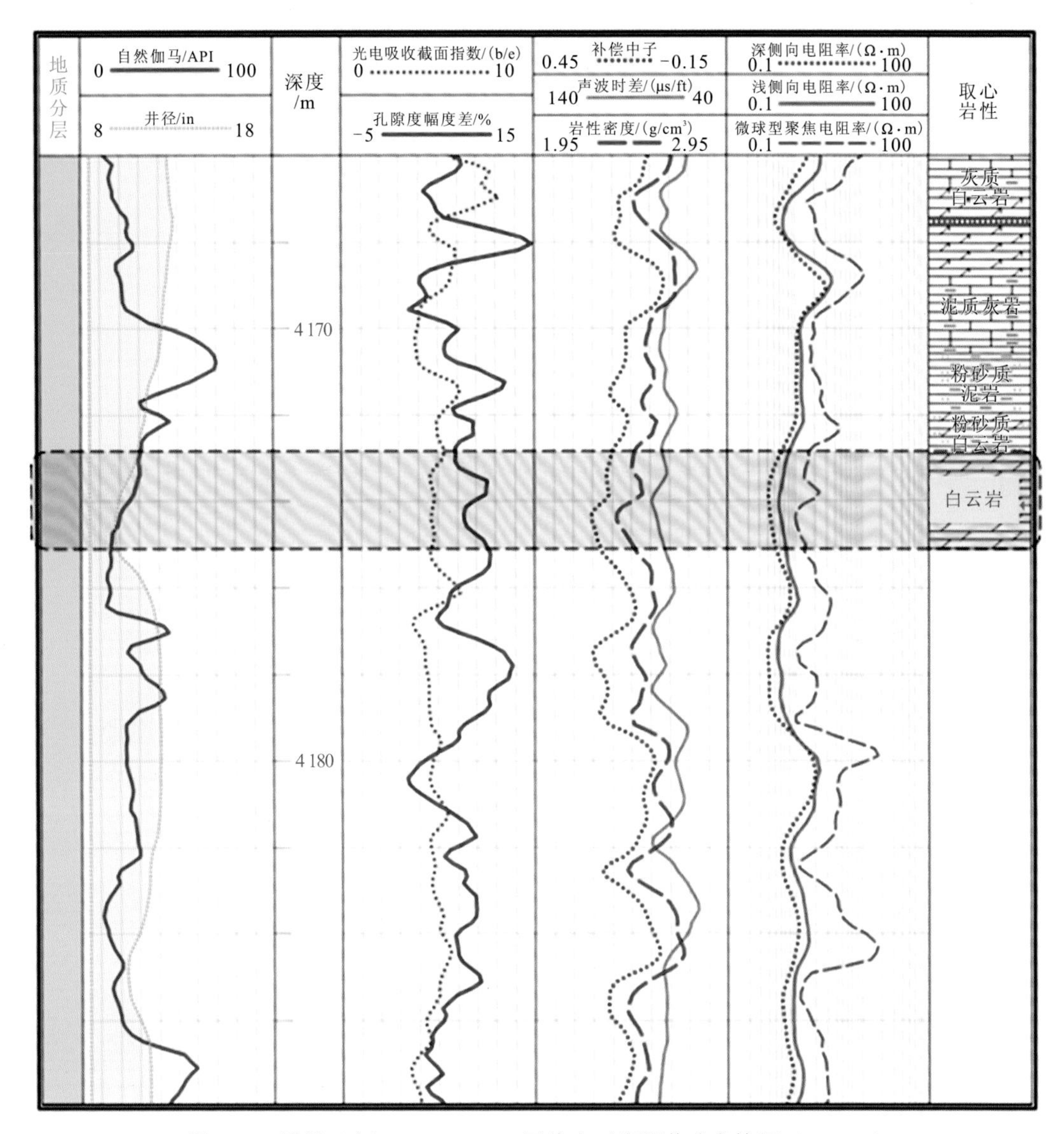

图 2.14　刚果（布）Haute Mer A 区块白云岩测井响应特征（1∶100）

在取心段中，几乎没有比较典型的泥岩。录井资料显示，上阿尔必阶组粉砂质-灰质泥岩广泛发育。因此，选取上阿尔必阶组的大段泥岩（3 320～3 342 m）进行分析。泥岩的典型特征为：高自然伽马值和高黏土束缚水含量所导致的高中子孔隙度；中子孔隙度与视石灰岩孔隙之间存在较大的正差异（图 2.15）。

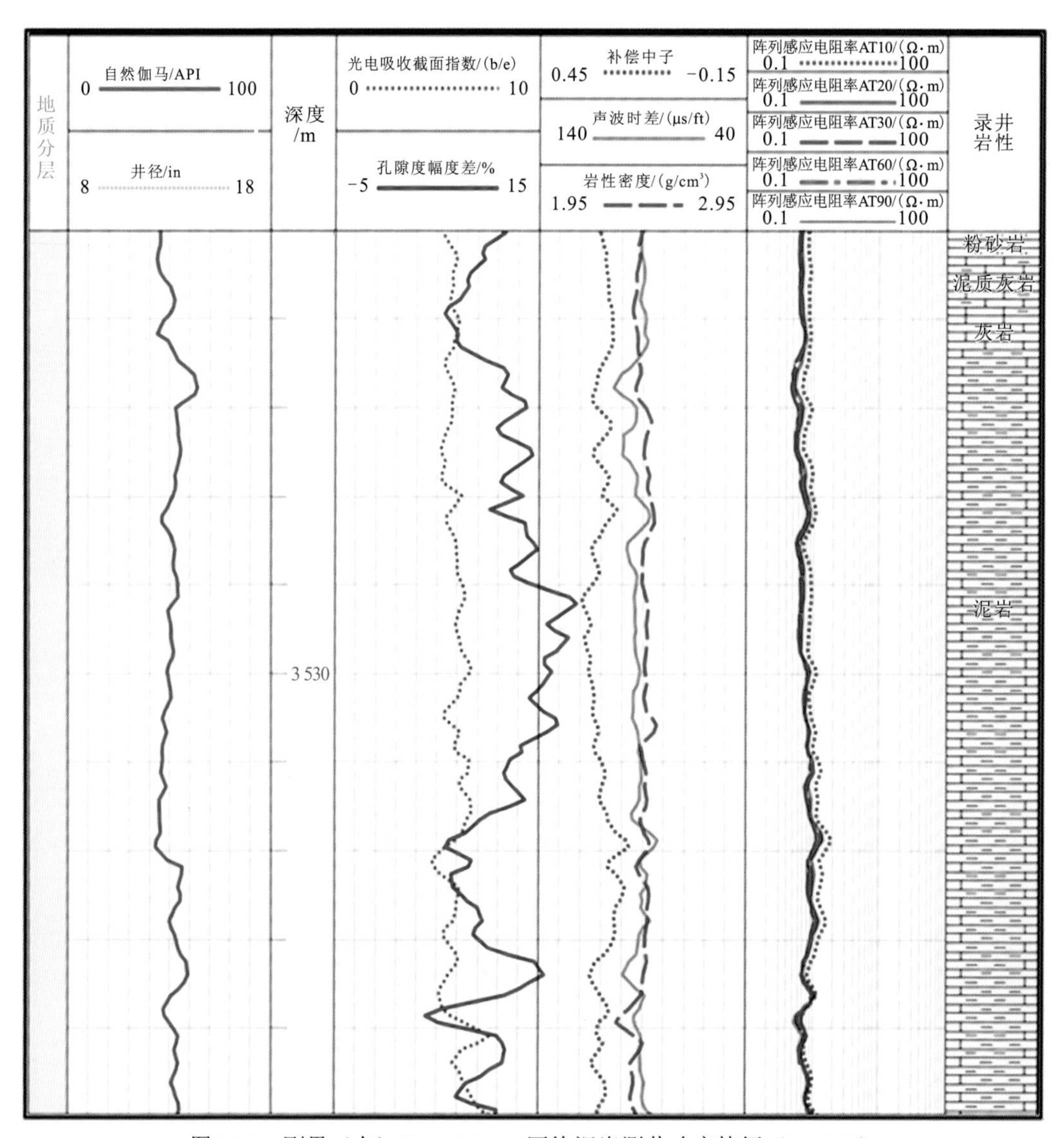

图 2.15　刚果（布）Haute Mer A 区块泥岩测井响应特征（1∶100）

2.2　伊拉克 Missan 油田

米桑（Missan）油田位于伊拉克东南部米桑省，毗邻伊朗边界，构造上处于美索不达米亚地区。地层自上而下分别是新近系的 Upper Fars 组、Lower Fars 组、Jeribe 组和白垩系。Missan 油田包括三个生产油田：阿布吉拉卜（Abu Ghirab），布泽干（Buzurgan）和法齐（Fauqi）油田，主要的研究井位于 Abu Ghirab 油田。Abu Ghirab 和 Fauqi 油田被划分为两套储层，分别是新近系的 Asmari 和白垩系的 Mishrif。Asmari 储层被划分为 A、B、C 组，主要研究的层位是 A 和 B(表 2.3)。Mishrif 储层又被划分为 MA、MB11、MB12、MB21、MB22、MC1 和 MC2。

表 2.3 Asmari 组各井分层顶深 （单位：m）

层位	AG-1	AG-3	AG-4	AG-7	AG-9	AGCS-24	FQCS-28
A1	2 886.9	2 927.2	2 986.5	2 934.4	2 911.1	2 970.2	2 996.7
A2	2 907.8	2 947.1	3 003.3	2 954.5	2 928.8	2 989.9	3 010.1
A3	2 932.8	2 968.3	3 022.8	2 978.5	2 950.5	3 009.2	3 028.0
B1	2 956.8	2 994.7	3 043.1	3 007.2	2 978.8	3 038.0	3 045.4
B2	2 978.7	3 013.5	3 066.4	3 028.9	2 996.6	3 059.6	3 065.0
B3	2 997.0	3 044.8	3 086.5	3 051.6	3 014.5	3 079.2	3 098.1
B4	3 011.4	3 059.0	3 107.4	3 062.9	3 032.7	3 094.8	3 104.0
C	3 045.9	3 099.3	3 147.7	3 113.5	3 086.2	3 129.2	3 131.3

2.2.1 岩性特征

Missan 油田岩性没有刚果（布）Haute Mer A 区块复杂，但种类也相对较多。主要以白云岩和灰岩为主，新近系 Asmari 组的上部地层含石膏和砂岩的夹层，部分白云岩含有灰质，而 Asmari 组的下部地层和白垩系的 Mishrif 组主要含泥质和白云质的夹层。

根据录井取心资料分析，Asmari 储层的 A 组主要是白云岩储层，而 B 组主要含砂岩夹层的白云岩、灰岩和薄层页岩，C 组主要是含白云岩夹层的砂岩储层，并有泥岩和灰岩。Mishrif 组主要是灰岩储层，同时含有泥岩夹层。Abu Ghirab 油田主要的储层位于 Asmari 组，Fauqi 油田的主要储层位于 Mishrif 组（图 2.16）。

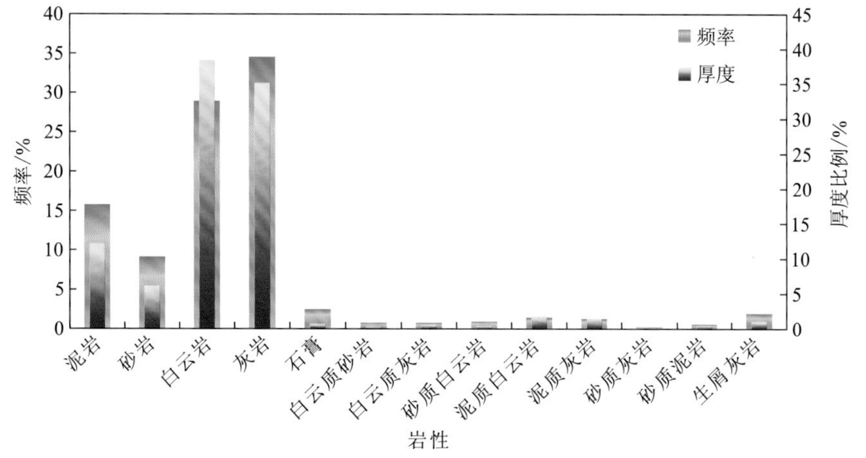

图 2.16 Missan 油田 Asmari 组岩性比例

2.2.2 物性特征

由统计分析（表 2.4、图 2.17～图 2.18）可看出，Missan 油田的孔隙度和渗透率都相对较小，孔隙度分布在 4%～12%的较多，渗透率分布在 0.2～5 mD 的较多，属低孔低渗储层。一些层段可能会受到裂缝的影响而呈现出较大的渗透率，如 AG-2 井渗透率的

表 2.4 Missan 油田物性分析数据统计表

井号	层位	样品数	孔隙度/%			渗透率/mD		
			最大值	最小值	平均值	最大值	最小值	平均值
AG-1	Asmari	620	42.6	0.500	9.311	1 997.00	0.100	68.393
AG-2	Asmari	548	35.5	0.300	12.803	4 833.00	0.100	103.486
AG-3	Asmari	473	31.6	0.080	8.488	179.00	0.003	6.188
AG-4	Asmari	285	24.0	5.000	12.800	265.00	0.200	11.068
AG-7	Asmari	58	36.0	0.063	10.262	726.20	0.001	44.158
AG-9	Asmari	123	27.0	2.000	12.576	231.70	0.200	11.731
AG-10	Asmari	87	32.0	2.300	15.008	507.23	0.220	33.348
AG-14	Asmari	84	29.7	1.600	13.656	638.00	0.200	38.153
AG-17	Asmari	182	29.4	2.100	9.457	75.00	0.200	7.405
AG-101	Asmari	215	31.0	1.000	10.615	691.68	0.230	63.546
AG-3	Mishrif	556	22.0	0.500	8.153	551.10	0.188	8.051
AG-17	Mishrif	84	20.1	1.700	11.553	180.00	0.200	18.797
AG-101	Mishrif	126	22.0	1.000	8.886	62.69	0.188	3.260

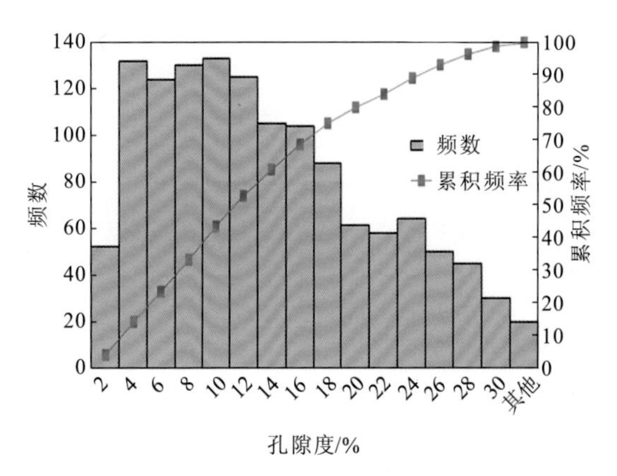

图 2.17 Asmari 组孔隙度分布直方图

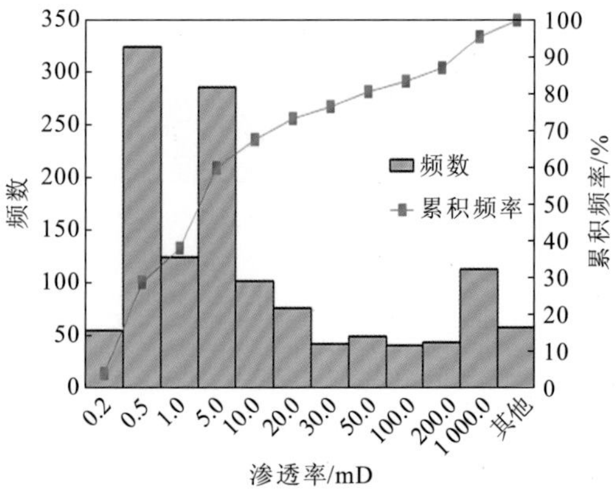

图 2.18 Asmari 组渗透率分布直方图

最大值和平均值相对其他井都较大，可能是因为裂缝发育较多。由统计可见 Asmari 组比 Mishrif 组物性好，是比较好的储层。

Missan 油田储层的储集空间包括孔隙、孔喉和裂缝。孔隙类型主要包括粒间孔隙、粒内溶孔、铸模孔、晶间孔隙等次生孔隙（图 2.19）。裂缝发育有构造裂缝和非构造裂缝。根据岩心物性资料和裂缝统计分析资料来看，储层中裂缝较为发育，储层物性上表现为低孔低渗特征，应为裂缝-孔隙型储集层。

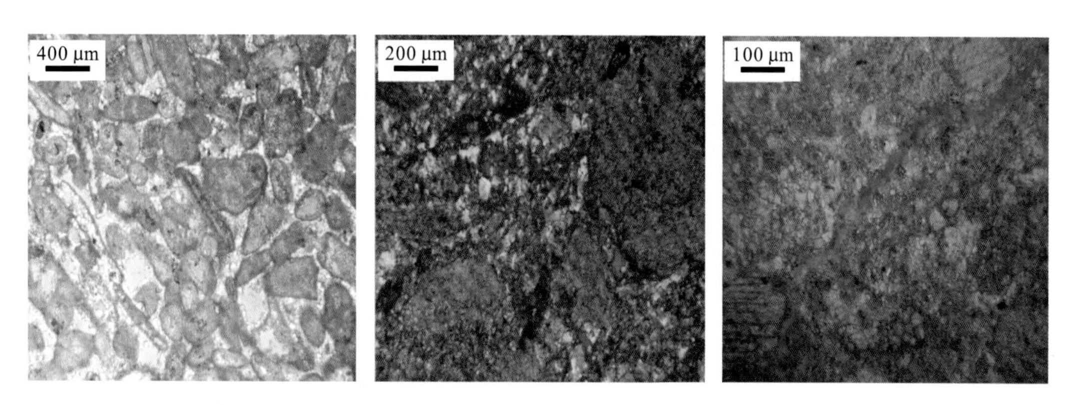

图 2.19 FQCS-28 井粒间孔隙、晶间孔隙和微裂缝铸体薄片

统计 Missan 油田裂缝类型和裂缝在不同岩性中的分布特征，13 口井中几乎都能明显观察到裂缝，主要为垂直裂缝和未知裂缝，其次为多向裂缝，主要分布在白云岩和灰岩当中，少量分布在砂岩和泥页岩中。统计直方图如图 2.20 和图 2.21 所示。

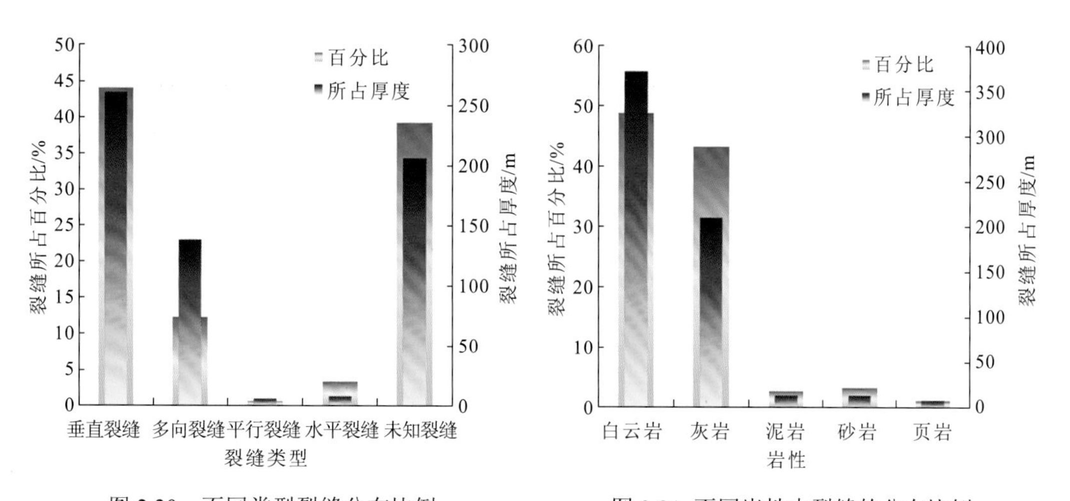

图 2.20 不同类型裂缝分布比例

图 2.21 不同岩性中裂缝的分布比例

部分裂缝在微电阻率成像图像上可见因裂缝中充填导电泥浆而呈现出的低电阻率（暗色）特征，如图 2.22 所示的高角度斜向裂缝，同时伴生水平裂缝，可能是在构造作用过程中受到滑脱作用及剪切应力而形成的，成像上可见较明显的暗色正弦曲线，常规测井图中可判断层段为泥岩层段。但是大部分响应并不明显，因此从成像图上并不能太好地识别和分析裂缝。

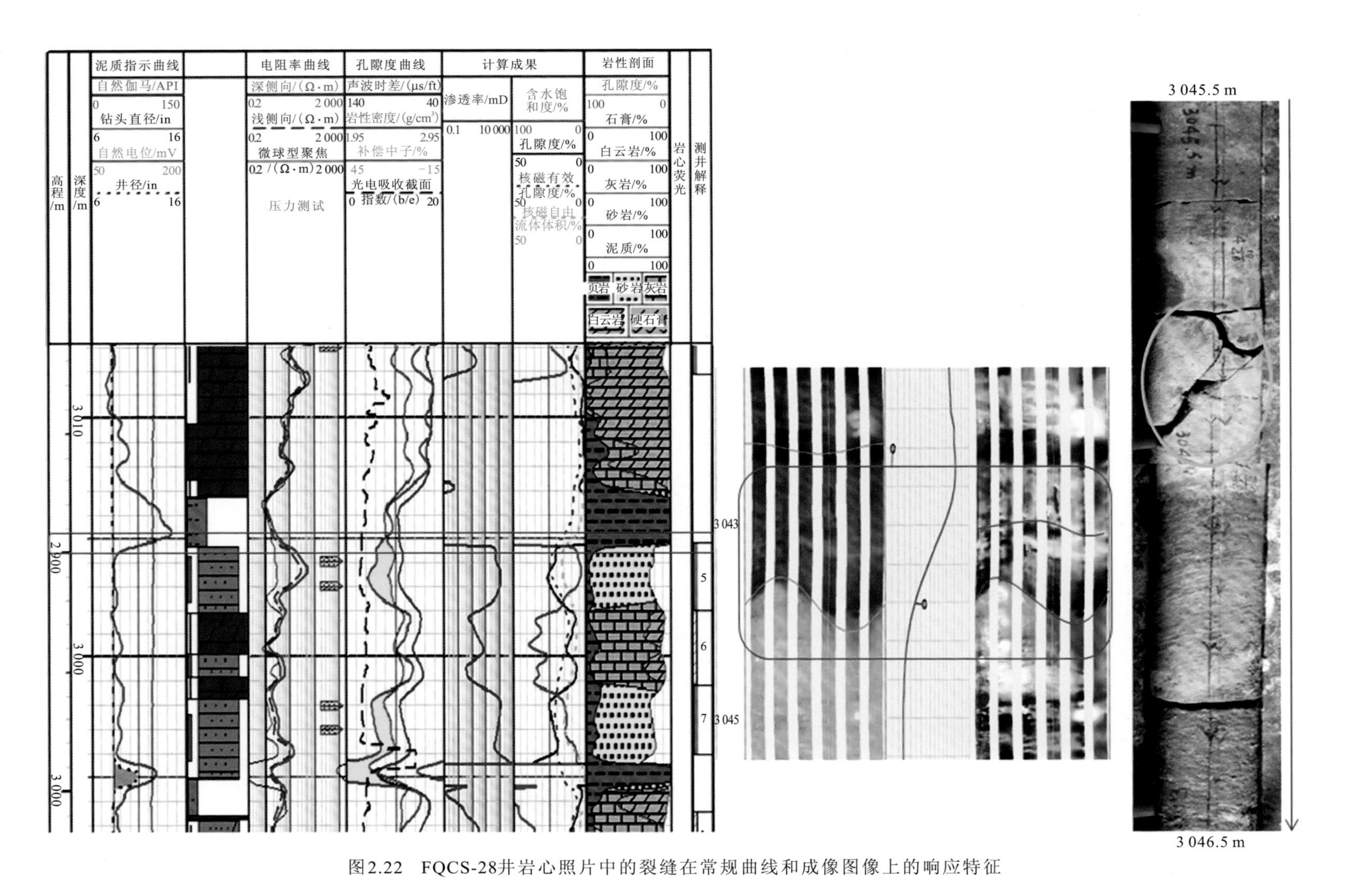

图2.22　FQCS-28井岩心照片中的裂缝在常规曲线和成像图像上的响应特征

储层的孔渗等物性参数都相对较低，具有孔隙结构复杂、岩性复杂、侵入作用强油气层分布复杂4个特点。储集空间非均质性强，主要为储层沉积、成岩和成藏作用的差异性所致。非均质性包括宏观和微观两个方面。宏观非均质性主要表现为储层结构与构造、岩石组分及储集空间在平面上的连通情况等差异性。微观非均质性主要为储层内幕复杂所致，包括：①储层孔隙中原生孔和次生孔共存，粒间孔、粒内孔、粒缘孔与裂隙裂缝混杂，常以次生溶蚀孔为主；②孔隙喉道细，结构复杂；③储层成岩黏土矿物发育，颗粒胶结方式和填隙物类型多样，不同黏土矿物及其赋存状态对孔隙的改造作用差异很大。因此，各类孔隙相对大小及其构建关系千变万化，储层储集特征和渗流特征差异明显。

Missan 油田储层孔隙结构复杂，毛管压力高，油气富集程度受烃源岩和储层物性双重控制，一般会导致储层中油水关系复杂，油水分异作用较弱，油水同层现象普遍，同时储层微孔隙发育，不动水饱和度高，含油饱和度较低。

2.2.3 储层含油性

从 Missan 油田中 AGCS-24 井和 FQCS-28 井中的试油资料和取心资料来看，Asmari 组和 Mishrif 组都有含油显示。Asmari 组的含油层段一般为白云岩储层，取心的白云岩样本大部分也表现出油浸或明亮的黄色荧光，Mishrif 组含油层段一般为砂岩或灰岩储层，砂岩样本的含油级别可达到油浸甚至是饱含油，灰岩为油浸或是油斑。

2.2.4 测井响应特征

白云岩储层自然伽马值为 15.11～60.76 API，部分层段可看到有高伽马值的响应，可能是因为有泥质充填。岩层中常有小的孔洞、微裂缝等。中子孔隙度和密度视灰岩孔隙度的差异较大。密度为 2.31～2.89 g/cm^3，声波时差值为 47.99～76.9 μs/ft，可作为较好的储集层（图 2.23）。

灰岩储层的自然伽马值一般小于 45 API，但也有部分高伽马值灰岩，密度值小于 2.7 g/cm^3，密度曲线一般与中子曲线重合或呈较小的幅度差，声波时差值为 50.86～78.87 μs/ft（图 2.24）。

砂岩类储层自然伽马值一般大于 30 API，密度值一般小于 2.58 g/cm^3，声波时差值为 60～86.97 μs/ft。取心层段中可见砂岩中表现为油浸或饱含油，是较好的储集层（图 2.25）。

泥质灰岩的自然伽马值一般偏大，为 40～67.38 API，中子孔隙度和密度视孔隙度差值也比灰岩大，主要是受到其中泥质的影响。判断时易误判成砂岩或泥岩（图 2.26）。

砂质泥岩自然伽马值为 67.53～88.92 API，略高于砂岩，密度一般小于 2.56 g/cm^3，声波时差为 69.96～88 μs/ft，平均中子孔隙度为 22.86%（图 2.27）。

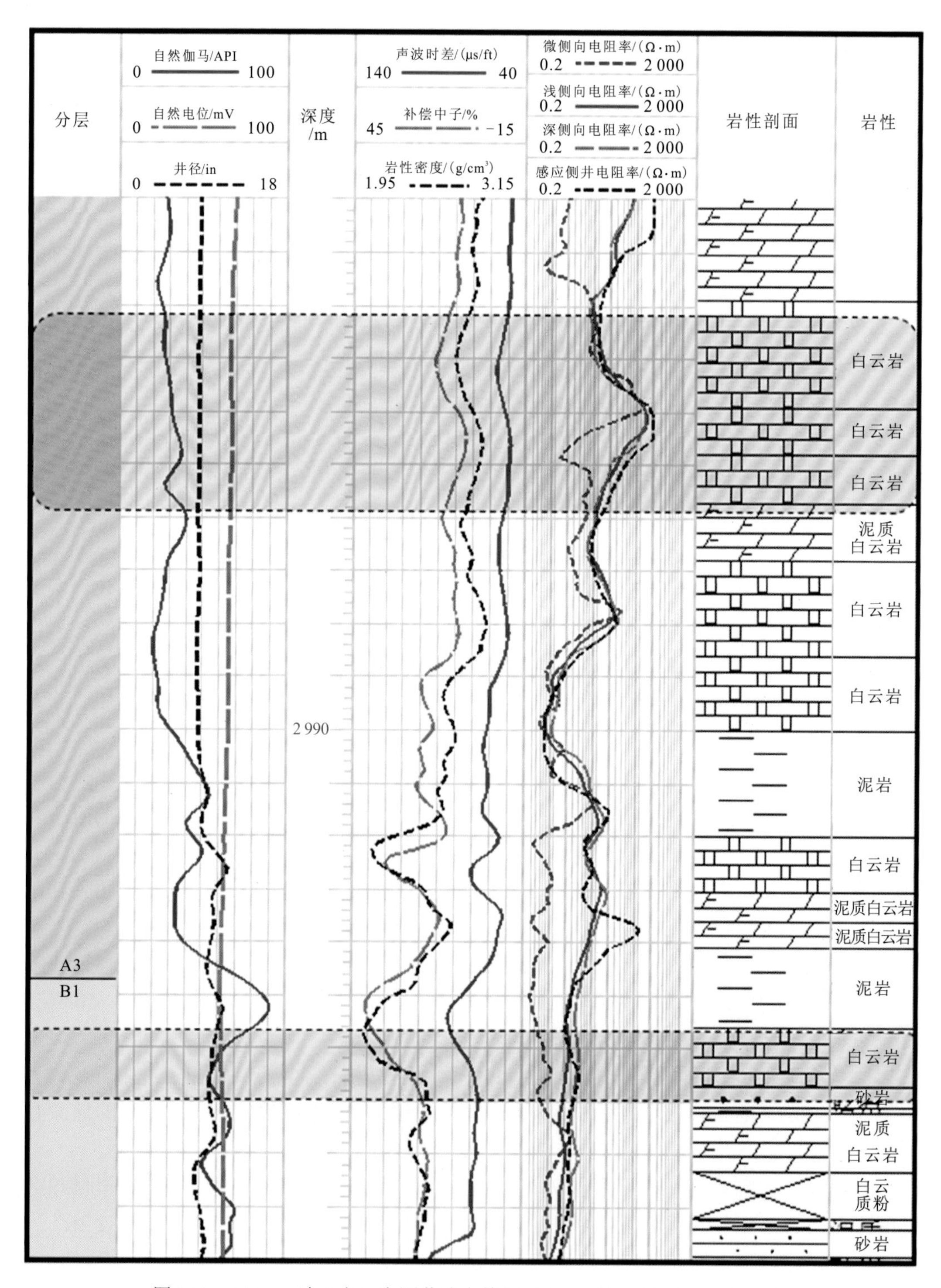

图 2.23　Missan 油田白云岩测井响应特征（AG-3 井，2 980～3 000 m）

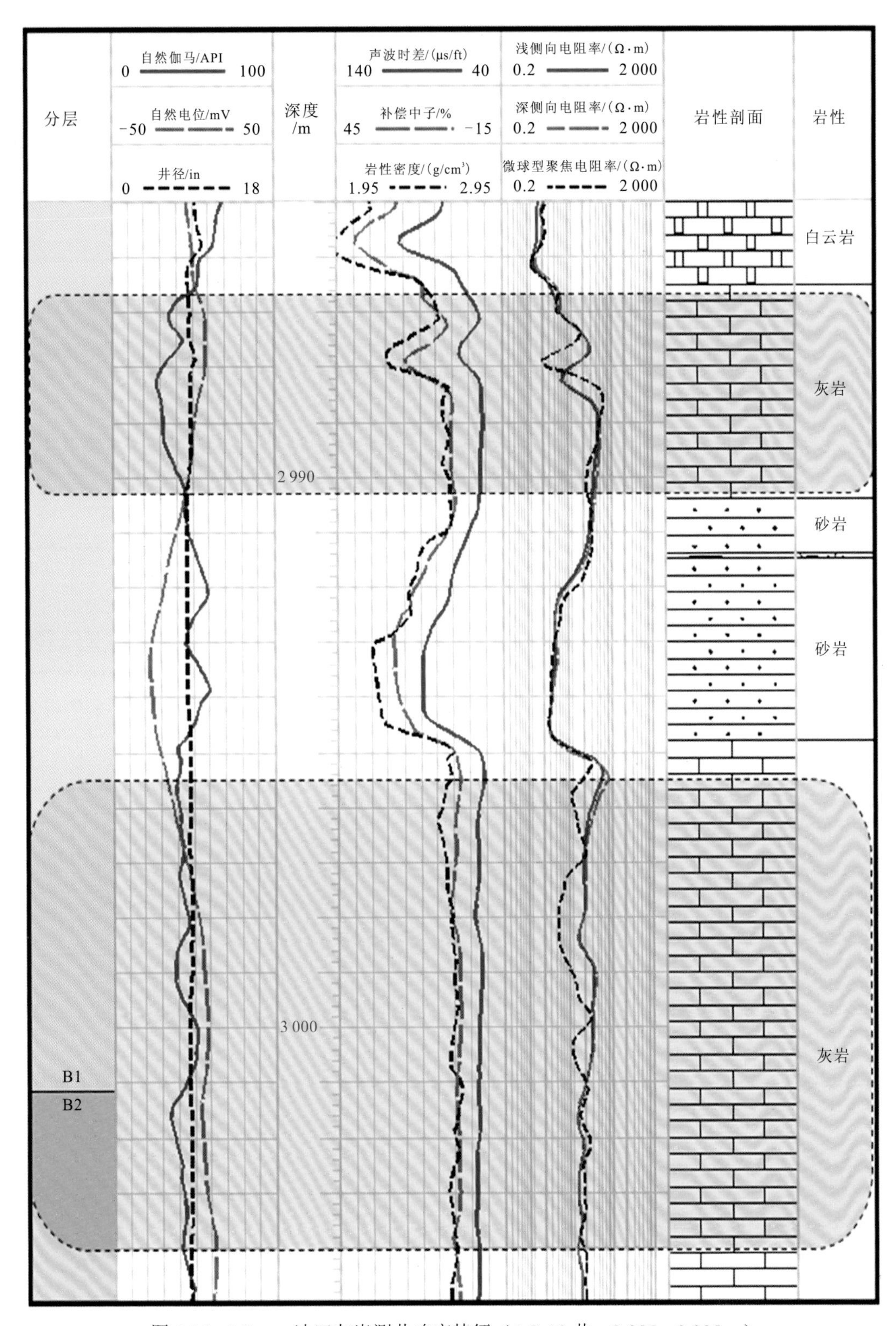

图 2.24 Missan 油田灰岩测井响应特征（AG-10 井，2 985～3 005 m）

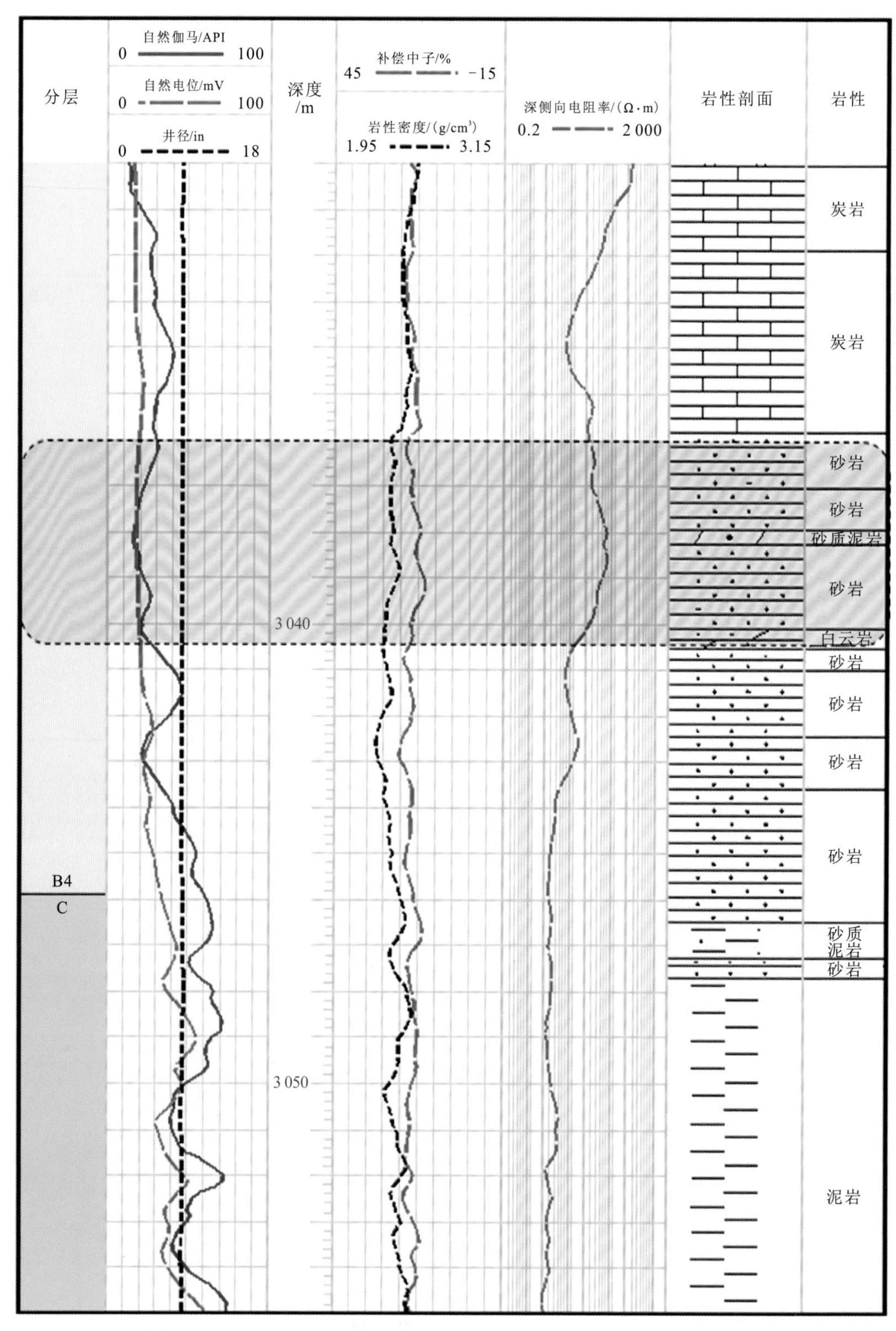

图 2.25　Missan 油田砂岩测井响应特征（AG-1 井，3 030～3 055 m）

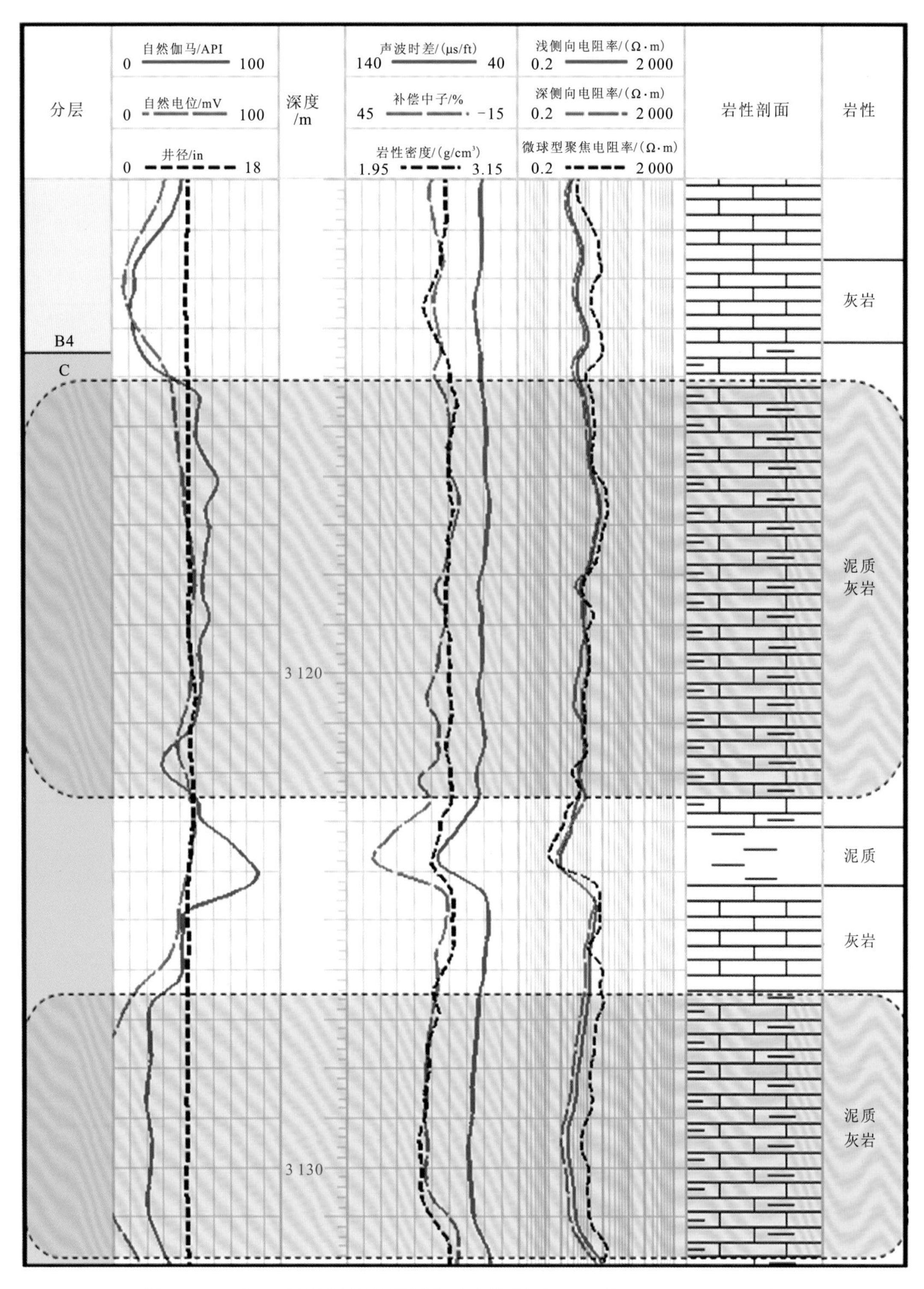

图 2.26　Missan 油田泥质灰岩测井响应特征（AG-7 井，3 110～3 132 m）

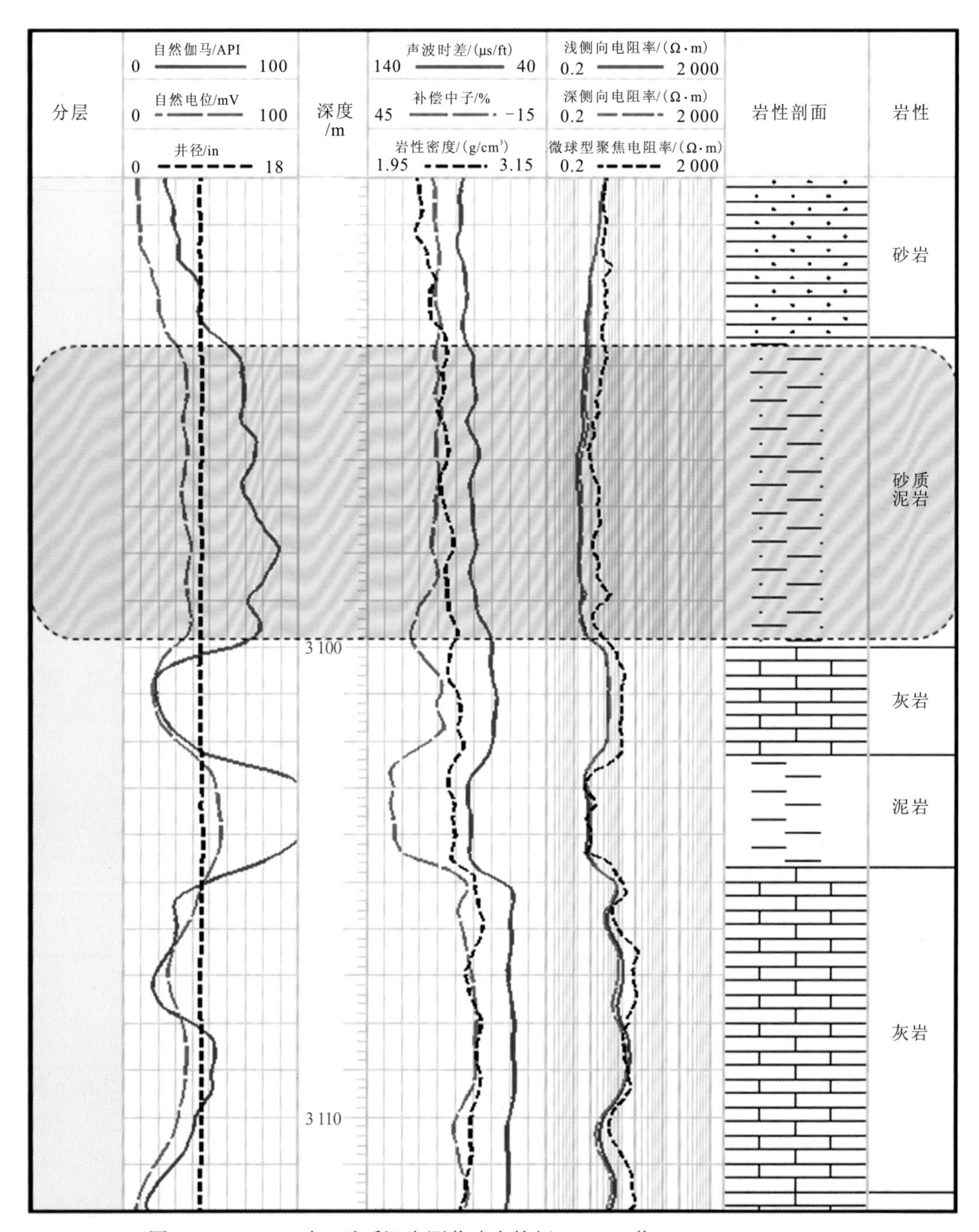

图 2.27　Missan 油田砂质泥岩测井响应特征（AG-7 井，3 090～3 113 m）

2.3　伊拉克 Halfaya 油田

伊拉克哈法亚（Halfaya）油田主要以白垩系浅海碳酸盐岩沉积为主，局部沉积环境存在差异。发育 Khasib、Hartha、Mishrif 共 3 套含油层组，以 Mishrif 层组为主。三套层组均属上白垩统，Khasib 组主要发育生物碎屑灰岩及致密灰岩；Hartha 组由泥灰岩、灰岩和生物灰岩组成；Mishrif 组沉积厚度大，发育多种沉积相，分为 MA1、MA2、MB1、MB2、MC1、MC2、MC3 共 7 种小层。MA1 与 MA2 的岩性为灰泥岩的风化壳、颗粒灰岩与泥粒灰岩。MB1 层中泥粒灰岩与粒泥灰岩交互出现，MB2、MC1、MC2、MC3 等层组岩性主要为粒泥灰岩。

依据 LUCIA 碳酸盐岩岩石物理分类[51]，根据灰泥含量，将泥粒灰岩分为颗粒灰岩主导的泥粒灰岩与灰泥主导的泥粒灰岩。结合研究区块的岩性分析资料，将碳酸盐岩划分为颗粒灰岩主导泥粒灰岩、灰泥主导的泥粒灰岩、颗粒灰岩与粒泥灰岩 4 种岩石组构。对研究区 6 口井共计 895 块岩心铸体薄片资料进行统计分析，4 种不同岩性的占比如图 2.28 所示，研究区颗粒灰岩主导泥粒灰岩占 5%，灰泥主导的泥粒灰岩 65.7%，颗粒灰岩占 7.1%，粒泥灰岩占 17.7%，泥晶灰岩占 4.5%。颗粒灰岩主要对应一种高水动力条件下的沉积环境，一般含底栖有孔虫、棘皮动物和双壳动物；灰泥主导的泥粒灰岩与颗粒主导的泥粒灰岩形成于低能的生屑滩环境，主要含底栖有孔虫、棘皮动物和双壳动物等微生物碎屑；粒泥灰岩形成于水动力弱的环境，其颗粒主要是少量的生物碎屑与生物颗粒，主要有底栖有孔虫、腹足类和腕足类等。

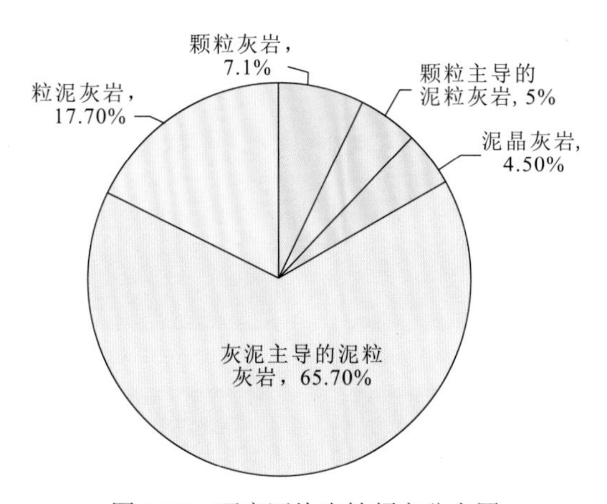

图 2.28　研究区块岩性频率分布图

不同沉积环境下会形成多种类型的孔隙，复杂的孔隙类型同时也是储层物性关系复杂的重要影响因素。研究区主要有粒内孔、溶孔、铸模孔、粒间孔、体腔孔和微孔 6 种孔隙类型，每种孔隙类型主导下的孔隙空间具有不同的储集能力。研究区的孔隙类型、孔隙组合方式多样，其中，原生孔隙主要有生物格架孔与体腔孔，次生孔隙主要为粒内孔、溶孔、铸模孔、粒间孔，以及小部分的裂缝。

体腔孔[图 2.29(a)]大多为底栖有孔虫等生物的腐烂分解后被填充所留的储集空间，一般连通性较差。生物格架孔[图 2.29（b）]主要发育于厚壳蛤的固体格架中，通常呈网格形态，孔隙连通性较好。铸模孔[图 2.29（c）]和溶孔多为溶蚀形成的孔隙，受溶蚀作用影响，该类型孔隙通常形态不一。若单独存在则连通性较差，若发育有粒间孔和孔隙连通，则容易表现为高孔低渗特征。粒内溶孔[图 2.29（d）]一般为沉积过程中选择性溶蚀形成的孔隙，后期容易被充填，因此该类孔隙大小差异明显，连通性通常较差。孔洞中多含有胶结物和泥晶基质，孔隙边界不清晰，大小不均，该类孔隙连通性最差。

微孔[图 2.29（e）]为发散分布的微状孔隙，连通性差。粒间孔[图 2.29（f）]通常形态不规则，分布不均，与原生粒间孔共生。粒间孔在溶蚀作用下进一步发育形成孔洞，孔隙连通性变好。

（a）体腔孔（M 井 2 575.12 m）

（b）生物格架孔（M 井 2 836.02 m）

（c）底栖有孔虫碎屑铸模孔（M 井 2 574.12 m）

（d）粒内溶孔（M 井 2 670.08 m）

（e）微孔（M 井 2 814.10 m）

（f）粒间孔（M 井 3 090.12 m）

图 2.29　研究区孔隙类型

储层的孔隙类型多样、孔渗关系不明确，主要受沉积环境、岩石组构以及后期的改造作用共同影响。因此需要分析不同岩性下的孔隙类型与物性关系，寻找储集空间对应的地质特征，从地质成因层面解释研究区储层非均质的原因。表 2.5 所示为不同岩性对应的孔隙度、渗透率分布和孔隙类型。

表 2.5 不同岩性的物性与储集空间分布

岩性	孔隙度/%	平均孔隙度/%	渗透率/mD	平均渗透率/mD	孔隙类型
颗粒灰岩	11.6～27.9	21.7	10～573.31	126.55	粒间孔、铸模孔、少量溶孔
颗粒灰岩主导的泥粒灰岩	8.5～24.1	17.6	1.7～359.78	89.99	粒间孔、铸模孔
灰泥主导的泥粒灰岩	8.9～35.4	20.9	0.24～58.33	12.07	体腔孔、铸模孔
粒泥灰岩	8.0～29.3	17.9	0.03～12.61	4.01	微孔、粒间孔

表 2.5 中颗粒灰岩的孔隙度分布在 11.6%～27.9%，渗透率分布范围为 10～573.31 mD，主要孔隙类型为粒间孔、铸模孔和部分溶孔，相较于其他岩性其储集能力与渗流能力好；颗粒主导的泥粒灰岩中孔隙度分布在 8.5%～24.1%，渗透率分布范围为 1.7～359.8 mD，主要发育粒间孔和铸模孔，相较于其他岩性其储集能力与渗流能力较好；灰泥主导的泥粒灰岩孔隙度分布在 8.89%～35.4%，渗透率分布范围为 0.2～58.33 mD，次生孔隙发育，主要发育体腔孔和铸模孔，储集性能较差；粒泥灰岩中孔隙度分布在 8.0%～29.3%，渗透率分布范围为 0.0341～12.61 mD，在 4 种岩性中其储集能力最差，孔隙类型主要为微孔与粒间孔，伴有少部分铸模孔和体腔孔。结合不同岩性的沉积微相，对不同岩性的储层进行如下分析。

I 类岩性（颗粒灰岩）储层主要对应台内高能生屑滩与台缘高能生屑滩，在高水动力环境中受溶蚀作用强，颗粒分选性较好，孔隙整体分布均匀。原生孔隙发育，主要孔隙类型为粒间孔、铸模孔和部分溶孔，连通性好，因此为优质储层。

II 类岩性（颗粒灰岩主导的泥粒灰岩）储层主要对应低能生屑滩环境，中能沉积环境，原始孔隙发育，孔隙类型主要为粒间孔与铸模孔，选择性溶蚀作用导致孔隙的连通性变弱，储集性能变弱，因此为良好储层。

III 类岩性（泥粒灰岩）储层一般对应于潟湖沉积环境，是一种低能环境，原生孔隙发育中等，次生孔隙发育，成岩过程中存在胶结作用，孔隙不规则，连通性较差。孔隙类型以体腔孔、铸模孔、少量溶孔为主，因此为中等储层。

IV 类岩性（粒泥灰岩）储层一般对应于潟湖、滩间海的低能沉积环境，存在大量的灰泥基质，平均来看孔隙类型主要为微孔、铸模孔、体腔孔与少部分粒间孔，因此为差储层。

第3章 测井相–岩性测井识别方法及测井响应知识库建立

3.1 传统岩性识别方法

3.1.1 曲线重叠法

根据密度测井原理，在淡水石灰岩刻度系统里刻度过的密度测井仪，测出的密度孔隙度为

$$\phi_D = \frac{\rho_{ma} - \rho_b}{\rho_{ma} - \rho_f} = \frac{2.71 - \rho_b}{2.71 - 1.0} = 0.58(2.71 - \rho_b) \tag{3.1}$$

式中：ϕ_D 为淡水石灰岩刻度的密度孔隙度，小数；ρ_{ma} 为石灰岩骨架矿物的密度，此处取 2.71 g/cm^3；ρ_b 为测井测量的密度值，g/cm^3；ρ_f 为地层水的密度值，此处取 1.0 g/cm^3。

用 ϕ 表示地层的真孔隙度，用 ϕ_N 表示淡水石灰岩刻度的中子孔隙度，对于骨架密度小于 2.71 g/cm^3 的地层，有 $\phi_D > \phi$；而对骨架密度大于 2.71 g/cm^3 的地层，有 $\phi_D < \phi$。但是中子孔隙度 ϕ_N 是以淡水石灰岩系统刻度的，如果地层的中子减速长度比石灰岩骨架小，就有 $\phi_N > \phi$；如果地层的中子减速长度比石灰岩骨架大，则 $\phi_N < \phi$。

与石灰岩相比，砂岩的骨架密度小而中子减速长度大，因而有

$$\phi_D > \phi > \phi_N \tag{3.2}$$

对于白云岩而言，与石灰岩相比，中子减速长度小而骨架密度大，因此有

$$\phi_D < \phi < \phi_N \tag{3.3}$$

对其他岩性地层，两种孔隙度测井响应也各有特征，定性关系如图 3.1 所示[14]。

曲线重叠法主要根据密度、中子孔隙度在不同岩性地层中的差别划分岩性。这种方法通过调节灰岩段的刻度标准，使中子、密度孔隙度曲线重叠，充分利用不同地层岩石骨架特征的差别，使不同岩性在重叠图上有明显的幅度异常变化。一般在实际运用中，为快速直观地确定岩性和孔隙度，可以先调节好中子和密度测井曲线的刻度比例，要求密度、中子孔隙度曲线在纯的灰岩段大致重合，然后根据密度孔隙度曲线与中子测井曲线的相对位置来判别岩性。

为进一步量化同一岩性中子孔隙度和视灰岩孔隙度之间的差异，引入一条 SDN 曲线，可将其称作幅度差曲线，计算方法为

$$\mathrm{SDN} = 100 * (\mathrm{NPHI}/100 - 0.58(2.71 - \mathrm{RHOB})) \tag{3.4}$$

式中：NPHI 为补偿中子测井曲线，%；RHOB 为补偿密度测井曲线，g/cm^3；SDN 为计

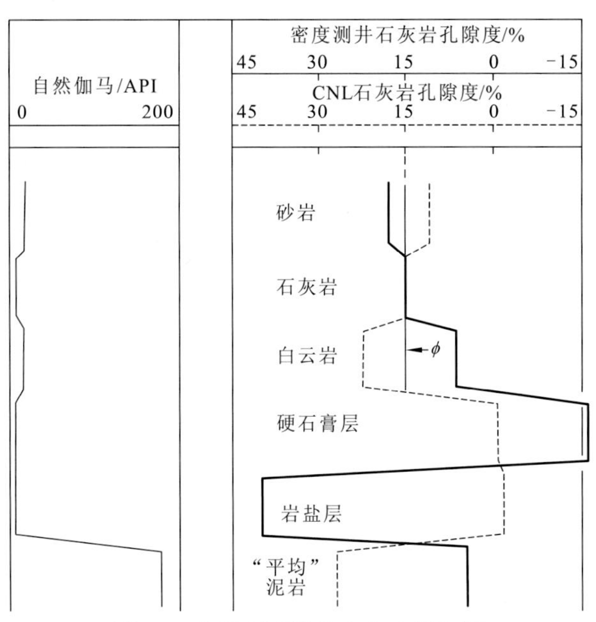

图 3.1　岩性剖面测井响应示意图[14]

算的幅度差，%。

如图 3.2 所示，通过曲线重叠的理论模型，可以识别出 mohm-1 井中的一些较纯的岩石，其所反映的规律符合理论模型。

中子密度曲线重叠法也可根据区域特性采用其他曲线的重叠法来识别岩性或进行储层分析。在实际运用中，曲线重叠法受坏井眼、泥浆条件、气层或轻烃化合物、不完备的测井系列、岩相间的交叉重叠和薄层等一些相关因素的影响。

曲线重叠法能够识别出一些岩性，但是具有多解性。例如图 3.2 中白云质灰岩和白云岩一样都具有正的幅度差，且自然伽马值都偏低，因此只从测井曲线上很难区分白云质灰岩和白云岩。除此之外，粉砂质灰岩和白云质粉砂岩之间也比较难区分。简而言之，当岩石矿物组分复杂时，它们的测井响应特征存在一种“中和效应”和“多解性”，会给岩性的识别带来困难。

3.1.2　交会图识别法

当地层含有多种矿物时，可以通过交会图来识别岩性。交会图方法实际上是多维空间数据集到低维空间的一种简单映射，是一种带有选择性的降维过程。这种图单纯地选择数据集中 2～3 个特征进行分析（最多 4 个特征），分为二维平面交会图和三维立体交会图，方法直观简单，被测井工作者广泛用于岩性识别等数据分析工作中，是一种强有力的测井分析工具。

一般常用二维交会图来识别岩性。在测井解释中，交会图的变量选择比较关键，用于岩性的交会图主要包括：岩性-孔隙度交会图、M-N 交会图以及 MID 交会图等[15]。

岩性-孔隙度交会图版被广泛用于确定地层岩性和孔隙度，目前这类图版主要有中子-密度、声波-密度、中子-声波、密度-岩石光电吸收截面指数等。

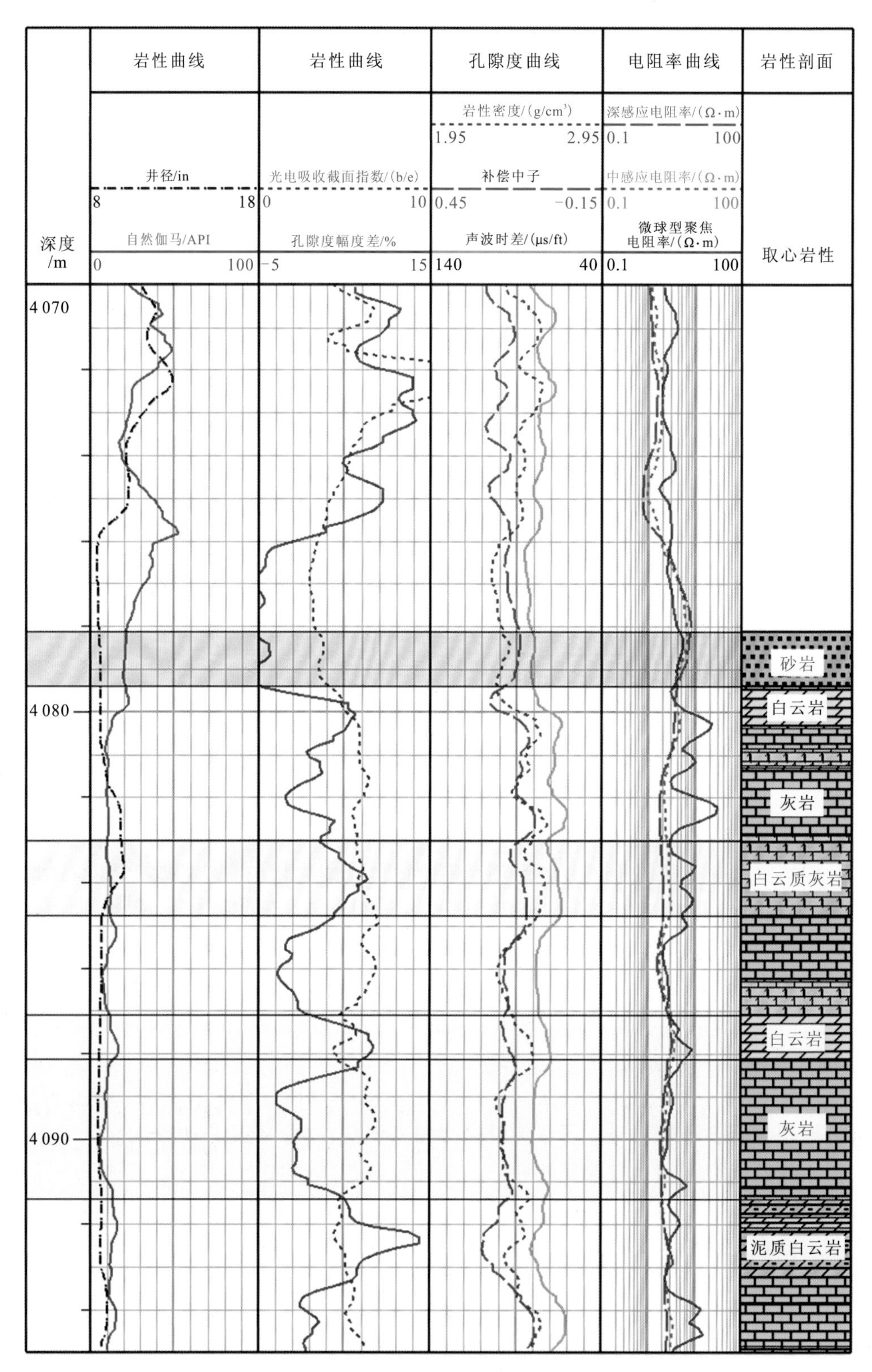

图 3.2　曲线重叠法在 mohm-1 井的应用

根据研究区测井响应特征，根据岩石大类作所有岩性的三孔隙度交会图，识别效果差（图 3.3）；然而从这些岩性中剔除混合的岩性数据，重新作交会图（图 3.4），识别效果稍好。尽管三孔隙度交会图能够使不同岩性得到一定程度的区分，但仍然存在部分区域重叠，识别精度不高。

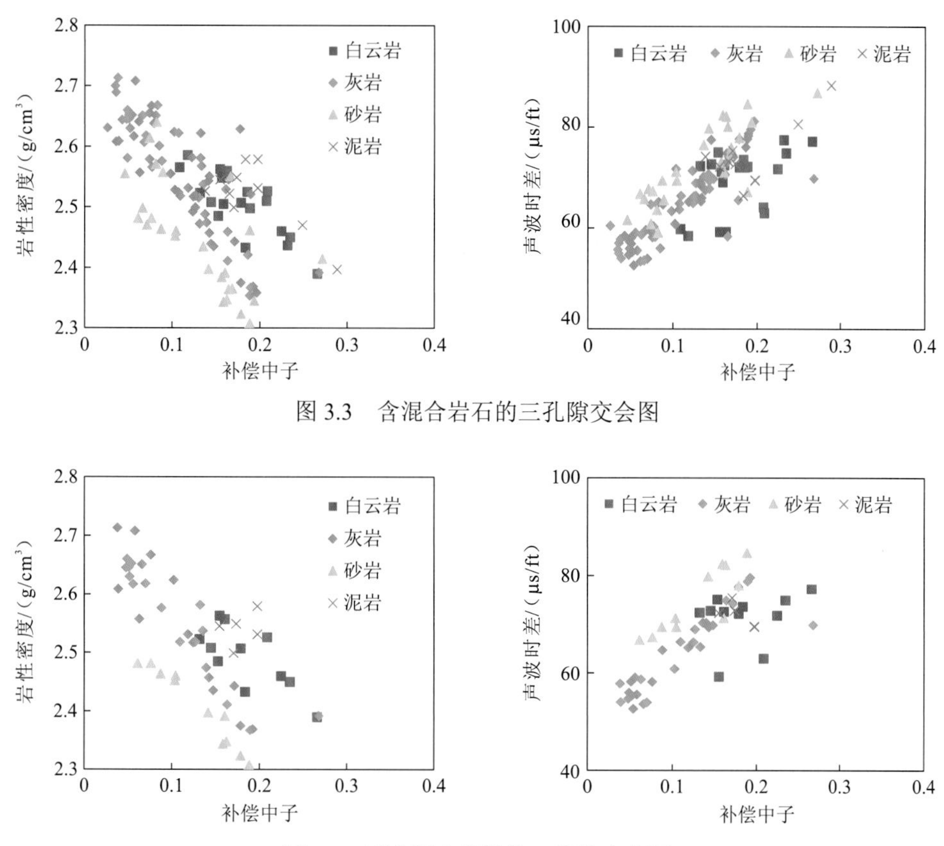

图 3.3　含混合岩石的三孔隙交会图

图 3.4　不含混合岩性的三孔隙交会图

刚果（布）Haute Mer A 区块中，部分井为岩性密度测井，除记录岩石的密度外，还记录了光电吸收截面指数，而光电吸收截面指数具有受孔隙流体影响小，对于砂岩、石灰岩、白云岩其值差别明显等特点，非常适合于岩性识别；此外，孔隙度幅度差曲线对纯岩石亦有明显区别。因此，分析密度-岩石光电截面吸收指数和孔隙度幅度差-岩石光电吸收截面指数交会图（图 3.5 和图 3.6）。从应用的结果来看，识别效果优于三孔隙度交会图。

M-N 交会图是定性评价岩性的另一种途径，采用该方法可以计算出两个与孔隙度无关而随岩性变化的参数 M、N。

$$M=\frac{\Delta t_{\mathrm{f}}-\Delta t_{\mathrm{ma}}}{\rho_{\mathrm{ma}}-\rho_{\mathrm{f}}}\times 0.01=\frac{\Delta t_{\mathrm{f}}-\Delta t}{\rho_{\mathrm{b}}-\rho_{\mathrm{f}}}\times 0.01 \tag{3.5}$$

$$N=\frac{\phi_{\mathrm{Nf}}-\phi_{\mathrm{Nma}}}{\rho_{\mathrm{ma}}-\rho_{\mathrm{f}}}=\frac{\phi_{\mathrm{Nf}}-\phi_{\mathrm{N}}}{\rho_{\mathrm{b}}-\rho_{\mathrm{f}}} \tag{3.6}$$

式中：Δt、Δt_{ma} 和 Δt_{f} 分别为声波测井的声波时差值、储层岩石骨架的声波时差值和泥

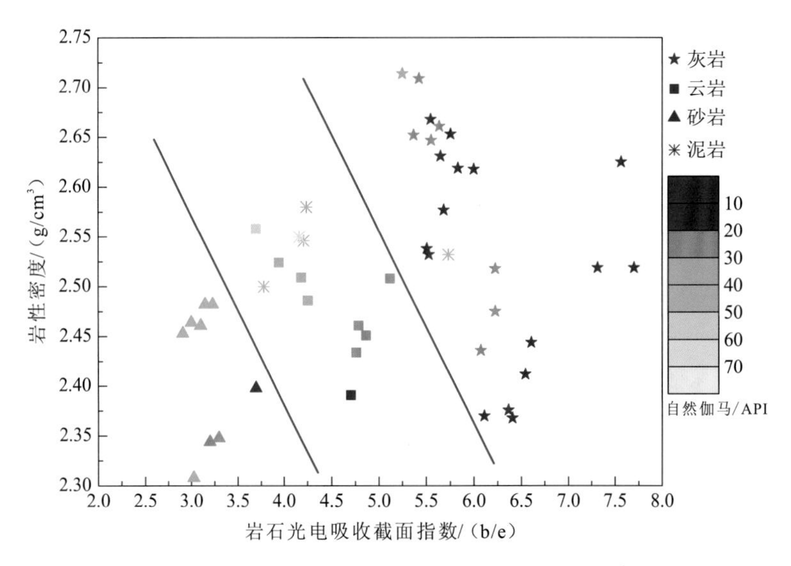

图 3.5　岩性密度-岩石光电吸收截面指数交会图

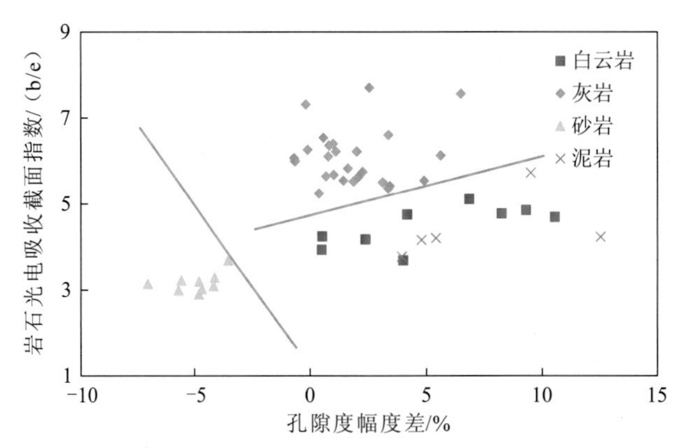

图 3.6　孔隙度幅度差-岩石光电吸收截面指数交会图

浆滤液的声波时差值，μs/ft；ρ_b、ρ_{ma} 和 ρ_f 分别为密度测井的密度值、储层岩石骨架的密度值和泥浆滤液的密度值，g/cm³；ϕ_N、ϕ_{Nma} 和 ϕ_{Nf} 分别为中子孔隙度测井的中子孔隙度值、储层岩石骨架的中子孔隙度值和泥浆滤液的中子孔隙度值，小数。

M-N 交会图上每一种矿物对应唯一一个点。由于裂缝引起次生孔隙且裂缝为垂直裂缝的情况下，声波时差不受影响，即声波沿最快的路径传播，相对于总的模型而言，Δt 下降，M 增加，使岩性点沿平行于 M 轴的方向移动。

使用该方法的过程中必须对密度、声波和中子测井值进行泥质含量校正。从 M-N 交会图（图 3.7）上可以看出，不同的岩石可以得到一定程度的区分，但是该方法对泥质敏感，而在实际应用中泥质含量的准确计算又比较困难。此外，孔隙流体的矿化度也会给 M、N 值带来较大影响。图 3.7 中，白云岩和石灰岩的重叠可能源自以下三方面的原因：①泥质校正不彻底；②石灰岩含有部分白云质或是白云岩含有部分灰质；③孔隙流体的矿化度存在差异。

在 M-N 交会图中，孔隙流体矿化度会对中子测井产生影响，进而影响 M、N 值，尤其是采用补偿中子测井时；另外，计算得到的 M、N 值并没有明确的岩石物理意义，很

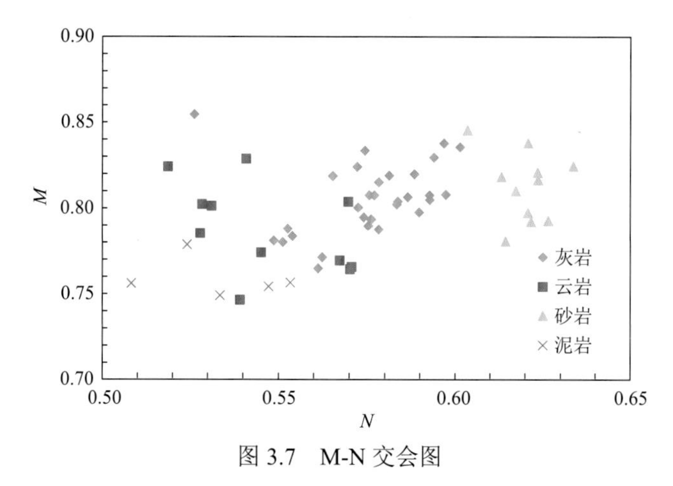

图 3.7　M-N 交会图

难直观地把这些参数和岩石类型联系起来。因此，Clavier 等在 M-N 交会图的基础上提出了 MID 交会图，它克服了 M-N 交会图受流体矿化度的影响[16]。MID 交会图引入了“视密度”和“视声波时差”的概念，这两个值相当于 M-N 交会图中的 M、N 值。

在刚果（布）Haute Mer A 区块中，通过对交会图的运用得出以下认识。

（1）交会图是多维数据在一个平面上的投影，对简单岩性来说，其数据空间分布形式简单，因此在投影面上的区分度较高。

（2）三孔隙交会图是一种理想模型，实际运用中，由于受井眼、泥质和油气的影响，测井值会有部分偏差，区域也会有重叠。

（3）对于复杂岩性或者混合岩性，矿物组合及含量复杂多变，其测井响应也复杂多变，使得数据在多维空间中的分布异常复杂。在这种情况下，一张交会图往往只能区分出一个或者多个岩石类型（岩石小类或者岩石大类），且交会图的效果与岩石大类的拆分和小类的合并有关。只有在做好岩石大类拆分和小类合并的基础上，通过多张交会图联合识别才能取得比较理想的效果。但是，在缺少对地区经验性认识时，这一工作比较盲目，很难发现较好的规律。

3.1.3　岩石组分分析法

岩石组分分析又称为多矿物模型反演，它通过将每种测井资料与地层中的各种矿物及其含量建立函数关系，获取地层中的各种矿物含量，以此准确地分析岩性，计算储层参数。建立的函数关系可以是线性的，也可以是非线性的。如果将测井响应视为矿物组分已知地层的正演过程，那么地层组分分析就是这个过程的反演。

最优化测井解释技术作为多矿物模型的一种发展和应用，采用多矿物岩石体积模型来建立数学模型。多矿物体积模型把一个矿物成分复杂的地层看成是由局部均匀的几个部分组成的：几种骨架矿物、泥质（或黏土）和有效孔隙流体。可根据测井资料和地层情况，选择 1～6 种矿物成分，骨架矿物可以是常见的石英、方解石、白云石，也可以是按研究区的地质情况指定的其他矿物。该模型中，所有矿物组分的体积含量之和为 1。测井仪器的响应可以看作所有矿物组分的测井响应之和。这些矿物组分的测井响应可以当作一个定值来处理，而矿物含量则是一个未知变量，需要求取。根据各种不同的测井响应，可以建立不同的关于体积变量的方程，将这些方程联立起来就可以形成方程组。

对于含有 5 种矿物的地层，声波时差测井值可通过线性方程组表示为

$$\mathrm{DT} = D_1 V_1 + D_2 V_2 + \cdots + D_5 V_5 + D_\phi \phi \tag{3.7}$$

$$1 = V_1 + V_2 + \cdots + V_5 + \phi \tag{3.8}$$

式中：V_i 为地层中第 i 种矿物的体积含量，小数；D_i 为第 i 种矿物的声波时差值，μs/ft；i=1，2，3，4，5；ϕ 为地层孔隙体积含量，小数；D_ϕ 为地层孔隙体积声波时差值，μs/ft。

同样补偿密度、补偿中子、自然伽马测井也可写成上述形式。

如果有 n 条测井曲线，要计算 m 种岩石矿物，并且 $n \geqslant m$。就可以列出 n 个方程和一个体积含量平衡方程，这样就形成了线性方程组。当然方程组也可以是非线性的，但对于非线性方程组来说求解方法更加复杂。

$$\begin{cases} L_1 = P_{11}V_1 + P_{12}V_2 + \cdots + P_{1j}V_j + \cdots + P_{1m}V_m + P_{1\phi}\phi \\ L_2 = P_{21}V_1 + P_{22}V_2 + \cdots + P_{2j}V_j + \cdots + P_{2m}V_m + P_{2\phi}\phi \\ \qquad \vdots \\ L_n = P_{n1}V_1 + P_{n2}V_2 + \cdots + P_{nj}V_j + \cdots + P_{nm}V_m + P_{n\phi}\phi \\ \quad 1 = V_1 + V_2 + \cdots + V_j + \cdots + V_m + \phi \end{cases} \tag{3.9}$$

式中：L_i 为第 i 种测井曲线读值；P_{ij} 为第 j 种矿物第 i 种测井响应参数；V_j 为第 j 种矿物体积含量；第 m+1 种岩石矿物体积为孔隙体积 ϕ；第 n+1 个方程是物质平衡方程。

如果将以上方程组表示成矩阵形式，则

$$\boldsymbol{L} = \boldsymbol{P}\boldsymbol{V} \tag{3.10}$$

$$\boldsymbol{P} = (P_{ij})_{(m+1)\times(n+1)} \tag{3.11}$$

$$\boldsymbol{L} = \left(L_1, L_2, \cdots, L_n, 1\right)^{\mathrm{T}} \tag{3.12}$$

$$\boldsymbol{V} = \left(V_1, V_2, \cdots, V_m, \phi\right)^{\mathrm{T}} \tag{3.13}$$

将多矿物模型表示为式（3.9）的线性方程组，当 m=n 时，方程组是正定的，有唯一解；当 n>m 时，所构成的方程组是超定的，方程组通常不存在精确解，可以采用最优化方法求近似解；当 m<n 时，方程组是欠定的，通常有无数多解，此时需要增加方程数量或者减少矿物种类。求得方程组的最优解后，就可获得矿物组分的体积含量，并根据岩石矿物的体积含量确定岩石的类型。

在最优化求解过程中，根据数学物理原理与地区地质经验，必须确定多矿物解释模型的约束条件，从最优化技术讲，约束条件规定了最优解的可行解域。一般说，多矿物解释模型的约束条件有以下几种。

（1）数学物理约束，这部分约束是根据未知量的定义得出的，是一种严格约束，对多矿物模型有不等式约束条件：

$$1 \geqslant V_i \geqslant 0 \quad (i=1,2,\cdots,m) \tag{3.14}$$

$$1 \geqslant \phi \geqslant 0 \tag{3.15}$$

（2）地区地质约束，这是根据地区地质经验得出的约束，这类约束主要有：

$$\phi \leqslant \phi_{\max}(1 - V_{\mathrm{sh}})^{\mathrm{e1}} \tag{3.16}$$

式中：ϕ 为储层孔隙度；$\phi_{\max}$ 为储层最大孔隙度；V_{sh} 为储层泥质含量；e1 为经验系数，1～5。

（3）连续性约束，因为最优化计算结果不会比实际测井曲线有更好的分辨率，且同一种地层内测井曲线一般都是连续变化的，因此要求前后两个相邻采样点的最优化计算结果不能相差太大。

对于式（3.9）及其约束条件式（3.14）、式（3.15）、式（3.16）等的求解问题，一般采用最优化方法。该方法包括两个方面：一是根据实际的生产或科学问题，建立最优化的数学模型，可以采用最小平方误差函数；二是采用适当的最优化方法求得最优解，可以采用梯度下降法，在有约束条件下，求解最小平方误差函数，得到最小值下的最优解。

采用最优化矿物解释程序，对 mohm-1 井取心段进行处理（图 3.8），并与岩心分析孔隙度、岩心描述对比，分析程序处理结果的误差。处理结果表明，通过最优化矿物解释程序获得的矿物组分与岩心资料大致相符。

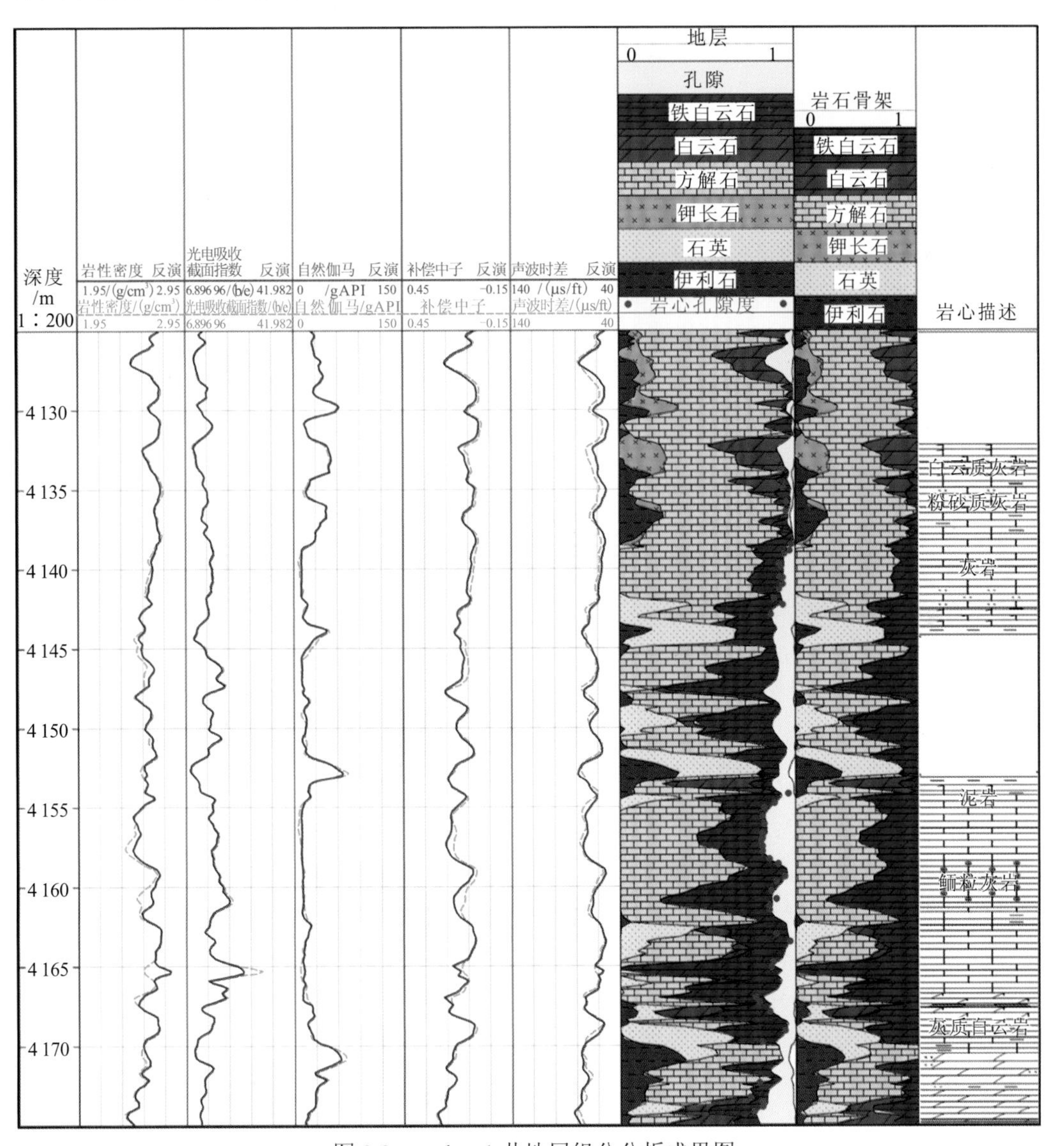

图 3.8　mohm-1 井地层组分分析成果图

由于最优化解释方法选用的解释参数多，并且这些参数之间相互影响、相互制约，很难获得一个准确可靠的岩性剖面，给程序的应用带来了一些困难。

3.2 测井数据特征提取及测井相建立

3.2.1 测井数据特征提取

数据预处理不但可以剔除原始测井数据中的冗余信息，并且预处理之后的数据消除了量纲的影响，具有平移不变性、缩放不变性（归一化）和空间旋转不变性（主成分），更利于建模。

1. 数据归一化

根据测井数据的特性，选择对岩性比较敏感，且受孔隙流体影响较小的测井曲线，在此过程中还应考虑测井曲线分辨率，选择分辨率较高的测井曲线会提高解释精度。区块中自然伽马、岩石光电截面吸收指数、孔隙度幅度差、岩性密度、补偿中子和声波时差共 6 条曲线对岩性的反应较好，因此选择这几条曲线作为原始输入数据。

由于自然伽马、岩石光电截面吸收指数、孔隙度幅度差、岩性密度、补偿中子和声波时差测井值具有不同的量纲，数据之间不具可比性，因此需要进行测井值的无量纲化处理。经过归一化处理，将上述测井值均转换为无量纲化指标，使各指标值都处于同一个数量级别上。数据归一化的方法很多，包括离差标准化法、标准差标准化法、log 函数转换法和 atan 函数转换法等。

本节采用标准差标准化法，使用该方法处理后的数据符合标准正态分布，即均值为 0，标准差为 1。经过该方法处理后的数据具有平移不变性和缩放不变性。当抽样样本改变时，归一化后的数据结构也仍然保持相对的稳定性。归一化的计算函数为

$$y^*=(y-\mu)/\delta \tag{3.17}$$

式中：μ 为所有样本数据的均值；δ 为所有样本数据的标准差；y 为原始变量；y^*为标准化后的数据。

2. 主成分分析

主成分分析是在最小误差平方和准则下，找到一个 d 维的线性子空间，使其能最好地表达原始高维数据。在新的 d 维线性子空间中，各坐标轴的方向就是原始数据变差最大的方向。寻找 d 维线性子空间的过程实际上就是坐标系的转换过程，各主成分表达式就是新坐标系与原坐标系的转换关系。

主成分分析的基本过程为：①计算出原始 d 维数据集大小为 $d\times d$ 的相关系数矩阵 $\boldsymbol{\Sigma}$；②计算相关系数矩阵 $\boldsymbol{\Sigma}$ 的特征值、特征向量，每个特征值 λ_i 都对应一个标准化的特征向量 $\boldsymbol{e}_i$，$i=1,\cdots,d$。

由于求取主成分的过程是从相关系数矩阵出发，主成分变换的原始数据可以采用未经归一化的原始测井曲线，但是成分的计算必须采用归一化后的测井曲线数据。

对刚果（布）Haute Mer A 区块 mohm-1 井阿尔必阶组的原始测井曲线（自然伽马、

岩石光电截面吸收指数、孔隙度幅度差、岩性密度、补偿中子和声波时差）进行主成分分析，求取特征根、方差百分比和累积方差百分比，如表 3.1 所示。

表 3.1　主成分分析结果

成分	特征根	方差百分比	累积百分比	特征根的开方
1	3.17	52.79	52.79	1.78
2	1.35	22.52	75.31	1.16
3	0.93	15.56	90.87	0.97
4	0.43	7.20	98.08	0.66
5	0.12	1.92	100.00	0.34
6	2.30×10^{-5}	3.83×10^{-4}	100.00	0.00

每个主成分对原始测井变量的解释能力如表 3.2 所示，绝对值越大，说明该成分对相应测井变量的解释能力越强。

表 3.2　各主成分对原始测井曲线的解释能力

成分	自然伽马	岩石光电截面吸收指数	孔隙度幅度差	补偿中子	声波时差	岩性密度
1	0.678	−0.367	0.577	0.937	0.938	−0.694
2	0.488	−0.651	0.441	−0.213	−0.190	0.643
3	−0.189	0.553	0.674	0.217	−0.060	0.296
4	0.512	0.368	−0.135	−0.121	0.006	0.038
5	−0.062	0.019	−0.026	−0.119	0.282	0.128
6	0.000	0.000	−0.002	0.003	0.000	0.003

通过上述方法，完成了对刚果（布）Haute Mer A 区块 mohm-1 井的主成分分析。所提取的主成分中，成分 1 对补偿中子、声波时差、岩性密度以及自然伽马的解释能力较强；成分 2 对岩性密度、岩石光电截面吸收指数的解释能力较强；成分 3 对孔隙度幅度差和岩石光电截面吸收指数的解释能力较强。

3. 主成分选取原则

主成分分析的运用领域很广泛，一般根据特征根决定主成分数目，其广泛采用的两条选取准则为：①只取 $\lambda>1$ 的特征根对应的主成分；②选取方差累积百分比 80%的 λ 值对应的主成分。

这两条准则不必同时满足，选择其中之一即可。有些情况下，采用不同的选取原则会得到不同的主成分数量。这说明长期以来并没有一个严格的主成分选取原则。因此，在研究的基础上，探讨分析适合岩性识别的主成分选取原则。

测井解释工作中，密度中子交会图、声波中子交会图常被用于岩性识别，根据标准的斯伦贝谢图版，采样获得 3 条岩性曲线的测井响应数据。通过图版获得的实验数据，代表了不同岩性、不同孔隙度下的声波、密度、中子测井值，实验数据具有岩性已知、纯度高、孔隙度变化均匀的特点，适合用于模拟分析和结果对比。

对模拟数据进行的分析结果如表 3.3 和表 3.4 所示。

表 3.3 曲线相关系数

曲线名	补偿中子	岩性密度	声波时差
补偿中子	1.000	−0.770	0.830
岩性密度	−0.770	1.000	−0.987
声波时差	0.830	−0.987	1.000

表 3.4 变差分析结果表

成分	特征根	方差百分比	累积百分比
1	2.73	90.92	90.92
2	0.26	8.82	99.73
3	0.01	0.27	100.00

选取成分 1 和成分 2 作图（图 3.9）。若按照常用的主成分选取原则，只需保留第一个主成分，但从图 3.9 中可以看到，本来完全可分的 3 种岩石，如果只保留一个主成分，将会变得几乎完全不可分。第二主成分即便是贡献率不大，但它也使得 3 种岩性之间能很好地被区分开来。这说明常用的主成分选取原则在测井解释中，容易丢掉有用的信息。

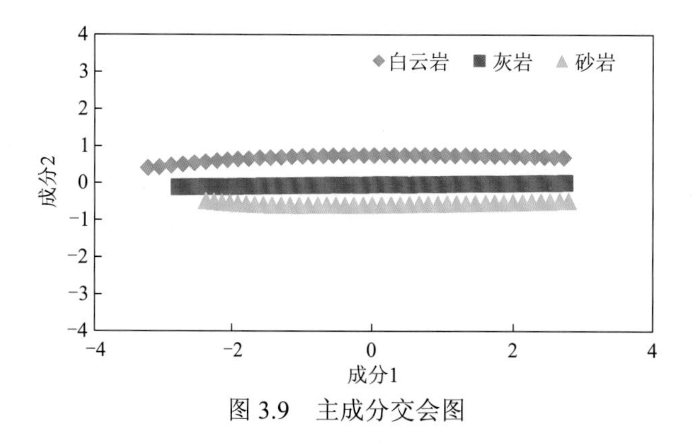

图 3.9 主成分交会图

通过以上分析可以得知：主成分分析能够保留数据变差较大的坐标轴方向，去掉数据变差较小的坐标轴方向（表 3.5）。而在岩性识别中，不同岩性之间的差异可能体现在数据变差小的坐标轴方向上，因此按照常用的主成分选取原则会丢掉十分有用的主成分信息。

表 3.5 3 个主成分的变差

成分	极小值	极大值	均值	标准差	方差
1	−3.21	2.80	0.00	1.65	2.73
2	−0.63	0.73	0.00	0.51	0.26
3	−0.16	0.11	0.00	0.09	0.01

综上，对于刚果（布）Haute Mer A 区块来说，应当选取使累积方差百分比达到 100% 的主成分，即保留前 5 个主成分。这种选取原则可以在去掉冗余信息的同时最大限度地保留原始信息。

4. 成分函数的计算

通过主成分分析后的数据（表 3.1 和表 3.2），可以计算获得各个成分表达函数。保留表 3.6 中的前 5 个主成分，将每个主成分除以相应的特征根的开方就得到了最终的成分系数矩阵，将计算出的 5 条成分曲线作为聚类方法的最终输入数据。5 个成分函数表达式如下，式中的 CGR、CPEF 等代表标准化处理后的变量。

表 3.6　成分函数系数表

成分	自然伽马 CGR	岩石光电截面吸收指数 PEF	孔隙度幅度差 SDN	补偿中子 NPHI	声波时差 DT	岩性密度 RHOB
1	0.381	−0.206	0.324	0.527	0.527	−0.390
2	0.420	−0.560	0.380	−0.183	−0.164	0.553
3	−0.195	0.573	0.697	0.225	−0.062	0.306
4	0.779	0.559	−0.206	−0.184	0.008	0.058
5	−0.181	0.057	−0.077	−0.351	0.831	0.378

$$CF_1 = 0.381CGR - 0.206CPEF + 0.324SDN + 0.527NPHI + 0.527DT - 0.390RHOB$$
$$CF_2 = 0.420CGR - 0.560CPEF + 0.380SDN - 0.183NPHI - 0.164DT + 0.553RHOB$$
$$CF_3 = -0.195CGR + 0.573CPEF + 0.697SDN + 0.225NPHI - 0.062DT + 0.306RHOB$$
$$CF_4 = 0.779CGR + 0.559CPEF - 0.206SDN - 0.184NPHI + 0.008DT - 0.058RHOB$$
$$CF_5 = -0.181CGR + 0.057CPEF - 0.077SDN - 0.351NPHI + 0.831DT + 0.378RHOB$$

3.2.2　测井相建立

1. 测井相

测井相又名电相，法国地质学家塞拉认为测井相是可以表征地层特征并且可以使该地层与其他地层区别开来的一组测井响应特征集[17]。

一般来说，同一沉积环境中某类岩性的地层都具有一组特定的测井参数值，包括测井响应特征值和从测井资料提取的与岩性有关的信息。当测井参数值相同时，对应同一类岩性地层的概率很大。因此，可以用测井资料将整个钻井剖面划分为若干个具有地质意义的测井相。

测井相分析的原理是：先从一些已知岩性地层提取测井参数，然后采用一套数学分类准则将各组测井参数划分到不同的类，最后通过与取心描述资料的详细对比，给这些类赋予不同的地质意义，确定每种测井相的岩石类型及其结构特征。

由于有些测井相在数据特征上相似，因此测井相在多维空间中的分布应表现为一个致密的超椭球体，适合采用聚类分析方法来进行研究。对于非球状的数据体来说，单纯将距离作为聚类指标是不够的。对于这样的情况，需要用密度来取代相似性，即需要采用基于密度的聚类算法。但基于密度的聚类算法不仅实现起来困难，而且对参数值极其敏感。在实际应用中，这些参数值很难确定，且并不适用于高维数据，这样的聚类方法也很难应用到测井相分析中。

K 均值聚类法是一种基于划分方法的聚类分析技术，算法简单，输入参数少，易于实现。当采用欧氏距离作为相似性度量时，可用于识别球状或超球状的数据分布。尽管测井数据在多维空间的分布并非是一个球体，但是由于该方法输入参数少，聚类结果稳定，因此本书仍采用该方法来划分测井相。在获得基本的聚类后，可以通过对比分析岩性资料将某些测井相合并，实现球体向非球体的过渡。

2. 主成分权值调节

3.2.1 小节获得了刚果（布）Haute Mer A 区块 mohm-1 井的 5 条成分曲线。从图 3.10 上可以看出，前 3 条成分曲线的变化幅度偏大，后两条成分曲线的变化幅度偏小。3.2.1 小节已阐述了数据变差小的成分曲线的选用意义，变差小并不意味着其在岩性识别中的权值小。直接将 5 条成分曲线用来聚类会使得 5 个成分在聚类中的权值不一样，即使成分 4 和成分 5 对聚类结果所起的作用较小（表 3.7）。

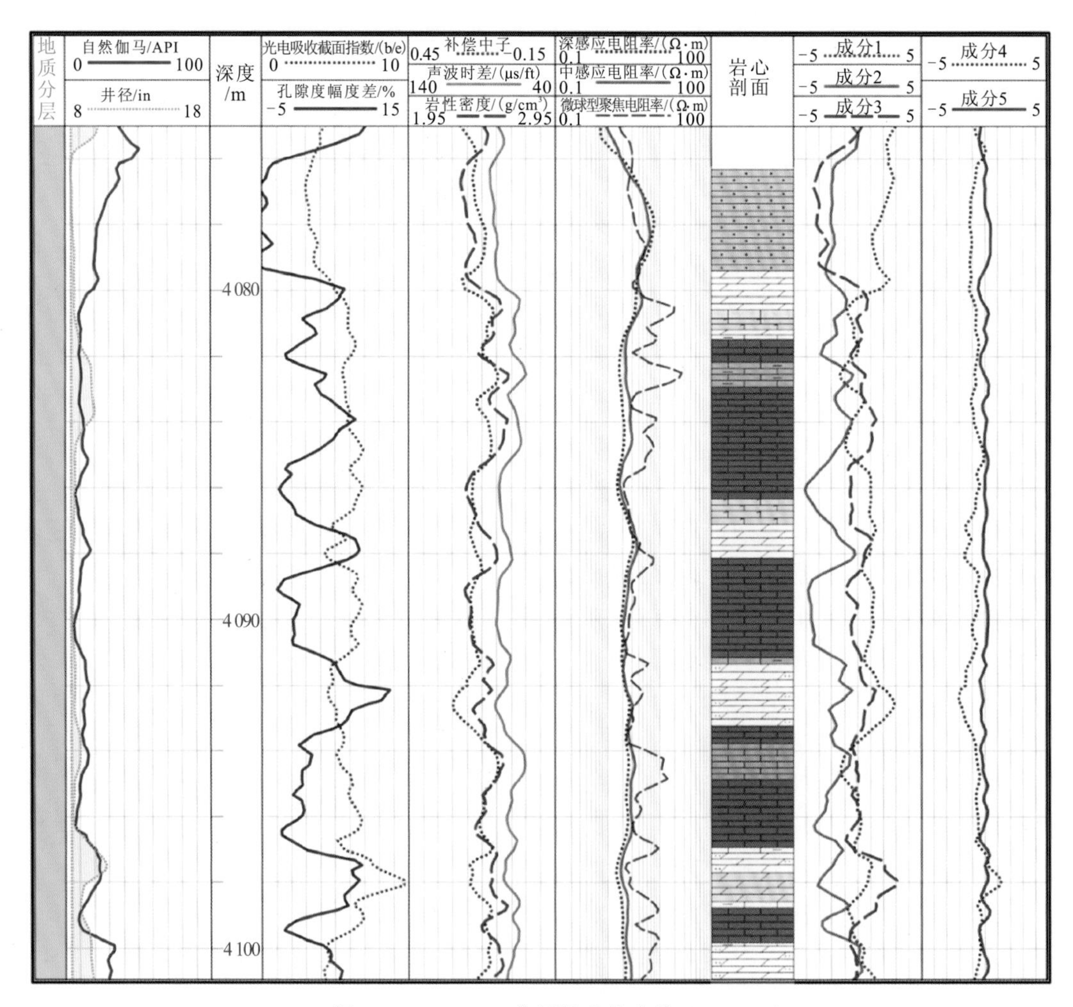

图 3.10 mohm-1 井原始成分曲线（1∶100）

表 3.7 5 条成分曲线权值

成分	极小值	极大值	标准差	权值
1	−3.50	6.17	1.78	0.36
2	−17.54	2.71	1.16	0.24
3	−3.41	6.46	0.97	0.20
4	−2.22	10.84	0.66	0.13
5	−1.82	1.67	0.34	0.07

因此，在获得 5 条成分曲线后重新对成分的量纲进行调节，使得各条成分曲线在聚类分析中的权值相同。这个调节过程相当于放大 4、5 两个成分在聚类中的权值。如图 3.11 中所示，调节权重之后，不同岩性间的差异在成分 4、5 上更加突出。

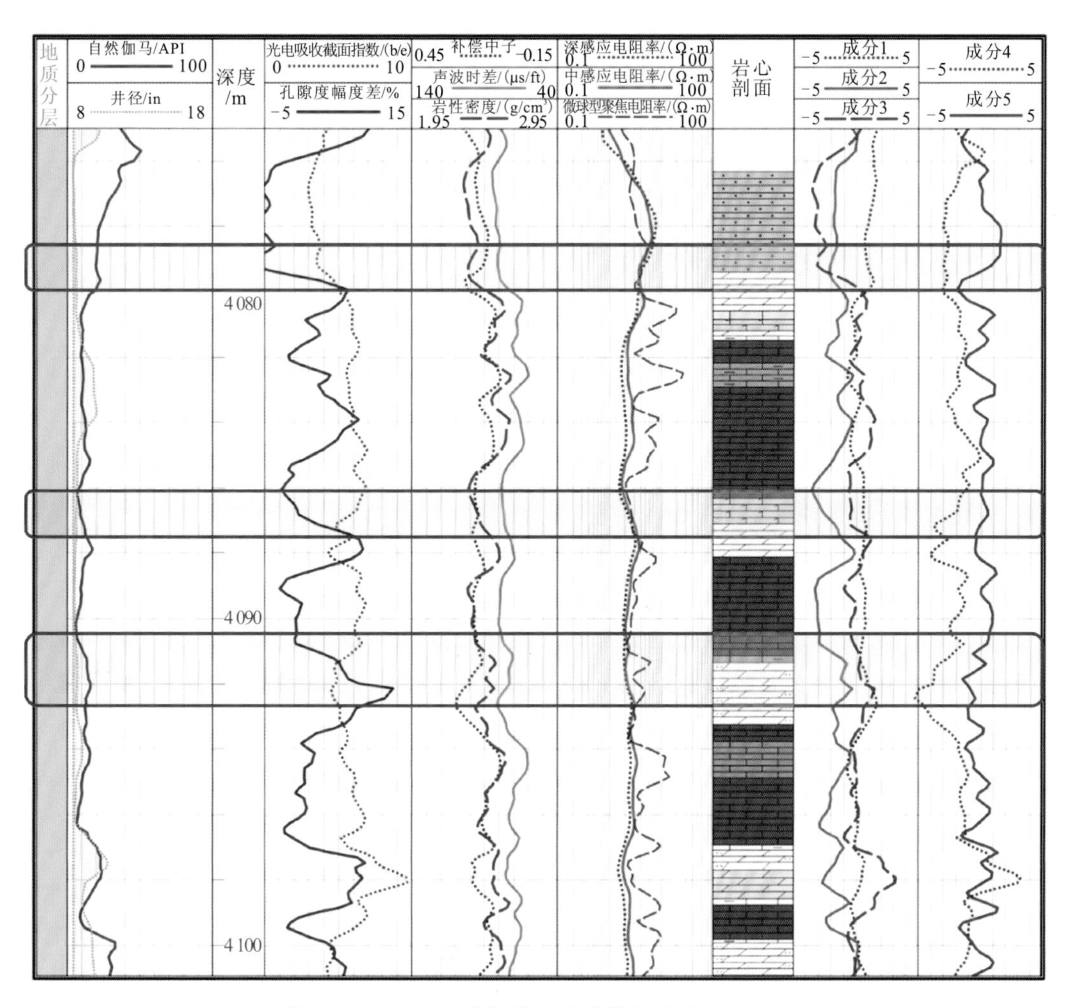

图 3.11 mohm-1 井调整后的成分曲线（1∶100）

3. 方法步骤

在多种储层分类评价的方法中，聚类分析法是一种有效的分类方法。其中，K 均值聚类是一种无监督分类方法，它易于实现且效果较好，是目前应用最广泛的聚类算法[27]。设有 n 个样本，m 个特征参数的数据集进行 K 均值聚类，聚类过程为：首先选择 c 个数据点作为初始聚类中心，然后计算各数据点到聚类中心的欧氏距离：

$$D\left(x_i,\mu_k\right)=\sqrt{\sum_{r=1}^{m}(x_{ir}-\mu_{kr})^2} \tag{3.18}$$

式中：$D(x_i,\mu_k)$为样本到类中心的欧氏距离；x_i 为第 i 个样本，μ_k 为第 k 个聚类中心，x_{ir} 为第 i 个样本的第 r 个特征参数。

将 x_i 划分到距离最近的一类，并将聚类中心更新为这一类中各数据点的平均值。按上述方式不断迭代，使用最小类间距的平方和进行优化，具体计算式见式（3.19）。

$$D=\sum_{k=1}^{c}\sum_{x\in\Gamma_k}\left\|x_i-u_k\right\|^2 \tag{3.19}$$

式中：D 为迭代过程中优化的距离；c 为聚类数；Γ_k 为第 k 类样本集。

在运用 K 均值算法的过程中，首先要设置聚类数目、迭代次数或收敛条件以及初始聚类中心。其中聚类数目的设置非常关键，只有合理设置了聚类数目，才能获得与实际数据相符的分类。

K 均值聚类算法的缺点主要表现在以下几个方面。

① K 均值聚类算法对初始聚类中心依赖性比较大。在事先不知道数据结构的情况下，一般通过随机方法选取初始聚类中心。如果随机选取的初始聚类中心不合理，就会导致误差函数陷入局部最优值。而且当聚类数比较大的时候，这种缺点更为明显，往往要经过多次聚类才有可能达到较满意的结果。

② K 均值聚类中，聚类数 c 是需要输入的参数，错误地估计 c 值将使算法不能揭示初始数据集的聚类结构。

③ K 均值对异常点和噪声敏感，噪声和异常点会导致小的聚类的形成。

K 均值聚类的一般步骤如下。

（1）初始化：输入需要聚类的测井响应特征数据集，设置聚类数目 c，在测井特征数据集中随机选取 c 个初始聚类中心，设定收敛的终止条件（收敛条件或者最大迭代次数）。

（2）进行迭代：根据一定的相似度量准则将数据对象分配到最接近的聚类中，从而形成新的类。在测井数据的聚类分析中可采用欧氏距离作为度量准则。

（3）更新聚类中心：重新计算聚类中心，然后以每一类的均值向量作为新的聚类中心，重新分配每个数据对象。反复执行（2）和（3）直到满足终止条件。

采用 K 均值聚类方法，分别设置聚类数为 2～28，对放大后的刚果区块 mohm-1 井的 5 条成分曲线进行了聚类分析，共获得 27 个不同的聚类结果。为进一步确定 27 个聚类结果中，哪一个聚类结果最能反映测井数据的真实空间分布结构，需要进行聚类效果分析，聚类效果分析的过程实际上就是确定测井相数的过程。

K 均值聚类的结果对于参数的选取比较敏感，设置的聚类参数不同，获得的测井相就不同，因此如何选择一个合适的参数比较关键。刚果区块 mohm-1 井岩心资料比较少，取心段无法涵盖所有的数据类型（即无法涵盖所有的岩石类型），通过取心段的岩石类型数目去估计聚类数目缺乏理论意义。因此，可以从测井数据集本身去发现其数据结构特点，并将取心段的岩性描述作为一种约束条件，以此获取合适的聚类数目或者测井相数。

Duda 等[18]认为当通过优化准则函数进行聚类时，通常是重复地对 k=1、k=2、k=3 等情况进行聚类尝试，观察准则函数值如何随 k 值变化，比如误差平方和准则 J_e，肯定是 k 的单调递减函数。如果给定的 n 个样本真正能形成 k 个稠密而且分得很开的类，就会发现 J_e 会随着 k 的增加迅速减少，然后下降的速度变缓。继续将原始数据划分为更多的类，聚类结果也不会获得明显的改善，直到 k=n 为止。

例如，在图 3.12 中大致可以看到数据能够形成 3 个类，如果将数据分为 1 类时，所有的点到聚类中心（绿色三角）的距离总和最大。将数据分为 3 类时（聚类中心为红色方块），这个距离和会在只分为一类的基础上有着显著的减小。如果继续将数据细分，比如将红色圈选区域进一步细分为两类，这时候距离和会持续减小，但是不会那么显著。

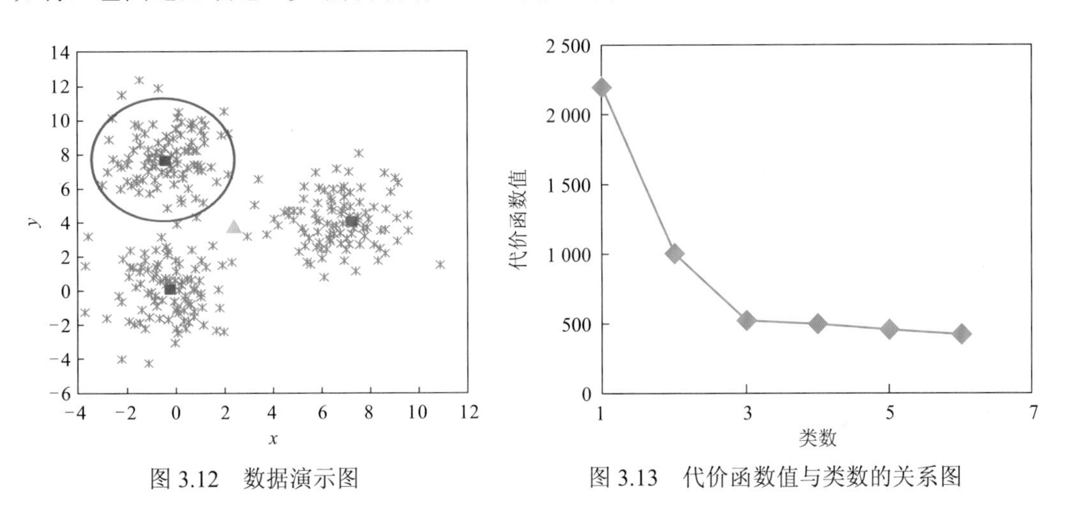

图 3.12　数据演示图

图 3.13　代价函数值与类数的关系图

首先，对每个聚类结果做统计分析，例如对于 $k=2$ 的聚类结果，计算出每个样品到其类中心的距离（这里采用的是欧氏距离 $D=\sqrt{\sum_{i=1}^{n}(x_i-\mu_i)^2}$，$n$ 为维数，μ 为均值），称之为“误差距离”。之后计算出所有采样点误差距离的总和，并将该值作为代价函数（J_e）值。对其他的聚类结果也采用相同的方法进行分析。

采用图 3.12 中的数据，分别设置聚类数为 2～6，绘制代价函数（J_e）与聚类数的关系图（图 3.13）。从图中可以看出在类数为 3 时，代价函数（J_e）有明显的拐点，在拐点以后随着类数的增加，代价函数的值变化趋于平缓，这说明将原始数据分为 3 类时效果较好，与实际情况相符。

采用 mohm-1 井的实际数据绘制代价函数与类数的关系（图 3.14）。图中，代价函数值总体上随着类数的增加而减小，但是很难观测到明显的拐点，无法确定出合适的类数。

由于 mohm-1 井代价函数的拐点很难被观测，因此计算代价函数均值的变化率，它与类数的关系如图 3.15。从图中可以看出，在 22 类以前函数值的波动很大，22 类以后函数的波动范围较小，变化率平均在 0.01 左右，可以认为此时代价函数值的变化趋于平稳，因此选择 22 作为 mohm-1 井的测井相数。

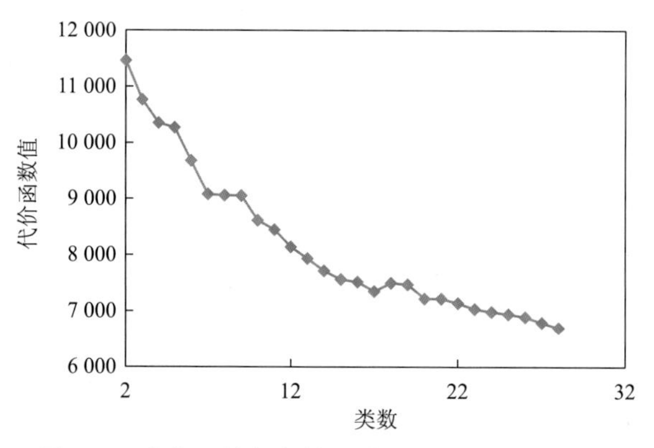

图 3.14　代价函数与类数关系图（据 mohm-1 井）

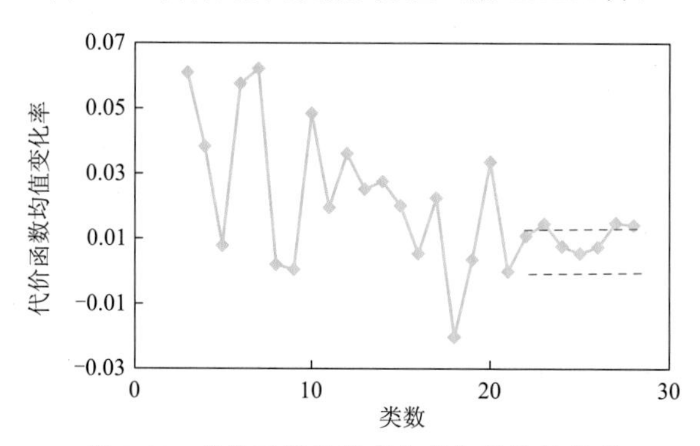

图 3.15　代价函数均值变化率与类数的关系

4. 测井相的标定

通过以上聚类方法确定了 22 个类，都具备测井相的基本特征，可以认为 22 个类代表了 22 个不同的测井相。

纯粹的测井相不具备任何地质意义，需要利用其他资料对测井相进行标定，实现测井相向岩相的转化，可以利用的资料有取心资料、录井资料以及成像测井资料等。在进行测井相标定时，应注意如下几个方面的问题。

（1）不应期望测井相数与地质学家根据岩心分析辨认出的相数量相同。测井仪器不是地质学家的眼睛，不能强迫测井仪器像地质学家的眼睛一样去观测地层。

（2）如果地层太薄，低于仪器的分辨率，或者层系上基本是由很薄的序列构成，无法通过测井仪器获得可靠的测井相，获得的测井相薄层可以剔除。

（3）不应期望测井相与岩相具有完全一致的相边界。岩相是通过地质学家的描述得到的，与地质家的认识和经验有关。测井相反映的是测井响应之间的邻近关系，其相边界可能会与岩相不同，它有助于缓和岩相分析的“硬边界”所带来的种种影响。

利用 mohm-1 井的取心和录井资料，对测井相进行标定，测井相与取心岩性的对应关系如图 3.16 所示。通过标定发现测井相 5、6、10、14、15 和 22 为扩径严重井段，曲线值失真，在此不做分析，实际有效的测井相为 16 个。通过与岩心和录井资料的比对，确定了 16 个测井相所代表的岩相特征（表 3.8），实现了测井相和岩相的结合。这种结合将岩性大类细化为了多个亚类，并突出不同亚类之间测井响应的差异。

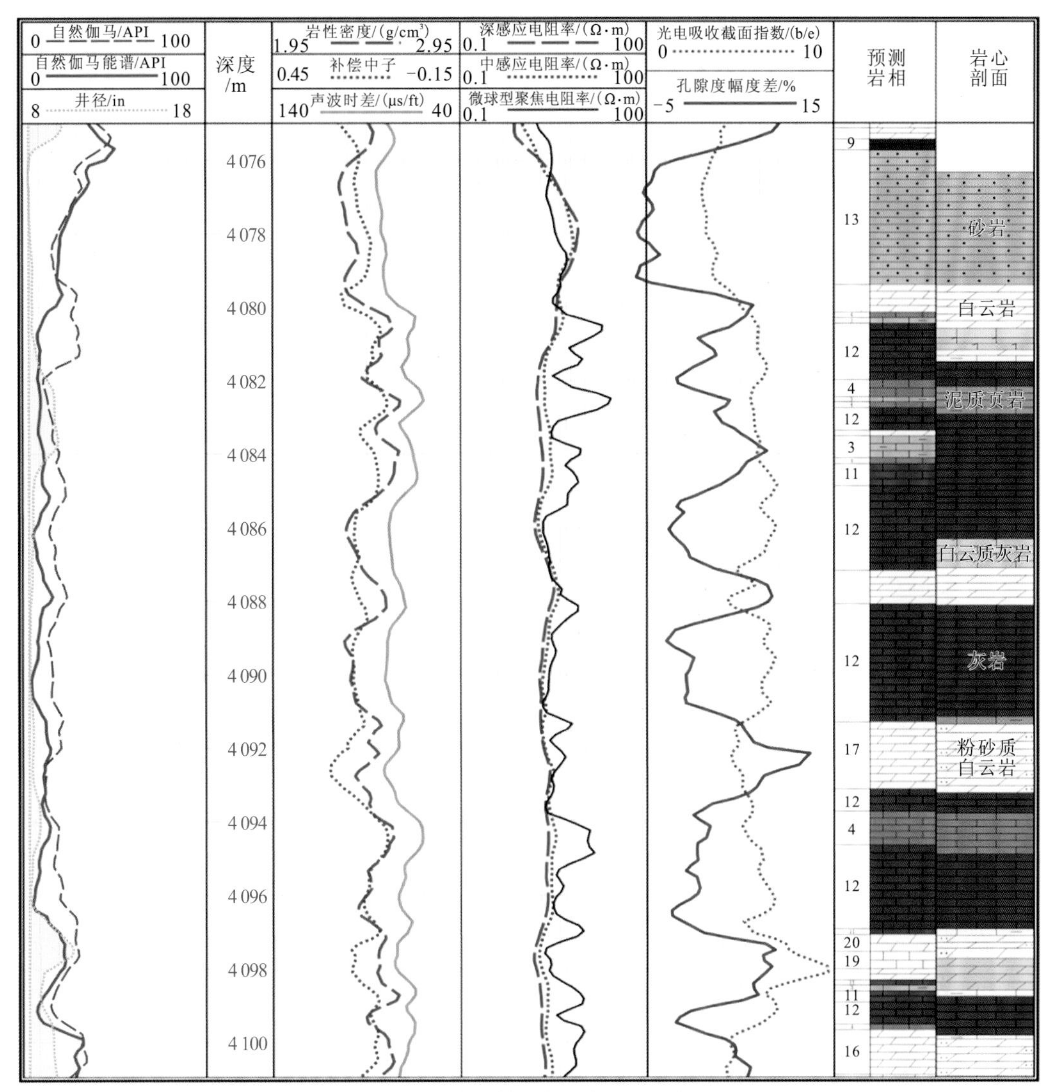

图 3.16　mohm-1 井测井相与岩性对比图（1∶100）

表 3.8　测井相的描述

测井相	描述
1	粒泥状灰岩、带泥粒的粒状灰岩，褐色、灰褐色，局部含粉砂
2	灰质泥岩，褐色，局部呈薄层，含粉砂到极粉砂
3	粉砂质- 黏土质灰岩，浅灰色、灰色、深灰色，含条状、脉状泥质或粉砂，生物碎屑等，含白色的硬石膏结核，微孔，质坚硬，缝合线发育
4	灰岩，浅灰色，有棕色浸渍，含鲕粒、泥粒、钙质胶结，发育少量黑色泥质充填的缝合线，灰的含量较高（细粒灰岩）
7	泥质灰岩
8	含钙泥质粉砂岩，灰色到灰绿色，含少量白云质胶结物，受生物扰动作用，有很多微小的泥质河网，几乎没有似球状石，块状压实

续表

测井相	描述
9	粉砂质泥岩、泥灰岩，含很多微小的缝合线构造，硬石膏结核，受生物扰动作用
11	粒状灰岩，受到生物扰动作用，富含生物碎屑，含有缝合线和白云质胶结物，含似核形石
12	灰色、浅褐色，粒泥灰岩-泥粒灰岩，含生物碎屑和白云质胶结物，微孔，含少量石膏结核、缝合线、粉砂，水平浸渍
13	砂岩，细到中粒，次棱角状颗粒，钙质胶结少量发育；微孔，少许硬化，一般易碎；受生物扰动作用，存在一些生物碎屑的斜层理
16	粉砂质白云岩，褐色，上部含很多粉砂岩，在下部含钙质胶结物；含一些似球状石，硬石膏结核，几乎不含鲕石
17	白云岩、粉砂质白云岩，微到多孔，硬度中等，块状压实，受生物扰动作用，存在少量的紫灰色、白色的硬石膏结核，有些含有条状泥质、微裂缝或者少量的溶蚀孔隙
18	泥质-粉砂质灰岩，局部产出，不连续，层薄
19	似球状粒泥灰岩-泥粒灰岩，受生物扰动作用，洞穴中局部充填白云石，富含生物碎屑和白云质胶结物，含硬石膏结核，几乎不含粉砂和鲕粒
20	粉砂质白云岩，受生物扰动作用，含硬石膏结核
21	泥灰岩，灰到浅灰色，较硬，但在水中易潮解，从中等粉砂到较多粉砂，过渡到局部粉砂岩或粉砂质白云岩

基于以上测井相-岩性的描述，按其主要岩性特征进行岩性大类划分，其中灰岩类包括 1、4、11、12 和 19 号测井相；灰质泥岩类包括 2 号测井相；泥质灰岩类包括 3、7、9、18 和 21 号测井相；砂岩类包括 8 号和 13 号测井相；白云岩类包括 16、17 和 20 号测井相。

3.3 测井相的差异及响应特征

3.3.1 测井相的差异

图 3.17 采用树形图结构，反映了这 16 个测井相的近似关系。16 个测井相之间的平均距离关系如表 3.9，通过比较表中数据的大小，可以明确两个测井相之间的相似程度，值越大表示两个相的差异越大。

为直观地表示测井相，绘制不同测井相的蔷薇花图（图 3.18）。蔷薇花图由塞拉于 1977 年提出[17]，可用于测井相间的对比和识别。它的每个枝代表一种测井响应，采用深度点的测井响应值刻度，根据某点的测井响应可以绘制出相应蔷薇花图，图形与某个图版越接近，该点属于该类测井相的可能就越大。蔷薇花图也可以直观地显示出哪些测井相之间较为相似，例如测井相 1、3 和 4 的蔷薇花图比较相似，说明这几个测井相相对来说也比较相似。

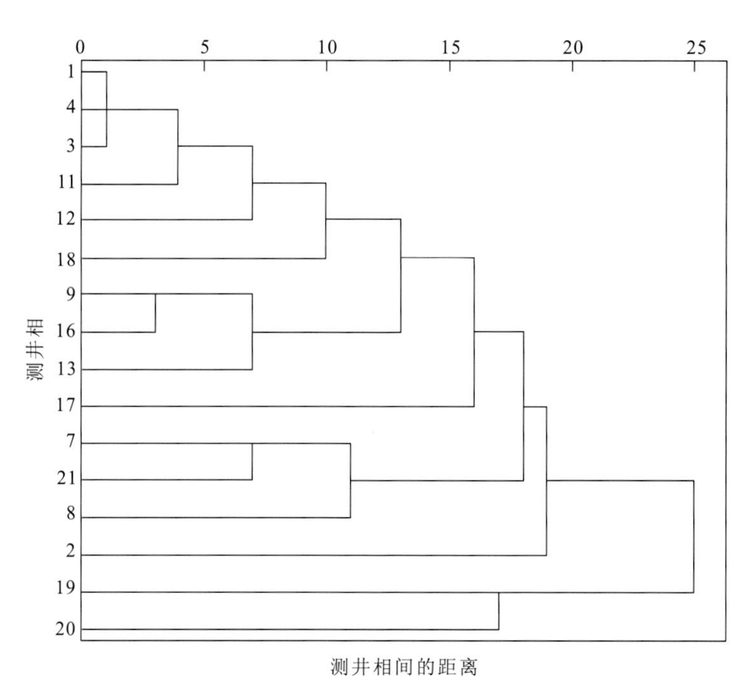

图 3.17　16 个测井相的近似关系

表 3.9　16 个测井相相互间的距离关系

测井相	1	2	3	4	7	8	9	11	12	13	16	17	18	19	20	21
1	0.0	3.5	1.4	1.2	2.6	1.6	2.5	1.9	2.9	3.3	2.2	3.4	2.5	4.5	3.5	2.4
2	3.5	0.0	2.9	3.5	3.6	3.3	3.4	3.3	3.7	4.2	2.5	4.0	2.2	4.6	3.5	2.6
3	1.4	2.9	0.0	1.3	3.2	2.6	3.0	2.0	2.5	3.4	1.9	3.1	2.0	4.8	3.6	2.2
4	1.2	3.5	1.3	0.0	2.7	2.4	2.4	1.4	1.9	2.7	1.8	2.6	2.5	4.4	3.1	2.3
7	2.6	3.6	3.2	2.7	0.0	2.1	1.9	3.2	3.6	3.5	2.1	2.8	3.7	4.7	2.9	1.9
8	1.6	3.3	2.6	2.4	2.1	0.0	1.9	2.8	3.8	3.4	2.3	4.1	2.7	4.6	3.7	2.7
9	2.5	3.4	3.0	2.4	1.9	1.9	0.0	2.8	2.9	1.8	1.5	3.4	2.5	4.7	3.5	2.8
11	1.9	3.3	2.0	1.4	3.2	2.8	2.8	0.0	1.7	3.2	2.4	3.2	2.6	3.1	2.4	2.8
12	2.9	3.7	2.5	1.9	3.6	3.8	2.9	1.7	0.0	2.4	2.3	2.6	2.7	4.2	2.9	3.2
13	3.3	4.2	3.4	2.7	3.5	3.4	1.8	3.2	2.4	0.0	2.2	3.8	2.7	5.5	4.4	3.9
16	2.2	2.5	1.9	1.8	2.1	2.3	1.5	2.4	2.3	2.2	0.0	2.5	1.8	4.9	3.2	1.8
17	3.4	4.0	3.1	2.6	2.8	4.1	3.4	3.2	2.6	3.8	2.5	0.0	4.0	5.2	2.8	2.0
18	2.5	2.2	2.0	2.5	3.7	2.7	2.5	2.6	2.7	2.7	1.8	4.0	0.0	4.9	4.1	3.1
19	4.5	4.6	4.8	4.4	4.7	4.6	4.7	3.1	4.2	5.5	4.9	5.2	4.9	0.0	2.6	4.7
20	3.5	3.5	3.6	3.1	2.9	3.7	3.5	2.4	2.9	4.4	3.2	2.8	4.1	2.6	0.0	2.6
21	2.4	2.6	2.2	2.3	1.9	2.7	2.8	2.8	3.2	3.9	1.8	2.0	3.1	4.7	2.6	0.0

根据岩心描述中的含油性特征，统计分析不同测井相的含油性差异。结果表明在 16 个

测井相中，有 10 个测井相（3、4、9、11、12、13、16、17、19 和 20）具有含油显示，其中 12 号灰岩相所占的比例最大。

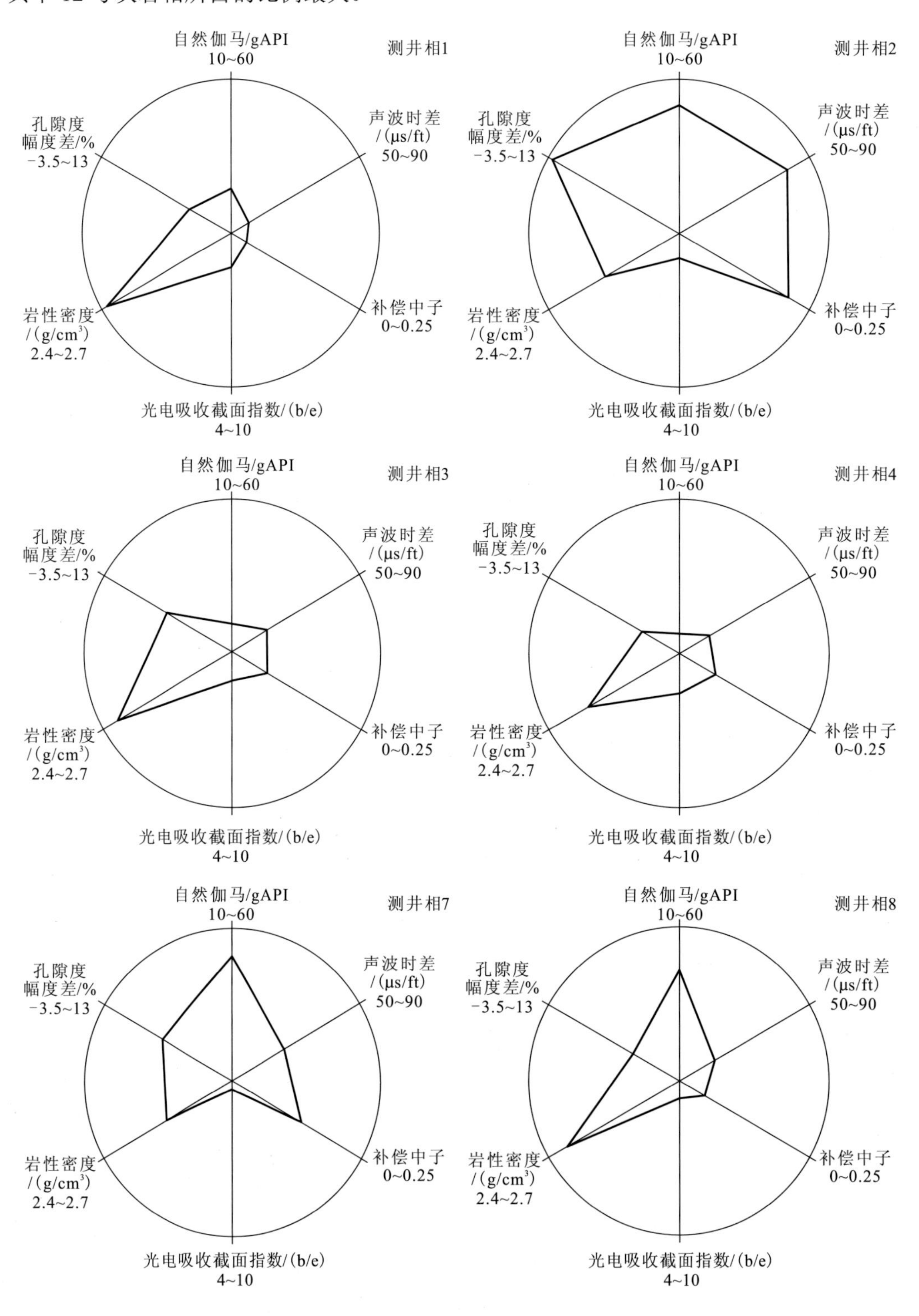

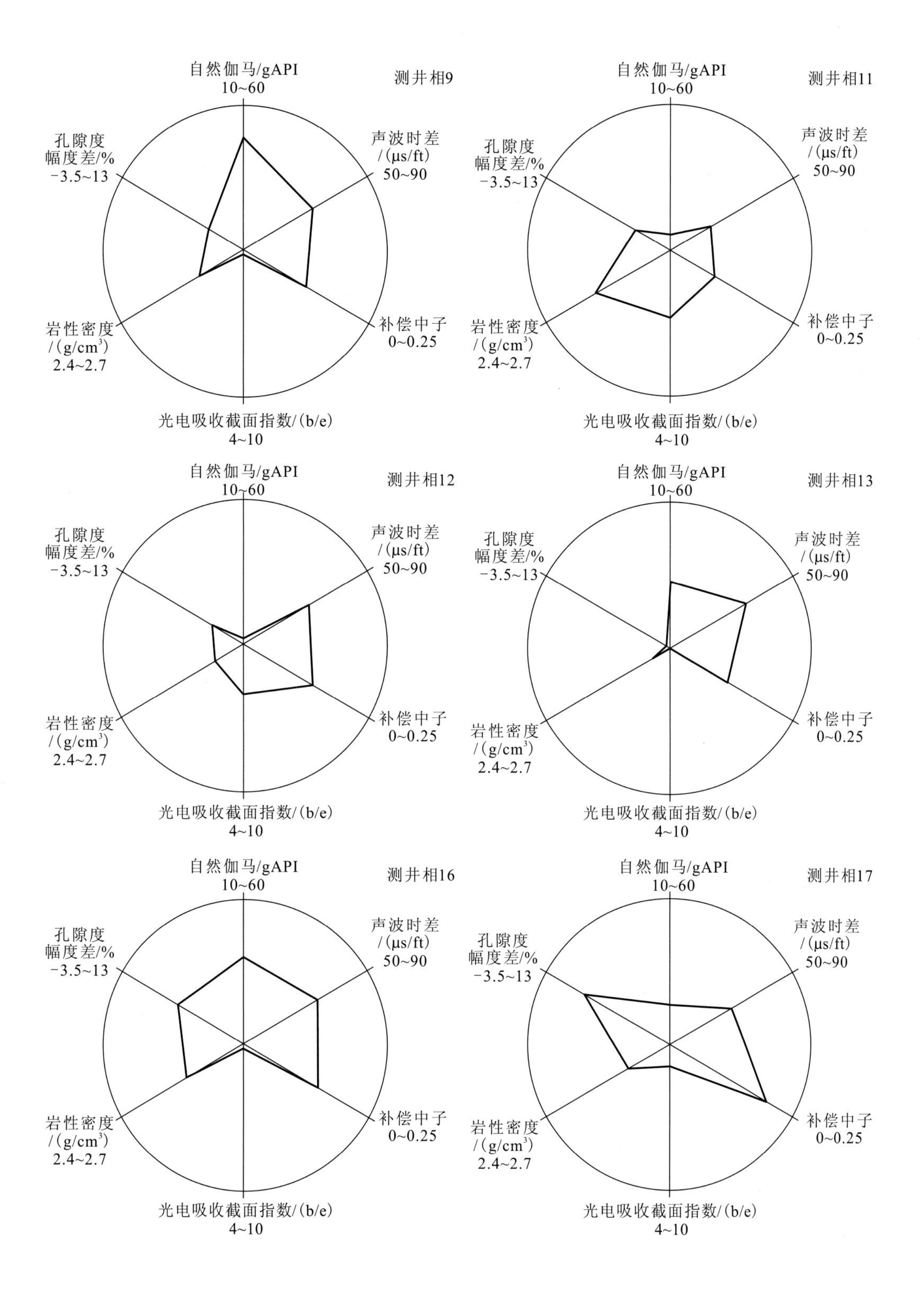

自然伽马/gAPI
10~60
测井相9
声波时差
/(μs/ft)
50~90
补偿中子
0~0.25
光电吸收截面指数/(b/e)
4~10
岩性密度
/(g/cm³)
2.4~2.7
孔隙度
幅度差/%
−3.5~13
测井相11
测井相12
测井相13
测井相16
测井相17

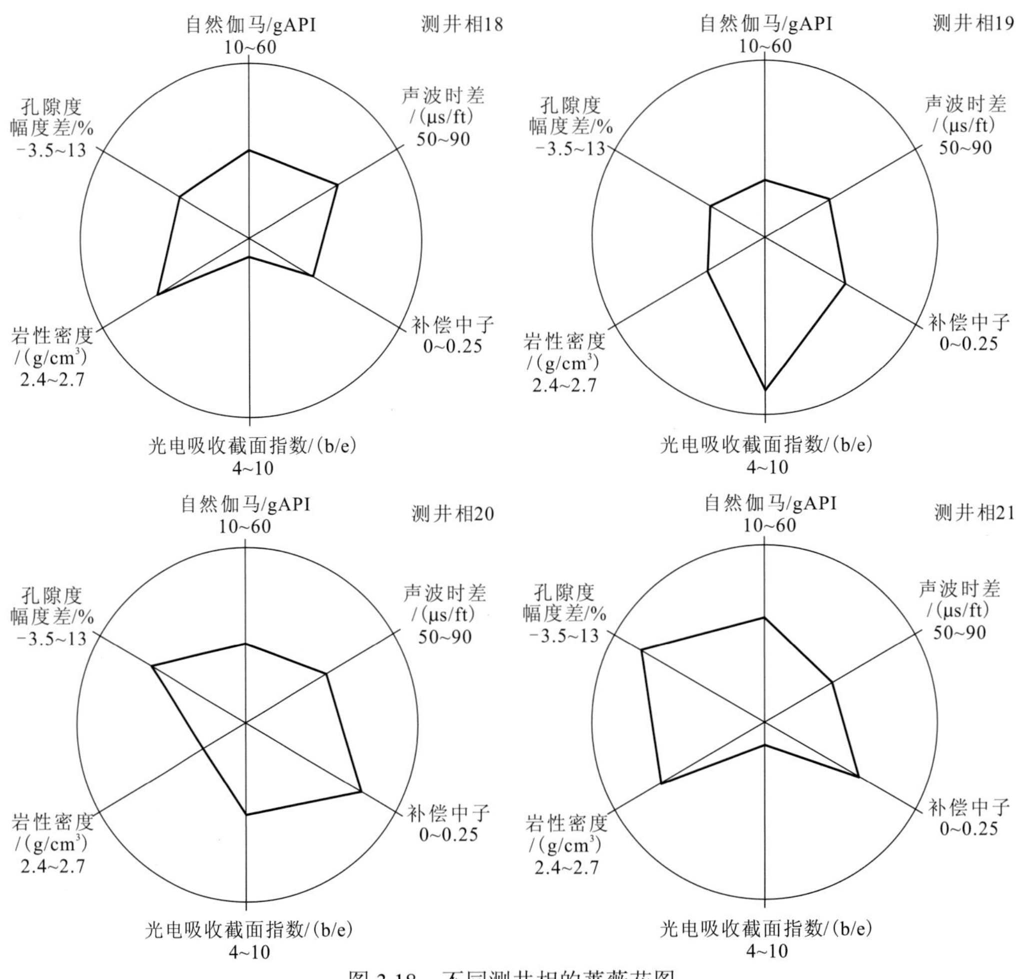

图 3.18 不同测井相的蔷薇花图

3.3.2 常规测井响应特征

在常规测井曲线上，砂岩储层自然伽马值一般为中到高（图 3.19），但是较泥岩自然伽马值低，岩性密度小，中子孔隙度和密度视石灰岩孔隙度差值负差异最大，一般密度视灰岩孔隙度大于中子孔隙度，密度较低。自然伽马值较灰岩和白云岩大，但岩性密度值比灰岩和白云岩小。电阻率比泥岩电阻率大，比灰岩和白云岩电阻率低。测井曲线形态一般为箱形或者钟形。

一般灰岩的自然伽马值最小（图 3.20），中子孔隙度和密度视石灰岩孔隙度差值最小，大多数为 0，在-5～5 变化。根据测井响应特征，测井相 9、11、13 和 17 间有差异。测井相 9 泥质和白云质含量相对较高，自然伽马值在灰岩相中最高，中子孔隙度大于密度孔隙度，幅度差相对最大。测井相 11 基本含泥和白云岩，幅度差次之。测井相 13 稍含粉砂质，中子孔隙度曲线与密度孔隙度曲线幅度差异小。而测井相 17 则出现密度孔隙

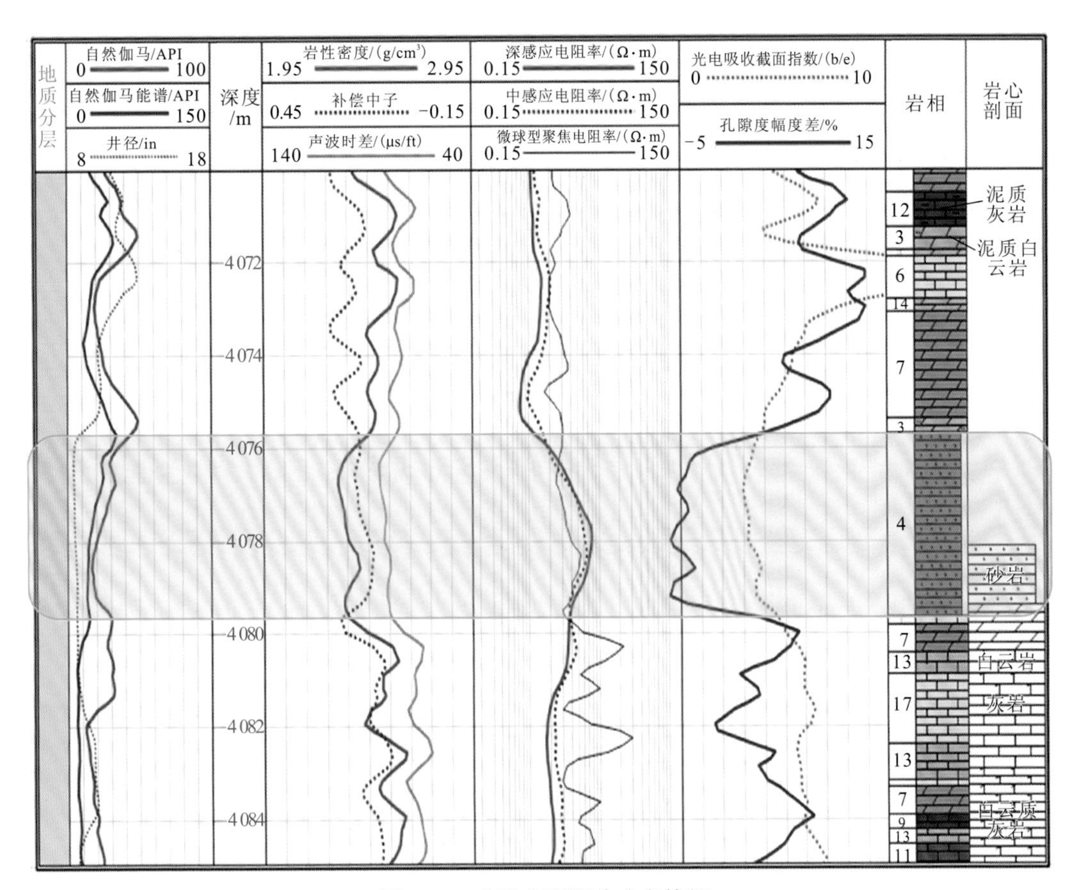

图 3.19 砂岩典型测井响应特征

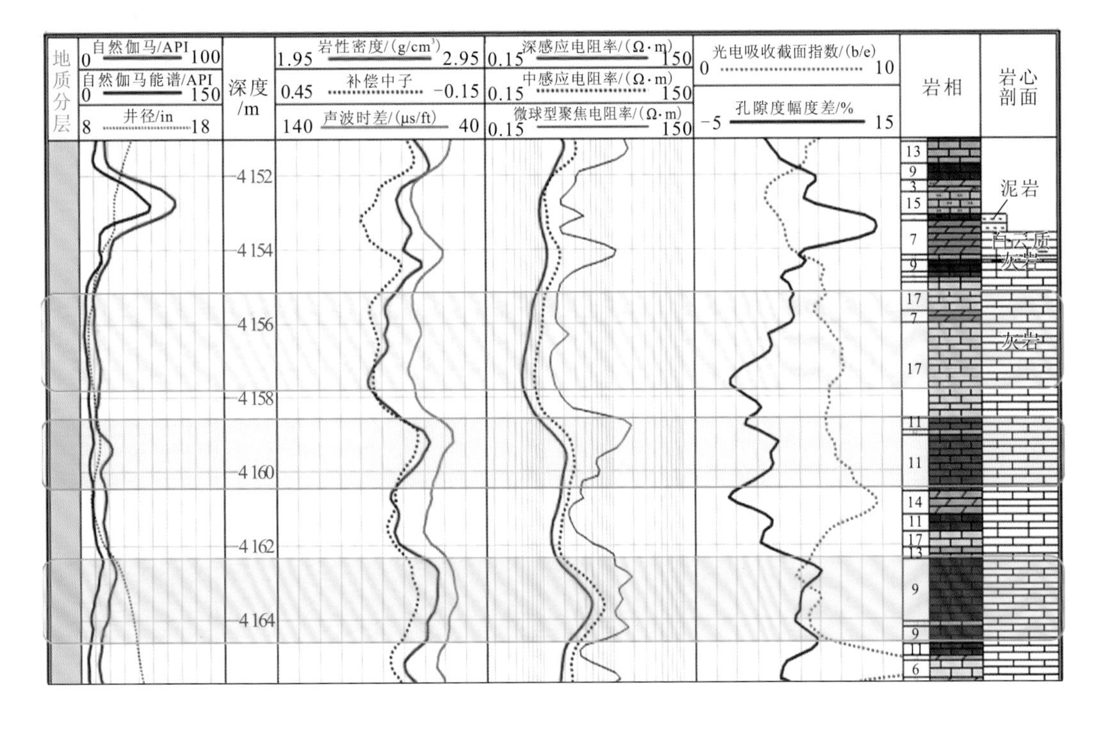

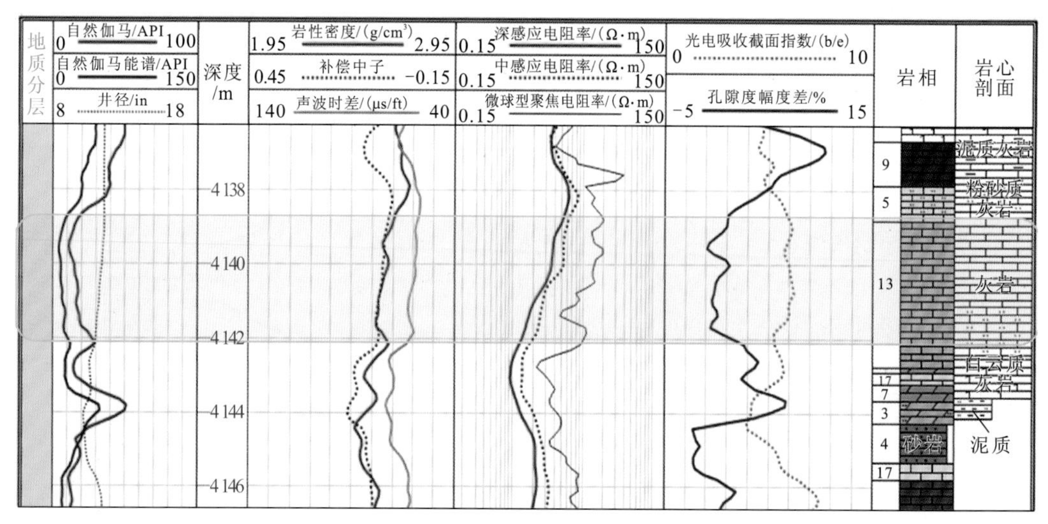

图 3.20　砂岩典型测井响应特征

度大于中子孔隙度的情况。

一般白云岩密度最大（图 3.21），岩性密度小于灰岩大于砂岩。中子孔隙度和密度

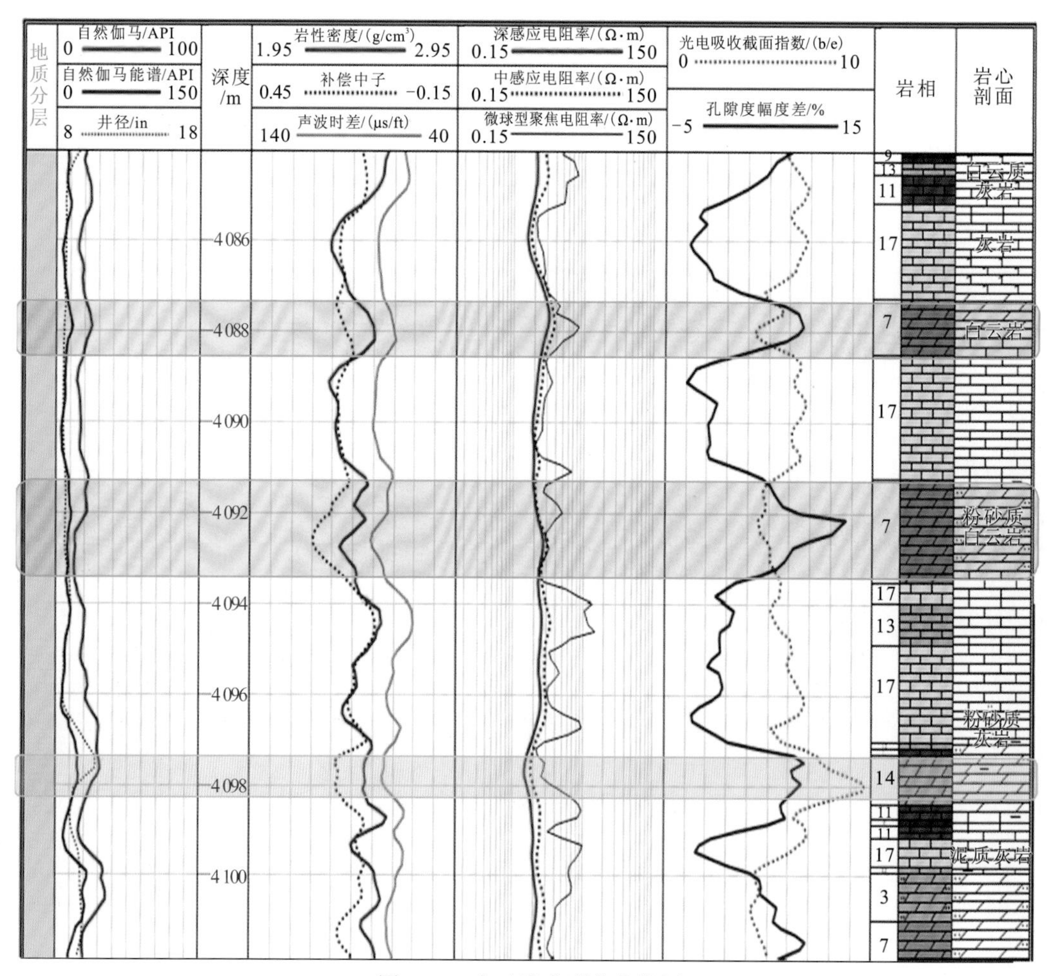

图 3.21　白云岩典型曲线特征

视石灰岩孔隙度的差异较大，一般大于 7%，但小于泥岩。自然伽马值大于灰岩，小于砂质和泥岩。电阻率一般较大，但是由于受储层的影响，会显示为较低值。测井相 7 与测井相 14 最大的区别就是测井相 14 的自然伽马值大于测井相 7 的自然伽马值。

粉砂质的存在使得灰岩伽马值增大（图 3.22），岩性密度变小。当粉砂质含量低时，中子孔隙度和密度视灰岩孔隙度间差异较小，而含量高时中子孔隙度和密度视灰岩孔隙度间差异增大，出现负幅度差。由于区块粉砂岩较细，自然伽马值较砂岩大，导致粉砂质岩石自然伽马值普遍较大。测井相 5 的自然伽马值小于测井相 15 的自然伽马值，且一般测井相 15 的中子曲线与密度曲线的幅度差更大。

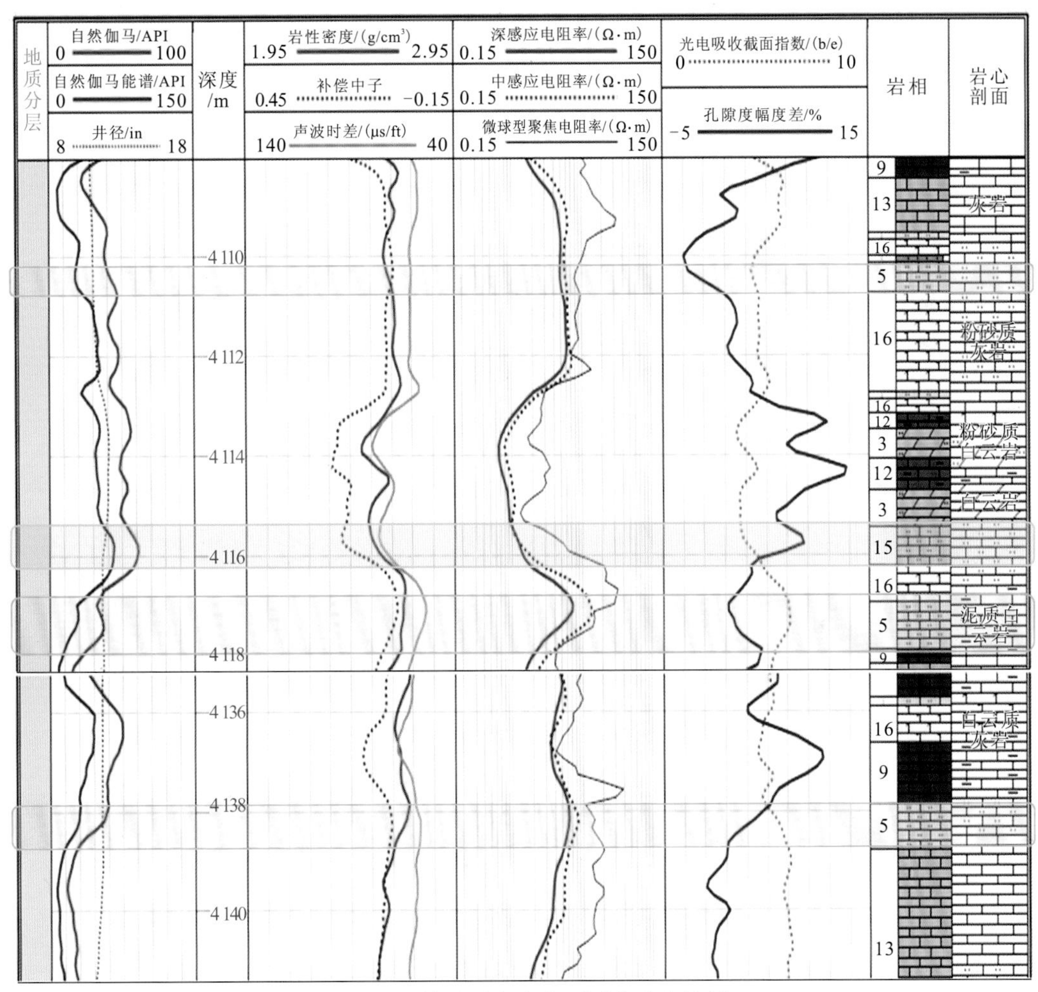

图 3.22　粉砂质灰岩典型测井响应特征

粉砂质白云岩自然伽马值较白云岩大（图 3.23），由于粉砂岩的存在，自然伽马一般大于 27 API，密度较白云岩小。故主要根据自然伽马值来区别白云岩和粉砂质白云岩。一般粉砂质白云岩中子孔隙度大于密度孔隙度。

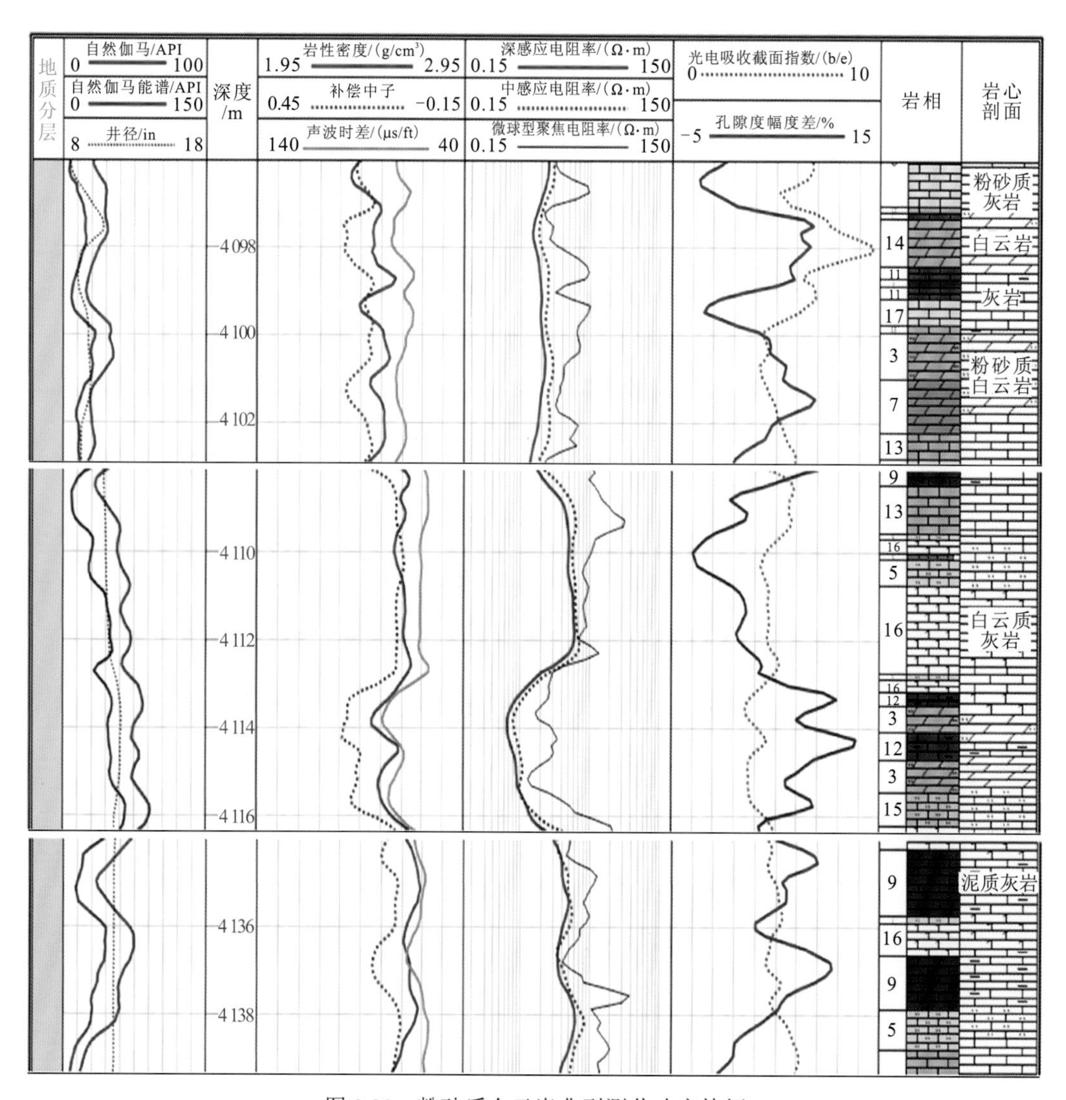

图 3.23 粉砂质白云岩典型测井响应特征

3.3.3 成像测井响应特征

对 mohm-1 井的 FMS 成像测井数据进行处理，结合常规测井系列，分析不同测井相的响应特征，使测井相由抽象的认识转化为对测井响应的直观认识。

FMS 主要通过图像特征来表征地层信息，这些图像是井周一定范围内电信号的反映。FMS 的图像类型主要有静态和动态两种。静态图像把全井段所有资料按同一标准进行色彩等级刻度，一般采用由白-黄-棕-黑的颜色变化代表测量的地层电阻率值由高到低的变化，由此反映全井段地层电阻率的变化特征，适用于观察较大范围的电阻率变化和岩性对比分析。动态图像则在一个给定的较小滑动深度窗内对颜色进行刻度，其图像主要反映某一段地层的电阻率相对变化特征，可用来研究某段岩性的相对变化，主要针对结构和构造。

常规测井系列中，重点参照对岩性反映较好的曲线，主要包括自然伽马曲线（自然伽马、自然伽马能谱）、三孔隙度测井曲线（岩性密度、声波时差、补偿中子）、光电吸收截面指数曲线和孔隙度幅度差曲线。自然伽马曲线反映的是岩石的总自然放射性，与岩石类型有关。一般来说，泥岩的放射性最强，砂岩和碳酸盐岩的放射性随着泥质含量的增加而增强。当地层中含放射性矿物或者水流等作用造成高伽马矿物富集时，上述规则不适用。三孔隙度测井曲线一般用于反映岩石的孔隙度，不同的岩石在孔隙度测井曲线上会体现出一定的差异，这种差异可以用于指示岩石类型，一般采用孔隙度幅度差曲线来定量指示这种差异。光电吸收截面指数曲线是由岩性密度测井所获得的，砂岩、石灰岩和白云岩之间光电吸收截面指数差别明显，但该曲线受重矿物影响很大。

1）测井相 1 的响应特征

测井相 1 主要为粒泥状灰岩、带泥粒的粒状灰岩，颜色为褐色、灰褐色，可能形成于弱氧化环境，岩石为反韵律结构，在静态图像上表现为由亮到暗；在动态图像上泥粒表现为分散的暗斑，生物碎屑表现为白色亮斑或条带，粉砂则为暗色条带。常规测井曲线上，自然伽马能谱值由低到高，三孔隙度曲线较平直，孔隙度曲线的幅度差曲线略呈钟形（图 3.24）。

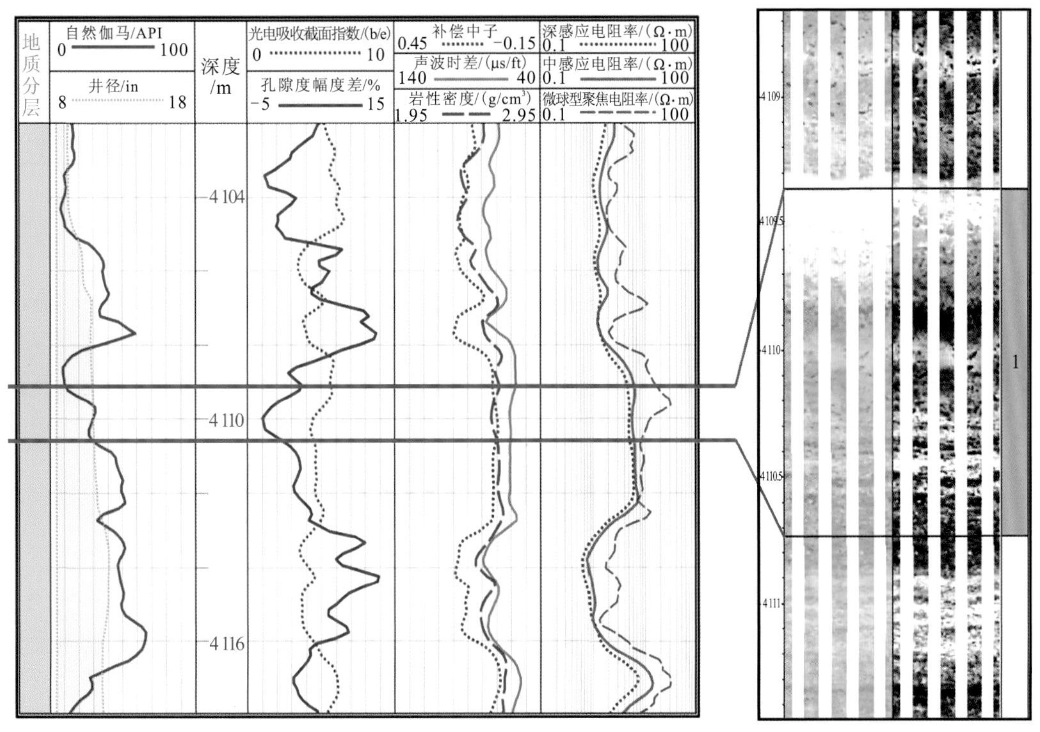

图 3.24　测井相 1 的电成像特征

2）测井相 3 的响应特征

测井相 3 为粉砂质-黏土质灰岩，颜色为浅灰色、灰色、深灰色，可能为还原-强还原环境产物，没有明显的粒序。在动态图像上，脉状泥或粉砂表现为暗条纹，生物碎屑为分散的黄-白亮纹，分散的暗纹（斑）少见，可能为硬石膏。常规曲线上，自然伽马能谱值较低，均值约为 20 API；中子孔隙度值较小，约为 0.06；密度值偏大，约为 2.72 g/cm³；幅度差曲线波动较大，表现为正差异，均值约为 7%（图 3.25）。

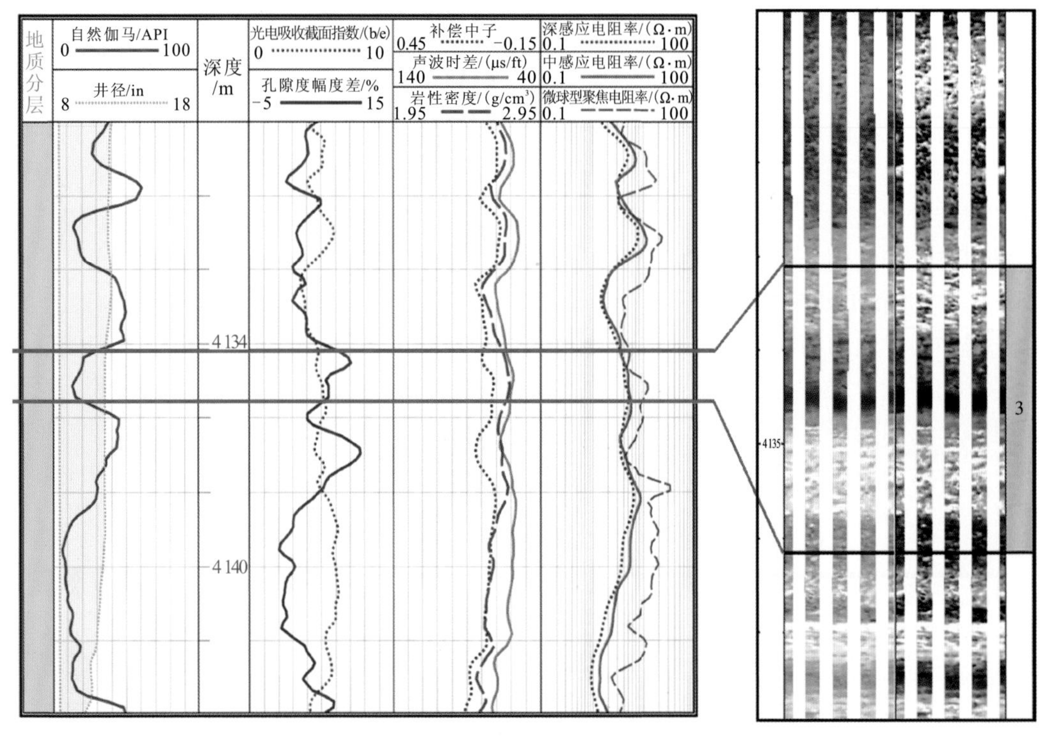

图 3.25 测井相 3 的电成像特征

3）测井相 4 的响应特征

测井相 4 为灰岩，浅灰色。静态图像上，为白黄相间，岩石粒度变化不大。动态图像上，可见泥质充填的缝合线，鲕粒含量较少，图像上表现为黑色斑点，灰质则表现为黄白色。常规测井响应主要体现灰岩的特征，曲线形态平直，自然伽马能谱值低，孔隙度幅度差接近 0，光电吸收截面指数值约为 5.9 b/e。总体来说，测井相 4 属于岩性较纯的灰岩，粒度细，可能形成于风暴浪基面之下的碳酸盐岩斜坡（图 3.26）。

4）测井相 7 的响应特征

测井相 7 为泥质灰岩，反粒序结构。静态图像上，颜色由深变浅。由于含有硬石膏结核，动态图像上可见较小的白色亮斑；含少量的白云质，为白色条带；泥质含量较多，为分散不均的暗黄色。常规测井响应的变化幅度相对较大，曲线斜率大，较多地体现了泥质特征：高自然伽马能谱值、高补偿中子值、低声波时差和低密度。总的来说，该类岩石的非均质性较强，可以把它当作比较典型的混积岩（图 3.27）。

5）测井相 8 的响应特征

测井相 8 为含钙泥质粉砂岩。岩石致密，浅电阻率变化不大，在静态图像上表现为比较均一的黄色。钙质粉砂在动态图像上表现为白色和黄色，当夹杂有泥质时，可表现为较细的连续条带。该类岩石曲线变化幅度不大，自然伽马能谱值中等偏高，中子孔隙度极低，可当作陆源碎屑沉积所形成的岩石（图 3.28）。

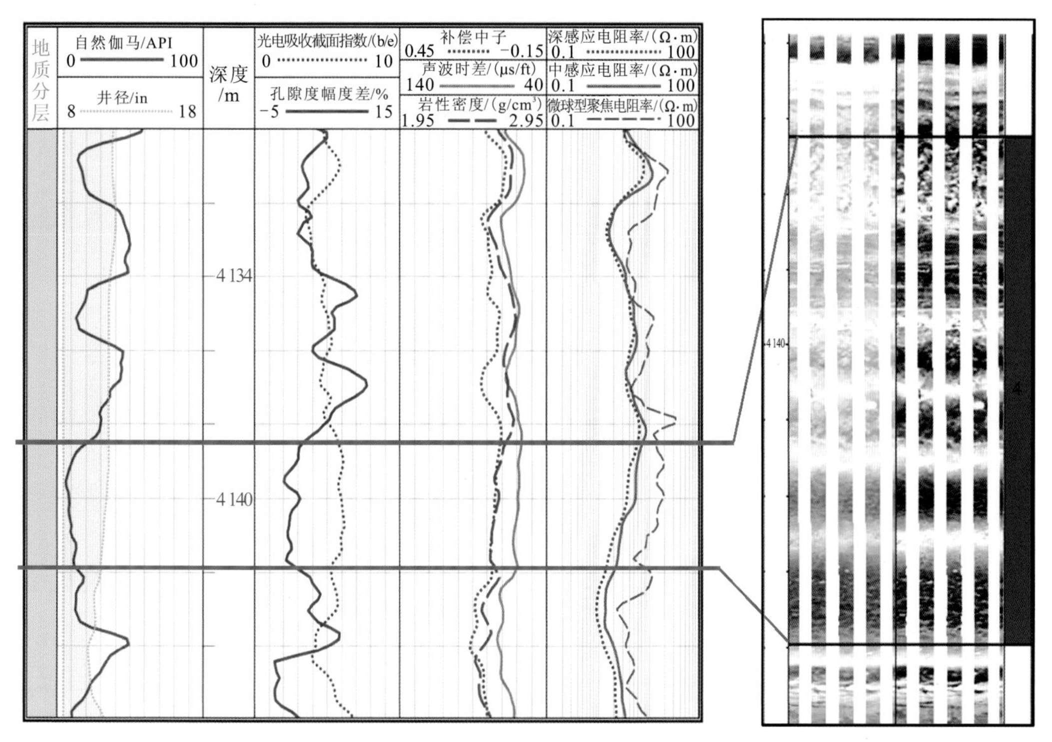

图 3.26　测井相 4 的电成像特征

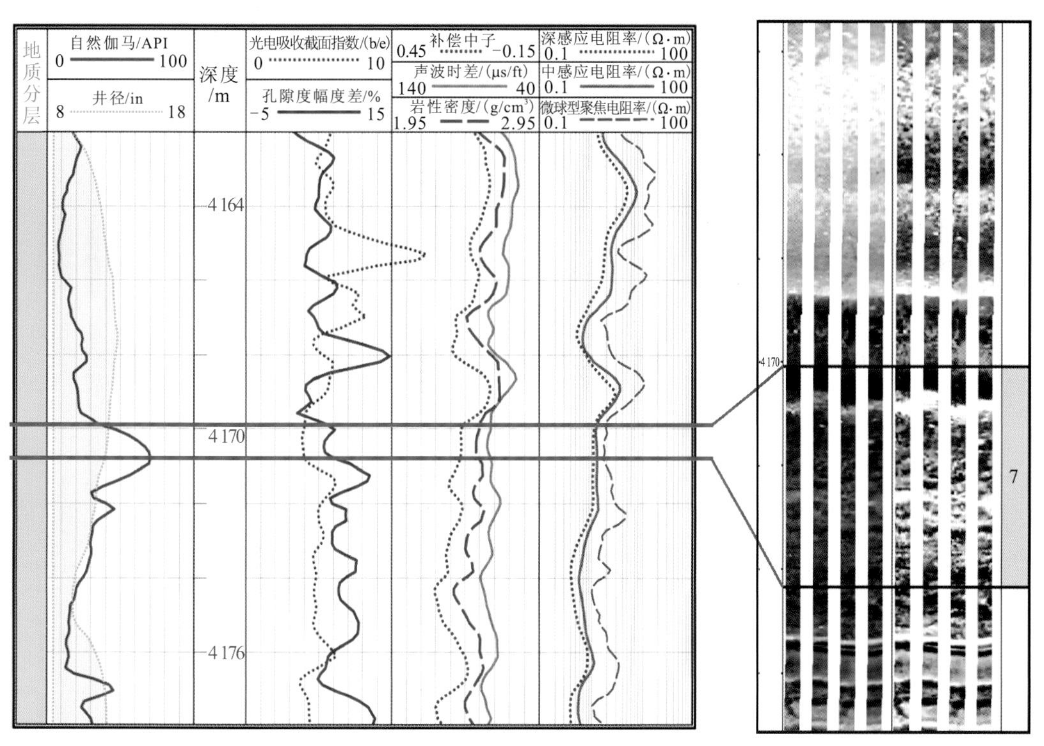

图 3.27　测井相 7 的电成像特征

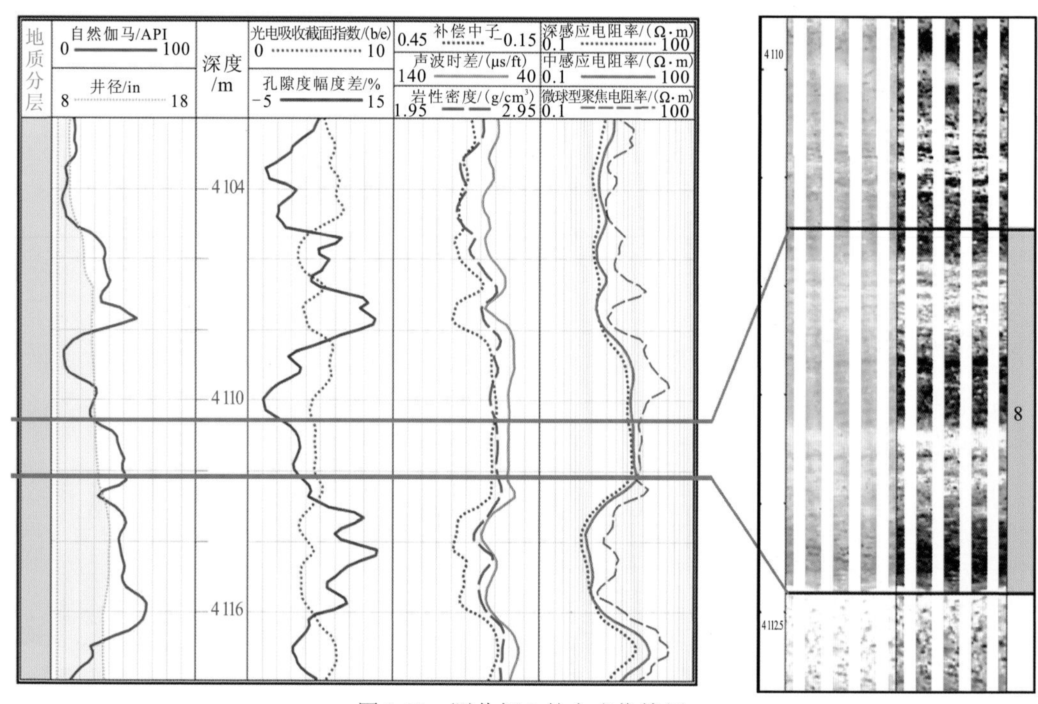

图 3.28　测井相 8 的电成像特征

6）测井相 9 的响应特征

测井相 9 在取心段发育少，层薄，为粉砂质泥岩、泥灰岩。静态图像上表现为暗黄色，受生物扰动作用，呈现不太清晰的纹路。动态图像上可看到一些不太连续的黑色条纹，较细小。常规测井上特征表现不明显（图 3.29）。

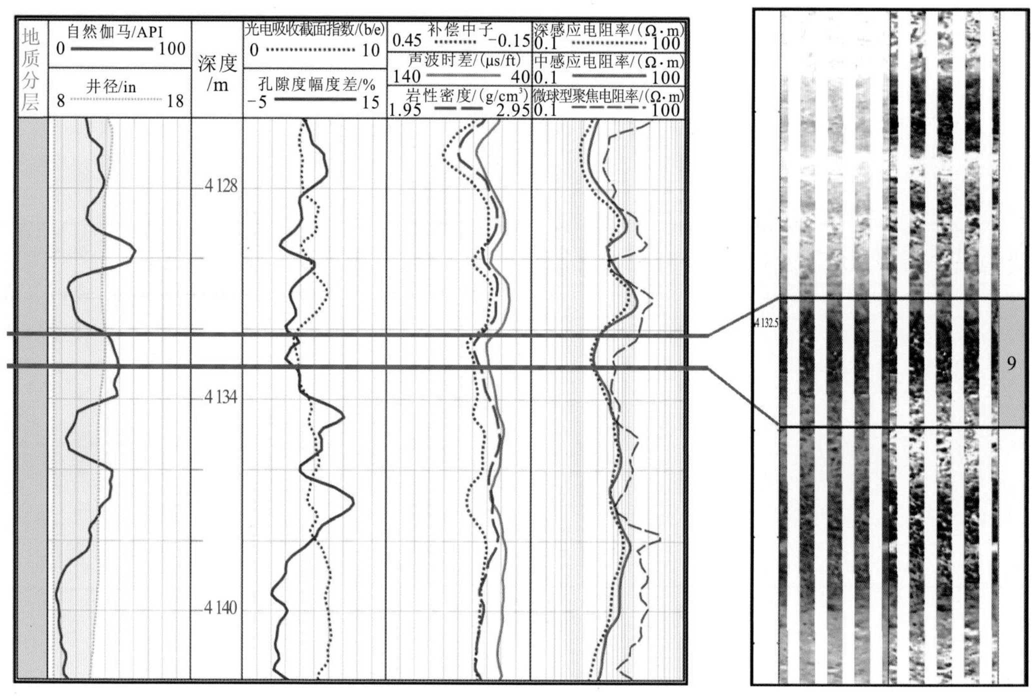

图 3.29　测井相 9 的电成像特征

7）测井相 11 的响应特征

测井相 11 为粒状灰岩，岩石粒度较大。静态图像上表现为相对高阻特征，纹理不明显。在动态图像上，白云质胶结物呈现为亮白色，缝合线呈现为黑色不规则细线，不连续。常规测井中自然伽马能谱值低，曲线多呈斜坡状变化，从上到下孔隙度逐渐增大（图 3.30）。

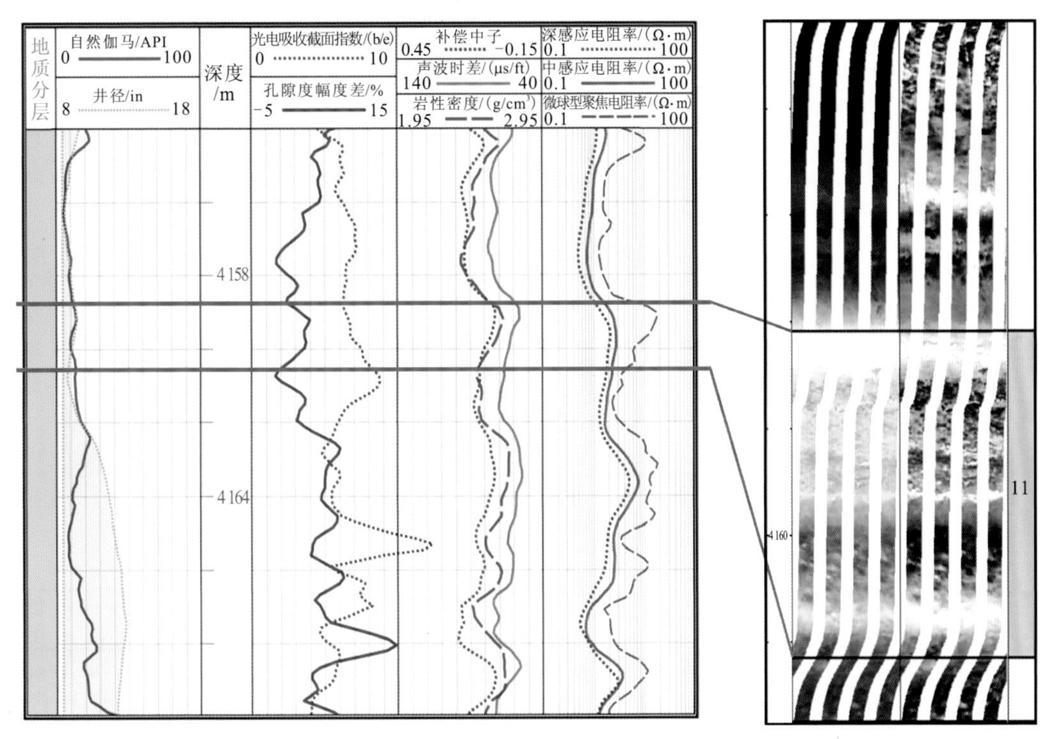

图 3.30　测井相 11 的电成像特征

8）测井相 12 的响应特征

测井相 12 为粒泥灰岩-泥粒灰岩，灰色、浅褐色，一般受到强烈的生物扰动。静态图像上主要表现为低阻特征，为暗黑色。动态图像变化复杂，可见黑色的缝合线和白斑状的石膏结核，不含粉砂、泥质的地方颜色较亮，随着粉砂和泥质含量的增加，颜色会变暗。常规曲线几乎呈箱形，可能形成于比较稳定的沉积环境，主要体现为灰岩的响应特征。但该类岩石的光电吸收截面指数较高，结合 ELAN 程序的分析结果，推测该类岩石中可能存在有含铁矿物（图 3.31）。

9）测井相 13 的响应特征

测井相 13 为细粒砂岩。岩心描述显示该段砂岩上部为板状倾斜层理，下部为弧形倾斜层理，但在成像图像上不可见，表现为层状。砂岩中含白云质胶结的生物碎屑薄层，在动态图像上可看到白色亮条。常规测井响应上，主要体现为砂岩特征：中到低的自然伽马能谱值、孔隙度较大，孔隙度幅度差曲线表现出明显的负差异，由于含白云质胶结物，光电吸收截面指数略高于纯的石英（图 3.32）。

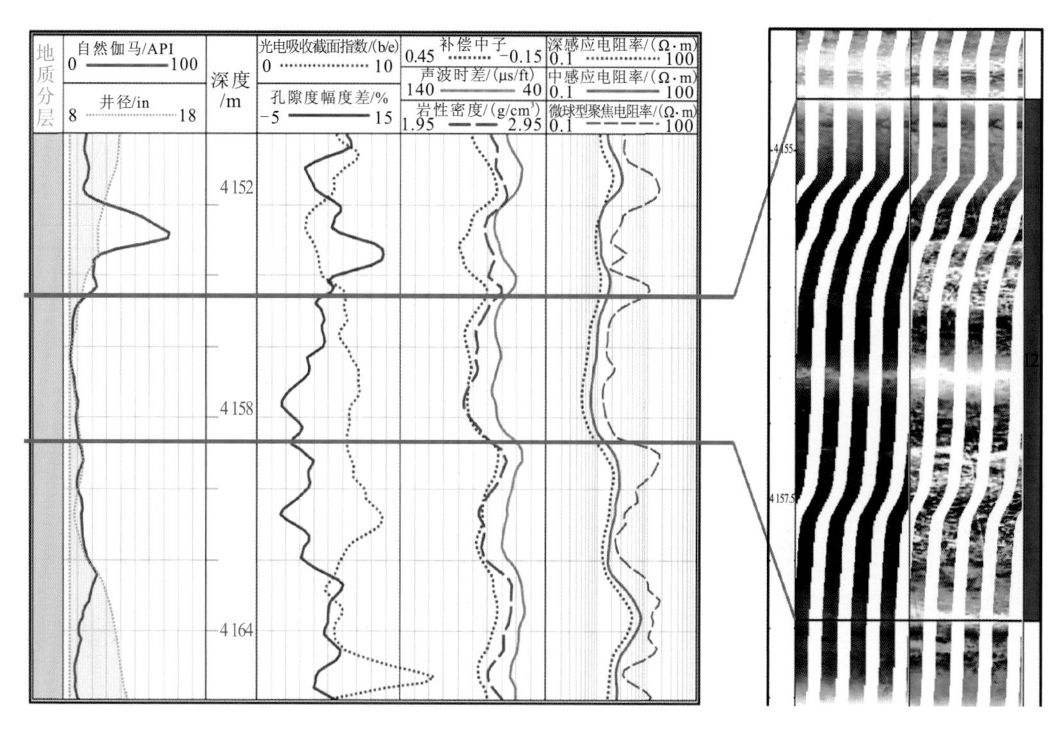

图 3.31　测井相 12 的电成像特征

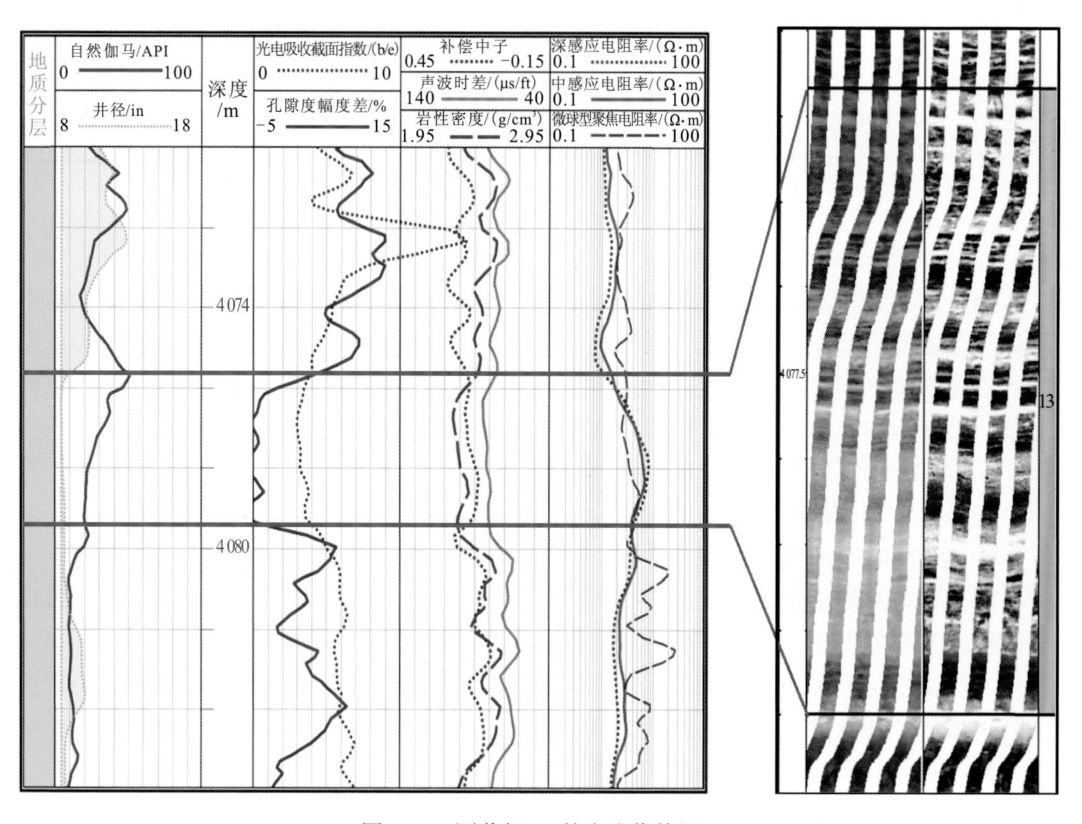

图 3.32　测井相 13 的电成像特征

10）测井相 16 的响应特征

测井相 16 为粉砂质白云岩。在静态图像中，岩石的上部颜色偏暗，下部颜色稍亮。岩心描述该段岩石存在裂缝，但在动态图像上不可见，含硬石膏结核，在动态图像上为白色点状亮斑。常规测井上，自然伽马能谱曲线呈箱形，密度和中子孔隙度之间的幅度差较大（图 3.33）。

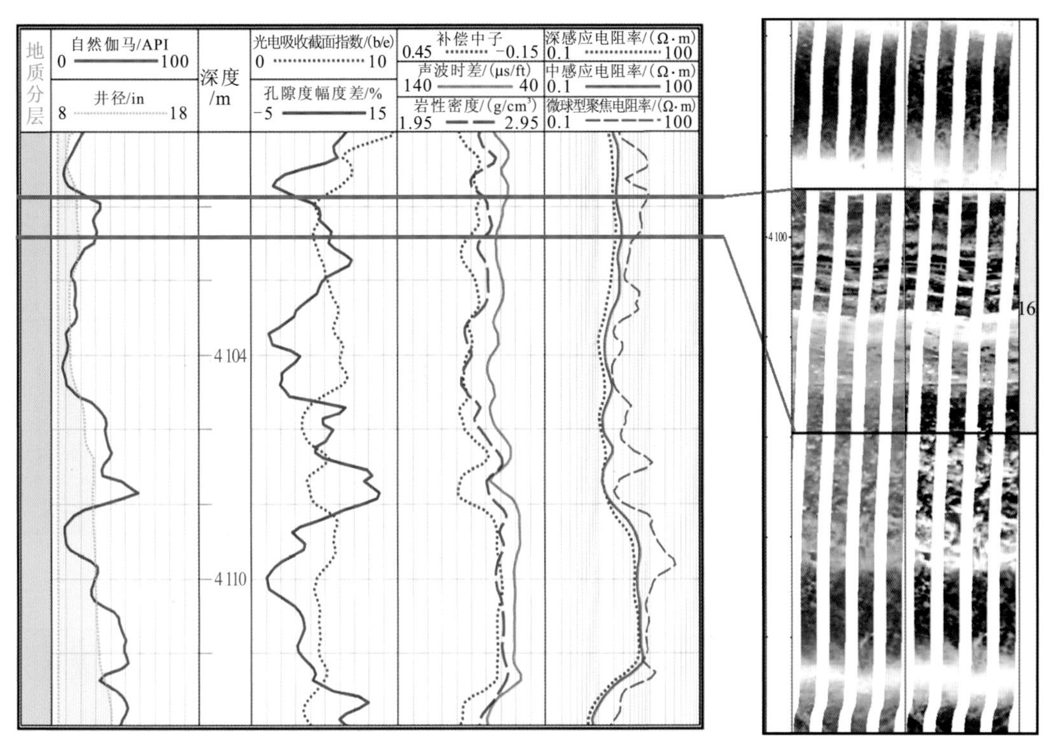

图 3.33 测井相 16 的电成像特征

11）测井相 17 的响应特征

测井相 17 为白云岩、粉砂质白云岩。静态图像上颜色杂乱。动态图像上可观察到黑色粉砂和亮色的白云质，受生物扰动作用，没有明显的层理，含硬石膏结核，在动静态图像上均可观测到白斑。常规测井响应上，其主要特点为低自然伽马能谱和高孔隙度幅度差值（图 3.34）。

12）测井相 18 的响应特征

测井相 18 为泥质-粉砂质灰岩，局部产出，不连续，层薄。由于常规测井分辨率有限，且这类岩石在取心段发育较少，在此不做分析。

13）测井相 19 的响应特征

测井相 19 为似球状粒泥灰岩-泥粒灰岩，这类岩石在取心段出现较少。静态图像上，颜色均匀且偏暗。动态图像上可见清晰的黑色线条，可能为裂缝，有白色亮斑但数量不多。该类岩性的光电吸收截面指数值很高，自然伽马能谱值较低（图 3.35）。

14）测井相 20 的响应特征

测井相 20 为粉砂质白云岩，受到生物扰动作用。电阻率较低，在静态图像上为黑色，动态图像上特征不明显。层薄，常规测井响应上不明显（图 3.36）。

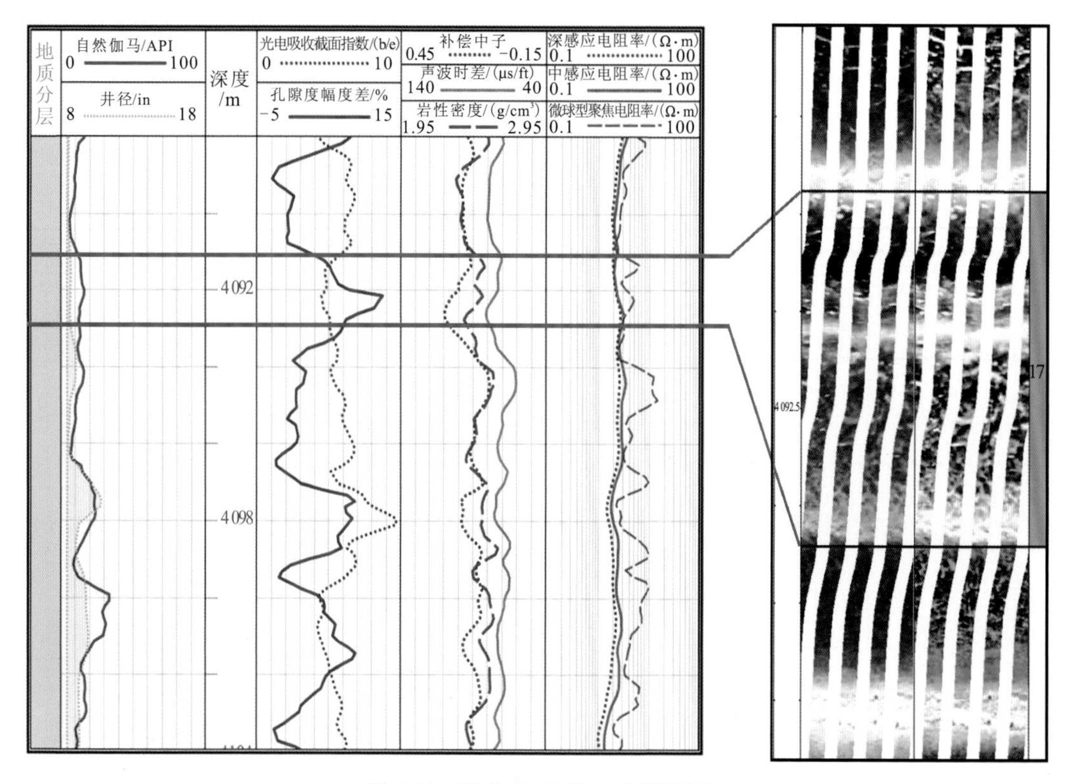

图 3.34　测井相 17 的电成像特征

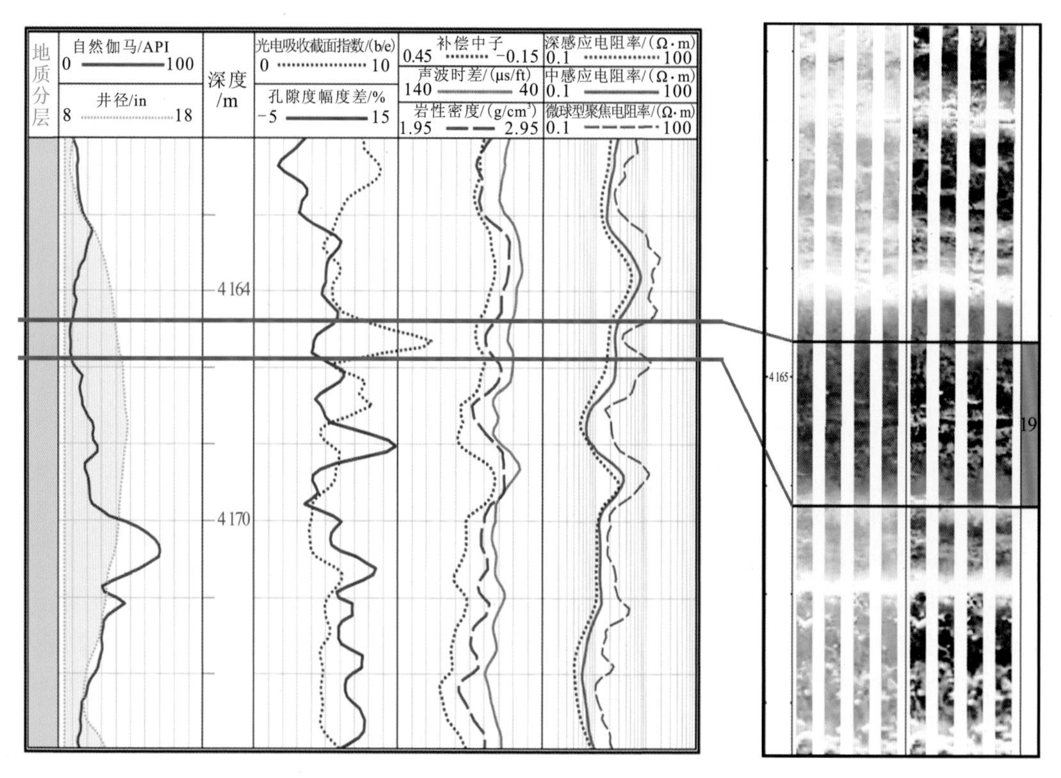

图 3.35　测井相 19 的电成像特征

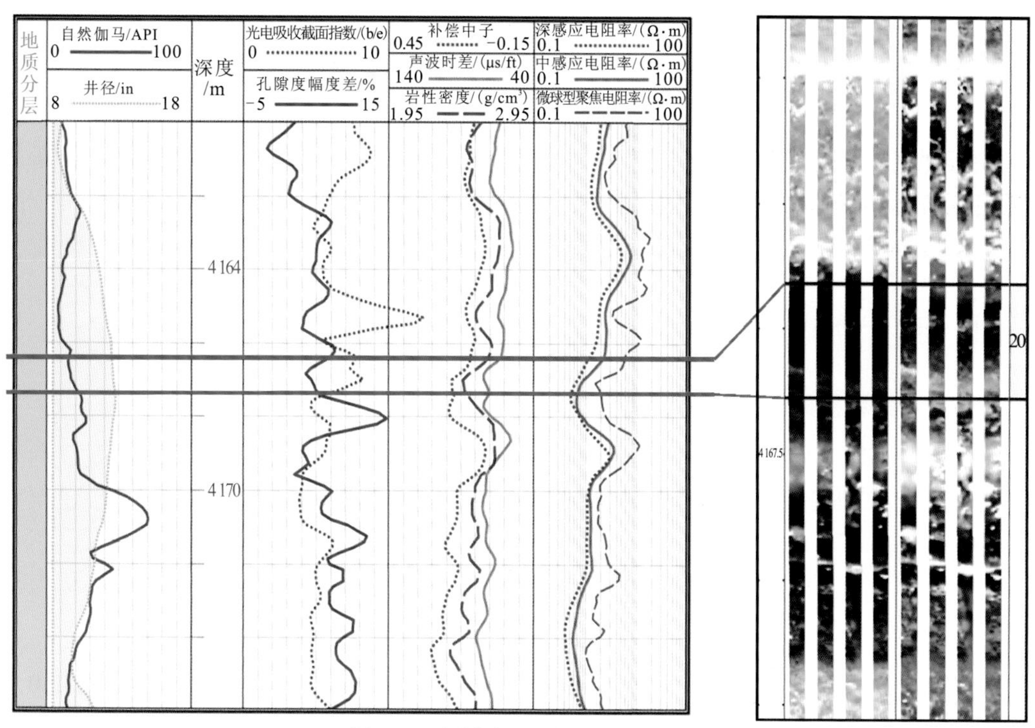

图 3.36　测井相 20 的电成像特征

15）测井相 21 的响应特征

测井相 21 为泥灰岩。在电成像图像上可看到稍大的白色亮斑，为粗粒硬石膏结核。常规测井响应上，该类岩石的孔隙度幅度差很大（图 3.37）。

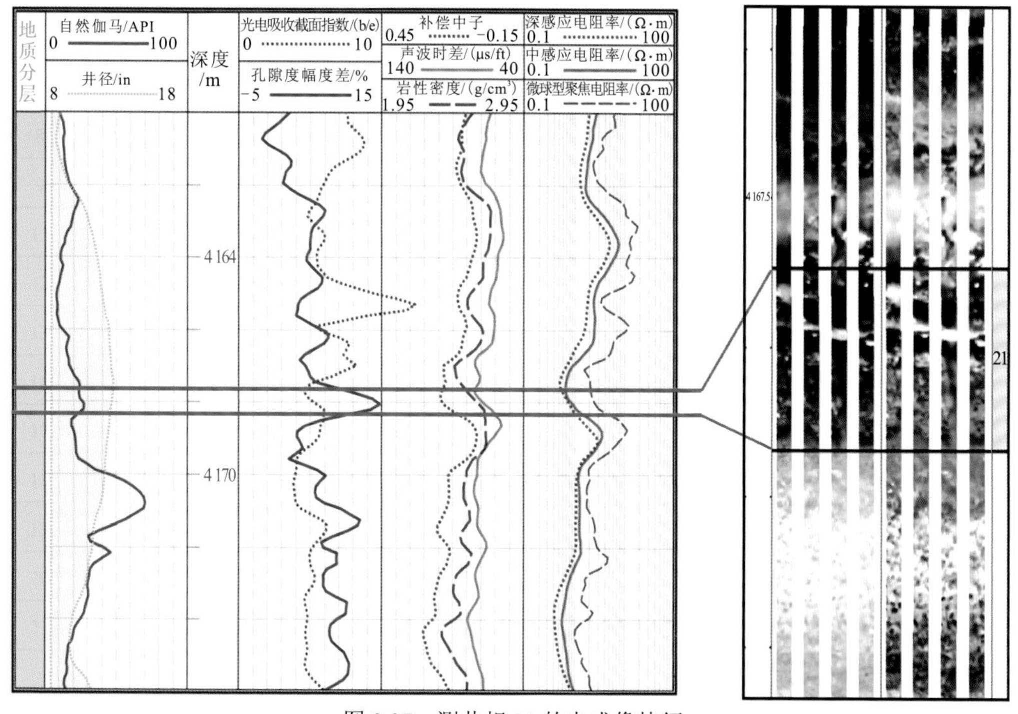

图 3.37　测井相 21 的电成像特征

3.4 测井相-岩性的测井识别方法

在测井相-岩性知识库的基础上，可以通过一定的判别方法识别新井数据，给新井数据划分正确的测井相。贝叶斯判别法、Fisher 判别法及支持向量机可以识别多维空间中具有一定数据分布结构的样本，因此选取这三种方法进行讨论。

3.4.1 贝叶斯识别技术

1. 贝叶斯判别的基本原理

在模式分类问题中，人们往往希望尽量减少分类的错误，从这样的要求出发，利用概率论中的贝叶斯公式，就能得出使错误率为最小的分类规则，称之为基于最小错误率的贝叶斯决策。

假设已经知道先验概率和类条件概率密度，利用贝叶斯公式得到的条件概率称为样本的后验概率。

$$P(\omega_i|\ \boldsymbol{x})=\frac{p(\boldsymbol{x}\,|\,\omega_i)P(\omega_i)}{\sum\limits_{j=1}^{c}p(\boldsymbol{x}\,|\,\omega_j)P(\omega_j)},\qquad i=1,2,\cdots,c \tag{3.20}$$

式中：ω 表示状态；$\boldsymbol{x}$ 为空间向量；$P(\omega)$ 为 ω 的先验概率；$P(\boldsymbol{x}\,|\,\omega)$ 为 $\boldsymbol{x}$ 的类条件概率密度；$P(\omega\,|\,\boldsymbol{x})$ 为状态 ω 的后验概率；c 为类别数。

当 c=2 时，类条件概率密度如图 3.38 所示。

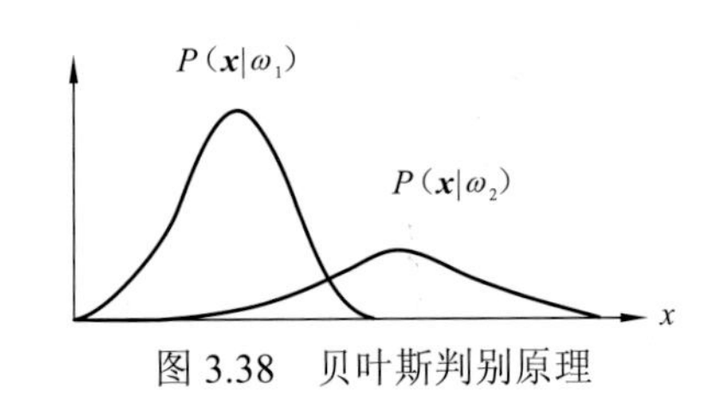

图 3.38　贝叶斯判别原理

如果 $p(\boldsymbol{x}\,|\,\omega_i)P(\omega_i)=\max\limits_{j=1,\cdots,c}p(\boldsymbol{x}\,|\,\omega_j)P(\omega_j)$，则 $\boldsymbol{x}\in\omega_i$，$i=1,2,\cdots,c$。

在以上的判别规则中涉及到先验概率 $P(\omega_i)$ 和类条件概率密度 $P(\boldsymbol{x}\,|\,\omega_i)$。在许多实际数据集中，对于类条件概率密度 $p(\boldsymbol{x}\,|\,\omega_i)$，正态性假设通常是一种较合理的近似。多元正态分布的概率密度函数为

$$P(\boldsymbol{x})=\frac{1}{(2\pi)^{d/2}\,|\,\boldsymbol{\Sigma}\,|^{\frac{1}{2}}}\exp\left\{-\frac{1}{2}(\boldsymbol{x}-\boldsymbol{\mu})^{\mathrm{T}}\boldsymbol{\Sigma}^{-1}(\boldsymbol{x}-\boldsymbol{\mu})\right\} \tag{3.21}$$

式中：$\boldsymbol{x}=\left[x_1,x_2,\cdots,x_d\right]^{\mathrm{T}}$ 为 d 维列向量；$\boldsymbol{\mu}=\left[\mu_1,\mu_2,\cdots,\mu_d\right]^{\mathrm{T}}$ 为 d 维均值向量；$\boldsymbol{\Sigma}$ 为 $d\times d$ 维协方差矩阵；$\boldsymbol{\Sigma}^{-1}$ 是 $\boldsymbol{\Sigma}$ 的逆矩阵；$|\,\boldsymbol{\Sigma}\,|$ 为 $\boldsymbol{\Sigma}$ 的行列式。

在多元正态概型下，可以直接写出其相应的判别函数：

$$g_i(x)=-\frac{1}{2}\left(x-\mu_i\right)^{\mathrm{T}}\sum_i^{-1}(x-\mu_i)-\frac{d}{2}\ln 2\pi-\frac{1}{2}\ln\left|\sum_i\right|+\ln P(\omega_i) \tag{3.22}$$

即当 $g_i(x)=\max g_j(x)$，$(j=1,2,\cdots,c)$ 时，样本属于第 i 类。

一般来说，贝叶斯判别要求数据服从多元正态分布，但是在实际应用中并不严格。只有当样本数据足够多或者均匀抽样时，才能满足贝叶斯判别的使用条件，这一条件在实际运用中很难达到。当样本数量足够多时，可统计各类样本出现的先验概率，作为参数输入。

在实际应用中，对于先验概率 $P(\omega_i)$，可由专业理论或经验知识确定。如果总数为 n 的样品是随机抽样得到的，而 n_i 为第 i 类的样品数，则其先验概率为 $P(\omega_i)=n_i/n$，若没有把握确定，一般取 $P(\omega_i)=1/c$，其中 c 为样品类数。通过贝叶斯判别函数发现，先验概率设置得越小，对函数值的影响越大，它对函数值的改变近似地呈现出一种指数关系。因此，在缺乏理论依据时，不宜将某类样品的先验概率设得很小。

在刚果（布）Haute Mer A 区块 mohm-1 井的实际应用中，排除坏井眼导致曲线失真的测井相类型，取各个测井相的先验概率相等，建立 16 个测井相的贝叶斯判别函数。即假设完全一样的测井响应值被划分到任何一类的概率是均等的，从而使测井响应值成为影响贝叶斯判别函数值大小的唯一因素。

2. 贝叶斯判别结果

根据贝叶斯判别法和聚类方法所建立的测井相类别，建立刚果（布）Haute Mer A 区块 mohm-1 井贝叶斯判别函数，并对所有的数据进行了回判。在判别过程中共输入 6 351 个采样点数据，有 4 738 个采样点数据回判正确，准确率为 74.60%。

由于贝叶斯判别函数表达形式较为复杂，且判别函数较多，故在此处没有罗列。

3.4.2 Fisher 识别技术

1. Fisher 判别的基本原理

Fisher 判别法的基本原理如图 3.39 所示，主要采用投影思想将高维数据点投影到低维空间上。它根据类间距离最大、类内距离最小的原则确定判别函数，再依据建立的判别函数判定待判样品的类别。因此 Fisher 判别法就是求解最佳投影方向 $\boldsymbol{w}$ 的过程，$\boldsymbol{w}^{\mathrm{T}}$ 为投影方向的法向量，即直线方向。通过对预测变量的线性组合，构造一些判别函数，这些判别函数能充分体现不同类别之间的差异。

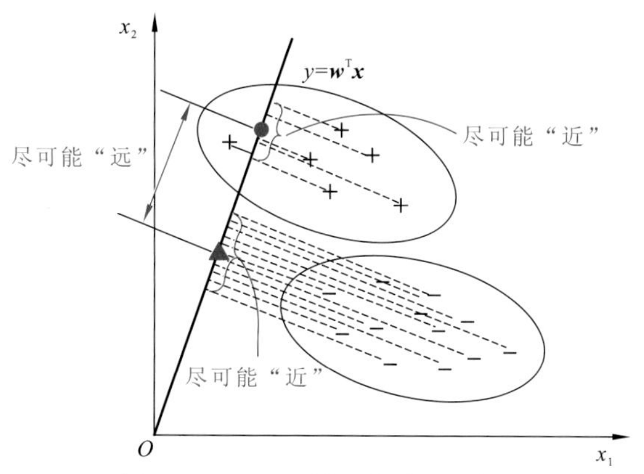

图 3.39 Fisher 判别法原理示意图

假如要在 m 维特征空间中寻找一个决策面，将空间划分为 2 个 m 维子空间 $\boldsymbol{\omega}_i$ (i=1,2)。决策面的法线方向为

$$\boldsymbol{V}=(V_1,V_2,\cdots,V_m)^{\mathrm{T}} \tag{3.23}$$

$\boldsymbol{\omega}_i$ 中的样本 j，记作 $\boldsymbol{X}_j^{(i)}$，其第 L 个变量值记作 $X_{Lj}^{(i)}$，其投影为

$$Z_{ij} = \boldsymbol{X}_j^{(i)\mathrm{T}} \boldsymbol{V} = \sum_{L=1}^{m} X_{Lj}^{i} V_L \tag{3.24}$$

令 $A(Z)$和 $B(Z)$分别为象函数 Z 的类内距离和类间距离，决策面法线方向的选择为使 $B(Z)/A(Z)$值为最大的方向。

$B(Z)/A(Z)$值取极大，有 $\dfrac{\partial \lambda}{\partial \boldsymbol{V}} = 0$，可推得

$$\boldsymbol{V} = \boldsymbol{W}^{-1}\left(\bar{\boldsymbol{X}}^{(1)} - \bar{\boldsymbol{X}}^{(2)}\right) \tag{3.25}$$

式中：$\boldsymbol{W}^{-1}$ 为 $\boldsymbol{W}$ 的逆矩阵，$\boldsymbol{W} = \left(W_{LL'}\right)_{m\times m}$；$\bar{\boldsymbol{X}}^{(i)}$ 为第 i 类的重心矢量。$W_{LL'}$ 可以用下式表达：

$$W_{LL'} = \sum_{i=1}^{2}\sum_{j=1}^{N_i}\left(X_{Lj}^{(i)} - \bar{X}_L^{(i)}\right)\left(X_{L'j}^{(i)} - \bar{X}_{L'}^{(i)}\right) \tag{3.26}$$

式中：N_i 为 i 类中的样本数；$X_L^{(i)}$ 为 i 类中第 L 个变量的均值。投影轴上两类样本的均值 $\bar{\boldsymbol{Z}}_i = \boldsymbol{V}^{\mathrm{T}} \bar{X}^{(i)}$，两类样本的中点 $Z = \left(\bar{Z}_1 + \bar{Z}_2\right)/2$。

对于任意给定的样本 $\boldsymbol{X}$，其投影的象为

$$Z(x) = \boldsymbol{V}^{\mathrm{T}} \boldsymbol{X} \tag{3.27}$$

其判别方程为

$$\begin{cases} Z(x) - Z > 0, & \text{第一类} \\ Z(x) - Z < 0, & \text{第二类} \end{cases} \tag{3.28}$$

2. Fisher 判别结果

以刚果（布）Haute Mer A 区块 mohm-1 井所有的测井相数据及其对应的测井参数为基础数据，采用 Fisher 判别法，建立的 5 个典则函数分别为

$$F_1 = 0.035\mathrm{CGR} - 0.879\mathrm{PEF} + 0.01\mathrm{SDN} + 19.457\mathrm{NPHI} - 0.006\mathrm{DT} + 1.587$$

$$F_2 = -0.068\mathrm{CGR} + 0.837\mathrm{PEF} - 0.013\mathrm{SDN} + 26.321\mathrm{NPHI} + 0.016\mathrm{DT} - 5.968$$

$$F_3 = 0.072\mathrm{CGR} + 0.993\mathrm{PEF} + 0.355\mathrm{SDN} - 6.611\mathrm{NPHI} - 0.087\mathrm{DT} - 2.244$$

$$F_4 = -0.021\mathrm{CGR} + 0.585\mathrm{PEF} + 0.241\mathrm{SDN} - 58.3\mathrm{NPHI} + 0.423\mathrm{DT} - 25.103$$

$$F_5 = 0.115\mathrm{CGR} + 1.089\mathrm{PEF} - 0.366\mathrm{SDN} + 16.523\mathrm{NPHI} - 0.067\mathrm{DT} - 5.096$$

判别式中，CGR 为自然伽马能谱，PEF 为光电吸收截面指数，SDN 为孔隙度幅度差，NPHI 为补偿中子，DT 为声波时差。岩性密度 RHOB 因为容差较大，在 Fisher 判别中被自动舍弃。

典则函数的贡献率和特征值见表 3.10，第 1 典则函数和第 2 典则函数的贡献率分别为 27.69%和 25.15%，所占的累计百分比不大，用第 1 和第 2 典则函数做交会图（图 3.40），从图中可以看到，16 个测井相在二维平面上的重叠程度较高，辨别能力不强，因此必须要在高维空间上区分不同的测井相。

表 3.10　典则函数的特征值及贡献率

典则函数	特征值	方差百分比/%	累计贡献率百分比/%
1	3.14	27.69	27.69
2	2.85	25.15	52.84

续表

典则函数	特征值	方差百分比/%	累计贡献率百分比/%
3	2.19	19.33	72.17
4	1.63	14.43	86.60
5	1.52	13.40	100.00

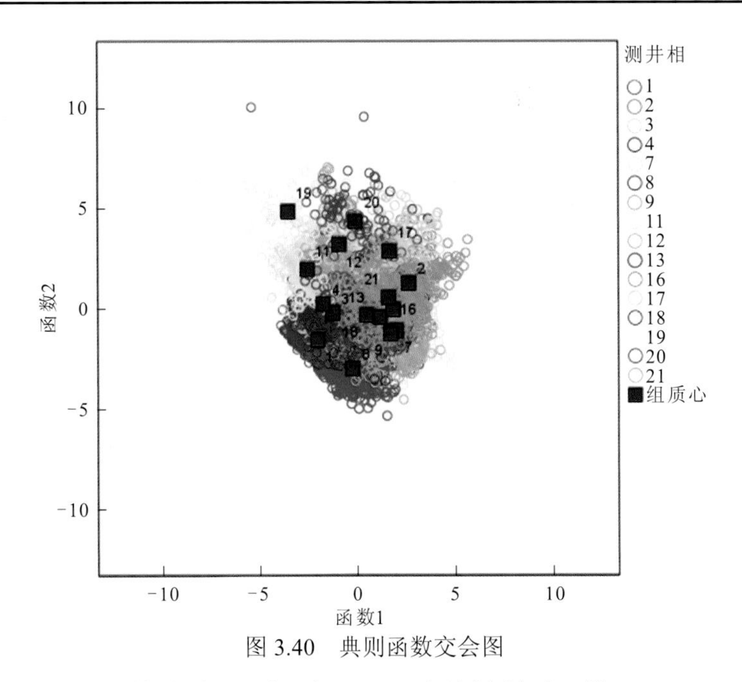

图 3.40　典则函数交会图

根据 Fisher 判别的数学原理，得到以下 16 个线性判别函数：

$$F_1 = -0.214\text{CGR} + 29.281\text{PEF} + 5.166\text{SDN} - 1\,344.273\text{NPHI} + 10.079\text{DT} - 343.699$$

$$F_2 = 0.201\text{CGR} + 31.004\text{PEF} + 6.614\text{SDN} - 1\,376.433\text{NPHI} + 11.271\text{DT} - 442.388$$

$$F_3 = -0.5\text{CGR} + 28.127\text{PEF} + 5.875\text{SDN} - 1\,362.476\text{NPHI} + 10.527\text{DT} - 358.962$$

$$F_4 = -0.423\text{CGR} + 28.911\text{PEF} + 4.668\text{SDN} - 1\,260.19\text{NPHI} + 10.029\text{DT} - 337.839$$

$$F_7 = 0.187\text{CGR} + 27.574\text{PEF} + 4.307\text{SDN} - 1114.179\text{NPHI} + 9.043\text{DT} - 303.761$$

$$F_8 = 0.176\text{CGR} + 29.246\text{PEF} + 4.959\text{SDN} - 1\,349.701\text{NPHI} + 10.05\text{DT} - 355.195$$

$$F_9 = 0.027\text{CGR} + 27.113\text{PEF} + 3.794\text{SDN} - 1\,225.504\text{NPHI} + 10.128\text{DT} - 352.600$$

$$F_{11} = -0.374\text{CGR} + 34.1\text{PEF} + 4.686\text{SDN} - 1\,281.9\text{NPHI} + 10.406\text{DT} - 392.156$$

$$F_{12} = -0.641\text{CGR} + 30.429\text{PEF} + 4.031\text{SDN} - 1192.058\text{NPHI} + 10.503\text{DT} - 381.08$$

$$F_{13} = -0.363\text{CGR} + 24.868\text{PEF} + 3.123\text{SDN} - 1\,242.488\text{NPHI} + 10.716\text{DT} - 369.38$$

$$F_{16} = -0.276\text{CGR} + 26.165\text{PEF} + 4.086\text{SDN} - 1\,241.552\text{NPHI} + 10.33\text{DT} - 351.033$$

$$F_{17} = -0.494\text{CGR} + 26.397\text{PEF} + 4.56\text{SDN} - 1\,008.477\text{NPHI} + 9.1\text{DT} - 296.48$$

$$F_{18} = -0.405\text{CGR} + 28.318\text{PEF} + 5.572\text{SDN} - 1\,440.747\text{NPHI} + 11.528\text{DT} - 421.87$$

$$F_{19} = 0.085\text{CGR} + 45.46\text{PEF} + 4.504\text{SDN} - 1\,222.714\text{NPHI} + 10.207\text{DT} - 487.766$$

$$F_{20} = -0.007\text{CGR} + 37.057\text{PEF} + 4.53\text{SDN} - 1\,073.395\text{NPHI} + 9.498\text{DT} - 388.491$$

$$F_{21} = -0.174\text{CGR} + 28.073\text{PEF} + 5.702\text{SDN} - 1178.16\text{NPHI} + 9.552\text{DT} - 325.385$$

利用 Fisher 判别法，共回判了 6 351 个采样点数据，其中 6 033 个点判对，回判结果的平均正确率为95%，准确率较高，说明判别模型可靠性较好，实现对新井数据的判别。

3.4.3 支持向量机识别技术

1. 支持向量机的基本原理

支持向量机（support vector machine，SVM）方法是建立在统计学习理论的VC（Vapnik-Chervonenkis）维理论和结构风险最小原理基础上的，根据有限的样本信息在模型的复杂性（即对特定训练样本的学习精度）和学习能力（即无错误地识别任意样本的能力）之间寻求最佳折中，以期获最好的推广能力。

支持向量机将向量映射到一个更高维的空间里，在这个空间里建立起一个最大间隔超平面（图3.41）。

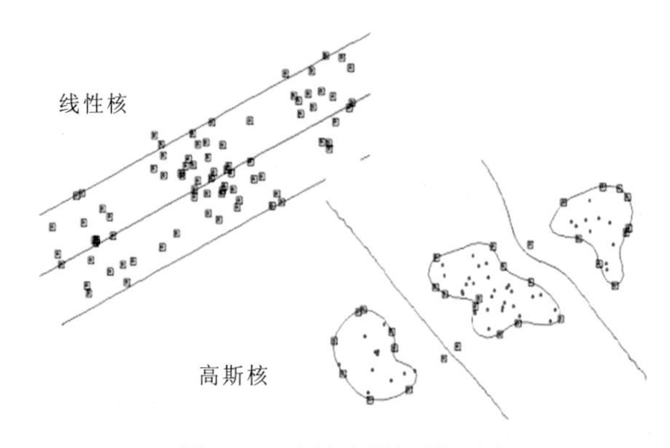

图3.41 支持向量机原理图

优点：①SVM是一种有坚实理论基础的小样本学习方法，避开了从归纳到演绎的传统过程，实现了高效地从训练样本到预报样本的“转导推理”，大大简化了通常的分类和回归等问题；②可以解决高维问题、非线性问题，避免神经网络结构选择和局部极小值问题。

缺点：①SVM算法在处理大规模训练样本时难以实施；②对缺失数据敏感。

2. 支持向量机判别结果

根据不同岩性的测井响应特征，建立刚果（布）Haute Mer A区块mohm-1井支持向量机判别函数，并对所有的数据进行回判。在判别过程中共输入6 351个采样点数据，其中5 697个采样点的数据回判正确，准确率为89.70%。

综上所述，对于Haute Mer A区块，采用Fisher判别方法准确率最高，故最后选用Fisher判别方法进行岩相识别。

第 4 章 基于测井相–岩性的储层评价方法

4.1 刚果（布）Haute Mer A 区块评价方法

4.1.1 孔隙度

1. 岩心刻度法

根据岩性将岩样进行分类，并把其中有裂缝的部位和边界部位的数据点删除（图 4.1），

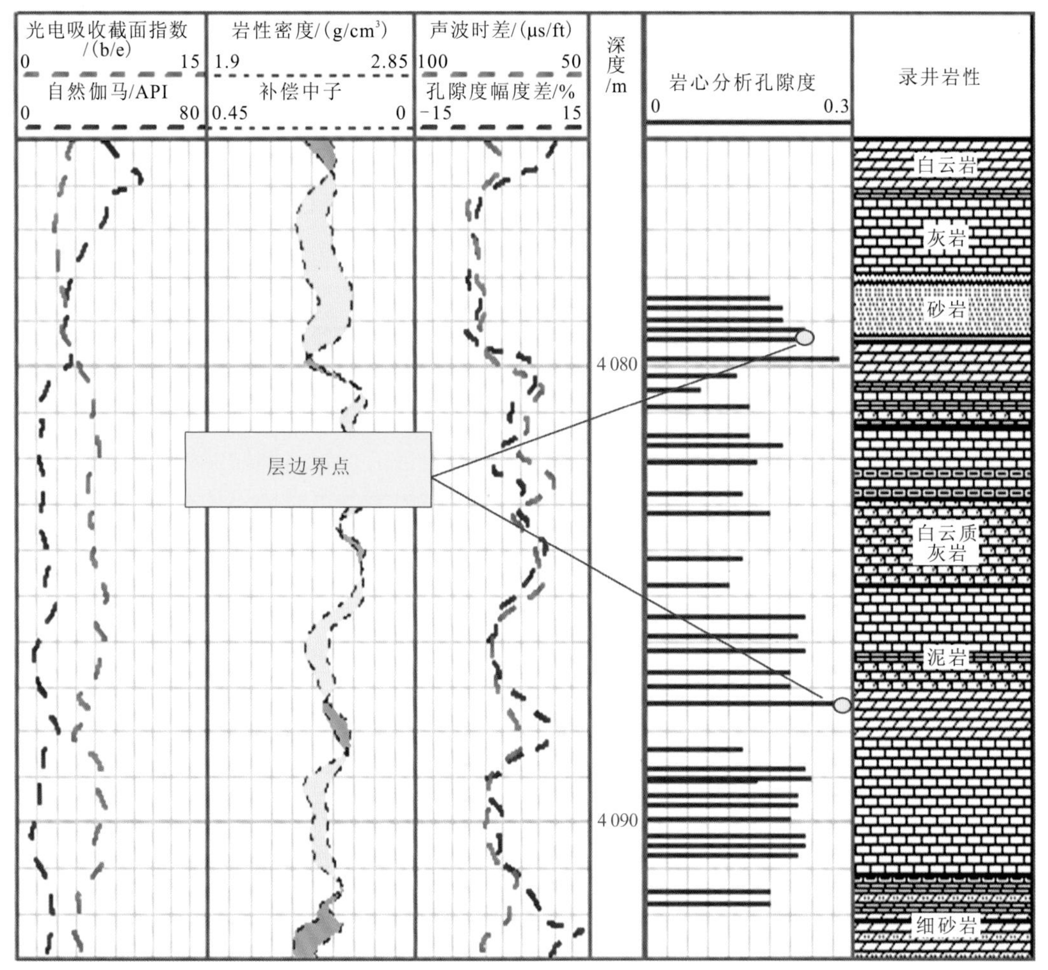

图 4.1　边界岩样删点

制作不同参数与孔隙度的交会图，分别建立孔隙度计算模型（图 4.2）。

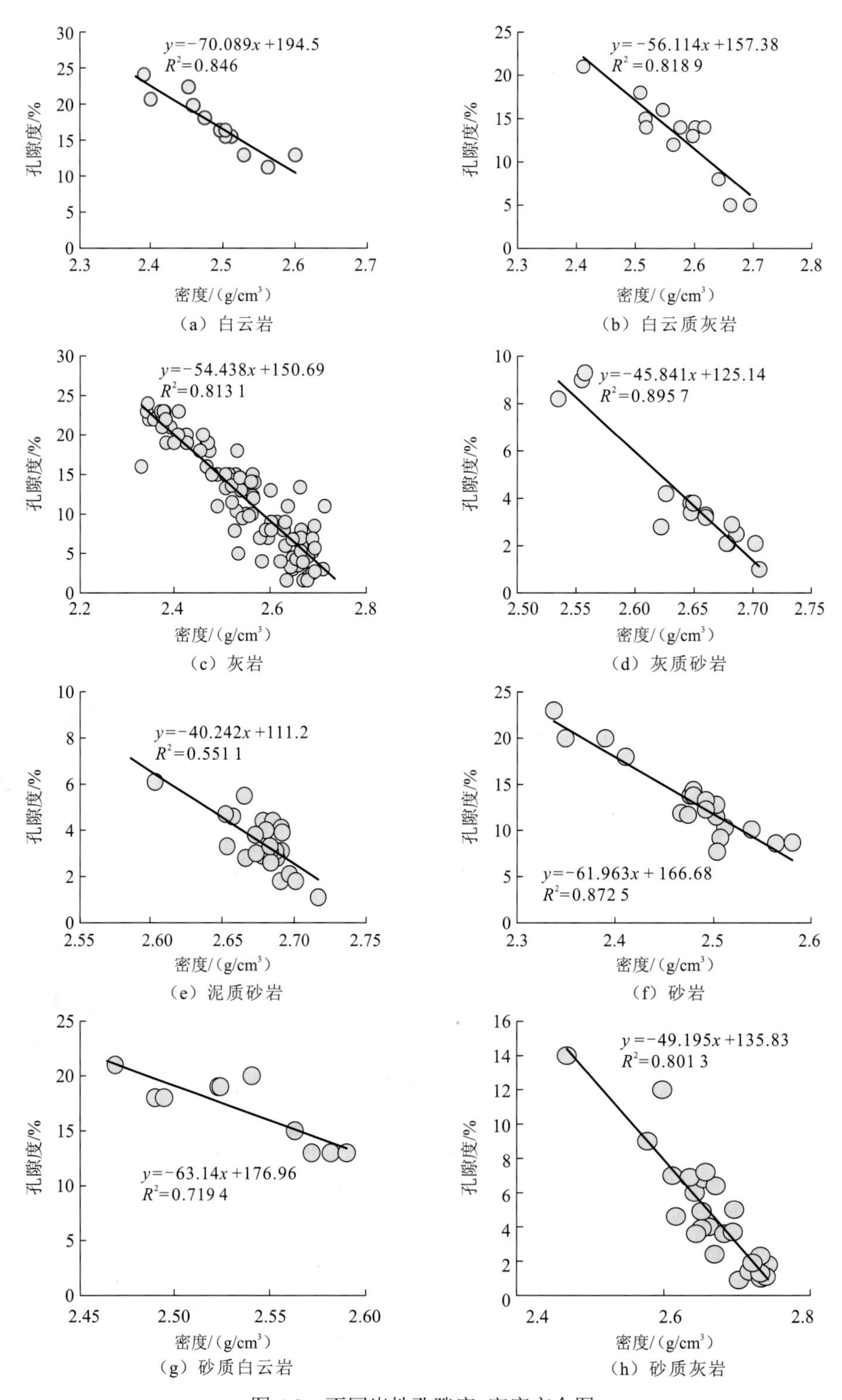

图 4.2　不同岩性孔隙度-密度交会图

通过岩心刻度法拟合得到的各岩性骨架密度值与各矿物的理论骨架密度值十分接近（表 4.1）。在对岩性划分的基础上，采用这些拟合式计算孔隙度。

表 4.1　岩性骨架密度值

岩性	灰岩	白云岩	砂岩
拟合的骨架密度/（g/cm^3）	2.77	2.78	2.69
理论骨架密度/（g/cm^3）	2.71	2.87	2.65

2. 单矿物体积模型法

考虑储层由单一矿物的岩石颗粒骨架、泥质和孔隙组成，建立如图 4.3 所示的等效体积模型，则密度测井的响应方程可以表示为

$$\rho_b = (1-\phi-V_{sh})\rho_{ma} + V_{sh}\rho_{sh} + \phi\rho_f \tag{4.1}$$

由式（4.1）得到计算孔隙度公式为

$$\phi = \frac{\rho_b - \rho_{ma}}{\rho_f - \rho_{ma}} - V_{sh}\frac{\rho_{sh} - \rho_{ma}}{\rho_f - \rho_{ma}} \tag{4.2}$$

式中：ρ_b 为测井曲线密度值，g/cm^3；ρ_{ma} 为储层岩石骨架密度，g/cm^3；ρ_{sh} 为泥质密度，g/cm^3；ρ_f 储层流体密度，g/cm^3；ϕ 为储层孔隙度，小数；V_{sh} 为泥质含量，小数。

骨架：V_{ma}

泥质：V_{sh}

水：ϕ

图 4.3　体积模型示意图

对于声波测井，可以同样得到其响应方程为

$$\Delta t = \left(1-\phi-V_{sh}\right)\Delta t_{ma} + V_{sh}\Delta t_{sh} + \phi\Delta t_f \tag{4.3}$$

由式（4.3）得到用声波测井计算孔隙度公式为

$$\phi = \frac{\Delta t - \Delta t_{ma}}{\Delta t_f - \Delta t_{ma}} - V_{sh}\cdot\frac{\Delta t_{sh} - \Delta t_{ma}}{\Delta t_f - \Delta t_{ma}} \tag{4.4}$$

式中：Δt 为测井曲线声波时差值，μs/ft；Δt_{ma} 为储层岩石骨架声波时差值，μs/ft；ρ_{sh} 为泥质声波时差值，μs/ft；Δt_f 储层流体声波时差值，μs/ft；ϕ 为储层孔隙度，小数；V_{sh} 为泥质含量，小数。

对于补偿中子测井，同样可得到其响应方程为

$$\phi_N = \left(1-\phi-V_{sh}\right)\phi_{Nma} + V_{sh}\phi_{Nsh} + \phi\phi_{Nf} \tag{4.5}$$

由式（4.5）得到用中子测井计算孔隙度公式为

$$\phi = \frac{\phi_N - \phi_{Nma}}{\phi_{Nf} - \phi_{Nma}} - V_{sh}\cdot\frac{\phi_{N_{sh}} - \phi_{Nma}}{\phi_{Nf} - \phi_{Nma}} \tag{4.6}$$

式中：ϕ_N 为测井曲线中子值，%；ϕ_{Nma} 为储层岩石骨架中子值，%；ϕ_{Nsh} 为泥质中子值，%；ϕ_{Nf} 储层流体中子值，%；ϕ 为储层孔隙度，小数；V_{sh} 为泥质含量，小数。

3. 多矿物体积模型法

该方法采用 3.1.3 小节的最优化方法原理。在选用矿物模型时，应根据钻井取心和地质录井等资料及交会图技术确定处理井段地层的矿物种类。随着测井方法的增加，如岩性密度测井、自然伽马能谱测井等，使得多矿物体积模型可确定的矿物个数也随之增加。但大多数情况下，地层中矿物数超过了多矿物体积模型求解的能力，一般常用的方法是

简化模型，只计算主要矿物的体积含量。可以根据地层主要矿物的种类，构建不同的多矿物模型。

针对研究区岩性及测井资料的特点，选取 6 种主要岩石组分、5 条测井曲线进行多矿物组分含量的求解。基于预测曲线值与实测值误差最小的原则自动选取处理模型类别。

把这些孔隙度计算模型应用于研究区的实际井中，并与岩心分析资料相比较（图 4.4～图 4.5），发现对于矿物成分非常复杂的碳酸盐岩储层，多矿物模型要优于其他方法。

4.1.2 饱和度

饱和度是用来表示岩石孔隙空间所含流体的性质及其含量的参数，多数情况下，常利用电阻率测井资料来计算储层饱和度。对于纯岩石来说，可以认为岩石骨架基本上是不导电的，只有岩石孔道中的流体导电。而岩石孔道是弯曲的，电流在岩石中也是曲折流动的。根据电流流动情况，把岩石体积模型简化成等效体积模型，设储层孔隙中只有地层水，则得到

$$F=\frac{R_0}{R_w}=\frac{a}{\phi^m} \tag{4.7}$$

式中：F 为地层因素，它只与岩样的孔隙度、胶结程度和孔隙形状有关，与地层水电阻率无关；R_0 为孔隙 100%含水时的电阻率，Ω · m；R_w 为地层水电阻率，Ω · m；a 为与岩石有关的比例系数，一般为 0.6～1.5；ϕ 为地层孔隙度，小数；m 为岩石的胶结指数，是与岩石胶结情况和孔隙结构有关的参数，一般为 1.5～3，常取 2 左右。

纯岩石油气层的孔隙中，除地层水外还有油气，根据等效体积模型，得到

$$I=\frac{R_t}{R_0}=\frac{b}{S_w^n} \tag{4.8}$$

式中：I 为电阻率增大系数，它只与岩石的含油（或含水）饱和度有关，与地层水电阻率和岩石孔隙度等因素无关；R_t 为含油气地层电阻率，Ω · m；b 为与岩石有关的比例系数，一般接近 1；S_w 为地层含水饱和度，小数；n 为岩石的饱和度指数，是与油、气、水在孔隙中分布有关的参数，一般为 1.0～4.3，以 1.5～2.2 居多，常取 2 左右。

采用阿奇公式：

$$S_w=\left(\frac{abR_w}{\phi^m R_t}\right)^{\frac{1}{n}} \tag{4.9}$$

$$S_{os}=1-S_w \tag{4.10}$$

式中：a 为比例系数；b 为岩性湿润性附加饱和度分布不均匀系数；n 为饱和度指数；m 为胶结系数；R_w 为地层水电阻率；R_t 为地层真电阻率；ϕ为地层孔隙度，小数；S_w 为含水饱和度，小数；S_{os} 为剩余油饱和度，小数。

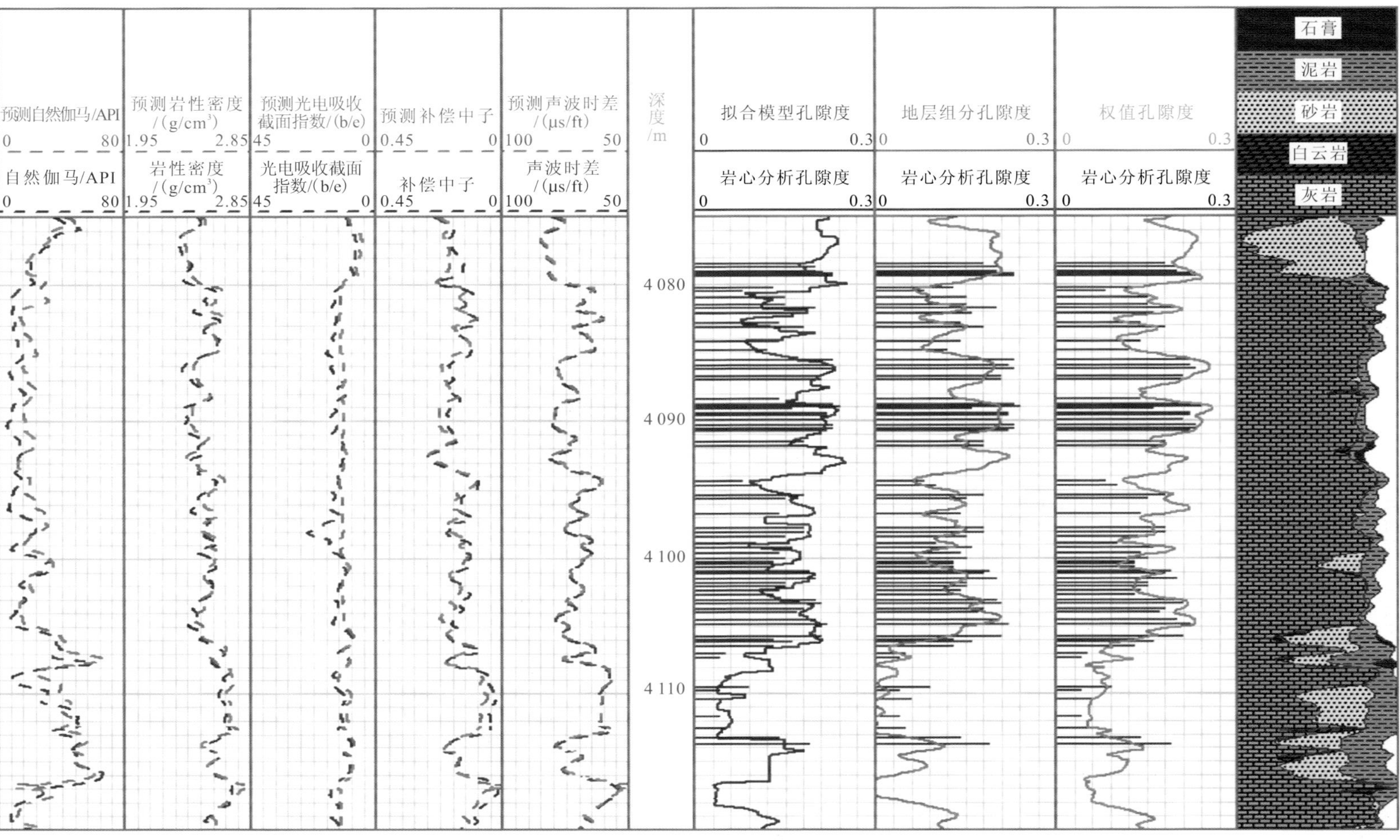

图4.4　mohm-1孔隙度计算效果分析图

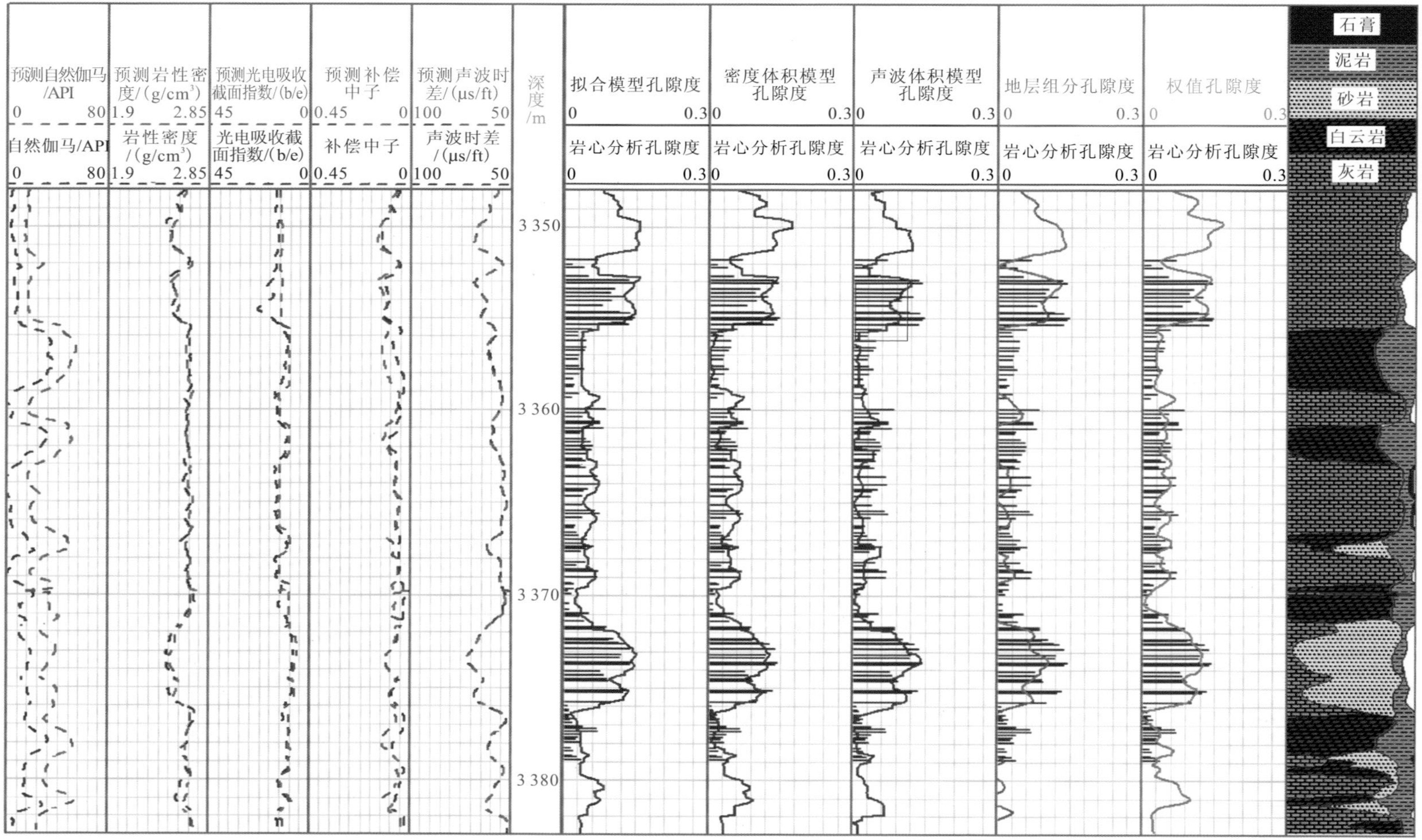

图4.5　nksm-4孔隙度计算效果分析图

4.2　伊拉克 Missan 油田评价方法

4.2.1　岩性

伊拉克 Missan 油田的岩性判别主要采用贝叶斯判别法。

1. 标准化

以该地区 5 口井（AG-3、AG-4、AG-7、AG-10、AG-17）为研究井，其他井作为检验井。由于该地区只有常规测井资料，且所有井共有的测井曲线只有自然伽马、声波时差、补偿中子、岩性密度，故选取这 4 条曲线参与建模。

以 AG-7 为关键井，对该地区的井资料进行标准化分析。选取每口井上段的石膏层作为标准层，并作频率直方图进行对比（图 4.6 和图 4.7），其中红色为关键井。

通过各井频率直方图的对比发现，井与井之间对应的测井值差异很小，故需要标准化的量比较小。

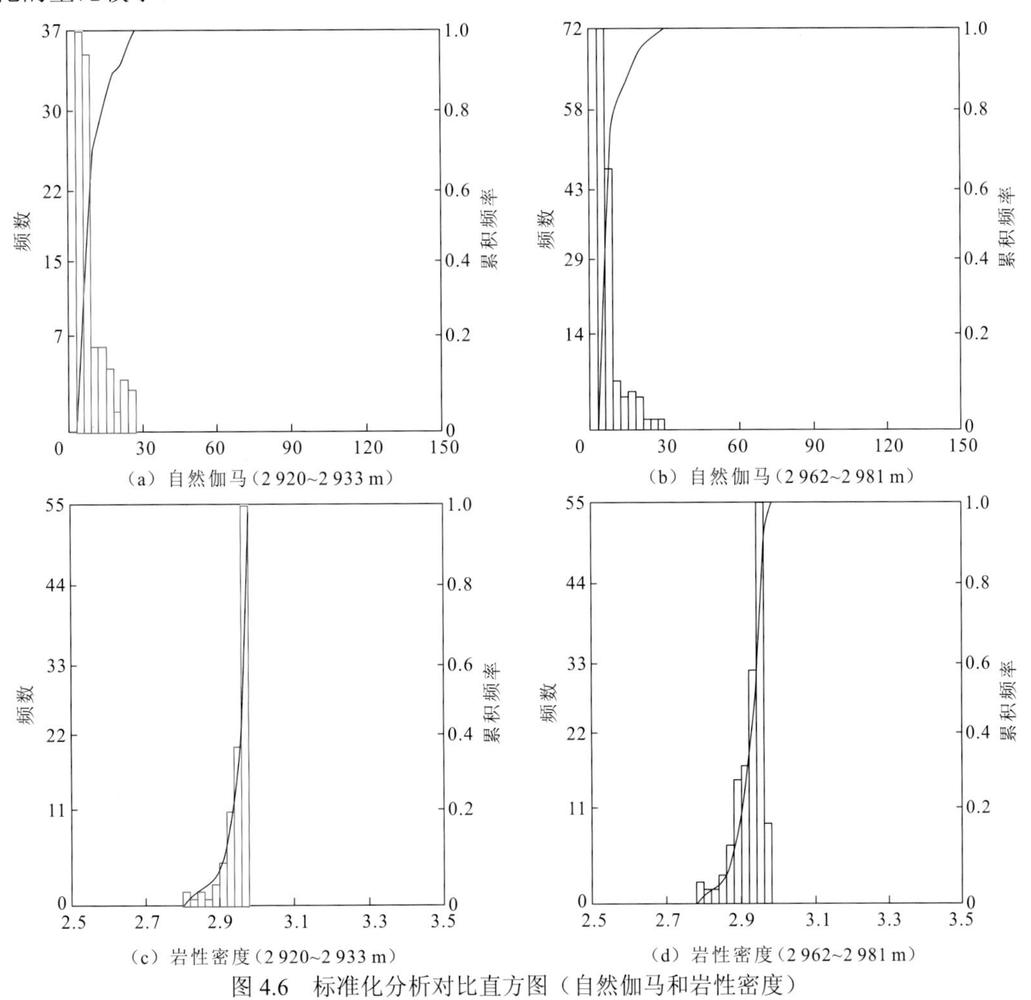

图 4.6　标准化分析对比直方图（自然伽马和岩性密度）

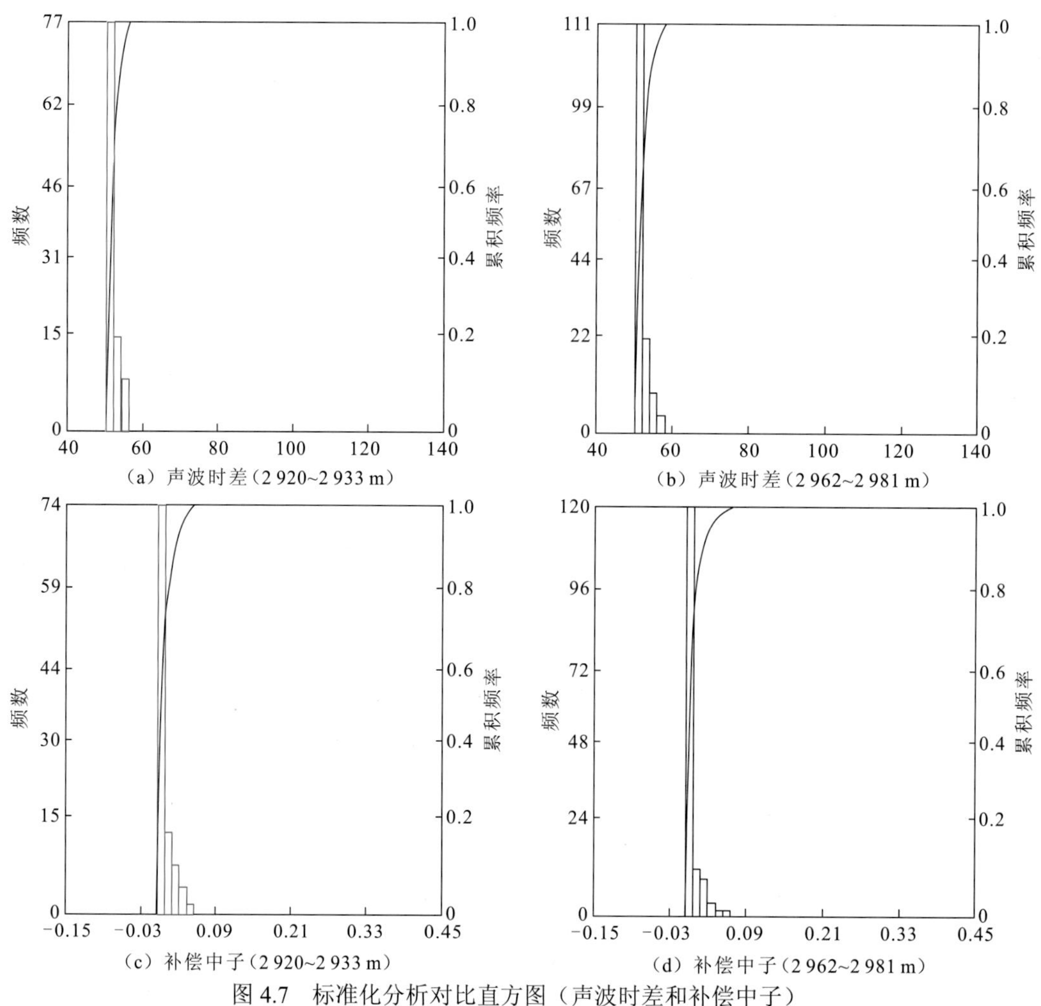

图 4.7 标准化分析对比直方图（声波时差和补偿中子）

2. 贝叶斯岩性判别分类

按照表 4.2 划分的岩心类别，采用贝叶斯判别法，对研究区的测井资料进行了岩性划分，结果如图 4.8～图 4.9 所示，判别结果显示，训练样本回判率为 91.6%。

表 4.2 岩性判别分类表

岩性编号	岩性类别	划分范围
0	泥质灰岩	泥质灰岩
1	灰岩	灰岩、白云质灰岩
2	粉砂质灰岩	粉砂质灰岩
3	白云岩	白云岩、泥质白云岩
4	砂岩	砂岩、白云质砂岩、泥质砂岩
5	砂质泥岩	砂质泥岩
6	泥岩	泥岩、白云质泥岩、页岩
7	石膏	石膏

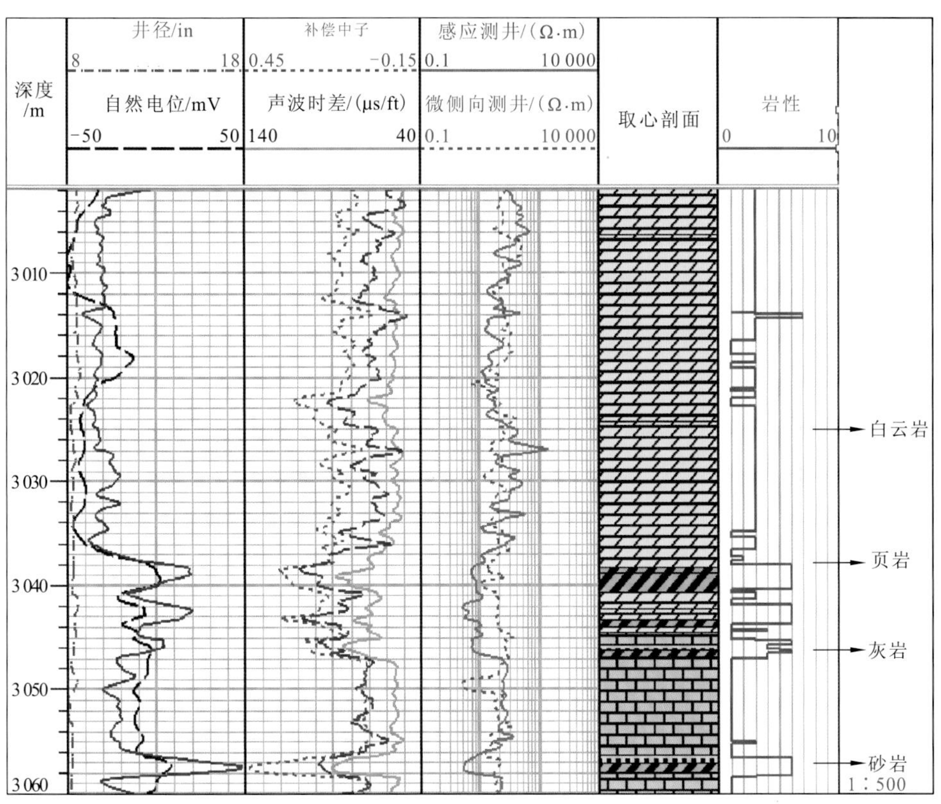

图 4.8 贝叶斯岩性判别（白云岩、灰岩、页岩、砂岩）

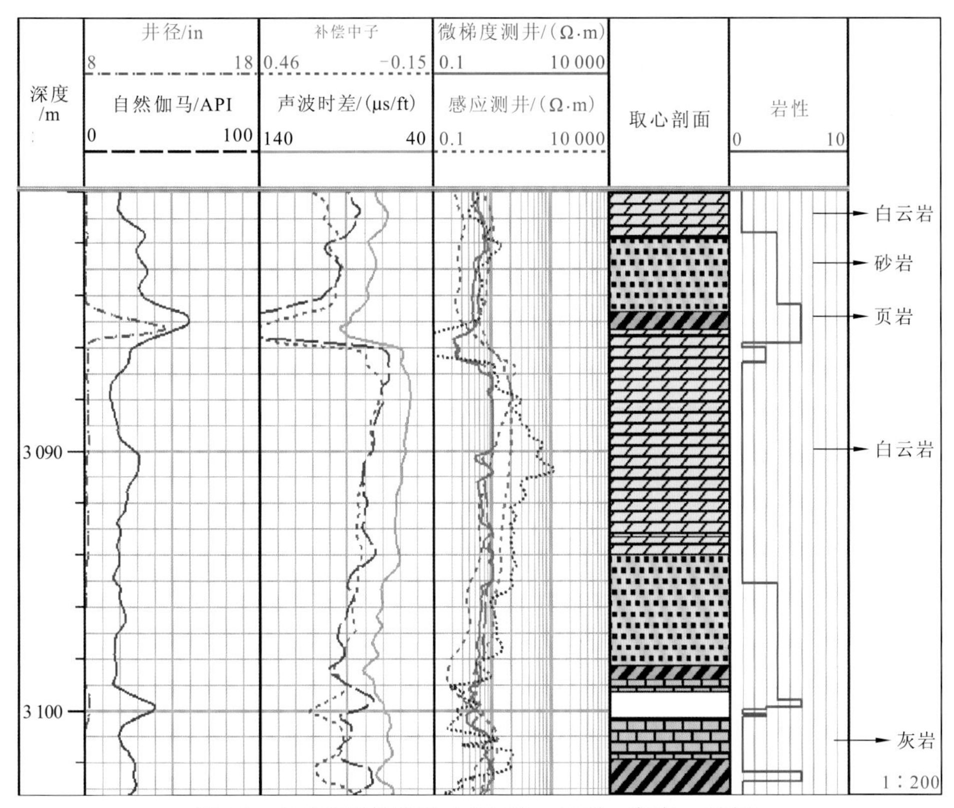

图 4.9 贝叶斯岩性判别（白云岩、砂岩、灰岩、页岩）

4.2.2 孔隙度

1. 岩心刻度法

采用分析测井测量值和岩心与孔隙度之间的相关性，建立计算模型（图 4.10）。

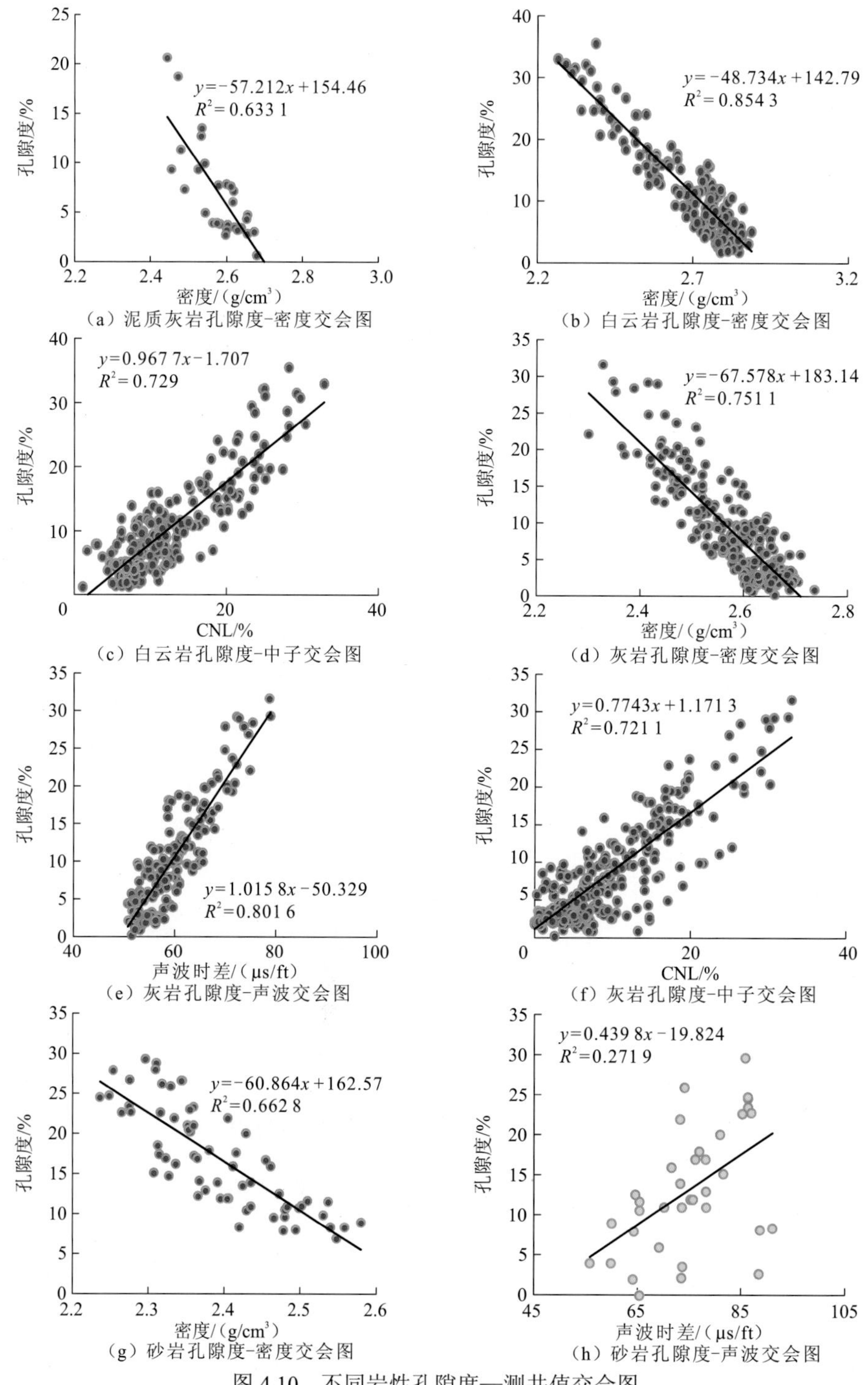

图 4.10 不同岩性孔隙度—测井值交会图

通过岩心刻度法可拟合出各岩性骨架密度值（表 4.3）。

表 4.3　各岩性骨架密度值

岩性	白云岩	灰岩	砂岩	石膏
D_{ma}/（g/cm^3）	2.920	2.710	2.671	3.130
$(\phi_{CNL})_{ma}$/%	1.764	1.513	0.645	7.630
Δt_{ma}/（μs/ft）	43.940	49.546	51.671	42.956

在利用体积模型计算孔隙度时，由于石膏的样本点较少，拟合模型不太准确，所以计算时仍采用其常用的骨架密度值：D_{ma}=2.98，ϕ_{CNL}=−0.02，Δt_{ma}=50，其他岩性均采用拟合出的骨架密度值进行计算。除以上 4 种岩性外，泥质灰岩和粉砂质灰岩计算时也使用灰岩的骨架密度值，砂质泥岩使用泥岩的骨架值。

岩心刻度法计算时采用的是根据删点后的数据经过多元拟合而得到的模型：

白云岩：ϕ=34.907+0.556AC−20.257RHOB−0.028NPHI

灰岩：ϕ=34.251+0.372AC−19.702RHOB+0.379NPHI

砂岩：ϕ=16.827+0.057AC−8.940RHOB+0.907NPHI

石膏：ϕ=110.5494−35.387RHOB−0.038NPHI

式中：AC 代表声波时差；RHOB 为岩性密度；NPHI 代表补偿中子。由于石膏孔隙度与声波曲线相关性较差，故没有将声波曲线加入多元拟合当中。

2. 多矿物模型

针对研究区岩性及测井资料特点，选取 6 种主要岩石组分、5 条测井曲线来进行多矿物组分含量的求解，各矿物成分及流体的测井响应值如表 4.4 所示，共建立 3 种模型，各模型的岩性及使用的测井资料如表 4.5 所示。基于预测曲线值与实测值误差最小的原则自动选取处理模型类别。

表 4.4　不同矿物测井响应值

矿物	灰岩	白云岩	砂岩	泥岩	石膏	水（孔隙）
声波时差/（μs/ft）	47.5	43.50	55.50	100.00	52.00	189
自然伽马/API	11.0	8.00	30.00	150.00	0	0
补偿中子	0	0.03	−0.03	0.40	0.60	1
铀	14.1	9.10	6.60	10.00	9.40	2
补偿密度/（g/cm^3）	2.73	2.77	2.65	2.45	2.35	1

注：光电吸收截面指数（PE，非线性）→铀（U，线性）U=PE(DEN+0.188 3)/1.070 4（据斯伦贝谢 ELAN 程序），DEN 为补偿密度

表 4.5　各模型对应岩性及曲线

模型	岩性	曲线
模型一	灰岩，白云岩，砂岩，泥岩，石膏	声波时差，自然伽马，补偿中子，铀，补偿密度
模型二	灰岩，白云岩	声波时差，自然伽马，补偿中子，铀，补偿密度
模型三	白云岩，泥岩	声波时差，自然伽马，补偿中子，铀，补偿密度

4.2.3 渗透率

1. 岩心刻度法

与孔隙度的计算类似，根据岩性进行分类，分别建立拟合模型（图 4.11）。

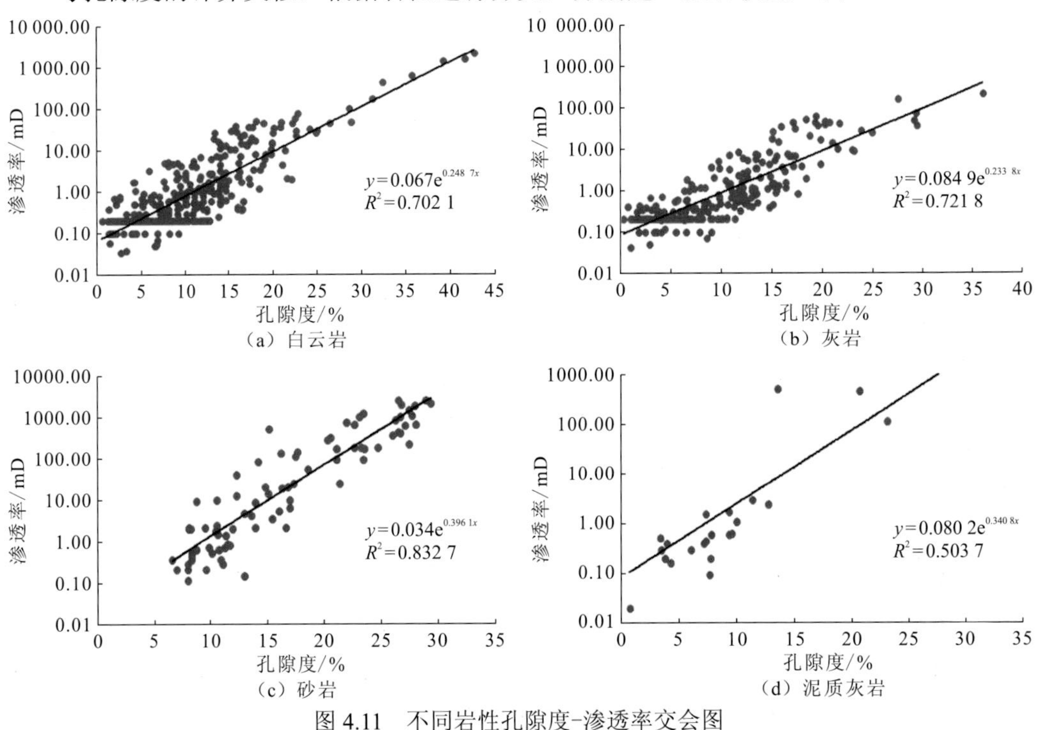

（a）白云岩（b）灰岩（c）砂岩（d）泥质灰岩

图 4.11　不同岩性孔隙度-渗透率交会图

2. Timur 公式法

采用 Timur 公式法计算渗透率，Timur 公式为

$$K = \frac{0.136 \cdot \phi^{4.4}}{S_{wb}^2} \tag{4.11}$$

式中：S_{wb} 为束缚水饱和度，%；ϕ 为孔隙度，%；K 为绝对渗透率，mD。

在 Missan 油田中，束缚水饱和度从压汞资料中计算获得，计算后取 S_{wb}=21.94%。

4.3　巴西区块评价方法

4.3.1　岩性

巴西区块主要发育灰岩、泥岩、火成岩，主要研究层位有 Barra Velha 组，该组以藻叠层石灰岩、泥质灰岩与火成岩互层为主；Itapema 组，该组以火成岩与致密贝壳灰岩、泥质灰岩互层为主；Camboriu 组，该组以火山碎屑岩为主，夹杂薄层泥岩。

需要研究的井为 731 井、735 井和 735A 井，首先，以 731 井为建模井，使用中子-密度交会图（图 4.12）建立岩性判别模型，应用于 753 井和 753A 井这两口检验井，此次所用方法为 Bayes 判别法。应用常规测井曲线进行分析，从图 4.13～图 4.17 可以发现光电吸收截面指数、声波时差、补偿中子、岩性密度、TPRA 这 5 条曲线对判别岩性比较敏感，故选择这 5 条曲线参与建模。

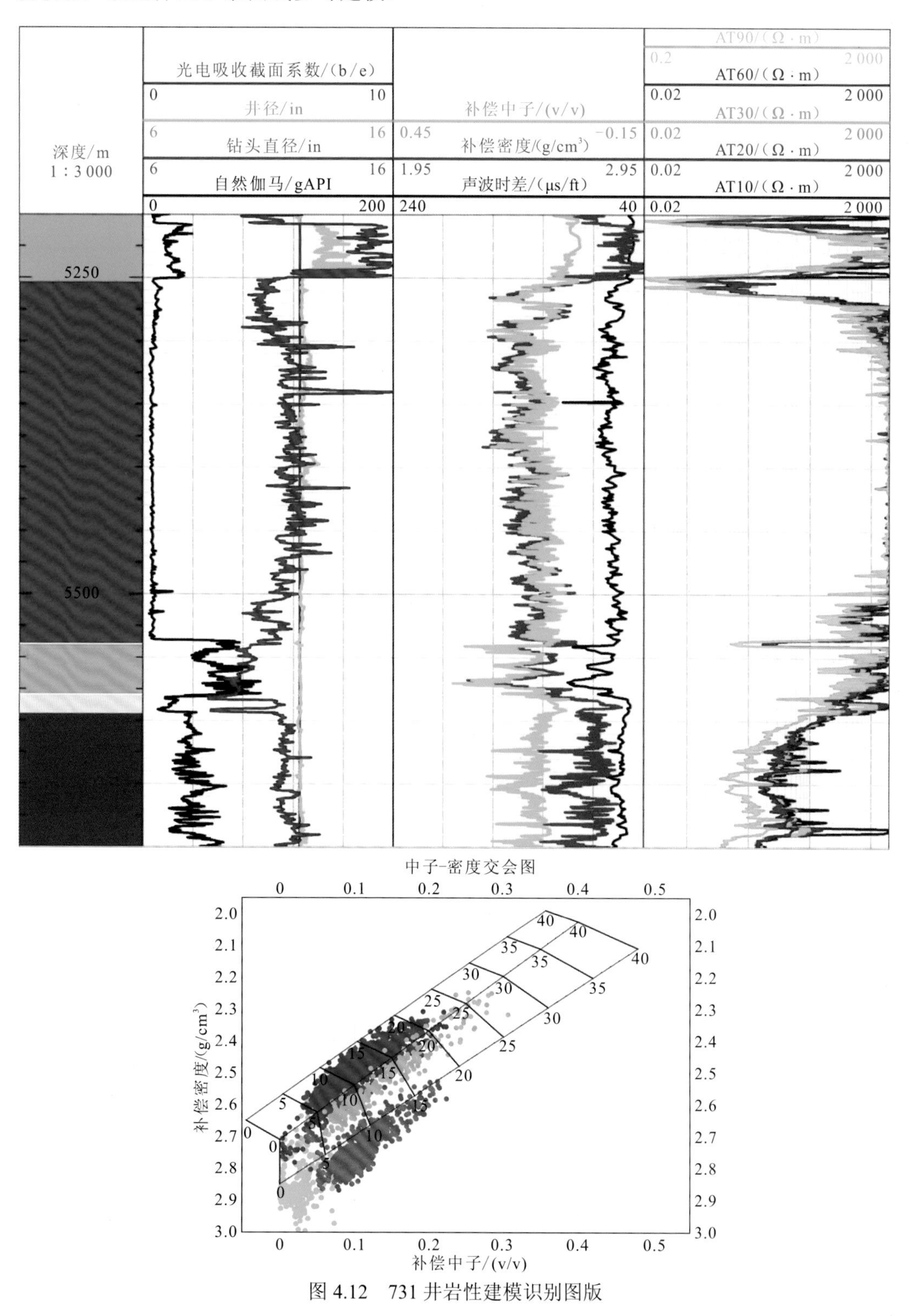

图 4.12　731 井岩性建模识别图版

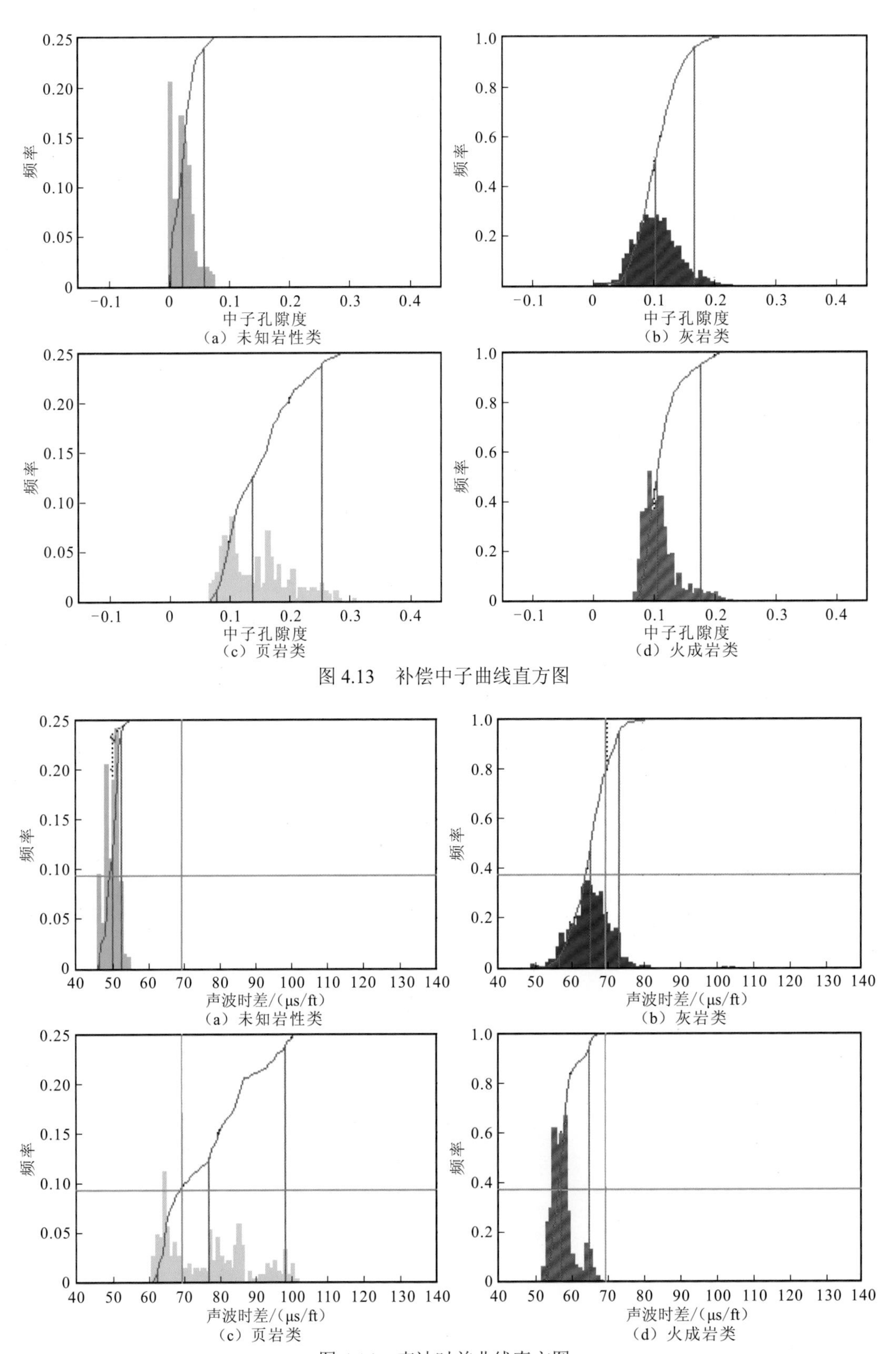

图 4.13　补偿中子曲线直方图

图 4.14　声波时差曲线直方图

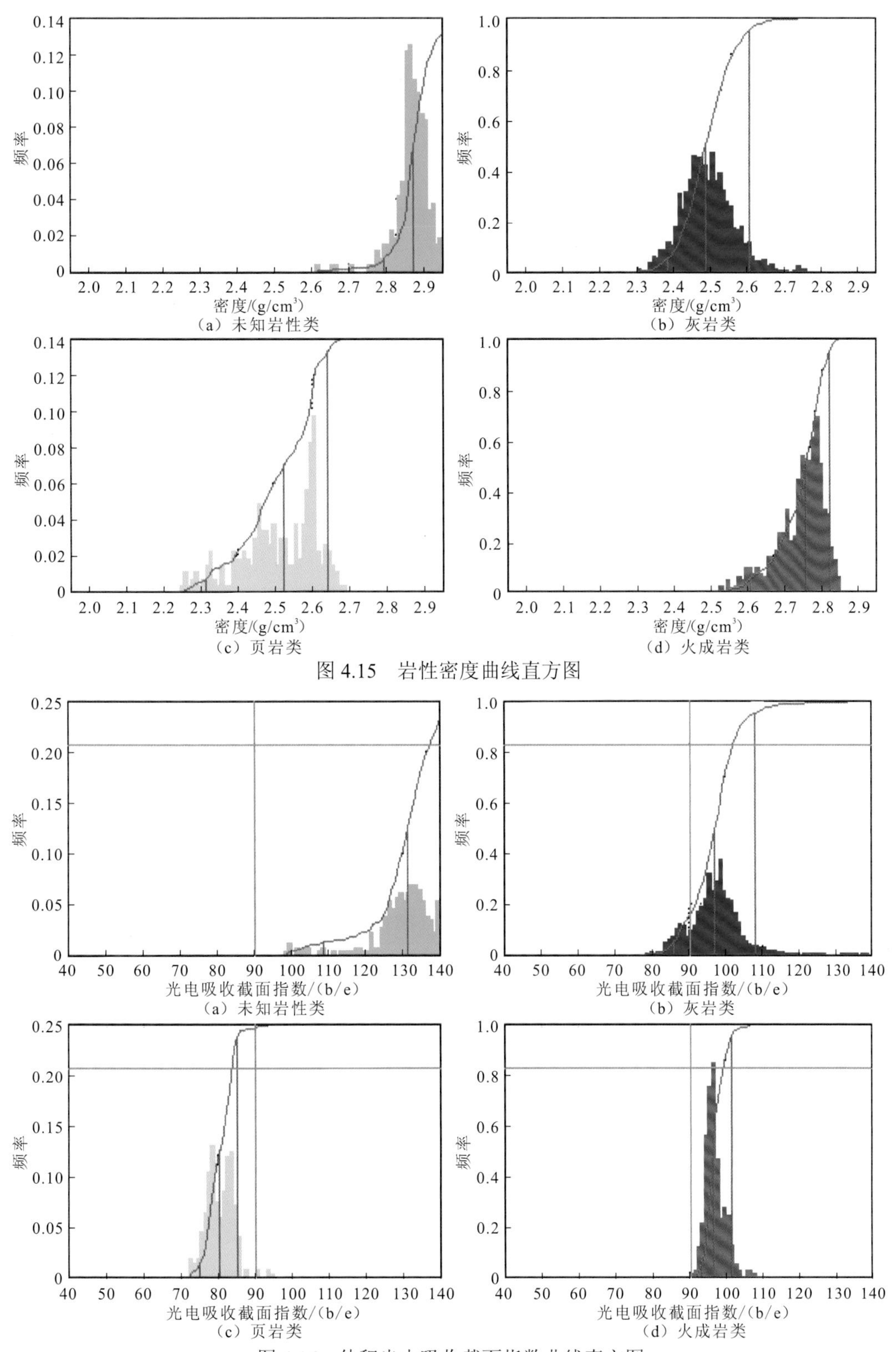

图 4.15　岩性密度曲线直方图

图 4.16　体积光电吸收截面指数曲线直方图

利用这 5 条曲线判别 4 种岩性，如表 4.6 所示。

从该方法判别的 3 口井结果如图 4.18～图 4.20 所示，判别结果如表 4.7 所示。

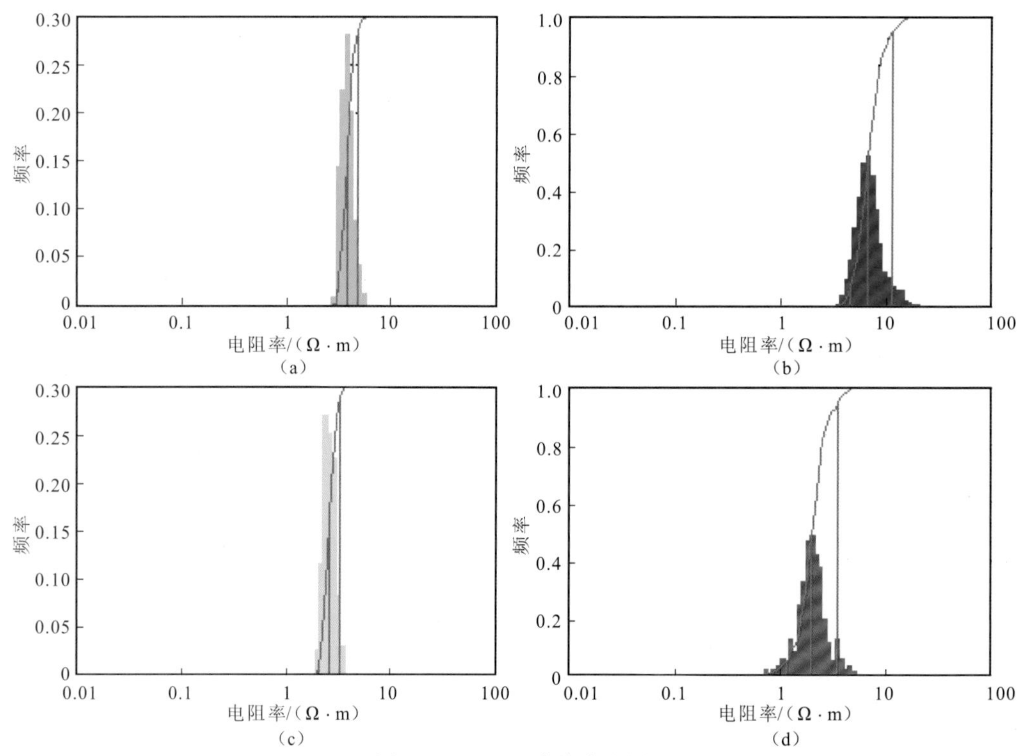

图 4.17　TPRA 曲线直方图

表 4.6　Bayes 判别岩性分类表

岩性编号	岩性类别	划分范围
0	未知岩性	井眼垮塌段
1	灰岩	颗粒灰岩、贝壳灰岩、泥质灰岩、生物碎屑灰岩
2	页岩	页岩、泥岩
3	火成岩	花岗岩、玄武岩、辉绿岩

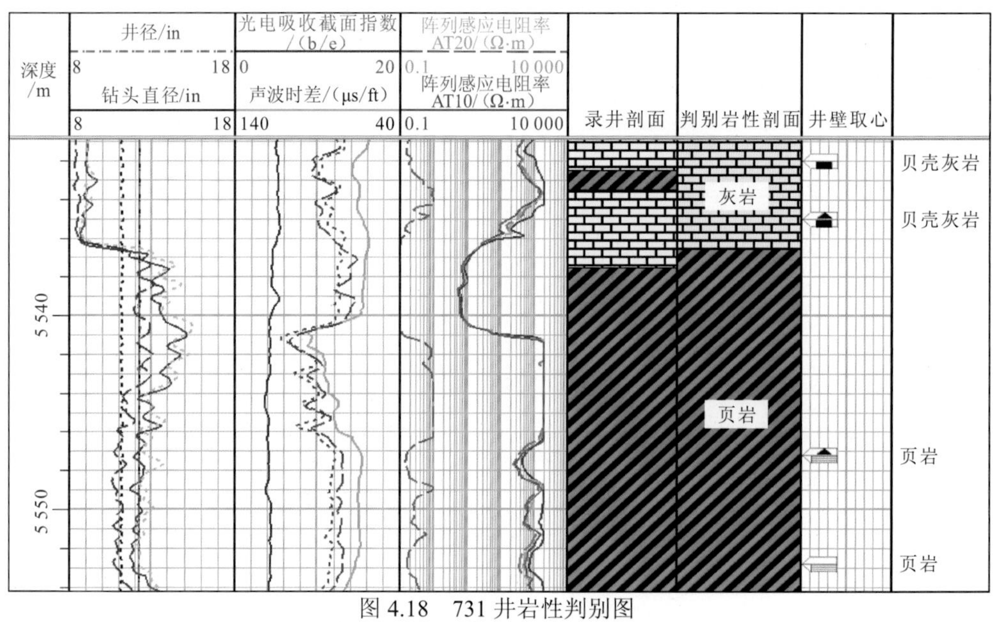

图 4.18　731 井岩性判别图

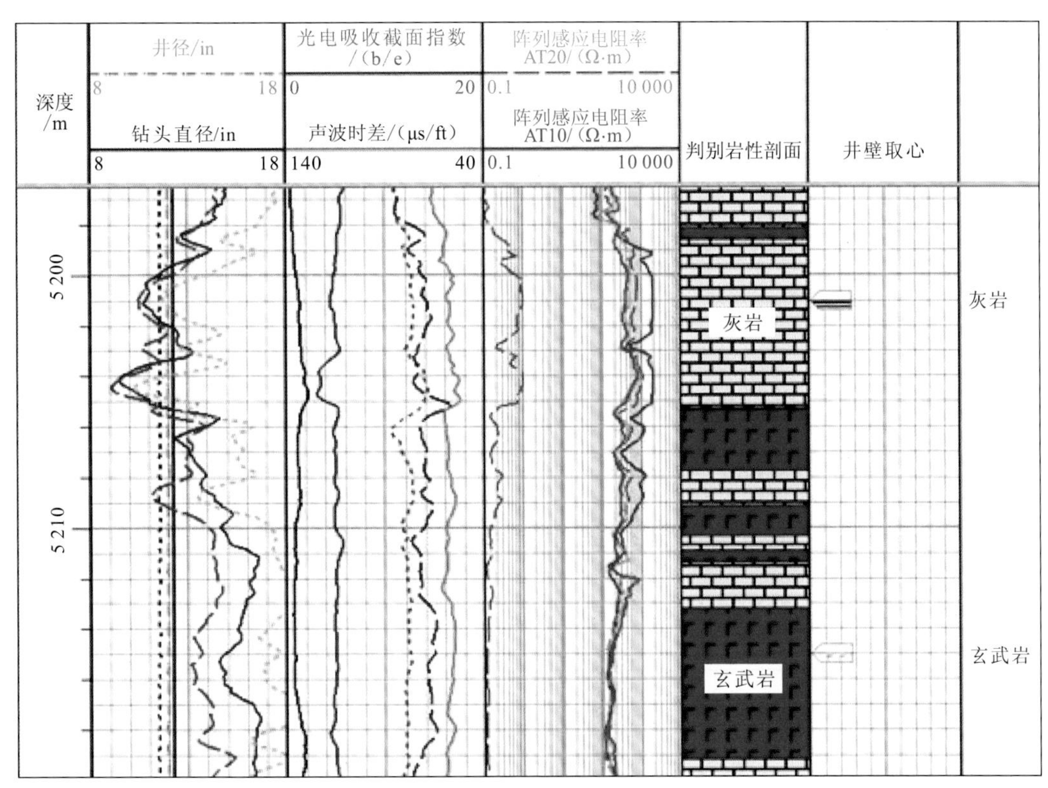

图 4.19　735 井岩性判别图

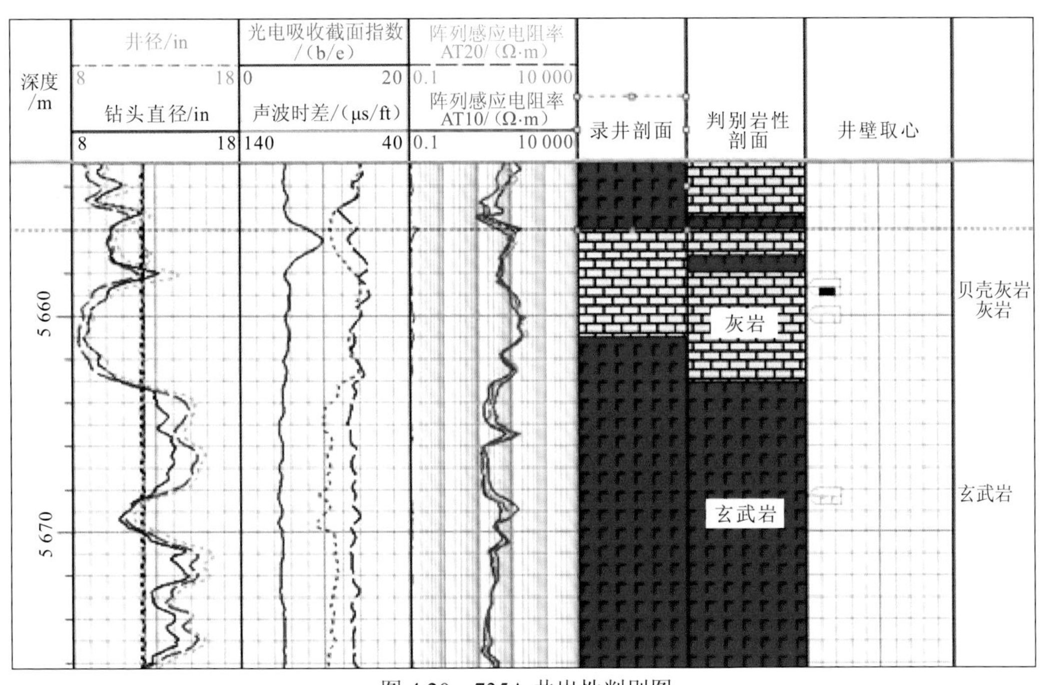

图 4.20　735A 井岩性判别图

表 4.7　Bayes 判别结果

井号	井壁取心个数	岩性判别正确个数	正确率/%
731	28	26	92.9

续表

井号	井壁取心个数	岩性判别正确个数	正确率/%
735	8	7	87.5
735A	24	21	87.5

从表中可以看出，Bayes 判别正确率较高，能够很好地判别岩性。

4.3.2 物性

在已有资料中，有测井曲线及取心数据的井为 2-ANP-1 井和 2-ANP-2A 井，故对这两口井的取心资料（共 426 块岩样，11 种岩性）进行统计（表 4.8）。

表 4.8 岩心统计表

岩性	贝壳灰岩	叠层石灰岩	粉砂岩	灰岩	角砾岩	粒泥灰岩	泥岩	球粒和叠层石灰岩	球粒和纹层灰岩	球粒灰岩	纹层灰岩	页岩	再作用颗粒灰岩
岩心块数	184	8	2	4	1	25	4	114	17	38	15	5	9

孔隙度和渗透率统计数据如图 4.21～图 4.23 所示。

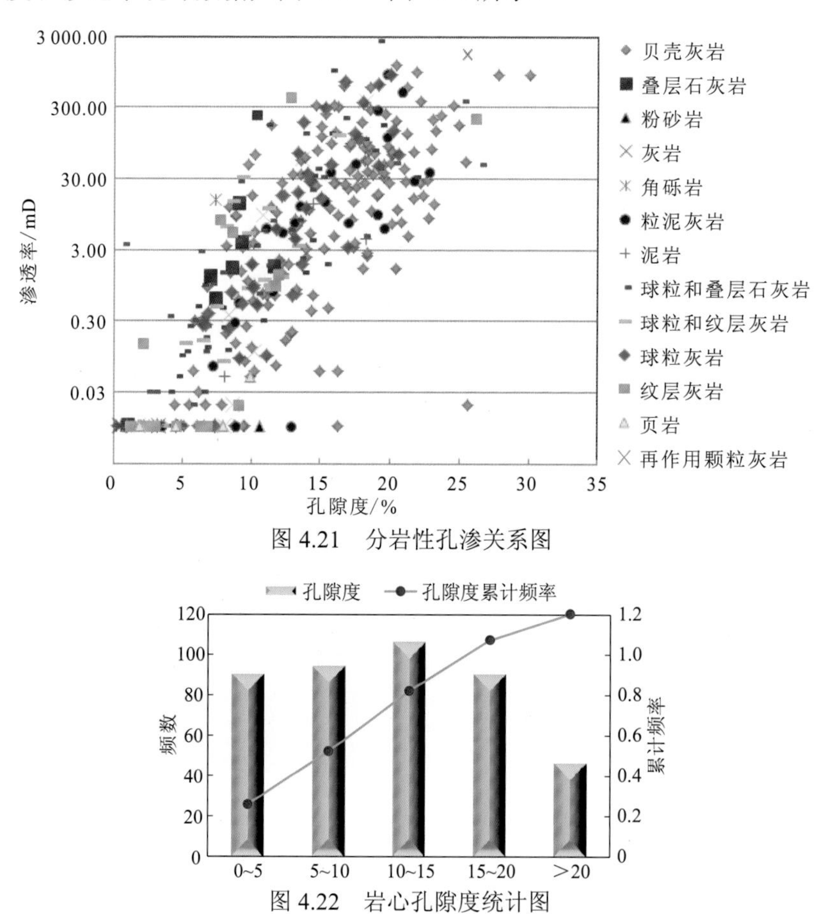

图 4.21 分岩性孔渗关系图

图 4.22 岩心孔隙度统计图

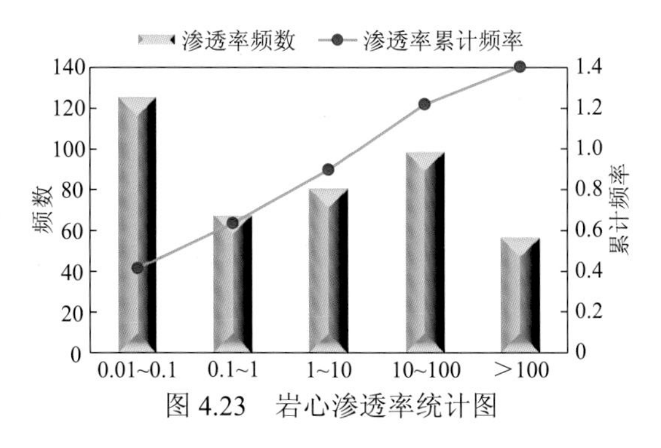

图 4.23　岩心渗透率统计图

将渗透率为 0.01 mD 的岩心点去掉，利用剩余岩心点的孔隙度和渗透率数据建立 3 个流动单元，如图 4.24 和图 4.25 所示。

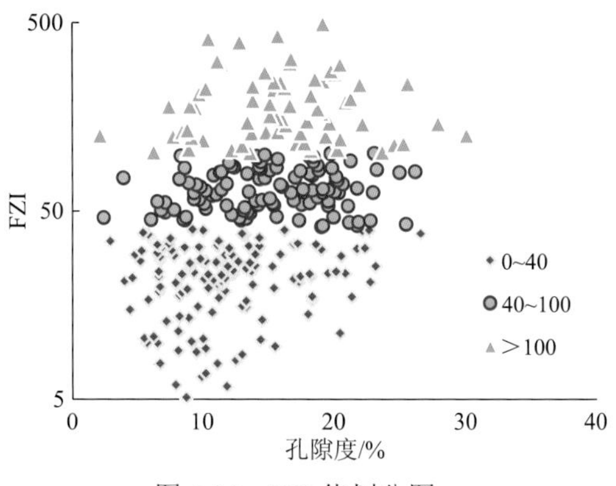

图 4.24　FZI 值划分图

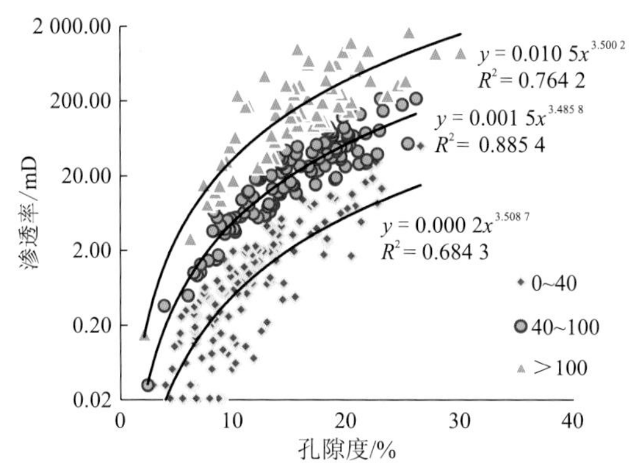

图 4.25　基于 FZI 分类后的孔渗关系图

第5章 复杂碳酸盐岩储层测井分类

5.1 基于核磁共振测井的孔隙结构表征

利用岩心实验评价储层孔隙结构具有实验成本高、样品不连续、测量周期长和实验后会破坏岩心等缺点，难以满足实际生产需求。测井资料具有连续测量的优势，因此利用测井资料评价储层孔隙结构十分重要。在众多测井资料中，核磁共振测井不受岩石骨架的影响，可以提供岩石孔隙中的流体信息以及孔隙尺度信息。

5.1.1 核磁共振测井评价孔隙结构的理论基础

核磁共振测井是以核磁共振为基础，利用原子核在磁场中的能量变化来获得原子核的信息，测量地层的回波信号。1991 年 NUMAR 公司发明了核磁共振成像测井仪器（MRIL)，将测井仪器放在井眼中，就可以接收到回波信号。信号的产生主要受控于以下几个机理[14]。

1. 体积流体弛豫机理

体积流体弛豫（自由弛豫）是流体固有的核磁特性，是流体在均匀磁场中的特征值，它不受所在地层特性的影响。一般情况下体积流体弛豫时间远大于表面弛豫，在计算过程中都可以忽略不计，但对于非润湿相岩石来说，通常会以体积流体弛豫为主，比如在水润湿岩石孔隙中的油相。氢核的固有弛豫时间与流体的分子运动有关，正比于温度，反比于黏度：

$$T_{2B} \propto \frac{T}{\eta} \tag{5.1}$$

式中：T_{2B} 为横向体积弛豫时间，ms；T 为热力学温度，K；η 为流体的黏度，mPa · s。

2. 表面弛豫机理

在孔隙空间中，流体分子会不停地运动和扩散，因此，在测量时流体分子会与颗粒表面产生碰撞，每次碰撞都给分子提供了自旋弛豫的机会。这种弛豫与颗粒表面的物质特性有关：①颗粒表面的磁性物质，会加速氢核的弛豫；②颗粒表面的非磁性物质，氢核在碰撞颗粒表面后，会将能量传递给颗粒表面，导致自己从高能态降低到低能态，从而与静磁场重新线性排列，这种现象会加速纵向弛豫；另外，氢核会失相，并且是不可逆的，这种现象会加快横向弛豫。因此，弛豫速度与孔隙空间的大小有关。孔隙空间越大，氢核碰撞颗粒表面的概率越小，频率越小，弛豫时间越长；孔隙空间越小，氢核碰撞颗粒表面的概率越大，频率越大，弛豫时间越短，理论公式为

$$\frac{1}{T_{1s}}=\rho_1\left(\frac{S}{V}\right) \tag{5.2}$$

$$\frac{1}{T_{2s}}=\rho_2\left(\frac{S}{V}\right) \tag{5.3}$$

式中：T_{1s}、T_{2s} 分别为纵向和横向的表面弛豫时间，ms；ρ_1，ρ_2 分别为纵向和横向表面弛豫率，均为常数，μm/ms；S/V 为孔道比表面积，m^2/m^3。

3. 扩散弛豫机理

当静磁场中存在梯度时，分子运动能造成失相使横向弛豫加速，而纵向弛豫不受影响。这种在梯度场中分子扩散缩短弛豫时间的现象叫作扩散弛豫。理论公式为

$$\frac{1}{T_{2D}}=\frac{D\left(\gamma G T_{E}\right)^2}{12} \tag{5.4}$$

式中：D 为流体制约扩散系数，$\mu m^2/ms$；G 为磁场强度，G/cm（1 G=10^{-4} T）；T_E 为回波间隔，ms；γ 为旋磁比。

孔隙岩石中只饱和单一流体时，横向弛豫由体积弛豫、表面弛豫和扩散弛豫三个部分组成。因此横向弛豫时间 T_2 可以表示为

$$\frac{1}{T_2}=\frac{1}{T_{2B}}+\frac{1}{T_{2D}}+\frac{1}{T_{2s}} \tag{5.5}$$

将式（5.3）～式（5.4）代入式（5.5）得

$$\frac{1}{T_2}=\frac{1}{T_{2B}}+\rho_2\left(\frac{S}{V}\right)+\frac{D\left(\gamma G T_{E}\right)^2}{12} \tag{5.6}$$

一般情况下，体积弛豫远大于表面弛豫，因此 $1/T_{2B}\approx 0$；当外磁场较弱，回波间隔较小时，扩散弛豫的影响可以忽略不计，此时式（5.6）可缩减为

$$\frac{1}{T_2}=\rho_2\left(\frac{S}{V}\right) \tag{5.7}$$

即在假设条件下，横向弛豫只与表面弛豫有关。此时，横向弛豫与孔道比表面积和颗粒矿物的成分有关。对于相同的孔隙空间，颗粒矿物的成分相似，孔隙结构越复杂，孔道比表面积越大，T_2 弛豫时间越小。因此，核磁共振测量的 T_2 谱与孔隙尺寸的分布是对应的，可以利用核磁共振测井来评价储层的孔隙结构。

5.1.2 基于伪毛管压力曲线的孔隙结构表征方法

压汞实验得到的毛管压力曲线可以表征孔隙结构，而核磁共振测井得到的 T_2 谱同样与孔隙尺寸相对应。因此，为在毛管压力曲线的基础上对全井段的储层进行研究，众多学者利用核磁共振 T_2 谱来构建伪毛管压力曲线，从而实现核磁共振 T_2 谱与毛管压力曲线之间的转换。对于岩石孔隙形状的假设不同的问题，分别利用线性刻度法和幂函数刻

度法来构建伪毛管压力曲线。

1. 线性刻度法

对于孔隙结构比较简单的储层，可以将其简化为球状或者圆柱状孔隙，此时孔道比面积与孔径呈线性关系[19]：

$$\frac{1}{T_2} = \rho_2\left(\frac{F_s}{r}\right) \tag{5.8}$$

式中：F_s 为孔隙形状因子，对于球状孔隙 F_s=3；对于圆柱状孔隙 F_s=2；r 为孔隙半径。

此时 T_2 弛豫时间与孔隙半径成正比。压汞实验中毛管压力曲线的进汞压力 P_c 与孔隙半径有以下关系：

$$r = \frac{0.735}{P_c} \tag{5.9}$$

将式（5.9）代入式（5.8），则

$$P_c = \frac{0.735}{\rho_2 T_2 F_s} \tag{5.10}$$

在同一简单的孔隙空间内 ρ_2 和 F_s 为常数，则式（5.10）可表示为

$$P_c = \frac{C}{T_2} \tag{5.11}$$

式中：C 为转换系数。

由式（5.11）可以看出，毛管压力曲线的进汞压力和横向弛豫时间之间存在一个转换关系，求出转换系数 C 即可将核磁 T_2 谱转换为伪毛管压力曲线[20]。

选取与米桑油田 AGCS-24 井 23 块代表性岩样的压汞实验资料同一深度的核磁共振 T_2 谱作为研究对象，进行伪毛管压力曲线转换。首先将 T_2 谱的孔隙度分量进行反向累加，将反向累加后的孔隙度分量与总孔隙度之比记为饱和度，然后以饱和度为横坐标，$1/T_2$ 为纵坐标，与原始毛管压力曲线绘制在同一张图上（图 5.1），蓝色曲线为压汞实测毛管压力曲线，粉色曲线为经过核磁共振 T_2 谱变换后得到的曲线，粉色曲线与蓝色曲线形态相似，只是在纵向上差了一个倍数关系 C。选取适当转换系数 C=350，就可以得到图 5.2 中转换后红色曲线与压汞实测毛管压力曲线最匹配的位置。

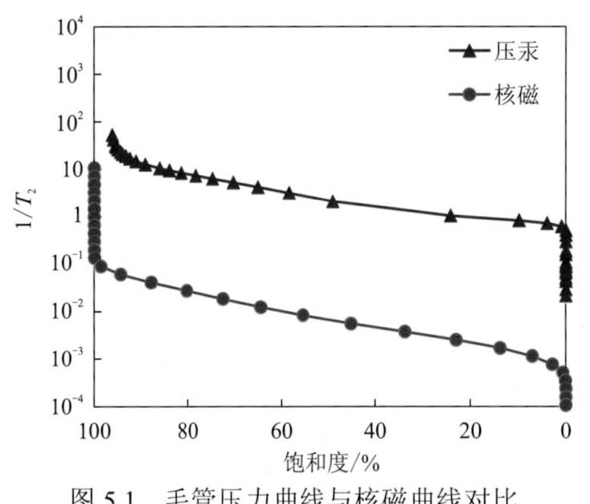

图 5.1　毛管压力曲线与核磁曲线对比

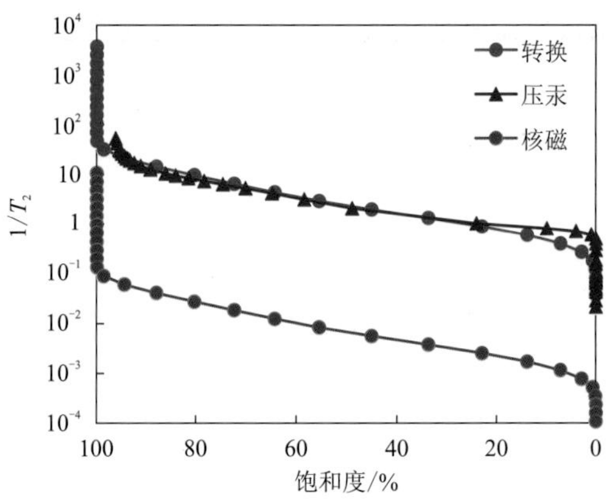

图 5.2　线性刻度法示意图

按照上述方法对 23 块岩样对应的核磁共振 T_2 谱进行转换。在转换过程中发现，并不是所有岩样都像图 5.1 那样与压汞实测毛管压力曲线形态相似。如图 5.3 和图 5.4 所示，利用线性刻度法构造的伪毛管压力曲线并不能很好地与压汞实测毛管压力曲线吻合，主要有以下两种情况。①转换后的核磁曲线呈现分段台阶状，因此仅利用一个转换系数与毛管压力曲线进行匹配时只能满足一个台阶。由于对岩石影响最大的是其中的大孔隙部分，即 $1/T_2$ 较小，进汞压力小，饱和度小的部分，所以把利用该方法与大孔隙部分进行重合时的转换系数作为最佳转换系数。②部分压汞样品的毛管压力曲线小孔径处的上扬部分比较明显，转换后的核磁曲线不能与上扬部分重合。同样把大孔隙部分进行重合时的转换系数作为最佳转换系数。

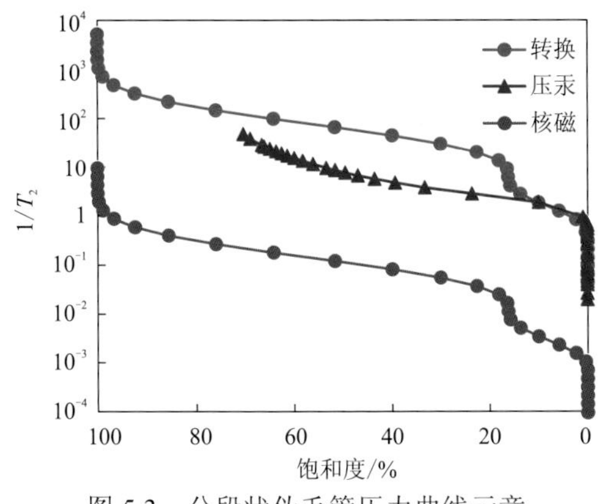

图 5.3　分段状伪毛管压力曲线示意

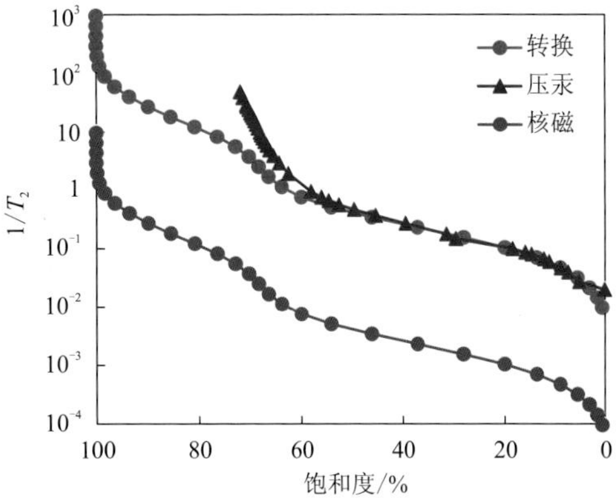

图 5.4　小孔径处上扬的毛管压力曲线示意

上述方法求取的转换系数 C 是从 23 块压汞岩心与对应深度的核磁共振 T_2 谱得到的，为在全井段构建伪毛管压力曲线，需要利用连续的测井曲线来计算全井段的转换系数。通过拟合分析，核磁 T_2 几何均值 T_{2LM} 与转换系数 C 的相关性最高（图 5.5），公式为

$$C = 67.156e^{0.0048T_{2LM}} \tag{5.12}$$

$$T_{2LM} = \sqrt[n]{T_{2-1} \times T_{2-2} \times \cdots \times T_{2-n}} \tag{5.13}$$

式中：T_{2LM} 为 T_2 几何均值，T_{2-n} 为第 n 个采样点对应的 T_2 值。

基于核磁共振测井计算得到 T_2 几何均值（式 5.13），然后利用拟合公式计算出转换系数，最终就可以构建全井段的伪毛管压力曲线。

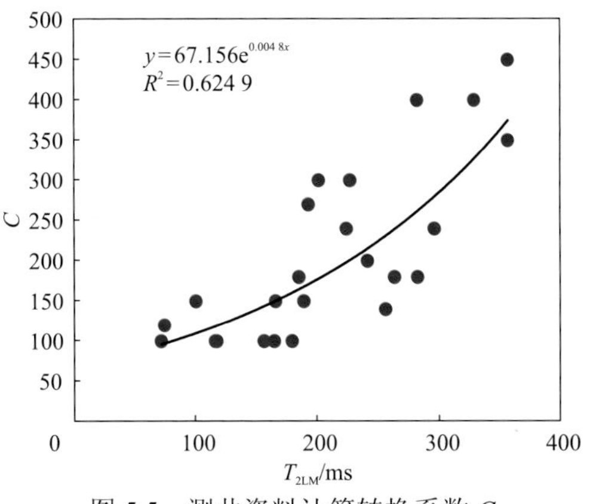

图 5.5　测井资料计算转换系数 C

2. 幂函数刻度法

利用线性刻度法构造伪毛管压力曲线时，转换得到的曲线形态有时与压汞实测毛管压力曲线形态存在一定差异，尤其是在遇到核磁曲线呈现分段台阶状时非常明显。因此在孔隙结构较复杂时，仅利用一个转换系数难以准确构造伪毛管压力曲线。

对于孔隙结构比较复杂的储层，将孔隙结构简化为球状或者圆柱状孔隙不能完全代表储层的实际情况。因此，在孔隙结构复杂时，孔道比面积与孔径不是一个简单的线性关系，而是成某一种函数关系[21]：

$$\frac{1}{T_2}=\rho_2 f(r) \tag{5.14}$$

式中：$f(r)$为孔隙半径 r 的一个函数。

结合式（5.9）有

$$P_\mathrm{c}=g\left(\frac{1}{T_2}\right) \tag{5.15}$$

式中：$g(1/T_2)$为 $1/T_2$ 的一个函数。此时进汞压力与核磁共振 T_2 谱成函数关系。

不管是上述哪种情况，核磁曲线都只能选择与其中的大孔径重合，导致小孔径处不能重合。对于类似的情况，可以将其分为大孔径与小孔径两部分进行构建，在 T_2 几何均值与压汞平均孔喉半径的关系为幂函数关系的前提下，可认为 T_2 分布与孔径之间也为幂函数关系，对于大孔径与小孔径两部分，分别有

$$P_c=m_1\left(\frac{1}{T_2}\right)^{n_1} \tag{5.16}$$

$$P_c=m_2\left(\frac{1}{T_2}\right)^{n_2} \tag{5.17}$$

式中：m_1、n_1 为大孔径对应的幂函数系数；m_2、n_2 为小孔径对应的幂函数系数。

利用该方法还需要找到大孔径与小孔径的分界点，即曲线分段位置。构建结果如图 5.6、图 5.7 所示，利用幂函数刻度法可以很好地构建出与压汞毛管压力曲线重合的伪毛管压力曲线。

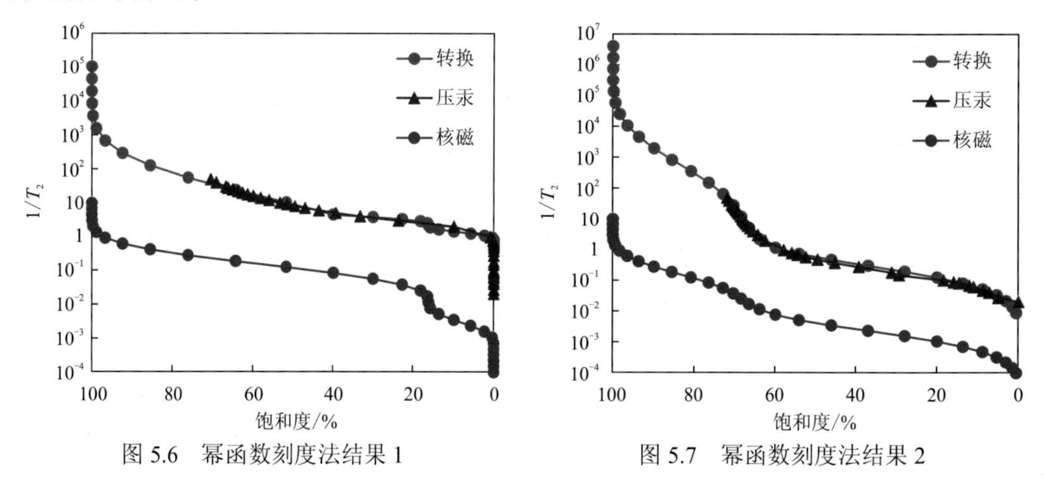

图 5.6　幂函数刻度法结果 1　　　　图 5.7　幂函数刻度法结果 2

与线性刻度法一样，在求取 23 块压汞岩心与对应深度的核磁共振 T_2 谱的各幂函数

系数以及拐点后，需要利用连续的测井曲线计算全井段的系数。通过拟合分析，可看出孔隙度与分界点关系较好（图 5.8），大孔隙部分的 m_1 与 T_2 几何均值有一定的关系（图 5.9），m_1 与 n_1 呈幂函数关系（图 5.10），小孔隙部分的 m_2 与 n_2 呈指数关系（图 5.11）。m_2 与 n_2 呈指数关系，因此还需建立测井资料与 m_2 或 n_2 的关系。但是，在多番尝试之后，发现 m_2 与 n_2 和测井资料的关系均与图 5.12 中所示的一样，相关性极差，不能满足利用测井曲线来求取参数的需求，因此利用幂函数刻度法进行测井评价时误差较大。

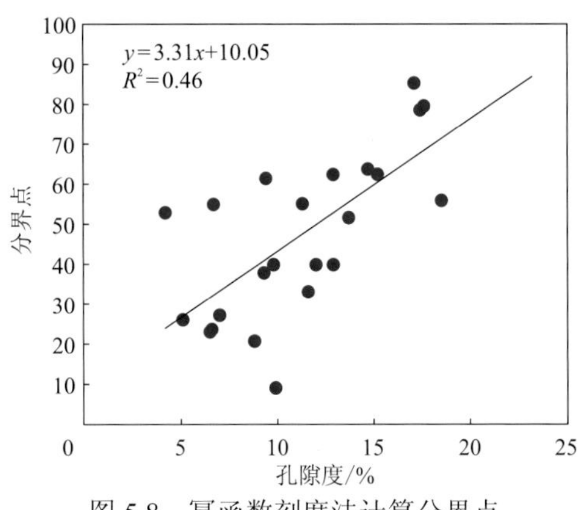

图 5.8　幂函数刻度法计算分界点

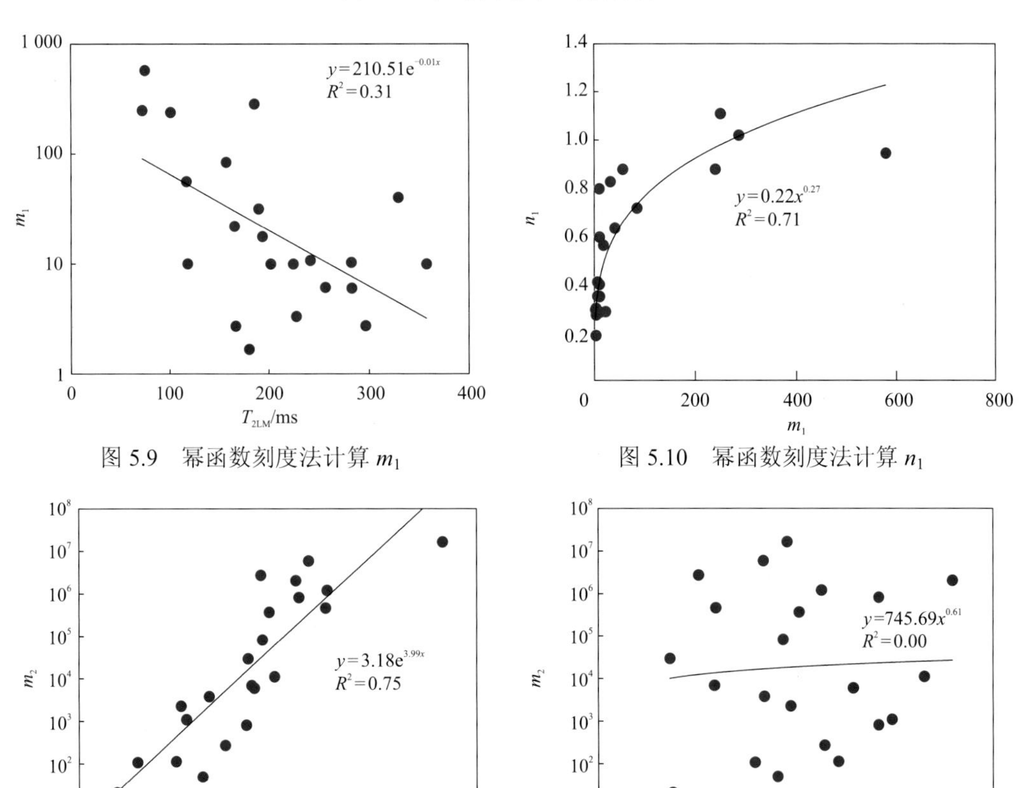

图 5.9　幂函数刻度法计算 m_1

图 5.10　幂函数刻度法计算 n_1

图 5.11　幂函数刻度法 m_2 与 n_2 的关系

图 5.12　幂函数刻度法 m_2 示意图

5.1.3 基于孔喉体系的孔隙结构表征方法

孔隙型碳酸盐岩储层孔隙结构复杂，非均质性强，基于线性刻度法和幂函数刻度法利用核磁共振 T_2 谱构建伪毛管压力曲线难度较大，利用伪毛管压力曲线计算的孔隙结构参数精度较低。为此，提出利用孔喉体系贡献的方式来进行孔隙结构表征。

1. 孔喉体系参数构建

压汞毛管压力曲线表明，不同压力区间的进汞量，代表某一个互相连通的、孔喉大小相近的同一孔喉体系的体积。岩样达到最大进汞饱和度时的进汞量，代表该岩样所有孔喉体系的总体积。为便于研究该现象，将压汞毛管压力曲线转换为累积进汞饱和度曲线和累积渗透率贡献曲线，即孔喉体积-渗透率贡献分布曲线图。具体做法为：以对数坐标下的孔喉半径为横坐标，以进汞饱和度为纵坐标绘制的曲线即为累积进汞饱和度曲线；以对数坐标下的孔喉半径为横坐标，以计算出的渗透率贡献为纵坐标绘制出的曲线即为累积渗透率贡献曲线。渗透率贡献计算式为[22]

$$\Delta K_j = \frac{r_j^2 \alpha_j}{\sum r_j^2 \alpha_j} \tag{5.18}$$

式中：ΔK_j 为第 j 个区间的渗透率贡献值；r_j 为第 j 个区间的孔喉半径值，μm；α_j 为第 j 个区间的孔喉半径频率，%。

图 5.13 为两块孔隙度相近、渗透率差别较大岩样的孔喉体积-渗透率贡献分布曲线图，它们均由 4 个线段（3 个拐点）组成。每一个线段表示一个孔喉体系，两块岩样均由 4 个孔喉体系组成。从两块岩样曲线均可以看到，4 个孔喉体系对应的孔喉半径也将累积渗透率贡献分为 4 段，说明每个孔喉体系中孔隙结构相似，对岩石的渗透率贡献也相似。岩样中孔喉半径最大的孔喉体系对应的累积渗透率贡献上升最快（斜率最大），随着孔喉半径的减小，累积渗透率贡献上升速度变缓，即每个孔喉体系对于岩样渗透率的贡献是不同的。对比两块岩样对应的曲线，渗透率高的样品，大孔喉体系占比高，小孔

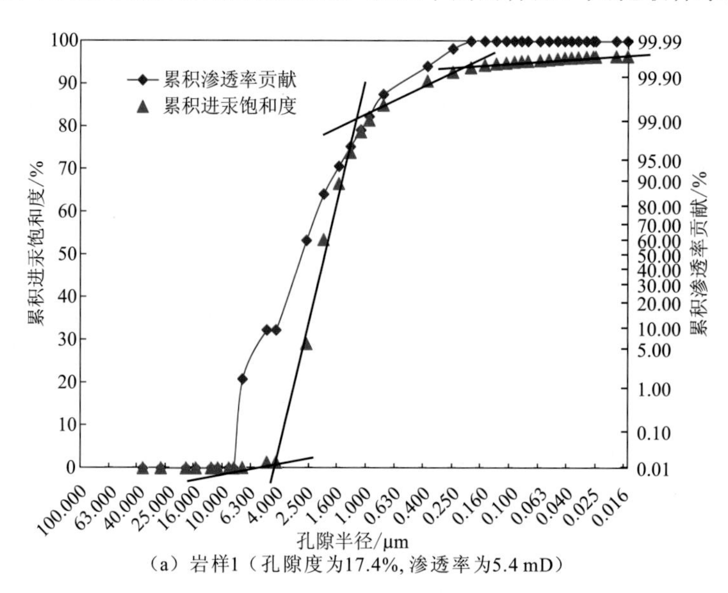

（a）岩样1（孔隙度为17.4%, 渗透率为5.4 mD）

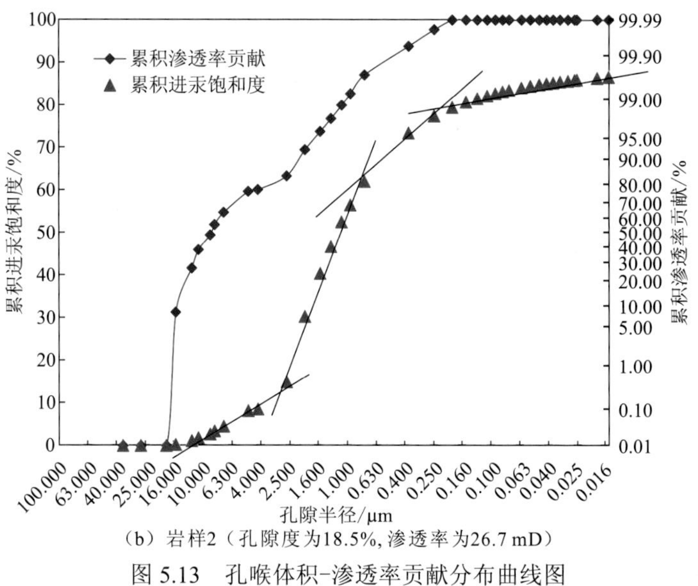

（b）岩样2（孔隙度为18.5%，渗透率为26.7 mD）

图 5.13　孔喉体积-渗透率贡献分布曲线图

喉体系占比低。因此，岩石孔隙结构好坏与不同孔喉大小对应的各孔喉体系在岩样总体积中的占比相关。

由于核磁共振 T_2 谱与压汞毛管压力曲线在孔径分布上有很好的对应关系，所以可以根据核磁共振 T_2 谱转换得到孔喉体积-渗透率贡献分布曲线。以 T_2 弛豫时间为横坐标，反向累积饱和度及计算的累积渗透率贡献为纵坐标做出交会图（图 5.14）。从图中可以看出，基于核磁共振测井资料转换的孔喉体积-渗透率贡献分布曲线与岩心压汞资料转换的曲线类似，拐点位置所对应的横向弛豫时间为各孔喉体系的界限，每个横向弛豫时间区间对应的进汞量为该孔喉体系在整个岩样体积中的占比。核磁转换的曲线同样呈现多种孔喉体系，因此可利用核磁共振测井资料，做出每块岩心对应深度的孔喉体积-渗透率贡献分布曲线，每条累积进汞饱和度曲线上出现的线段数目，就是该岩样中所具有的孔喉体系个数。

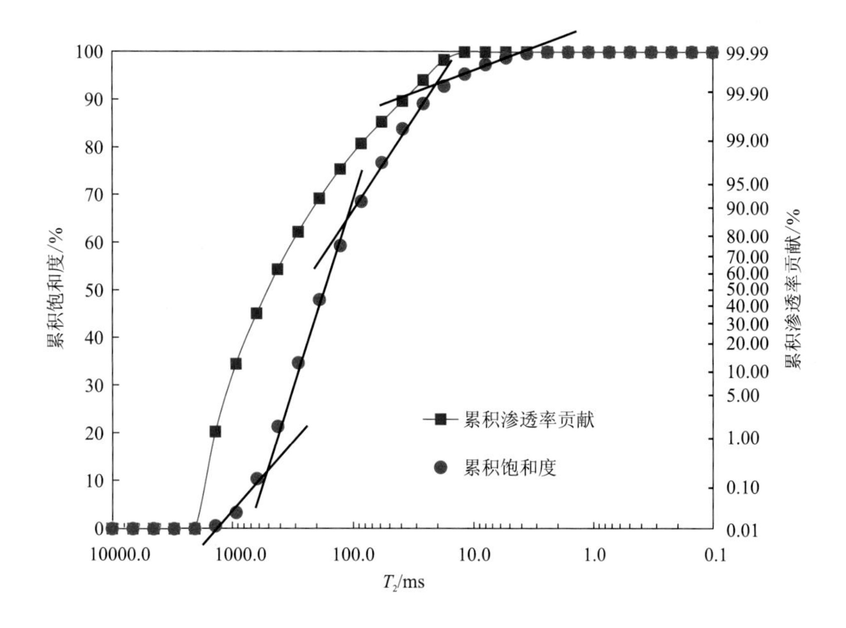

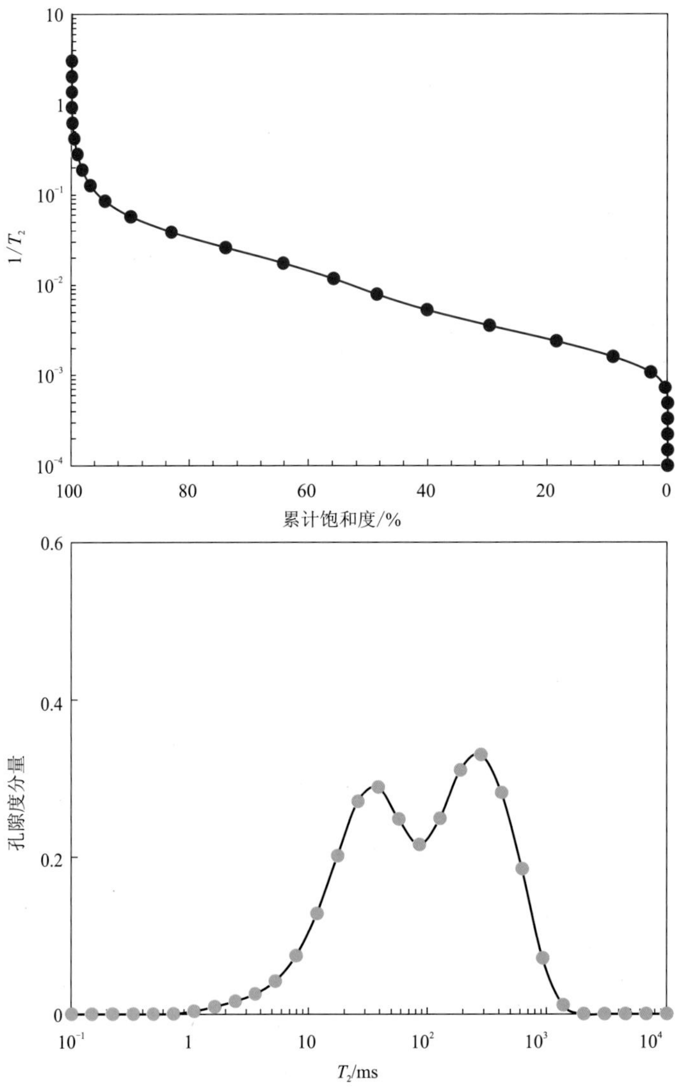

图 5.14　核磁转换孔喉体积-渗透率贡献分布曲线

经统计，研究区 23 块岩样及对应深度的核磁共振测井数据做出的孔喉体积-渗透率贡献分布曲线图中，普遍有 4 个孔喉体系，因此可以认为研究区储集岩含有 4 个孔喉体系，其拐点对应的 T_2 值平均为 763.11 ms、139.50 ms 和 38.11 ms。为准确表征各孔喉体系对岩石的贡献，以计算的各孔喉体系区间的 T_2 中值为该区间的基值，以各区间饱和度差值为该区间的贡献，提出一个新的孔隙结构参数—孔喉体系参数 P，其计算式为

$$P = T_{2-1} \cdot (S_1 - S_{\min}) + T_{2-2} \cdot (S_2 - S_1) + T_{2-3} \cdot (S_3 - S_2) + T_{2-4} \cdot (S_{\max} - S_3) \tag{5.19}$$

式中：T_{2-i} 为第 i 种孔喉体系的 T_2 中值；S_i 为第 i 种孔喉体系的累加饱和度值；$S_{\max}$ 和 $S_{\min}$ 分别为累积饱和度的最大值和最小值，可设为 100 和 0。

图 5.15 为孔喉体系参数划分示意图，红色、黄色、蓝色和绿色三角形面积分别表示由大到小孔喉体系对岩石的贡献。与伪毛管压力曲线法不同的是，孔喉体系参数构建法是用 T_2 值与累积饱和度差值作为参数来计算的，累积进汞饱和度是孔隙度分量反向累加再除以总孔隙度得到的，不使用压汞毛管压力曲线进行刻度。

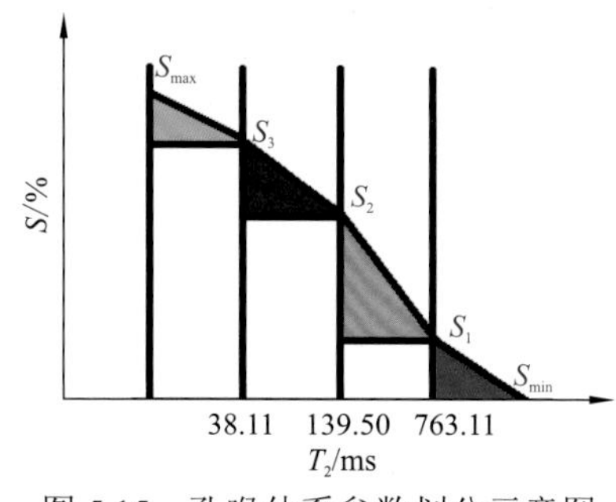

图 5.15　孔喉体系参数划分示意图

图 5.16 显示了利用核磁共振测井资料计算的孔喉体系参数 P 的结果，图中第 1 道为岩性曲线，第 2 道为核磁共振 T_2 谱，其中红线、黄线和蓝线分别为 763.11 ms、139.5 ms 和 38.11 ms 的分界线，第 3 道为 T_2 几何均值，第 4 道为计算得到的孔喉体系参数 P。从图中可以看出计算出的孔喉体系参数 P 与 T_2 几何均值形态相似，且与其相比更加精确，因此新构建的孔喉体系参数可以更好地表征孔隙结构。

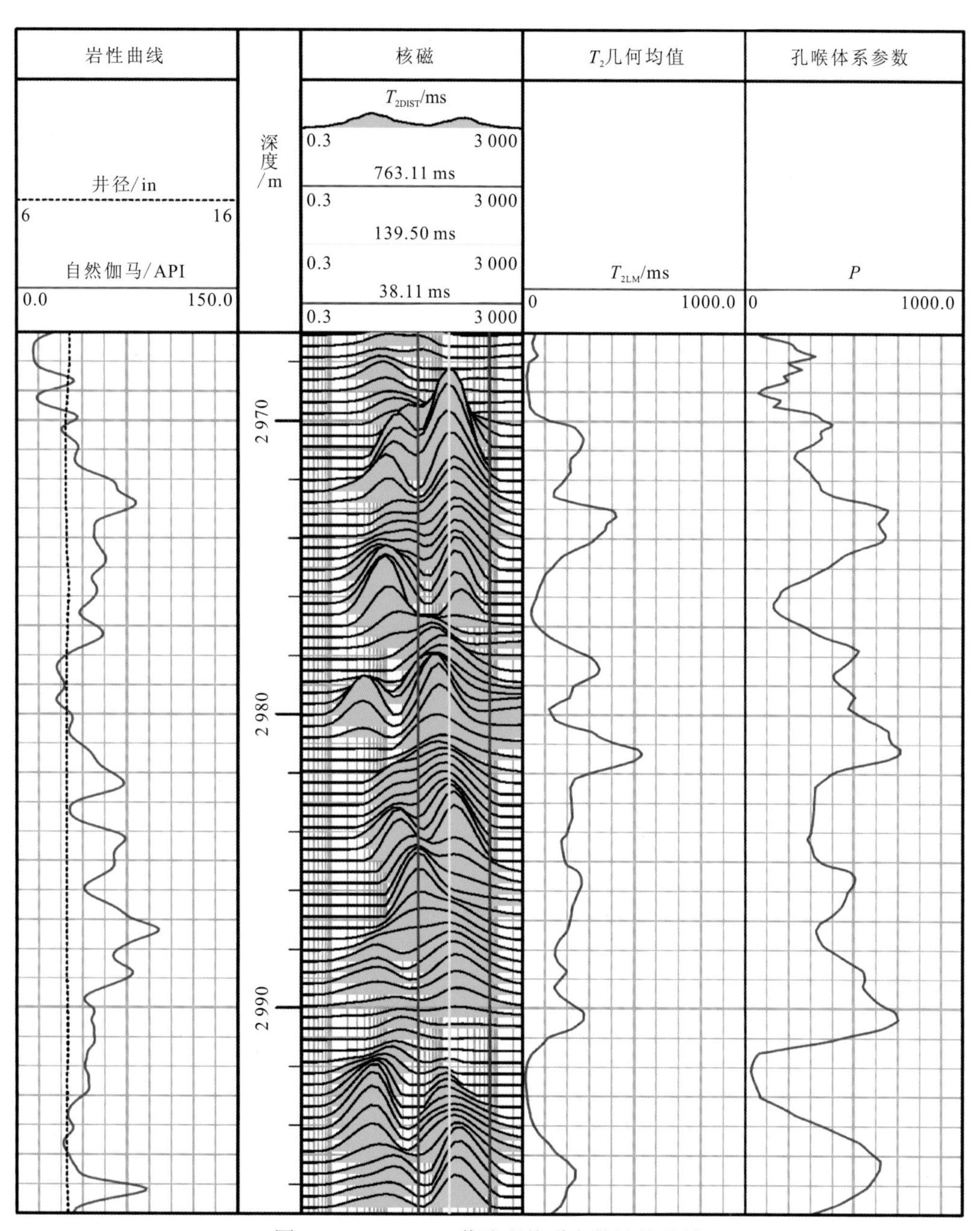

图 5.16　AGCS-24 井孔喉体系参数计算结果

2. 基于核磁共振测井的孔隙度模型

除孔隙结构外，孔隙度也是储层评价的重要参数之一。储层的孔隙度越大，表明储层中的孔隙空间越大。图 5.17 是储层岩石体积模型与核磁共振 T_2 谱对比图。储层岩石由骨架、干黏土和孔隙空间三部分组成，其中，根据流体性质的不同又将孔隙空间分为黏土束缚水孔隙、毛管束缚水孔隙和可动流体孔隙。核磁共振测量的原始数据为回波串信号，通过将回波串信号经过多个指数曲线拟合，就可得到孔隙度的 T_2 分布[23]。

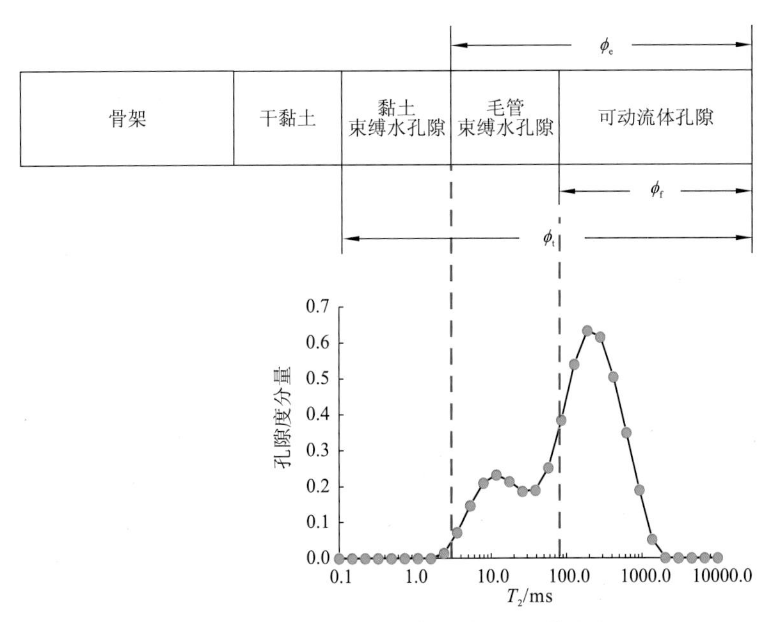

图 5.17　岩石体积模型与核磁共振 T_2 谱对比

采用核磁共振 T_2 谱计算孔隙度，原理如图 5.17 所示。可动流体一般存在于大孔隙中，T_2 部分靠右，弛豫时间较长；束缚流体存在于小孔隙中，T_2 部分靠左，弛豫时间较短。束缚流体中，毛管束缚水弛豫时间比黏土束缚水长。因此，岩石流体孔隙各部分之间都存在界限，只要确定各部分之间的界限，就可求出对应的孔隙度。在没有实验资料的情况下，各界限一般采用经验值：可动流体与毛管束缚水的界限称为 T_2 截止值，在碳酸盐岩中一般取 92 ms[24]；黏土束缚水与毛管束缚水的界限一般取 3 ms。因此利用核磁共振测井可以计算不同流体所占的孔隙度，计算方法如下。

总孔隙度：
$$\phi_t = \sum_{i=1}^{n} \phi_n \tag{5.20}$$

有效孔隙度：
$$\phi_e = \sum_{i=a}^{n} \phi_i \tag{5.21}$$

可动流体孔隙度：
$$\phi_f = \sum_{i=b}^{n} \phi_i \tag{5.22}$$

式中：ϕ_t 为总孔隙度，%；ϕ_e 为有效孔隙度，%；ϕ_f 为可动流体孔隙度，%；ϕ_i 为每个采样点所对应的孔隙度，%；n 为核磁测井仪器的采样点数；a 为黏土束缚水与毛管束缚水界限所在的采样点位，一般为 3 ms 对应位置；b 为 T_2 截止值所在的采样点位，一般为 92 ms 对应位置。

5.2 基于孔隙结构的储层分类

5.2.1 基于压汞实验的储层分类

由于研究区目的层位孔渗关系较差，储集空间类型复杂多样，选取研究区 23 块代表性岩样的压汞实验资料，综合毛管压力曲线的形态和孔喉半径频率分布，将储层分为 4 种类型（图 5.18、图 5.19）。

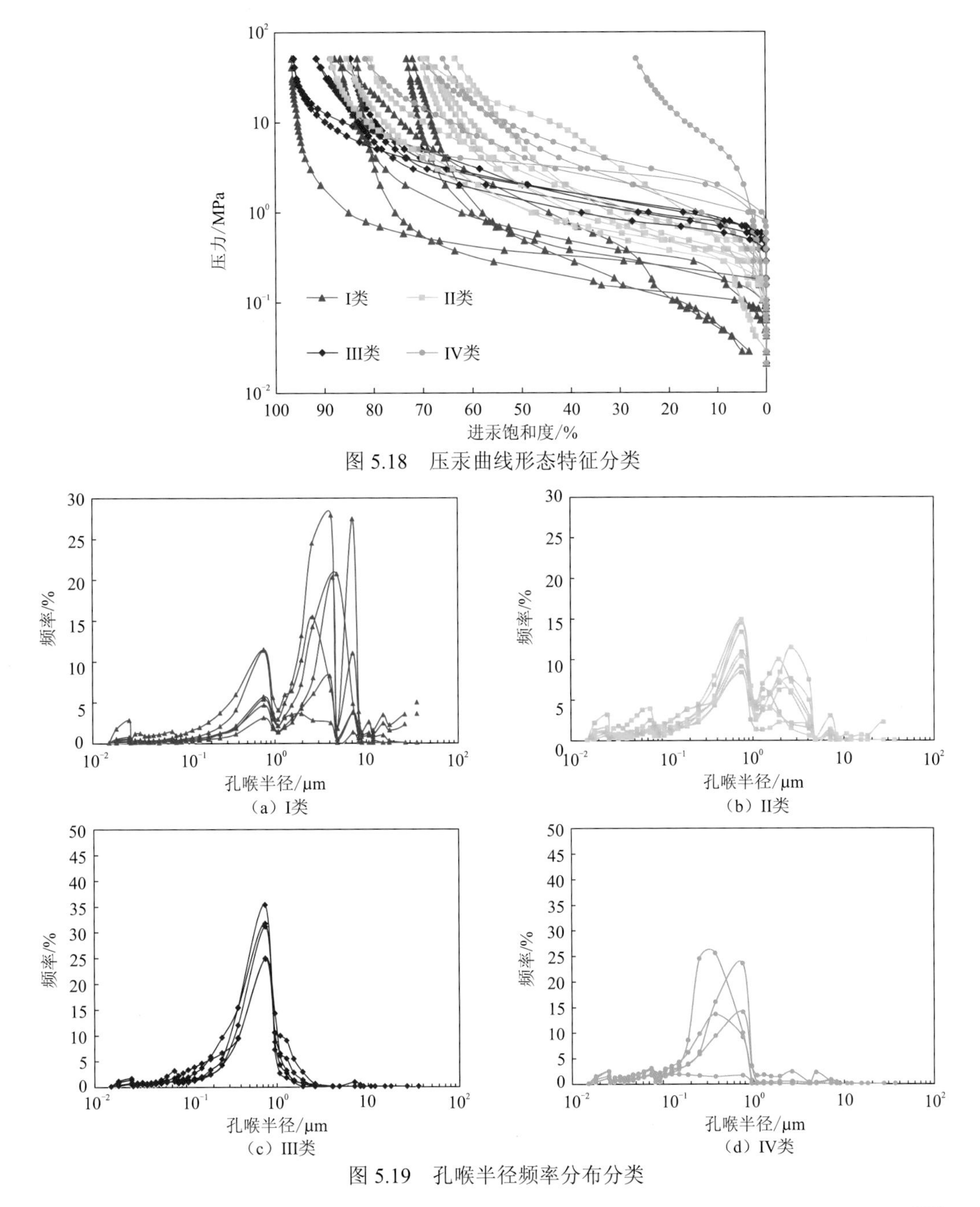

图 5.18　压汞曲线形态特征分类

图 5.19　孔喉半径频率分布分类

毛管压力曲线的形态主要受控于孔喉的歪度、排驱压力、分选系数和变异系数等参数。图 5.20 为压汞实验得到的孔隙结构参数中储层区分度方面表现较高的几种，从图中可以看到，上述的储层分类结果在排驱压力与变异系数上虽有少量的交叉，但总体上能够用来区分储层类型。

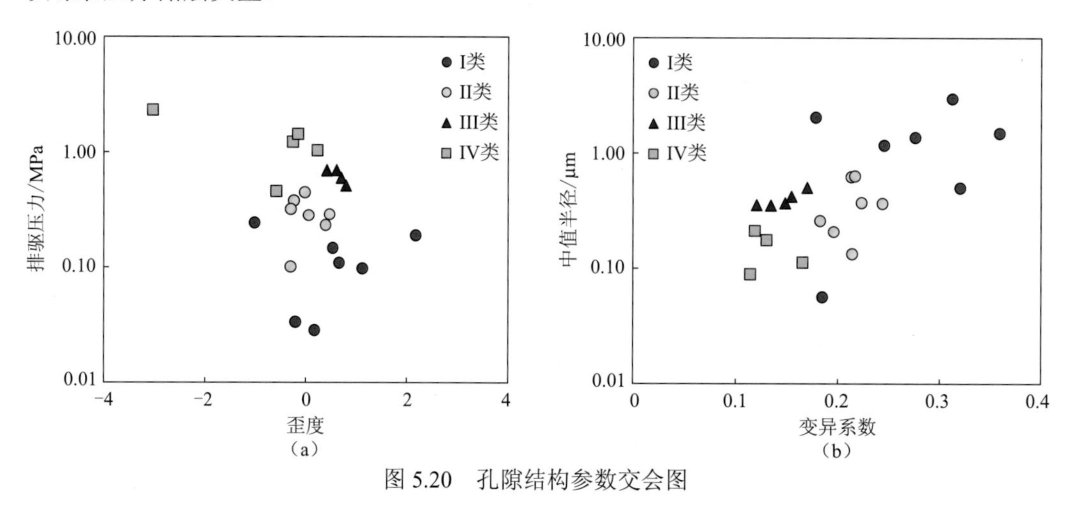

图 5.20 孔隙结构参数交会图

每一类储层的具体特征如下。

I 类储层：毛管压力曲线位于图的最底部。该类样品是孔隙结构相对最好的一类储层，其物性较好，孔隙度平均为 15.1%，渗透率平均为 22.16 mD。孔隙结构参数中最大孔喉半径大于 3.8 μm，平均为 11.79 μm；排驱压力小于 0.2 MPa，均值为 0.1 MPa，相比其他储层最小；歪度大于 0.5，均值为 0.75，粗歪度；分选系数大于 2.2，均值为 2.68，分选差；变异系数大于 0.24，均值为 0.28。孔喉分布频率呈现多峰形。喉道峰值一般为 3～4 个，且主频喉道最粗，分布于 3～8 μm。该类样品孔隙类型比较单一，主要为粒屑间溶孔。

II 类储层：毛管压力曲线位于图的中部，其平台段较陡。储层孔隙度平均为 9.53%，渗透率平均为 6.61 mD。最大孔喉半径为 1.5～3.8 μm，均值为 3.06；排驱压力为 0.2～0.45 MPa，均值为 0.29 MPa；歪度为-1～0.5，均值为-0.11；分选系数为 2～2.7，均值为 2.34；变异系数为 0.18～0.24，均值为 0.21。孔喉分布频率呈双峰形，主要以相对小喉道的后峰值区间为主，前峰值大于 1 μm，后峰值位于 0.7 μm 处。该类样品孔隙类型多样，主要为白云石晶间孔、粒屑间溶孔、生物体腔孔以及微裂缝。

III 类储层：相比 II 类该类储层毛管压力曲线平台段很平缓。储层孔隙度平均为 14.52%，渗透率平均为 1.31 mD。最大孔喉半径为 1～1.5 μm，均值为 1.17 μm；排驱压力为 0.45～0.7 MPa，均值为 0.64 MPa；歪度为 0.4～0.9，均值为 0.59；分选系数为 1.3～1.8，均值为 1.59；变异系数为 0.13～0.18，均值为 0.15。此类储层相比于 II 类储层，孔隙度较高，但渗透率明显降低，排驱压力增高，最大孔喉半径、分选系数和变异系数明显降低，孔隙结构差于 II 类。孔喉分布频率呈现单峰形，多分布在 0.7 μm 附近。孔隙类型主要为白云石晶间孔和少量的晶间溶孔。

IV 类储层：毛管压力曲线位于图的最顶部。孔隙度平均为 8.4%，渗透率平均为 0.66 mD。最大孔喉半径小于 1 μm，均值为 0.75 μm；排驱压力大于 0.7 MPa，均值为

1.29 MPa；歪度小于 0.05，均值为-0.75，细歪度；分选系数小于 1.6，均值为 1.41，分选好；变异系数小于 0.13，均值为 0.12。具有物性差、最大孔喉半径小、排驱压力高、分选好、歪度低的特点，该类储层孔隙结构最差。孔喉分布频率呈现单峰形，峰值频率低于 III 类储层且峰值分布区间的宽度要大于 III 类储层，与 III 类储层相比孔喉半径更细，分布于 0.2～0.7 μm。该类样品孔隙不发育，偶见白云石晶间孔，含少量微裂缝。

综合上述 4 种类型储层的孔隙结构特征可以看出，I 类储层和 IV 类储层的差异明显，而 II 类储层和 III 类储层具有一些相似性，从而造成毛管压力曲线形态差异直观判断不明显，但通过排驱压力和变异系数等孔隙结构参数的对比，尤其是孔喉分布频率可以将孔隙结构进行划分。通过对比可知，物性条件和孔隙结构越好的储层有排驱压力越小，最大孔喉半径、变异系数以及分选系数越大的特点，并且孔喉半径分布频率有单峰形向多峰形变化的趋势。分类结果如下表（表 5.1）。

表 5.1　储层类型划分结果

储层类型	物性参数		压汞参数				
	孔隙度均值/%	渗透率均值/mD	最大孔喉半径/μm	排驱压力/MPa	歪度	变异系数	孔喉分布
I	15.10	22.16	＞3.8	＜0.2	＞0.5	＞0.24	多峰型
II	9.53	6.61	1.5～3.8	0.2～0.45	-1～0.5	0.18～0.24	双峰型
III	14.52	1.31	1～1.5	0.45～0.7	0.4～0.9	0.13～0.18	偏粗单峰型
IV	8.40	0.66	＜1	＞0.7	＜0.05	＜0.13	偏细单峰型

5.2.2　基于核磁孔隙结构参数的储层分类

由于研究区没有进行核磁共振实验，使用的是与岩心相同深度下核磁共振测井曲线构建的伪毛管压力曲线。与核磁共振实验相比，核磁共振测井测量的数据包含了储层中含烃的影响，这也给构建伪毛管压力曲线带来了一定的误差。

构建伪毛管压力曲线的目的是计算孔隙结构参数，然后利用孔隙结构参数来进行储层定量评价，因此需要选择精度更高的方法来进行全井计算。5.1.2 小节叙述的两种构建伪毛管压力曲线的方法各有优劣：在研究区中，幂函数刻度法在岩心上可以准确构建与压汞毛管压力曲线几乎重合的结果，但由于构建参数过多，利用测井曲线进行评价精度较低，甚至小孔径处的参数不能找到与测井之间的关系。线性刻度法中的转换系数 C 与 T_2 几何均值关系较好，并且能够与大孔径部分的毛管压力曲线重合，因此在最终计算孔隙结构参数时，选择使用线性刻度法来构建伪毛管压力曲线。

能够较好地对储层类型进行区分的常规孔隙结构参数是排驱压力和变异系数。其中，排驱压力指岩石孔隙系统中最大连通孔隙对应的毛管压力，排驱压力对应的孔喉半径是最大孔喉半径，因此排驱压力能够反映岩石的孔喉大小。变异系数也叫相对分选系数，是指分选系数与半径均值之比，能够反映孔隙大小分布的均匀程度。这两种参数对应的计算方法如下。

排驱压力：找到毛管压力曲线的平缓区域，做切线相交于饱和度为 0 时的纵轴，此时的压力值就是排驱压力。在实际应用中通常以饱和度等于10%时对应的压力值为排驱压力[25]。

变异系数：
$$D=\frac{S_\mathrm{p}}{D_\mathrm{M}} \tag{5.23}$$

$$S_\mathrm{p}=\left[\frac{\sum_{i}^{n}S_{\mathrm{Hg}i}(r_i-\overline{R})^2}{\sum_{i}^{n}S_{\mathrm{Hg}i}}\right]^{\frac{1}{2}} \tag{5.24}$$

$$D_\mathrm{M}=\frac{\sum_{i=1}^{n}r_iS_{\mathrm{Hg}i}}{100} \tag{5.25}$$

$$\overline{R}=\frac{\sum_{i=1}^{n}r_iS_{\mathrm{Hg}i}}{\sum_{i=1}^{n}S_{\mathrm{Hg}i}} \tag{5.26}$$

式中：D为变异系数；S_p为分选系数；D_M为半径均值，μm；$\overline{R}$为平均孔喉半径，μm；$S_{\mathrm{Hg}i}$为第i点对应的饱和度值，小数；r_i为第i点对应的孔喉半径，μm。

利用上述计算方法对研究区AGCS-24井目的层段进行伪毛管压力曲线构建及孔隙结构参数的定量计算。如图5.21中所示，第1道为岩性曲线，第3道为核磁共振T_2谱，

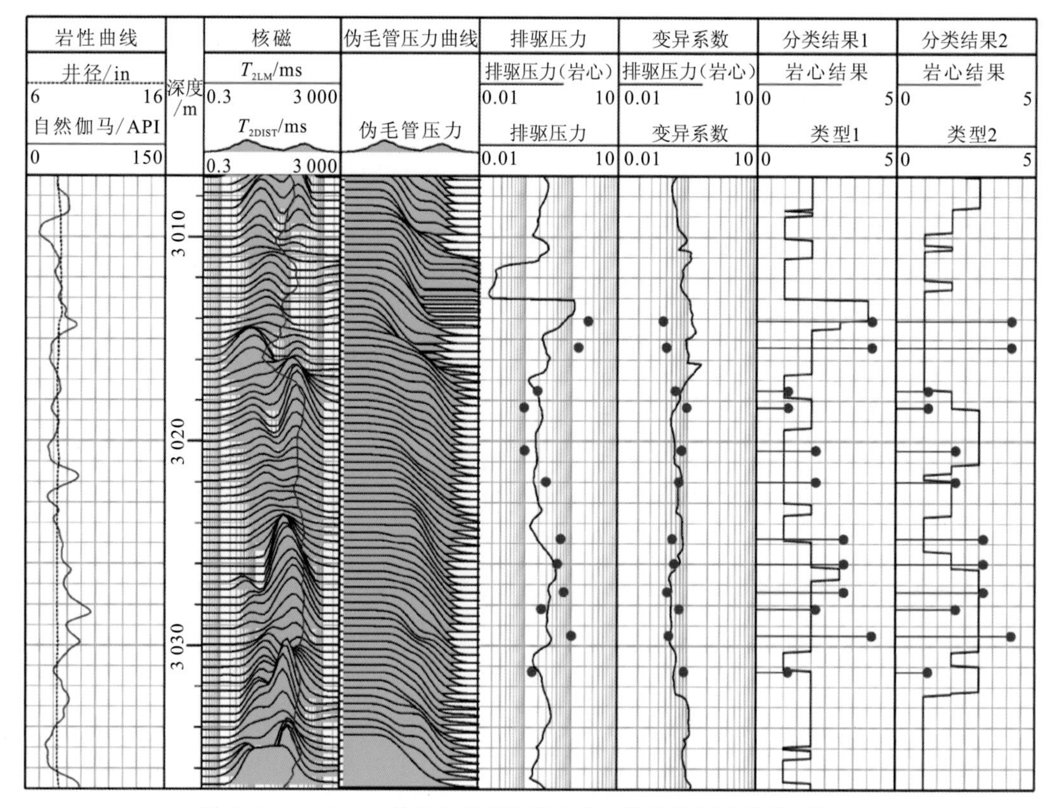

图5.21　AGCS-24井基于常规孔隙结构参数的储层分类结果比较

第 4 道为利用线性刻度法构建的伪毛管压力曲线，第 5 道为计算的排驱压力，第 6 道为计算的变异系数，第 7 道为基于表 5.1 的分类标准利用排驱压力得到的分类结果，第 8 道为基于表 5.1 的分类标准利用变异系数得到的分类结果，其中第 5、6 道中的红色圆点表示岩心压汞实验资料的孔隙结构参数值，第 7、8 道中红色线连接的圆点表示基于岩心资料的分类结果。从图中可以看到，计算的变异系数和排驱压力与岩心数据比较吻合，但两种分类方法得到的分类结果与岩心分类结果匹配度均较小，误差均较大。

储层分类结果是根据线性刻度法构建的伪毛管压力曲线计算的孔隙结构参数划分的，因此，计算的孔隙结构参数的精度是储层分类准确的关键。为分析分类结果的误差原因，结合计算出的孔隙结构参数与岩心数据作交会图（图 5.22 和图 5.23）和误差表（表 5.2）进行分析。

从图 5.22 和图 5.23 可以看出，计算出的变异系数和排驱压力分布在对角线两侧，但比较分散。从表 5.2 中可以看出，变异系数与排驱压力的数量级较小（通常在 0.1～1），因此绝对误差一般较小，这也是储层评价结果图（图 5.21）中计算出的孔隙结构参数结果与岩心点比较吻合的原因。从计算出的相对误差可以看出，排驱压力的相对误差大部分在 50%以上，平均相对误差为 66.01%，变异系数的相对误差大部分在 20%以上，平均相对误差为 48.09%，误差较大，导致最终的分类结果正确率低。

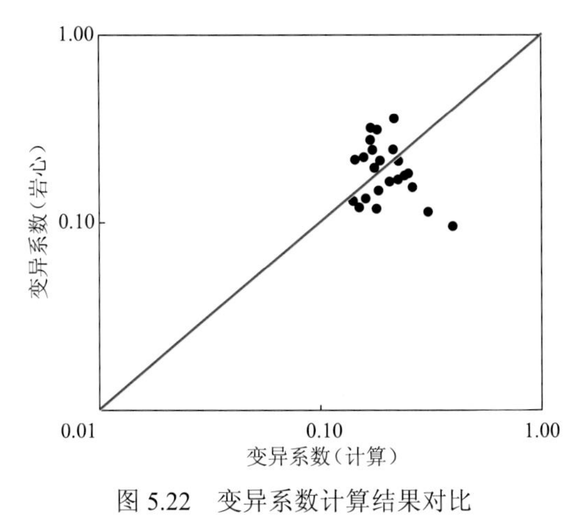

图 5.22　变异系数计算结果对比

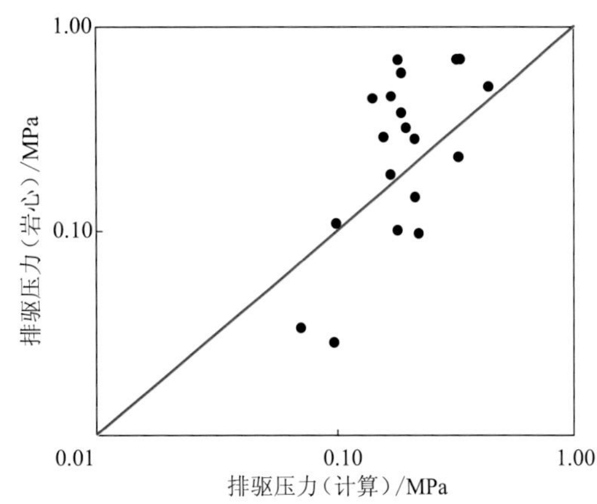

图 5.23　排驱压力计算结果对比

表 5.2　孔隙结构参数与分类结果误差表

样号	测井计算的排驱压力/MPa	岩心排驱压力/MPa	相对误差/%	测井分类结果	岩心分类结果	测井计算的变异系数	岩心变异系数	相对误差/%	测井分类结果	岩心分类结果
1	0.32	0.70	54.03	2	3	0.16	0.13	19.20	3	3
2	0.19	0.38	51.05	1	2	0.18	0.20	10.57	3	2
3	0.19	0.32	39.27	1	2	0.19	0.21	13.14	2	2
4	0.18	0.69	73.97	1	3	0.18	0.15	23.28	2	3
5	0.14	1.22	88.93	1	4	0.18	0.12	50.72	3	4
6	0.17	0.46	63.26	1	3	0.20	0.17	23.77	2	3

续表

样号	测井计算的排驱压力/MPa	岩心排驱压力/MPa	相对误差/%	测井分类结果	岩心分类结果	测井计算的变异系数	岩心变异系数	相对误差/%	测井分类结果	岩心分类结果
7	0.14	0.45	68.52	1	2	0.25	0.18	36.55	1	2
8	0.10	0.11	9.52	1	1	0.21	0.25	13.30	2	1
9	0.07	0.03	108.14	2	1	0.17	0.32	47.30	3	1
10	0.21	0.28	24.99	2	2	0.16	0.22	29.51	3	2
11	0.10	0.03	239.03	1	1	0.22	0.36	40.13	2	1
12	0.74	2.31	68.17	3	4	0.40	0.10	314.3	1	4
13	0.27	1.43	81.28	2	4	0.31	0.11	167.9	1	4
14	0.17	0.19	11.61	1	1	0.24	0.18	34.44	2	3
15	0.22	0.10	125.5	2	1	0.18	0.31	42.24	2	1
16	0.18	0.10	76.62	1	1	0.17	0.24	29.35	3	1
17	0.16	0.29	45.78	1	2	0.22	0.21	5.54	2	2
18	0.19	0.60	68.79	1	3	0.26	0.15	68.33	1	3
19	0.43	0.51	15.29	2	3	0.22	0.17	31.74	2	3
20	0.33	0.70	52.60	2	3	0.15	0.12	24.17	3	4
21	0.32	0.23	40.52	2	2	0.14	0.22	33.72	3	2
22	0.35	1.03	66.11	2	4	0.14	0.13	7.83	3	3
23	0.21	0.15	44.79	2	1	0.17	0.28	39.09	3	1

5.2.3 基于形态参数的储层分类

利用毛管压力曲线对储层分类时会遇到曲线形态差异不明显及孔隙结构参数交叉的情况，导致储层分类速度慢、直观判断困难等。

当采用双对数坐标时，以进汞体积为对数横坐标，毛管压力为对数纵坐标。毛管压力曲线呈双曲线状[26]。其数学表达式为

$$\frac{(V_{\mathrm{b}})_{P_{\mathrm{c}}}}{(V_{\mathrm{b}})_{P_{\infty}}}=\mathrm{e}^{-\frac{G}{\lg\left(\frac{P_{\mathrm{c}}}{P_{\mathrm{d}}}\right)}} \tag{5.27}$$

式中：$(V_{\mathrm{b}})_{P_{\mathrm{c}}}$ 为进汞体积，小数；$(V_{\mathrm{b}})_{P_{\infty}}$ 为无限大压力下的进汞体积，小数；P_{d} 为起始排驱压力，psi；G 为孔隙几何因子。

利用分析毛管压力曲线得到的 G、P_{d} 和 $(V_{\mathrm{b}})_{P_{\infty}}$ 作为依据，可以有效区分岩石的孔隙结构类型，因此，利用毛管压力曲线形态来表征岩石的孔隙结构是可行的。

在实际应用中，毛管压力曲线以进汞饱和度为线性横坐标，毛管压力为对数纵坐标，绘制在半对数坐标中时毛管压力曲线近似 S 形。为得到毛管压力曲线的数学式并对其进

行数学研究，需要找到适合它的函数，然后对其进行拟合。研究中常用的呈现 S 形的函数有两种，一种是双曲正切函数，一种是 sigmoid 函数，它们的公式与示意图如式（5.28）、式（5.29）、图 5.24、图 5.25 所示。

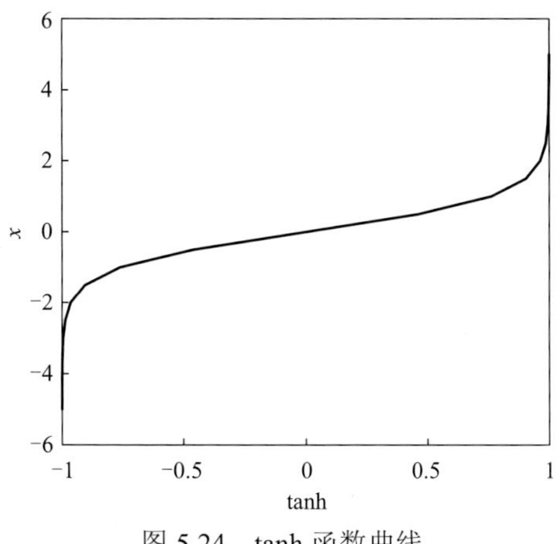

图 5.24　tanh 函数曲线

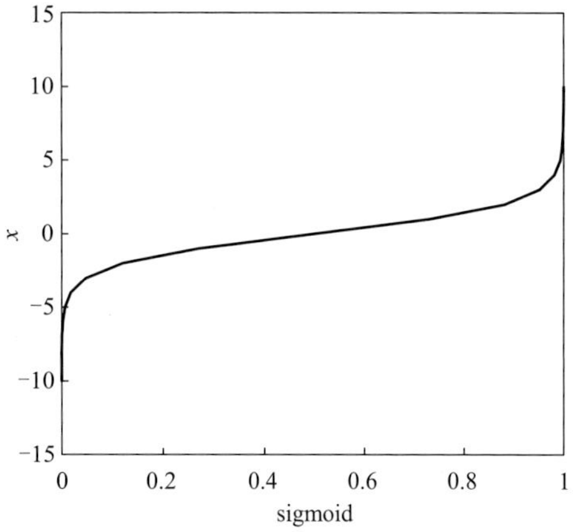

图 5.25　sigmoid 函数曲线

$$\tanh = \frac{e^x - e^{-x}}{e^x + e^{-x}} \tag{5.28}$$

$$\text{sigmoid} = \frac{1}{1 + e^x} \tag{5.29}$$

由于双曲正切函数为三角函数，更容易理解和应用，因此选择双曲正切函数来进一步表征毛管压力曲线。为了应用简便，令对数坐标的毛管压力为自变量，此时数学表达式为

$$S_{Hg} = a \cdot \tanh\left[b \lg P_c + c\right] + d \tag{5.30}$$

式中：a、b、c、d 为控制毛管压力曲线形态的拟合系数，下面统一记为形态参数；S_{Hg} 为进汞饱和度值，小数；P_c 为毛管压力，MPa。

应用非线性最小二乘法拟合毛管压力曲线可以得到式（5.30）中的形态参数。非线性最小二乘法是一种以误差的平方和最小为准则来估计非线性静态模型参数的一种参数估计方法，该数学模型简单并且直观，最终计算出的一组参数可以使最终结果与实际数据最为接近，以达到误差最小。该方法的核心是使计算误差平方和最小，数学公式为

$$Q = \sum_{k=1}^{N} [S_{Hg} - f(P_c)]^2 = \min \tag{5.31}$$

式中：Q 为实际数据与拟合数据的误差平方和；S_{Hg} 为实际压汞数据中的进汞饱和度；$f(P_c)$ 为利用拟合系数计算出的拟合数据。

最小二乘法的具体拟合过程为，首先设定式（5.30）中 a、b、c、d 适当的初始参数，设定的初始参数只会影响计算速度而不影响准确性，通过不断迭代求解式（5.31），逐步修改初始参数进而达到使误差平方和 Q 最小的目的，最终确定系数。

利用上述方法得到 23 块岩样的近似实测毛管压力曲线及与其对应的数学公式，为更加直观地分析问题，列举出各类储层中的其中一条代表性曲线，拟合结果及各点残差如图 5.26 所示，拟合得到的双曲正切函数曲线形态与原始毛管压力曲线形态一致性很

高，各点残差较小。对所有样品进行统计分析（表 5.3），该方法对所有样品拟合误差较小，平均误差均小于 4，拟合效果较好。

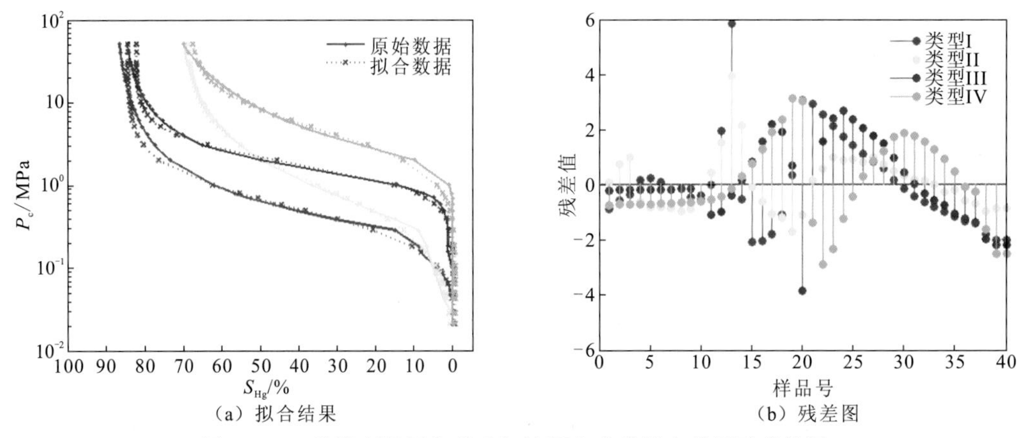

（a）拟合结果　　（b）残差图

图 5.26　4 种类型储层典型毛细管压力曲线拟合结果及残差图

表 5.3　4 类储层曲线拟合系数及残差

储层类型	*a*	*b*	*c*	*d*	均方差
I	36.11～48.99/42.47	0.69～3.40/2.06	0.54～1.81/1.15	33.65～46.80/40.31	1.59～4.82/3.02
II	31.93～46.39/37.95	1.25～1.66/1.43	−0.4～0.08/−0.06	28.97～41.64/37.68	1.12～5.59/3.61
III	41.27～48.99/45.28	1.83～2.81/2.31	−0.76～−0.24/−0.58	41.02～47.39/44.21	2.06～5.93/3.84
IV	14.65～42.58/33.15	1.44～3.61/2.07	−1.82～−0.94/−1.35	15.03～43.33/32.81	0.22～5.98/2.61

注：表中数据形式为(A～B)/C，A 为最小值，B 为最大值，C 为平均值

表 5.3 中形态参数 *c* 在 I 类和 IV 类储层中差别很大，在 II 类和 III 类储层中有所交叉，但形态参数 *b* 却在 II 类和 III 类储层中有所差异。为分析 *c* 和 *b* 对拟合的毛管压力曲线形态的影响，随机选取一类储层（II 类储层）的形态参数平均值，通过控制变量法对 *c* 和 *b* 进行研究。图 5.27 为 a=37.95，b=1.43，d=37.68，*c* 分别取不同值时，S_{Hg}与 P_c之间的关系曲线图。*c* 值越大，曲线在图中的位置越偏下，这种现象与描述的毛管压力曲线形态影响因素相符合：毛管压力曲线形态的主控因素是排驱压力、歪度与分选系数等参数。从曲线形态上定义，平台段切线的斜率为分选系数，切线与汞饱和度为 0 时的交点为排驱压力，且曲线越靠下，歪度越粗。因此在分选系数相同的情况下，曲线越靠下，排驱压力越小，歪度越粗，储层品质越好，此时 *c* 越大。而 II 类和 III 类储层的毛管压力曲线均位于图的中部，仅利用形态参数 *c* 难以很好地将两类储层划分。

图 5.28 为 a=37.95，c=−0.06，d=37.68，*b* 分别取不同值时，S_{Hg}与 P_c之间的关系曲线图，*b* 越大，曲线越平缓，平台段越明显。II 类和 III 类储层的毛管压力曲线形态描述如下：III 类储层与 II 类储层相比，更加平缓，上升速度缓慢，平台段明显。因此形态参数 *b* 可准确表征这种现象，利用 *b* 可以将两种储层区分开。

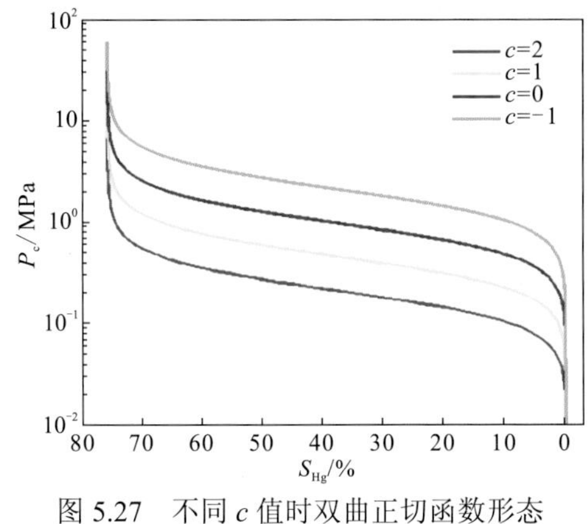

图 5.27　不同 c 值时双曲正切函数形态

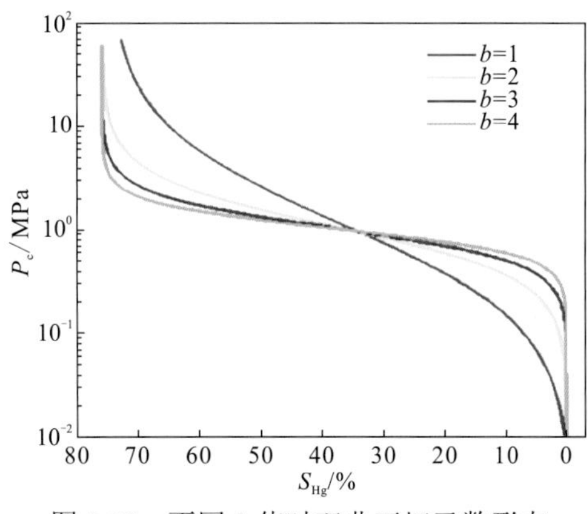

图 5.28　不同 b 值时双曲正切函数形态

为进一步分析形态参数 c 与 b 的可靠性，对这些岩样的储层物性与孔隙结构参数进行统计分析（图 5.29～图 5.32）：形态参数 c 与渗透率、孔隙度、排驱压力和分选系数均有一定的相关性，且与排驱压力和分选系数的相关系数达到 0.7，这也说明了形态参数 c 可以有效表征储层孔隙结构。形态参数 b 与渗透率和孔隙度没有相关性，与排驱压力和分选系数具有一定的相关性。在 II 类和 III 类储层中，形态参数 b 在孔隙结构参数与储层物性参数中均具有较好的分区性。

综合 23 块岩心毛管压力曲线拟合结果（图 5.33），对其进行总结，得到的分类标准（表 5.4）与基于毛管压力曲线形态以及孔喉半径分布划分的储层类型是一致的。

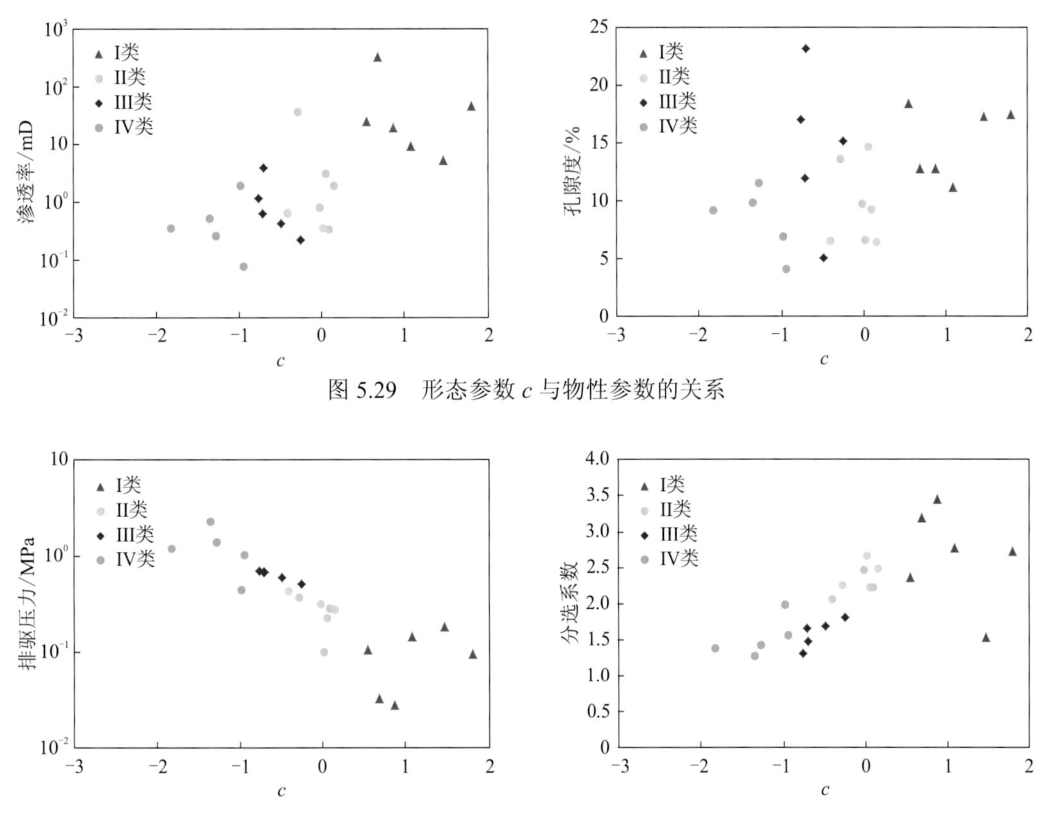

图 5.29　形态参数 c 与物性参数的关系

图 5.30　形态参数 c 与孔隙结构参数的关系

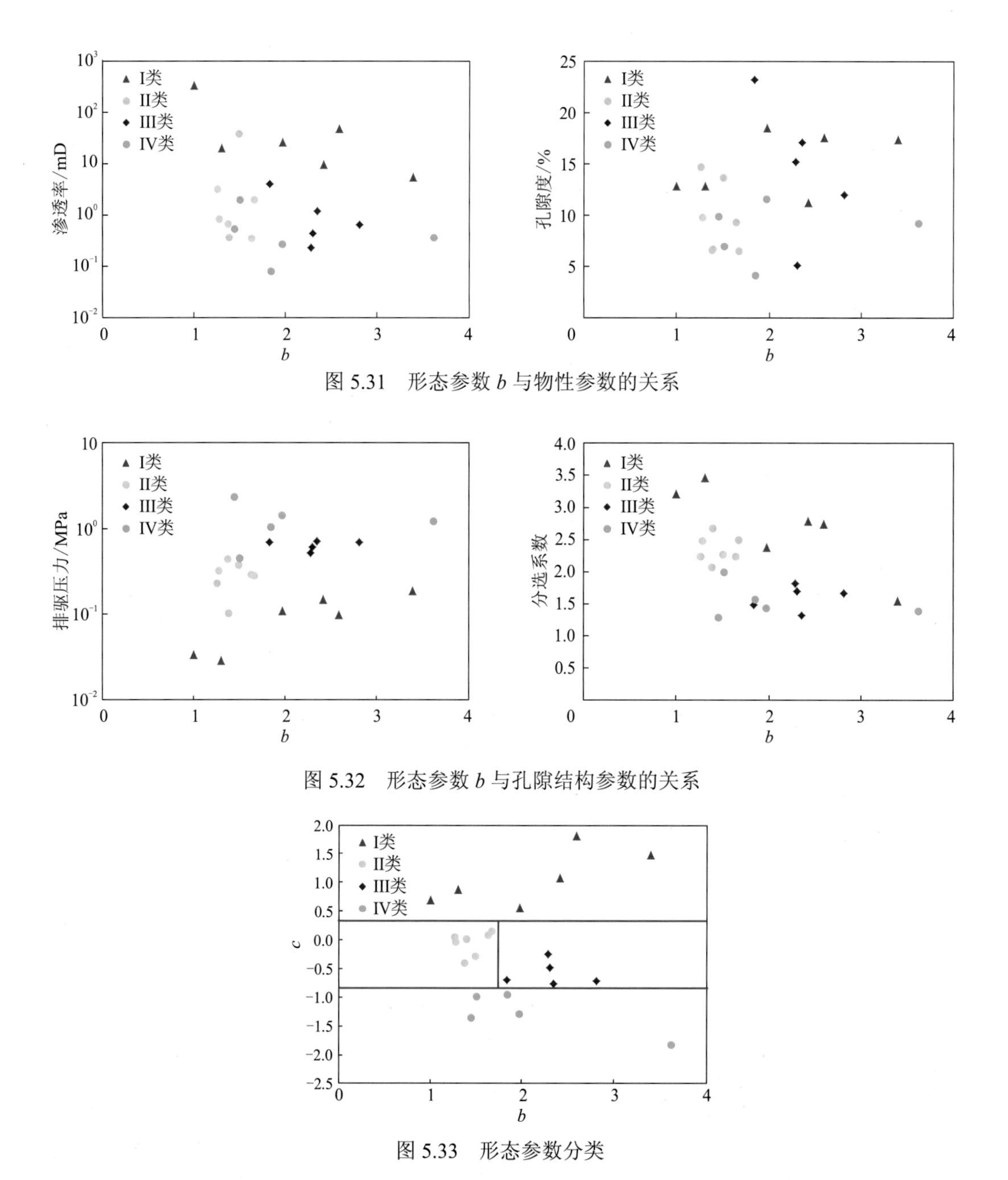

图 5.31　形态参数 b 与物性参数的关系

图 5.32　形态参数 b 与孔隙结构参数的关系

图 5.33　形态参数分类

表 5.4　形态参数分类标准

储层类型	c	b
I 类	>0.3	—
II 类	−0.8～0.3	<1.7
III 类	−0.8～0.3	>1.7
IV 类	<−0.8	—

除变异系数与排驱压力外，表征毛管压力曲线形态的形态参数 b 和形态参数 c 在岩心中更能区分储层类型。形态参数 b 能反映毛管压力曲线的平缓程度，形态参数 c 能够反映毛管压力曲线的位置。两参数可通过式（5.30）及式（5.31）拟合伪毛管压力曲线得到。

同样利用上述方法对研究区 AGCS-24 井进行计算。如图 5.34 所示，第 5 道为计算的形态参数 b，第 6 道为计算的形态参数 c，第 7 道为基于表 5.3 的分类标准利用形态参数 b 和 c 计算得到的分类结果，第 5、6 道中的红色圆点表示利用岩心压汞毛管压力曲线拟合得到的形态参数，第 7 道中红色线连接的圆点表示基于岩心资料的分类结果。从图中可以看到，计算的形态参数 c 与岩心数据比较吻合，而形态参数 b 与岩心数据有较大的误差，分类结果与岩心分类结果匹配度较小，误差较大。

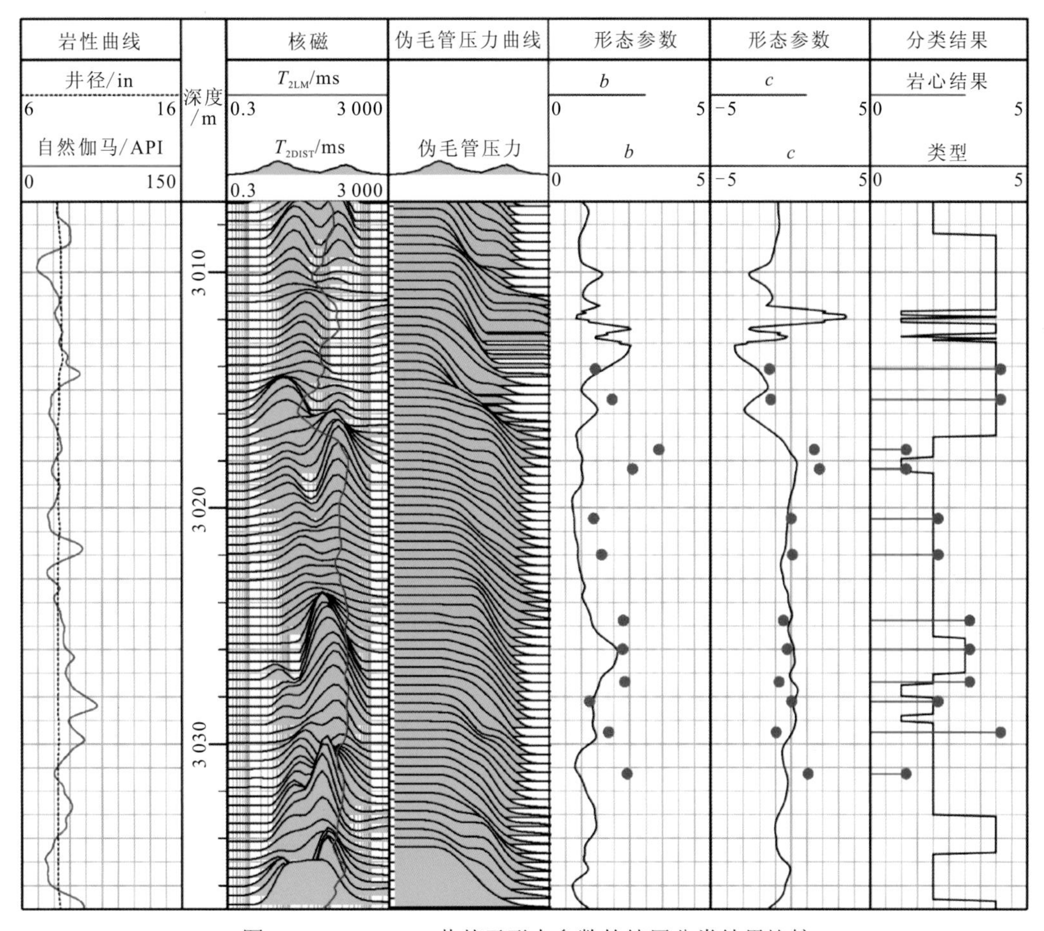

图 5.34　AGCS-24 井基于形态参数的储层分类结果比较

为分析分类结果的误差原因，结合核磁测井计算出的形态参数与岩心数据交会图（图 5.35～图 5.36）和误差表（表 5.5）进行分析。

从图 5.35 和图 5.36 可以看出，形态参数 b 的计算结果与岩心数据相比普遍较小，这是由于在研究区中，线性刻度法构建的伪毛管压力曲线通常呈现分段台阶状，分段处曲线非常陡。而形态参数 b 表征曲线的平缓程度，曲线越平缓，b 越大，因此计算结果偏小。与常规孔隙结构参数类似，形态参数的数量级也很小，因此绝对误差一般较小。

从计算出的相对误差可以看出，形态参数 b 的相对误差大部分在 20%以上，平均相对误差为 40.53%，形态参数 c 的相对误差大部分在 60%以上，平均相对误差为 345.57%，误差很大，导致最终的分类结果正确率低。

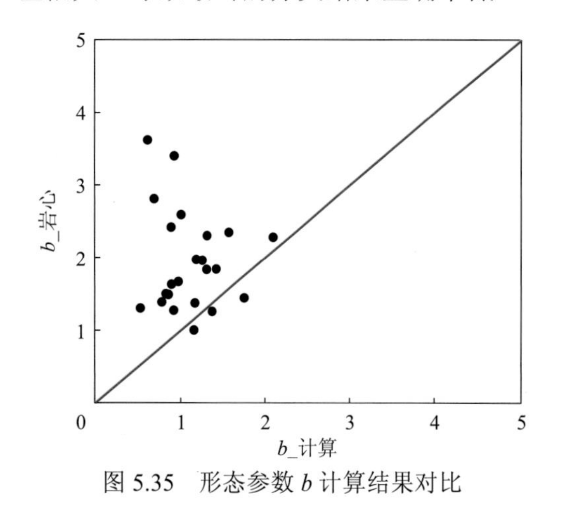

图 5.35　形态参数 b 计算结果对比

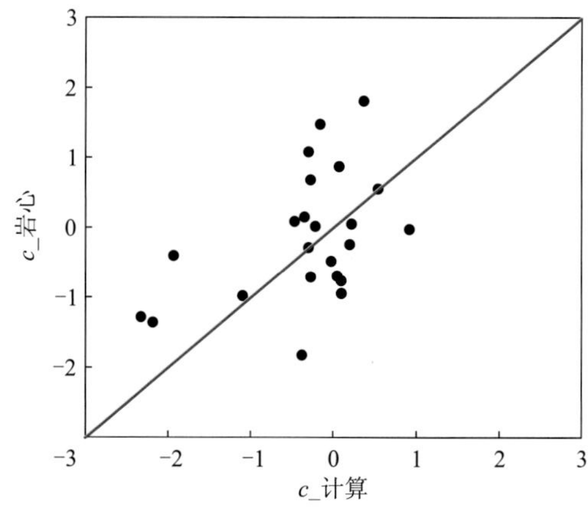

图 5.36　形态参数 c 计算结果对比

表 5.5　形态参数与分类结果误差表

样号	计算的 b 值	岩心的 b 值	相对误差/%	计算的 c 值	岩心的 c 值	相对误差/%	测井分类结果	岩心分类结果
1	1.31	1.83	28.39	0.05	−0.70	107.34	2	3
2	0.86	1.49	42.34	−0.30	−0.29	2.71	2	2
3	0.92	1.27	27.73	0.92	−0.03	3 267.89	1	2
4	0.69	2.81	75.41	−0.27	−0.71	62.34	2	3
5	0.62	3.62	83.00	−0.38	−1.83	79.39	2	4
6	0.83	1.50	44.75	−1.09	−0.98	11.64	4	4
7	1.17	1.37	14.84	−1.93	−0.41	376.70	4	2
8	1.18	1.97	39.95	0.54	0.55	1.52	1	1
9	1.16	1.00	15.71	−0.27	0.68	139.90	2	1
10	0.97	1.67	41.51	−0.34	0.15	331.86	2	2
11	0.53	1.30	59.20	0.07	0.87	91.49	2	1
12	1.76	1.44	21.95	−2.18	−1.36	60.52	4	4
13	1.26	1.96	35.79	−2.33	−1.28	81.39	4	4
14	0.93	3.40	72.75	−0.16	1.47	110.53	2	1
15	1.01	2.59	61.15	0.37	1.81	79.52	1	1
16	0.78	1.39	43.66	−0.21	0.02	1 516.81	2	2
17	0.89	1.63	45.19	−0.47	0.09	635.67	2	2
18	1.32	2.30	42.83	−0.02	−0.48	95.52	2	3

续表

样号	计算的 b 值	岩心的 b 值	相对误差 /%	计算的 c 值	岩心的 c 值	相对误差 /%	测井分类结果	岩心分类结果
19	2.10	2.28	8.04	0.20	−0.25	181.35	3	3
20	1.58	2.35	32.70	0.10	−0.76	113.14	2	3
21	1.38	1.26	9.71	0.22	0.05	362.43	2	2
22	1.43	1.84	22.33	0.10	−0.95	110.93	2	4
23	0.89	2.42	63.17	−0.30	1.08	127.44	2	1

总的来说，基于伪毛管压力曲线进行储层划分对曲线构建准确度要求很高，基于线性刻度法构建伪毛管压力曲线计算孔隙结构参数只能起到半定量的作用，计算出的储层孔隙结构参数精度不够，难以用于储层分类。

5.2.4 基于孔喉体系的储层分类

采用K均值聚类的方法进行储层分类时影响聚类分析结果的主要因素是特征参数的选择及聚类个数的确定[28]。为能客观真实地反映储层孔隙结构的好坏，选取对储层孔隙结构最敏感的核磁共振测井资料进行聚类分析。通过核磁共振测井资料计算得到的孔隙度中的可动流体孔隙度，可动流体孔隙度是岩石孔隙中能够允许流体流动的孔隙体积，最够反映优质储层的储集能力，新构建的孔喉体系参数 P 能准确地反映碳酸盐岩的复杂孔隙结构。因此，选取标准井中储层段的可动流体孔隙度与孔喉体系参数 P 作为储层分类的特征参数。由于两个参数的数量级与量纲有较大差异，需要对其进行归一化处理，选用的方法为

$$f(x)=\frac{x-x_{\min}}{x_{\max}-x_{\min}} \tag{5.32}$$

式中：$x_{\max}$ 为数据中的最大值和 $x_{\min}$ 为数据中的最小值；x 为需要归一化的数据，$f(x)$为经过归一化后的数据；归一化后的数据在[0,1]。

选择适当的特征参数后，需要选取适当的分类个数，即聚类个数 K。聚类个数过多会导致每一类中数据过少，相似性质的数据被分到不同的类中，聚类个数过少会导致本身有差异的数据被分到同一类。选择适当聚类个数的一个方法是遍历得到某一范围聚类数的平方误差，平方误差定义为每个数据点和聚类中心之间的平方距离的总和。一般情况下，随着聚类个数的增加，每一类中数据点数量越来越少，距离越来越近，因此平方误差值会随着聚类个数的增加而减少。当平方误差减少速度明显变慢时，聚类个数的增加对聚类效果增强很小，此时拐点对应的聚类个数就是该问题的最优聚类个数。

利用 SPSS 软件中聚类分析模块进行聚类分析，以归一化后的标准井储层段的可动流体孔隙度与孔喉体系参数 P 为特征参数，依次求出不同聚类个数下所对应的平方误差（图 5.37）。从图中可以看到，聚类个数从 2 到 4 时平均误差下降得很快，之后下降速度明显变慢，所以确定该问题中最优聚类个数为 4。

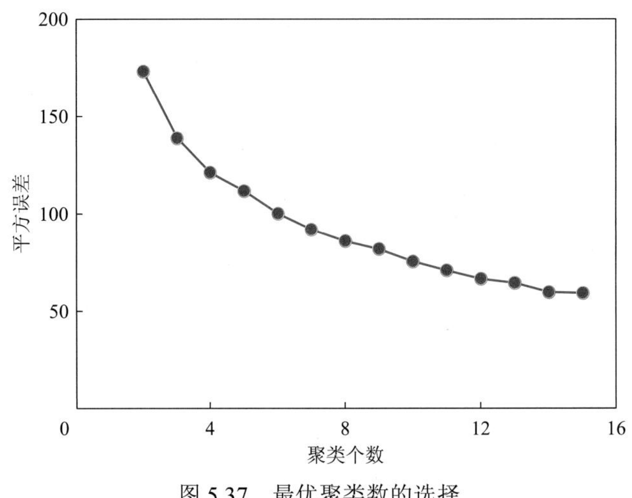

图 5.37　最优聚类数的选择

通过 K 均值聚类算法最终将储层段的 964 个样本划分为 4 类，其中第 I 类 207 个，第 II 类 216 个，第 III 类 150 个，第 IV 类 391 个（图 5.38）。

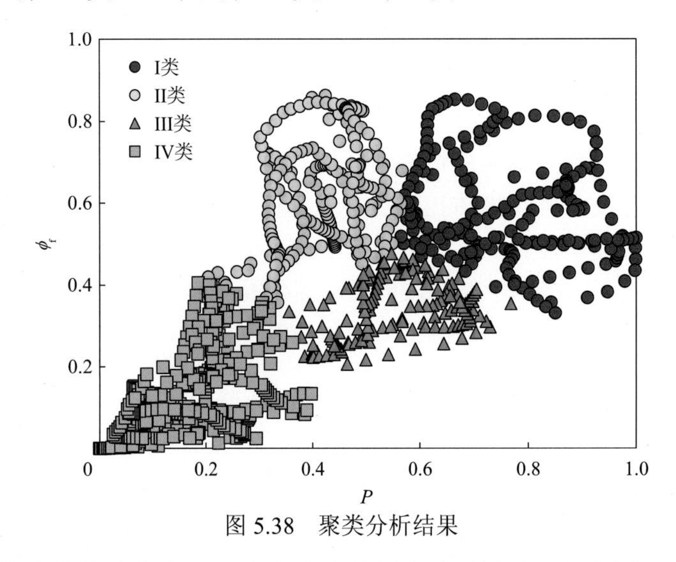

图 5.38　聚类分析结果

由于 K 均值聚类算法本身无法给出分类结果的内在含义，为分析 K 均值聚类算法结果的正确性，应用岩心刻度测井将每类储层进行标定，进而分析其特征。结合物性分析资料，I 类储层孔隙度分布在 12%～18.5%，平均为 15.68%；渗透率在 5.4～48.7 mD，平均为 25.28 mD；岩石孔隙发育，分布均匀，连通性好，孔隙类型主要为粒间溶孔；压汞毛管压力曲线位于图的最底部，粗歪度、排驱压力小，孔喉半径大。I 类储层的代表性铸体薄片和压汞毛管压力曲线如图 5.39 所示。

II 类储层的孔隙度分布在 9.3%～17.1%，平均为 13.82%；渗透率在 1.2～20.3 mD，平均为 9.74 mD；该类岩石孔隙发育程度一般，分布不均匀，连通性一般，孔隙类型主要为白云石晶间孔、生物孔和少量粒间溶孔；压汞毛管压力曲线位于图的中部，歪度中等、排驱压力中等、孔喉半径中等。II 类储层的代表性铸体薄片和压汞毛管压力曲线如图 5.40 所示。

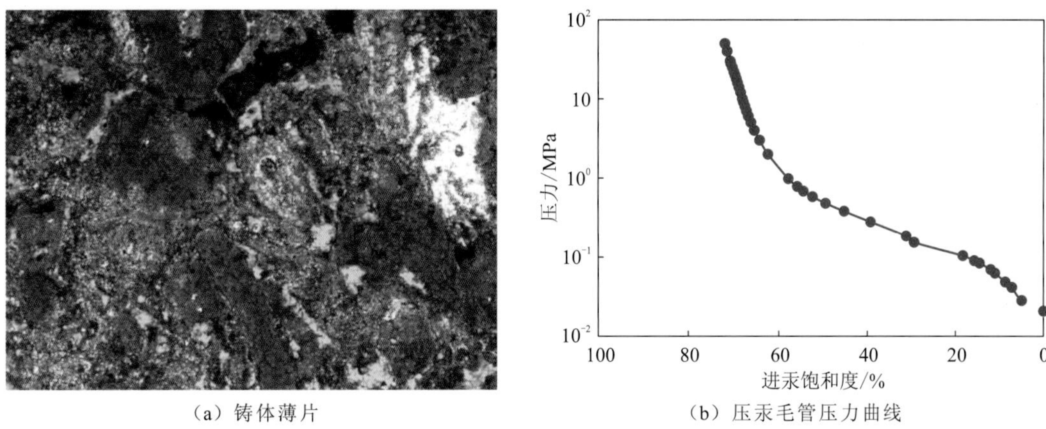

（a）铸体薄片　　　（b）压汞毛管压力曲线

图 5.39　I 类储层典型特征

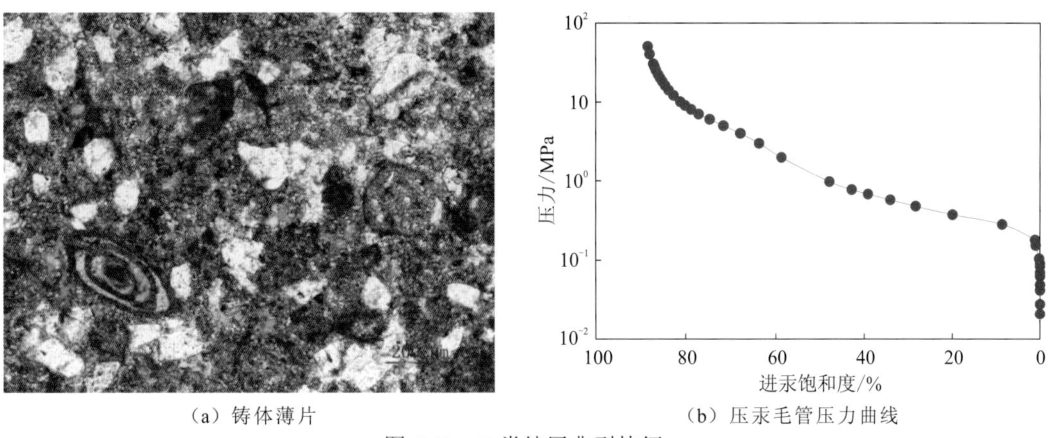

（a）铸体薄片　　　（b）压汞毛管压力曲线

图 5.40　II 类储层典型特征

III 类储层的孔隙度分布在 6.7%～11.3%，平均为 8.6%；渗透率在 0.37～9.7 mD，平均为 2.72 mD；该类岩石孔隙不太发育，连通性较差，孔隙类型主要为白云石晶间孔和生物孔；压汞毛管压力曲线位于图的中部，歪度中等、排驱压力中等，孔喉半径中等。III 类储层的代表性铸体薄片和压汞毛管压力曲线如图 5.41 所示。

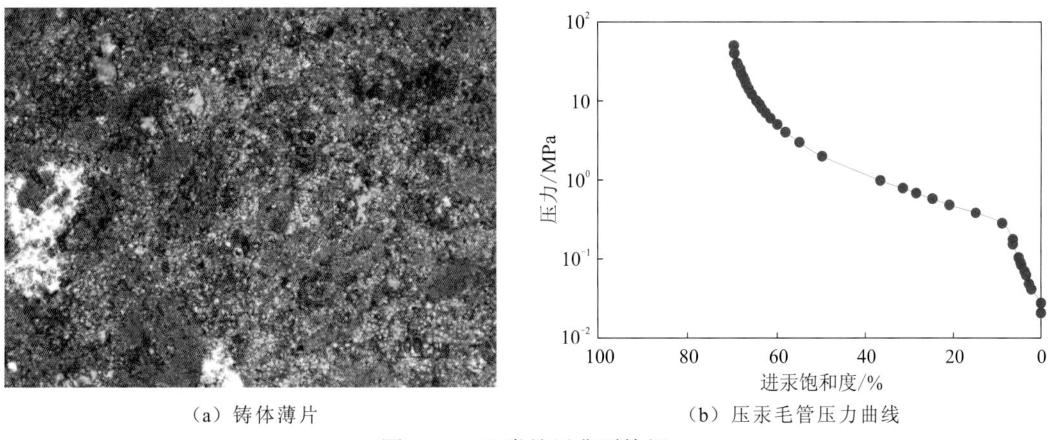

（a）铸体薄片　　　（b）压汞毛管压力曲线

图 5.41　III 类储层典型特征

IV 类储层的孔隙度分布在 4.2%～9.9%，平均为 8.07%；渗透率在 0.27～2.02 mD，平均为 0.88 mD；该类岩石孔隙发育差，连通性差，孔隙类型主要为白云石晶间孔；压汞毛管压力曲线位于图的顶部，细歪度、排驱压力较大、孔喉半径小。IV 类储层的代表性铸体薄片和压汞毛管压力曲线如图 5.42 所示。

（a）铸体薄片

（b）压汞毛管压力曲线

图 5.42 IV 类储层典型特征

4 种储层的参数特征范围如表 5.6 所示，从 I 类到 IV 类储层，孔隙度（ϕ）和渗透率（K）逐渐减小，孔隙发育逐渐变差，连通性变差，孔隙结构逐渐变差。具体表现为孔喉体系参数（P）、可动流体孔隙度（ϕ_f）、中值半径（R_{50}）、排驱压力（P_d）、歪度均逐渐减小，因此储层分类的结果符合地质特征，结果正确。

表 5.6 4 种储层类型参数特征

储层类型	物性参数		孔隙结构参数				
	ϕ/%	K/mD	P	ϕ_f /%	R_{50}/μm	P_d/MPa	歪度
I	$\frac{12-18.5}{15.68}$	$\frac{5.4-48.7}{25.28}$	$\frac{408.95-659.41}{548.26}$	$\frac{2.69-3.84}{3.03}$	$\frac{0.37-2.96}{1.60}$	$\frac{0.03-0.69}{0.24}$	$\frac{0.17-2.18}{0.91}$
II	$\frac{9.3-17.1}{13.82}$	$\frac{1.2-20.3}{9.74}$	$\frac{292.83-350.08}{317.32}$	$\frac{2.31-3.91}{3.1}$	$\frac{0.18-0.63}{0.37}$	$\frac{0.23-1.22}{0.57}$	$\frac{-0.25-0.81}{0.2}$
III	$\frac{6.7-11.3}{8.6}$	$\frac{0.37-9.7}{2.72}$	$\frac{356.68-439.55}{385.58}$	$\frac{1.33-1.96}{1.77}$	$\frac{0.37-0.62}{0.47}$	$\frac{0.15-0.61}{0.34}$	$\frac{-0.29-0.71}{0.36}$
IV	$\frac{4.2-9.9}{8.07}$	$\frac{0.27-2.02}{0.88}$	$\frac{65.13-200.59}{124.79}$	$\frac{0.12-1.50}{0.72}$	$\frac{0.01-0.26}{0.11}$	$\frac{0.45-2.31}{1.16}$	$\frac{-3.03-0.02}{-0.95}$

注：表中数据形式为(A−B)/C，A 为最小值，B 为最大值，C 为平均值

虽然交会图一定程度上能够利用计算出的可动流体孔隙度和孔喉体系参数 P 较好地区分储层类别，但仍有部分数据分类错误。为提高分类的准确性并且使方法便于应用，运用 Fisher 判别法进行储层划分。

利用 SPSS 软件进行 Fisher 判别法建模，以可动流体孔隙度和孔喉体系参数 P 为因变量，聚类分析得到的分类结果为标签，建立 Fisher 判别函数，结果如表 5.7 所示。在

全井评价时，在同一深度同时计算这 4 个判别函数式，比较各判别函数计算得到的结果大小，储层的最终类别为所求函数值中最大的那一类，比如计算得到的 Y_1 最大，则判定当前深度为 I 类储层。

表 5.7　Fisher 判别函数式

储层类别	判别式
I	$Y_1=0.106P+7.731\phi_f-40.587$
II	$Y_2=0.051P+9.844\phi_f-23.246$
III	$Y_3=0.080P+4.054\phi_f-20.529$
IV	$Y_4=0.025P+1.926\phi_f-3.687$

应用表 5.7 中建立的判别函数式对建模数据进行回判验证，从表 5.8 中可以看出，I 类储层的回判率为 82.1%，II 类储层的回判率为 93.5%，III 类储层的回判率为 99.3%，IV 类储层的回判率为 99.5%，判别函数的整体回判率为(170+202+149+389)/964×100%=94.3%，整体回判率很高。

表 5.8　Fisher 判别法回判结果

储层类别	预测结果/个				合计	预测结果/%				合计
	I	II	III	IV		I	II	III	IV	
I	170	27	10	0	207	82.1	13.0	4.9	0	100
II	0	202	9	5	216	0	93.5	4.2	2.3	100
III	1	0	149	0	150	0.7	0	99.3	0	100
IV	0	0	2	389	391	0	0	0.5	99.5	100

根据建立的储层分类 Fisher 模型（表 5.7）对研究区目的层进行处理，如图 5.43 所示，第 1 道为岩性曲线，第 2 道为电阻率曲线，第 3 道为孔隙度曲线，第 5 道为核磁共振 T_2 谱，第 6 道和第 7 道分别为利用核磁共振测井计算的孔喉体系参数 P 和可动流体孔隙度，第 8 道为 Fisher 判别划分的储层类型结果，第 9 道为解释结论，其中红色填充表示 I 类储层，黄色填充表示 II 类储层，蓝色填充表示 III 类储层，绿色填充表示 IV 类储层。从图中可以看出，根据解释结论，1 号和 3 号层为干层，核磁 T_2 谱表现为以小孔为主，孔喉体系参数 P 和可动流体孔隙度均较小，Fisher 判别结果为 III 类和 IV 类储层，其中，3 号层日产油 30 B/D（Barrel/Day，1Barrel=158.984 L）；2 号、4 号和 6 号层为油层，核磁 T_2 谱表现为以大孔为主，孔喉体系参数 P 和可动流体孔隙度均较大，Fisher 判别结果多为 I 类和 II 类储层，其中，2 号层日产油 435 B/D；5 号层为差油层，核磁 T_2 谱表现为大孔与小孔部分比较均衡，孔喉体系参数 P 和可动流体孔隙度比纯油层小，Fisher 判别结果为 III 类储层。由此可以看出，以上几层基于孔喉体系和 Fisher 判别法的分类结果与测井响应和生产资料相符，证明此方法在研究区目的层段储层分类可行，利用核磁共振测井可较好地对碳酸盐岩储层进行分类。

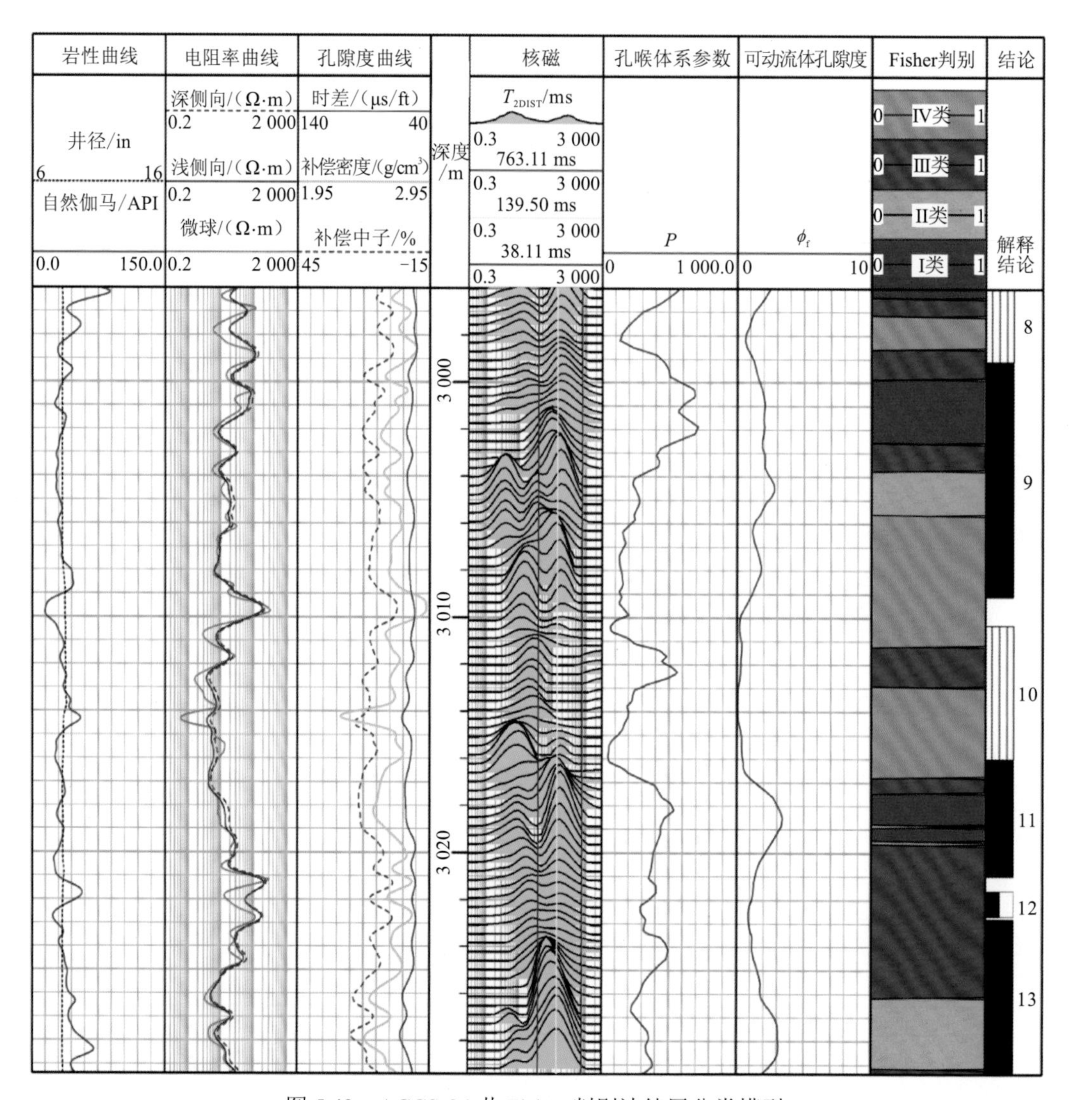

图 5.43　AGCS-24 井 Fisher 判别法储层分类模型

5.3　基于常规测井的碳酸盐岩储层分类

核磁共振测井价格昂贵，只会在少数关键井测量核磁共振资料，为能在没有核磁共振测井数据的情况下进行储层分类，本节使用基于核磁共振测井资料已划分的储层类型，建立相应储层类型与常规测井响应的联系，应用常规测井资料对储层进行划分。

图 5.44 为常规测井资料中对储层类型比较敏感的资料交会图，包括补偿中子（NPHI）、补偿密度（RHOB）、声波时差（DT）和深电阻率（RD）。从图中可以看出，I 类储层和 II 类储层呈现出高孔隙度特点：中-高中子值，低-中密度值，中-高声波时差值，而 I 类储层呈现出高含油性特点，深电阻率大于 II 类储层。III 类储层和 IV 类储层孔隙度比 I 类储层和 II 类储层低：呈现出低-中中子值，中-高密度值，低-中声波时差值，而 III 类储层深电阻率大于 IV 类储层。

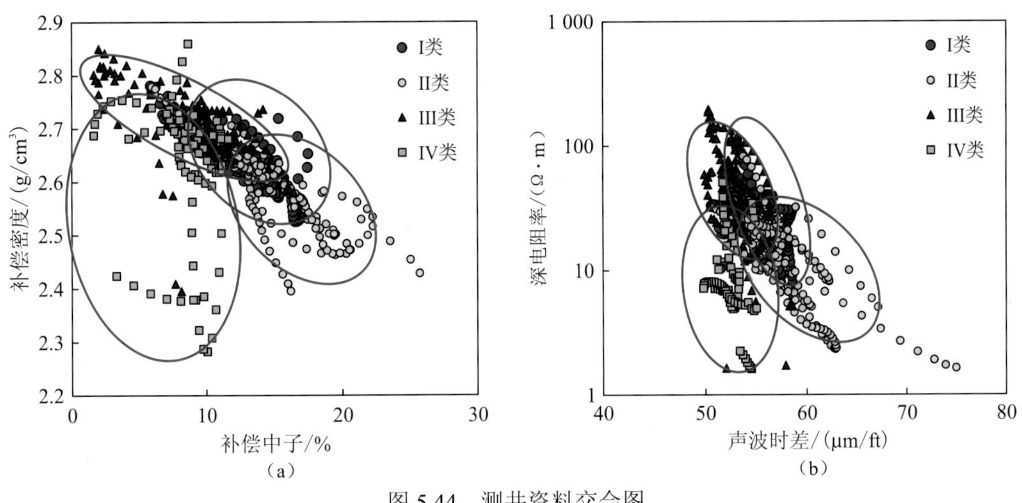

图 5.44 测井资料交会图

5.3.1 基于 Fisher 判别法的储层分类

同样利用 SPSS 软件使用 Fisher 判别法对该问题建模。上述 4 种常规曲线是基于储层段来进行比较的，分辨储层与非储层的常规测井是自然伽马测井，因此以自然伽马（GR）、补偿中子、补偿密度、声波时差和深电阻率为因变量，上述分类结果为标准分类结果，建立 Fisher 判别函数，结果如表 5.9 所示。

表 5.9 Fisher 判别函数式

储层类别	判别式
I	Y_1=36.531DT+1.231GR+22.654NPHI+0.438RD+2736.658RHOB−4802.414
II	Y_2=36.77DT+1.231GR+22.528NPHI+0.404RD+2740.43RHOB−4822.22
III	Y_3=36.649DT+1.212GR+22.514NPHI+0.456RD+2743.493RHOB−4825.516
IV	Y_4=36.456DT+1.235GR+22.53NPHI+0.378RD+2747.561RHOB−4824.575

应用表 5.9 中建立的判别函数式对建模数据进行回判验证，从表 5.10 中可以看出，I 类储层的回判率为 42%，II 类储层的回判率为 63%，III 类储层的回判率为 49.3%，IV 类储层的回判率为 76%，判别函数的整体回判率为（87+136+74+297）/964×100%=61.6%，回判率不高。

表 5.10 Fisher 判别法回判结果

储层类别	预测结果/个				合计	预测结果/%				合计
	I	II	III	IV		I	II	III	IV	
I	87	47	38	35	207	42.0	22.7	18.4	16.9	100
II	28	136	5	47	216	13.0	63.0	2.3	21.2	100
III	20	10	74	46	150	13.3	6.7	49.3	30.7	100
IV	22	46	26	297	391	5.6	11.8	6.6	76.0	100

根据上述建立的 Fisher 储层分类模型对研究区目的层进行处理，如图 5.45 所示，第 6 道为基于核磁共振测井的 Fisher 判别划分的储层类型结果，第 7 道为基于常规测井的 Fisher 判别划分的储层类型结果，其中红色填充表示 I 类储层，黄色填充表示 II 类储层，蓝色填充表示 III 类储层，绿色填充表示 IV 类储层。从图中可以看出，基于核磁共振测井的 Fisher 判别划分的储层类型结果与基于常规测井的 Fisher 判别划分的储层类型结果有一定的差别，3 号层解释结论为干层，基于核磁共振测井被划分为 IV 类储层而基于常规测井被划分为 II 类储层，4 号层解释结论为油层，基于核磁共振测井被划分为 I 类储层而基于常规测井被划分为 II 类储层。在以核磁共振测井分类为正确分类的前提下，统计基于 Fisher 判别法利用常规测井进行储层分类的结果，符合率为 56%，误差较大。

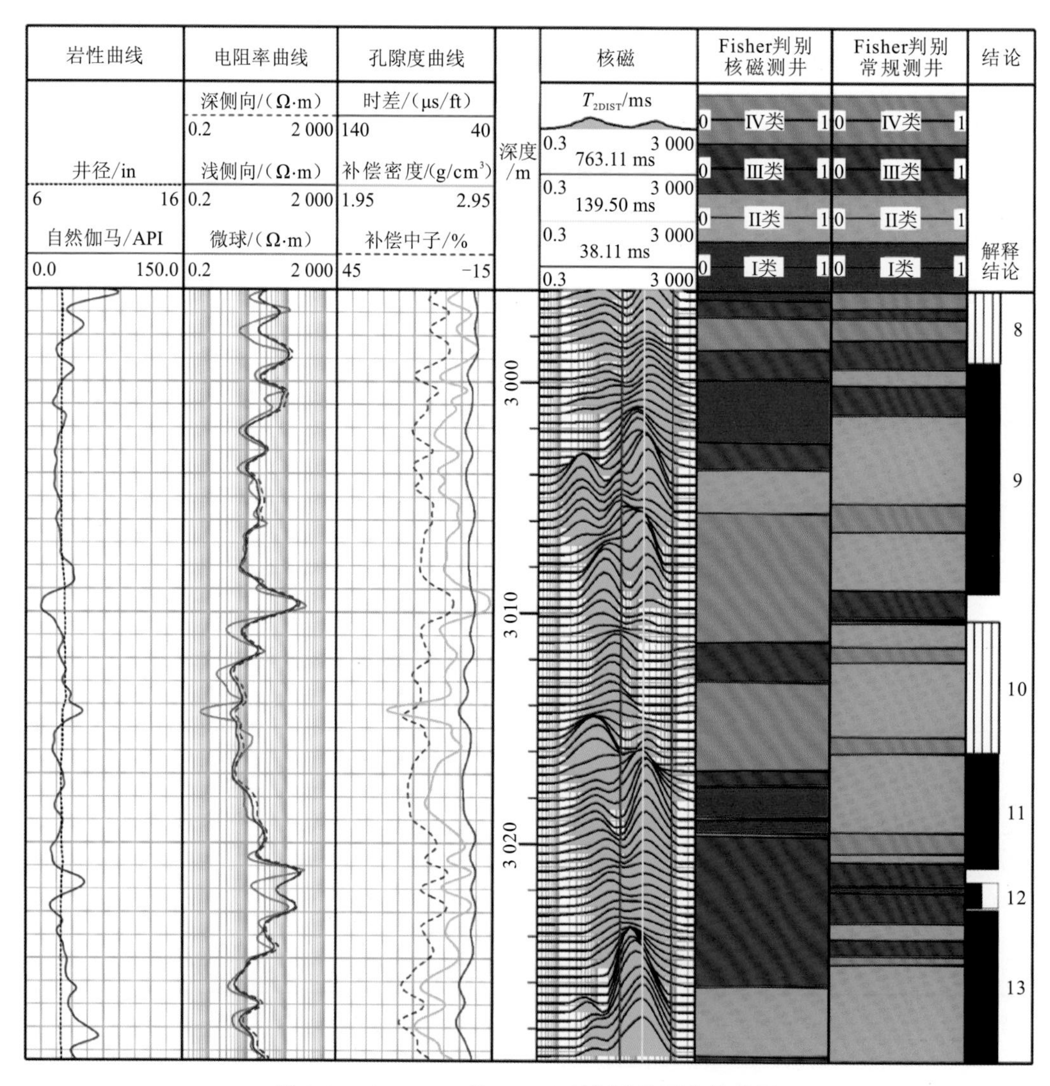

图 5.45　AGCS-24 井 Fisher 判别法储层分类结果

分析基于 Fisher 判别法利用常规测井资料划分储层类型准确率不高的原因：在孔隙结构研究方面，常规测井曲线分辨率不高且存在多解性，并不像核磁共振 T_2 谱那样直接与孔隙尺寸相对应。从图 5.44 和图 5.45 中也可以看到，区分度高的几种常规测井系列在进行储层划分时，各类储层之间也存在许多重合部分，说明各类之间是线性不可分的。而 Fisher 判别法是一种线性判别方法，判别正确的前提是样本之间线性可分。

5.3.2 基于旋转森林算法的储层分类

对于 Fisher 判别法利用常规测井资料评价储层类型存在的准确率不高的问题，需要找到一种非线性方法来解决。决策树算法是一种常见的分类算法，总体上呈现树形结构，由节点和有向边两部分组成[29]。图 5.46 为决策树分类模型示意图，分类时，首先从根节点开始决策，利用分类样本的某一个特征使用 if-then 的规则进行选择，根据结果将样本分配到某一个分支，利用另一个特征在下一个决策节点再次进行选择，如此递归最终到达叶节点，叶节点表示最终分类结果，决策树就可以看成是 if-then 判断语句的组合。利用训练样本构造了一棵决策树后，在应用中只需要根据构建好的决策树模型从上到下进行判断即可得到最终的分类结果。

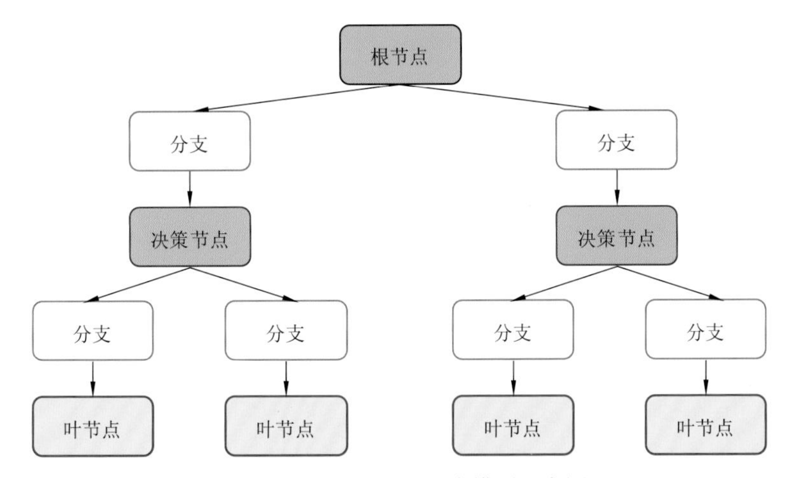

图 5.46 决策树分类模型示意图

决策树的关键是如何选择合适的特征和规则来构建决策树。分类的最终目的是使同一类之间的差异尽量小，即使用决策树后数据间的混乱程度小（度量混乱程度的值为熵），也就是建立一棵熵不断下降的决策树，若在叶节点处熵为 0，那么在该叶节点中所有样本都属于这一类。分类前的熵减去分类后的熵称为信息增益，在进行信息增益计算时，以计算方式划分共有三种常用决策树算法：ID3 算法、C4.5 算法和 CART 算法[30]。

单棵决策树在使用中有时会表现为训练时精度很高，但在测试和应用过程中精度较低的情况，这种现象称为过拟合。这是由于在训练过程中给予了过多的参数，这样做虽然可以精准地表现出训练时的特征，但却限制了模型的推广。集成算法可以很好地解决这种现象，集成算法通过构建多个分类器来进行学习，提高算法的泛化能力，决策树中集成算法就是构建多颗决策树，最终利用类似投票的方式得到最终的分类结果[31]。

1. 旋转森林算法原理

旋转森林（rotation forest，ROF）算法是一种利用决策树作为基分类器的集成分类算法。该算法首先利用主成分分析（principal component analysis，PCA）对样本进行特征变换，起到一定的预处理作用，提高各基分类器的准确性和差异性[32]。

假定 x 为一个有 n 个特征的样本，用 $N\times n$ 的矩阵 $\boldsymbol{X}$ 表示一个有 N 条数据的样本集，$\boldsymbol{Y}$ 表示样本集对应的标签集，$\boldsymbol{F}$ 表示属性集，$D_1,D_2,\cdots,D_L$ 表示 L 个基分类器，具体步骤如下。

（1）将属性集 $\boldsymbol{F}$ 随机划分为 K 个子属性集，每个子属性集包含约 $M=n/K$ 个属性。

（2）用 $\boldsymbol{F}_{ij}$ 表示训练第 i 个基分类器 D_i 所使用训练集的第 j 个子属性集。对训练样本集进行 75%的重采样以产生一个样本子集 X'_{ij}，然后利用主成分分析进行特征变换，得到 M_j 个主成分：$a_{ij}^1,a_{ij}^2,\cdots,a_{ij}^{M_j}$。

（3）对每一个特征子集重复步骤（2）的操作，将得到的 K 个主成分系数，存入一个名为旋转矩阵的系数矩阵 $\boldsymbol{R}_i$：

$$\boldsymbol{R}_i=\begin{bmatrix} a_{i,1}^{(1)},a_{i,1}^{(2)},\cdots,a_{i,1}^{(M_1)} & [0] & \cdots & [0] \\ [0] & a_{i,1}^{(1)},a_{i,1}^{(2)},\cdots,a_{i,1}^{(M_2)} & \cdots & [0] \\ \vdots & \vdots & \ddots & \vdots \\ [0] & [0] & \cdots & a_{i,1}^{(1)},a_{i,1}^{(2)},\cdots,a_{i,1}^{(M_K)} \end{bmatrix} \quad (5.33)$$

（4）按照原始属性集的顺序重新排列 $\boldsymbol{R}_i$ 得到矩阵 $\boldsymbol{R}'_i$，选择 C4.5 决策树为基分类器，则基分类器 D_i 所使用的训练集变换为 $\boldsymbol{X}\boldsymbol{R}'_i$，将上述方法运用 L 次，形成 L 个基分类器。

（5）对于每一个样本 x，先经过 $x\boldsymbol{R}'_i$ 变换，再利用 D_i 进行分类，产生 L 个分类结果。这里预测 x 属于 w 类的概率，c 是所有可能的类标，按式（5.34）计算 x 属于 w 类的置信度，以最大置信度来决定最终预测类别。算法流程图如图 5.47 所示。

$$u_w(x)=\frac{1}{L}\sum_{i=1}^{L}d_{i,j}(x\boldsymbol{R}'_i) \quad (j=1,\cdots,c) \quad (5.34)$$

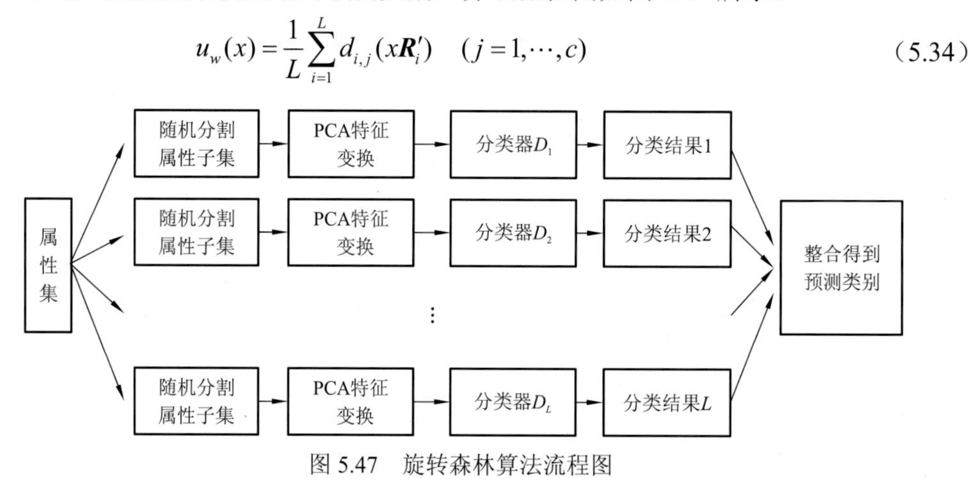

图 5.47　旋转森林算法流程图

2. 模型建立与应用

选取 5 条敏感常规测井曲线：自然伽马曲线、声波时差曲线、中子曲线、密度曲线、深电阻率曲线，共 964 个样本作为输入，即形成矩阵为 964×5 的样本训练集，以聚类分析结果作为样本训练集对应的类别标签，最终形成一个 $\boldsymbol{F}$ 属性集。为寻找旋转森林算法在本问题中的最佳参数，将 10 次十折交叉验证下的平均预测准确率作为标准。十折交叉验证是一种评估算法泛化能力和精度的方法，首先将数据集分为 10 个子集，每次选择 1 个子集作为测试数据，其余作为训练数据，连续验证 10 次，得到相应的正确率，并将

10 次正确率的平均值作为算法精度的估计，这样就完成了十折交叉验证。为使精度更为准确，一般取 10 次十折交叉验证结果的均值作为最终的算法精度。

对比结果如图 5.48 所示。从图中可以看出，旋转森林算法在解决问题时，红色线精度最高，也就是将属性集随机划分为 2 个子属性集时，预测精度最高，且随着基分类器数 L 的增加，预测精度逐渐升高，在基分类器数达到 20 时，预测精度提升较小，因此确定最佳参数为 K=2，M=2，L=20。

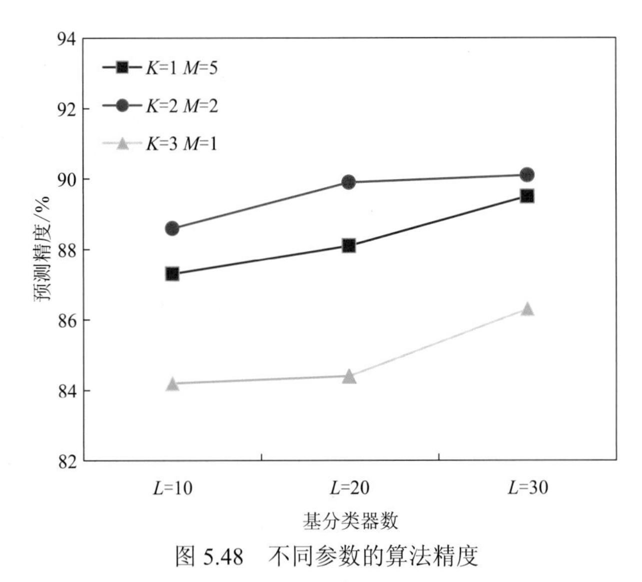

图 5.48　不同参数的算法精度

随机森林算法与旋转森林算法原理相似，最大的不同在于旋转森林算法首先利用 PCA 将样本进行预处理。为检验旋转森林算法应用于常规测井的碳酸盐岩储层分类作用中的优势，将旋转森林算法与常用集成决策树算法（随机森林）和 Fisher 判别法进行对比。

分别采用旋转森林、随机森林和 Fisher 判别三种算法进行学习。在相同的训练集上，均采用 10 次十折交叉验证，取平均预测准确率为对比依据，对比结果如表 5.11 所示。可以看出，利用常规测井资料进行储层分类时，两种集成决策树算法精度明显高于线性判别的 Fisher 判别法，并且旋转森林算法高于随机森林算法。这是由于旋转森林算法首先将样本进行特征变换，减小了数据间的相关性，起到了数据预处理的作用，并且提高了基分类器间的差异性，所以旋转森林算法预测正确率明显高于其他算法。针对常规测井资料的储层分类问题，旋转森林算法表现出较好的效果。

表 5.11　各算法预测精度对比

算法	训练样本数	预测正确率/%
旋转森林	964	89.91
随机森林	964	82.32
Fisher 判别	964	61.36

运用建立的模型对研究区 AGCS-24 井进行评价，结果如图 5.49 所示，该口井的分类结果均较好。图中第 6 道为基于核磁共振资料利用 Fisher 判别法划分的储层类型结果，第 7 道为基于常规测井资料利用 Fisher 判别法划分的储层类型结果，第 8 道为基于常规

测井资料利用随机森林划分的储层类型结果，第 9 道为基于常规测井资料利用旋转森林划分的储层类型结果。从图中可以看到，在将核磁共振测井分类结果作为正确标签的前提下，利用随机森林算法得到的分类结果稳定性较差，Fisher 判别法得到的分类结果会出现明显错误，相比而言，利用旋转森林算法得到的分类结果比较稳定且准确，符合率高达 86.3%，因此利用旋转森林算法建立的模型可以正确有效地进行基于常规测井资料的碳酸盐岩储层分类。

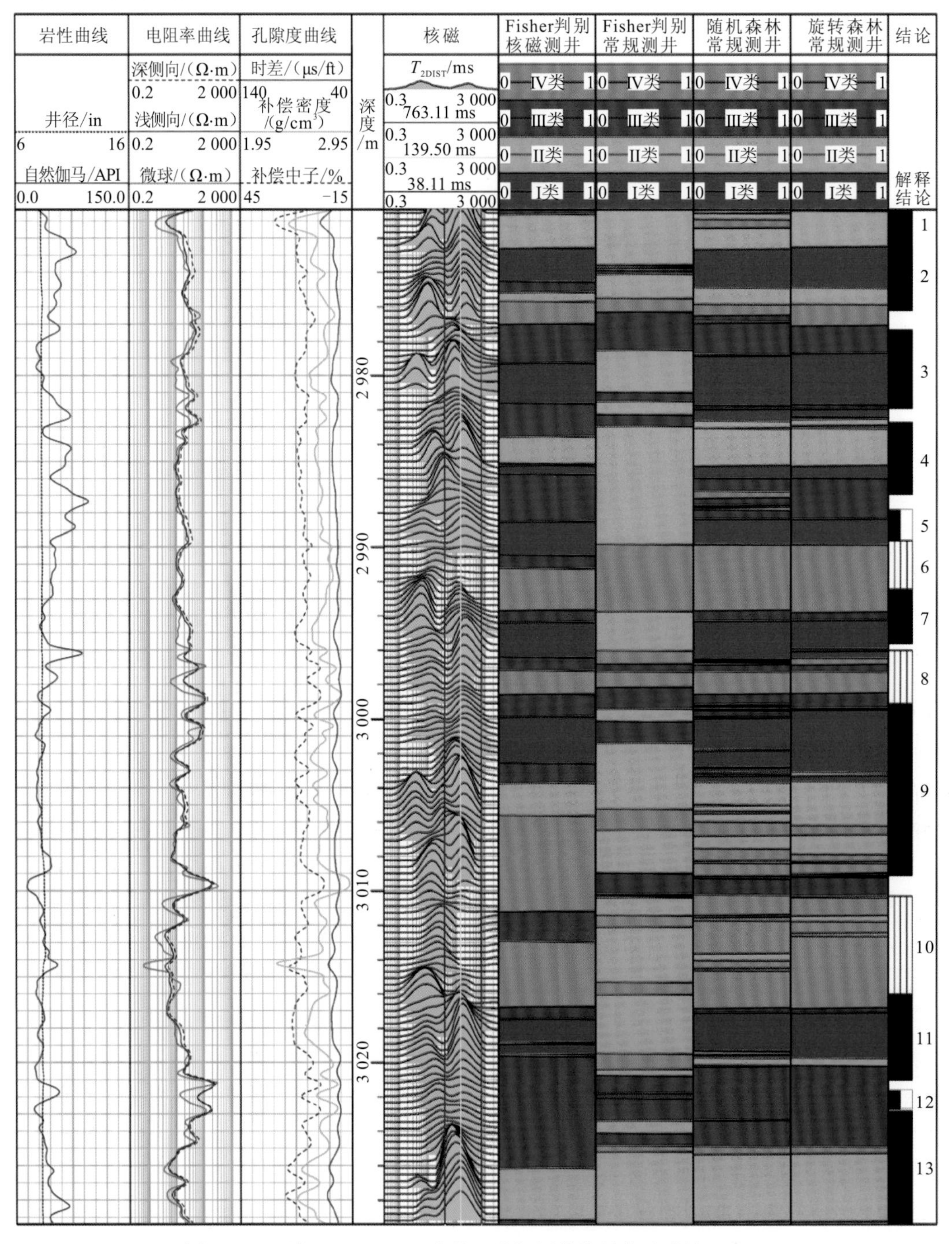

图 5.49 研究区 AGCS-24 井基于常规测井资料的分类效果对比

第6章 复杂碳酸盐岩储层渗透率测井评价方法

储层渗透率是测井资料精细解释的重要参数，它能表征储层中流体在孔隙空间中渗透能力的大小。对于非均质性强的碳酸盐岩储集层，受复杂岩性和多样的孔隙空间类型等多方面的影响，储层孔隙度相近时，渗透率相差较大，有时甚至相差几个数量级，因此对碳酸盐岩储层渗透率进行准确评价一直都存在较大的困难。

6.1 研究区渗透率评价的基本问题

深入了解研究区储层渗透率的主控因素，是精确预测研究区储层渗透率的基础。本节基于渗透率的主控因素，分析研究区的渗流机理以及孔喉分布特征，并在研究区探讨常规渗透率评价方法、经典核磁共振渗透率评价方法及其适用性。

6.1.1 研究区渗透率影响因素分析

一般情况下，地层岩石的渗透率主要与有效孔隙度有关，同时岩石骨架颗粒大小、粒径分布、排列方向、颗粒充填方式及固结和胶结程度等都会影响渗透率的大小。对于常规砂泥岩储集层，其渗透率与有效孔隙度一般有较好的相关性；但对于复杂的碳酸盐岩储集层，常出现孔隙度基本一致的岩心样品，其渗透率数值有较大的差异，且部分岩心的渗透率差距大于一个数量级，渗透率与孔隙度的相关性较差。研究区中，四块典型碳酸盐岩岩心样品的压汞、薄片等实验分析结果如表6.1所示，A、B、C、D四块岩心样品的孔隙度分别为12%、12.9%、12.9%及11.6%，主要岩性都为白云岩，从表中可以看出这四块岩样平均孔喉半径的数值差异较大，其中，岩样B的平均孔喉半径为2.76 μm，但岩样D的平均孔喉半径仅仅只有0.088 μm，二者数值的差异在一个数量级以上，孔喉中值半径以及最大孔喉半径也均出现了类似的情况；四块岩样的毛管压力曲线在形态上也各不相同，岩样B的毛管压力曲线近似为一条平缓上升的直线，但岩样A的毛管压力曲线在初始阶段进汞量为零，压力达到一定程度后，出现近似台阶式的形态，孔径分布曲线上，A和D两块岩样的孔径分布曲线呈单峰式分布，B和C两块岩样的孔径分布曲线呈多峰式分布；铸体薄片上可以明显看出岩样D的孔隙是零散的分布状态，连通性较差，岩样B的孔隙是集中分布的状态，连通性较好（图中蓝色部分为孔隙），与之对应，四块岩样的渗透率差距较大，岩样D的渗透率最小，仅为0.27 mD，岩样B的渗透率最大，为335.3 mD，二者的差距达到了四个数量级，造成研究区孔隙度与渗透率的相关

表 6.1　孔隙度相近岩心资料对比

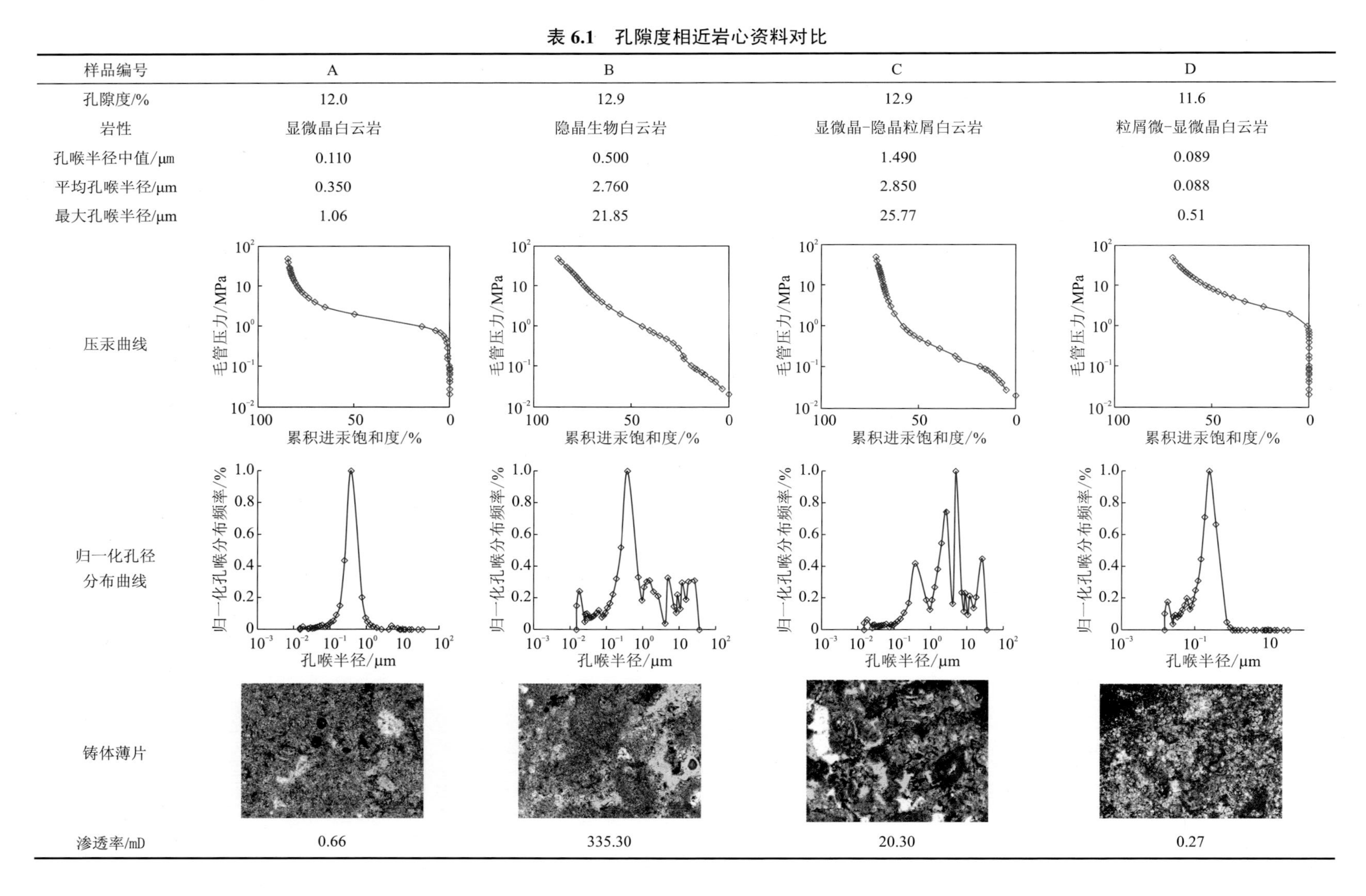

样品编号	A	B	C	D
孔隙度/%	12.0	12.9	12.9	11.6
岩性	显微晶白云岩	隐晶生物白云岩	显微晶-隐晶粒屑白云岩	粒屑微-显微晶白云岩
孔喉半径中值/μm	0.110	0.500	1.490	0.089
平均孔喉半径/μm	0.350	2.760	2.850	0.088
最大孔喉半径/μm	1.06	21.85	25.77	0.51
压汞曲线				
归一化孔径分布曲线				
铸体薄片				
渗透率/mD	0.66	335.30	20.30	0.27

性较差，反映出研究区孔隙结构较为复杂，仅用孔隙度这一个参数是无法准确预测渗透率的。

对研究区 26 块岩心样品进行了压汞实验统计分析，发现均有类似特征，这说明不同岩心样品孔隙结构的差异导致岩心渗透率差异较大。因此可以确定，对于研究区孔隙结构复杂多样的孔隙型碳酸盐岩储层，渗透率的主控因素主要为孔隙度和孔隙结构，仅用有效孔隙度这一参数不能全面地反映地层岩石的孔隙结构特征及孔喉分布特征，还需对研究区储层孔隙结构进行深入研究，才能全面认识与掌握研究区储层的渗流规律，提高渗透率预测精确度。

6.1.2 渗透率与孔隙度

通常情况下认为渗透率与孔隙度呈指数关系，即在单对数坐标下，渗透率与孔隙度呈线性关系。本次研究共收集了研究区目的层段 7 口井，共 957 块岩心样品物性分析资料，在单对数坐标下建立岩心孔隙度与渗透率的关系（图 6.1），由图可知，岩心渗透率与岩心孔隙度呈正相关关系，随着孔隙度增大，渗透率呈现增大的趋势，二者相关系数 R^2 为 0.730 1，模型的计算式为 $y=0.062\,1e^{0.289\,4x}$。

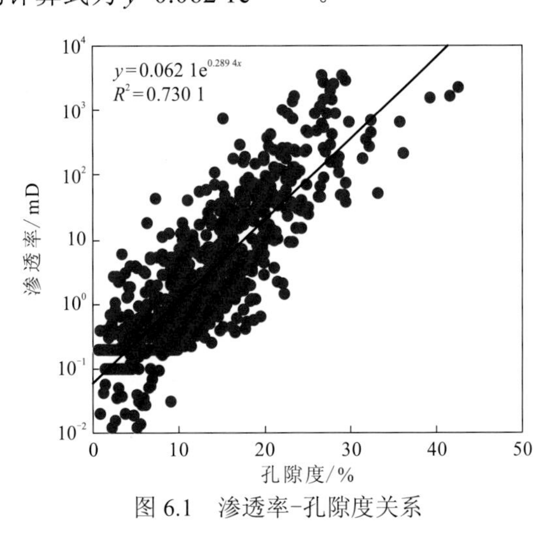

图 6.1 渗透率-孔隙度关系

在计算储层渗透率前，先要计算储层孔隙度，碳酸盐岩储层地层主要由孔隙、岩石骨架及泥质三部分构成，地层孔隙体积对储层的孔隙度大小有直接的影响，理论上密度可以较为直观地表征渗透性储层的物性特征，所以利用密度曲线来计算储层孔隙度，原理见式（6.1）。

$$\phi=\frac{\rho_b-\rho_{ma}}{\rho_f-\rho_{ma}}-\frac{V_{sh}\cdot(\rho_{sh}-\rho_{ma})}{\rho_f-\rho_{ma}} \tag{6.1}$$

式中：ρ_b 为密度测井曲线值，g/cm³；ρ_f 为孔隙内流体的密度值，g/cm³；ρ_{ma} 为岩石骨架密度值，g/cm³；ρ_{sh} 为泥质的密度值，g/cm³；V_{sh} 为泥质含量。结合研究区实际资料，在计算过程中，白云岩骨架密度值取值 2.87 g/cm³，灰岩骨架密度值取值 2.71 g/cm³，砂岩骨架密度值取值 2.65 g/cm³。

将渗透率计算模型应用到研究区 A1 井，应用效果见图 6.2。图中第一道为岩性曲线，包括 3 条曲线，分别为井径曲线、自然电位曲线以及自然伽马曲线，第二道为孔隙度曲线，包括 3 条曲线，分别为声波时差曲线、补偿密度曲线及补偿中子孔隙度曲线，第三道为电阻率曲线，包括三条曲线，分别为深电阻率、浅电阻率及微电阻率，第四道为深度，第五道为孔隙度，包括岩心孔隙度以及计算孔隙度，其中红色点为岩心孔隙度，第六道为渗透率曲线，包括岩心渗透率与计算渗透率，其中红色圆点为岩心渗透率，蓝色曲线为模型计算渗透率。表 6.2 为计算渗透率与岩心渗透率部分数值对比，由图与表可知，渗透率模型计算产生的相对误差较大，应用精确度较低，效果不理想。

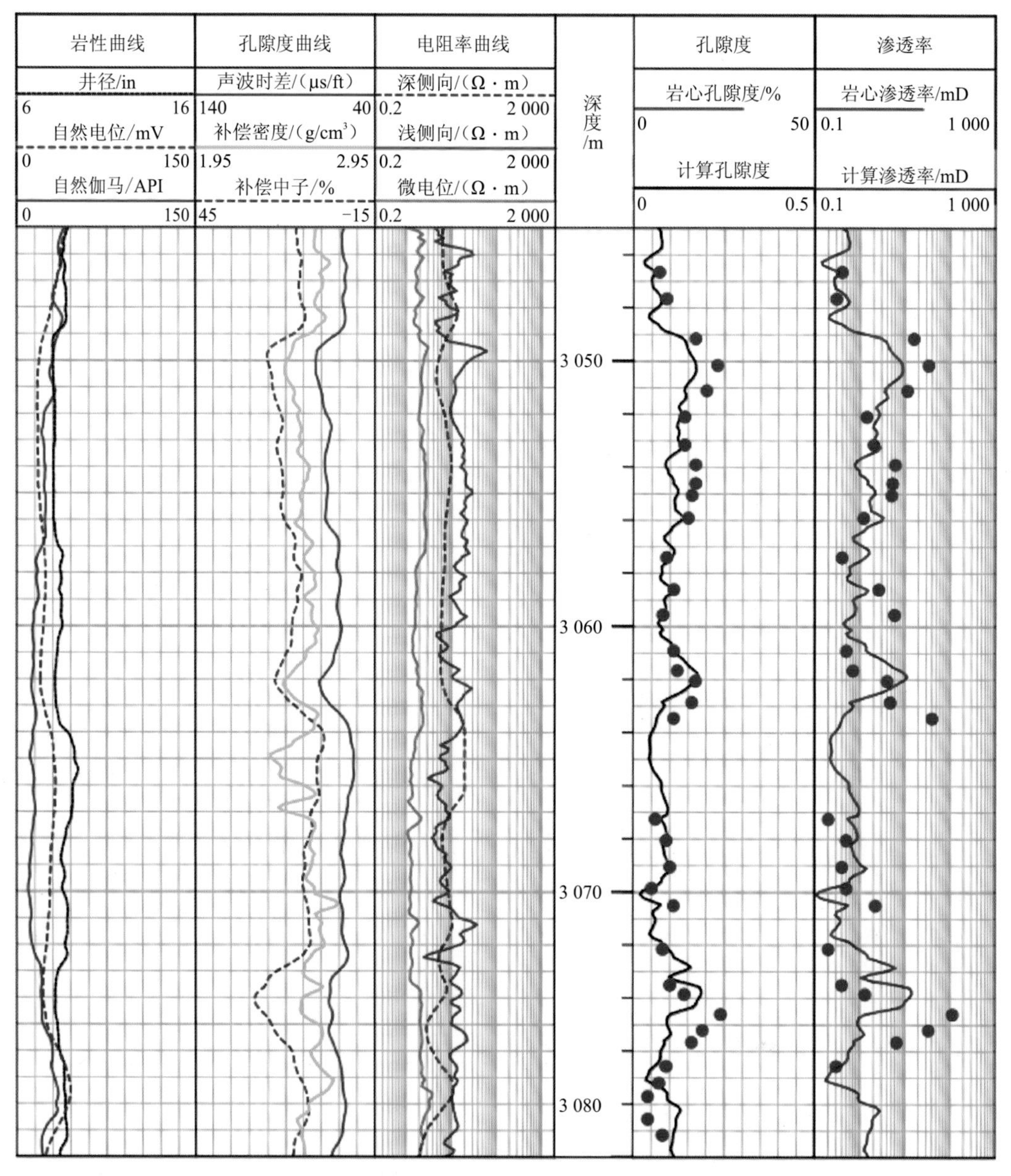

图 6.2 A1 井模型应用效果图

表 6.2 A1 井计算渗透率与岩心渗透率对比

编号	岩心渗透率/mD	计算渗透率/mD	绝对误差/mD	相对误差/%
1	17.9	0.75	17.15	95.81
2	2.5	1.29	1.21	48.44
3	94.8	3.41	91.39	96.40
4	3.6	8.38	4.78	132.89
5	0.3	0.06	0.24	79.23
6	0.3	0.73	0.43	142.97
7	80.4	6.26	74.14	92.22
8	117.5	32.77	84.73	72.11
9	0.9	1.77	0.87	96.91
10	3.6	0.75	2.85	79.10
11	1.1	1.16	0.06	5.59
12	2.2	5.14	2.94	133.68
13	3.5	4.28	0.78	22.40
14	54.5	0.90	53.60	98.35
15	3.1	0.06	3.04	97.99
16	0.3	0.06	0.24	79.23
17	0.4	0.32	0.08	19.43
18	0.3	0.52	0.22	73.17
19	15.7	2.97	12.73	81.11
20	33.3	8.71	24.59	73.86
21	11.3	3.48	7.82	69.22
22	1.4	2.52	1.12	79.67
23	2.0	2.50	0.50	25.04
24	6.0	0.77	5.23	87.20
25	5.2	1.45	3.75	72.17
26	5.0	1.78	3.22	64.45
27	1.2	3.28	2.08	173.56
28	0.4	1.33	0.93	231.73
29	2.6	1.50	1.10	42.20
30	5.8	0.65	5.15	88.77

1. 基于岩性划分建立渗透率模型

直接使用指数关系建立的研究区渗透率评价模型效果较差，故尝试先对研究区储层分类，再基于储层分类建立渗透率模型，观察能否提高储层渗透率预测精确度。考虑研究区岩性较复杂，故先对研究区进行岩性分类，然后建立基于岩性划分的渗透率模型。

研究区主要发育白云岩和灰岩，部分层段发育少量砂岩，所以将研究区储层岩性分为白云岩、灰岩以及砂岩三大类，分别建模。

对研究区 7 口井，共 957 块岩心样品的岩性进行整理分类，得到白云岩岩心样品 460 块，灰岩岩心样品 412 块，砂岩岩心样品 85 块。在单对数坐标下作白云岩岩心孔隙度与渗透率的关系图（图 6.3），由图可知二者相关系数 R^2 为 0.716 1，模型的计算公式为 $y=0.062\,6e^{0.270\,9x}$。

在单对数坐标下，作灰岩岩心孔隙度与渗透率的关系图（图 6.4），由图可知二者相关系数 R^2 为 0.689 5，模型的计算公式为 $y=0.091e^{0.252x}$。

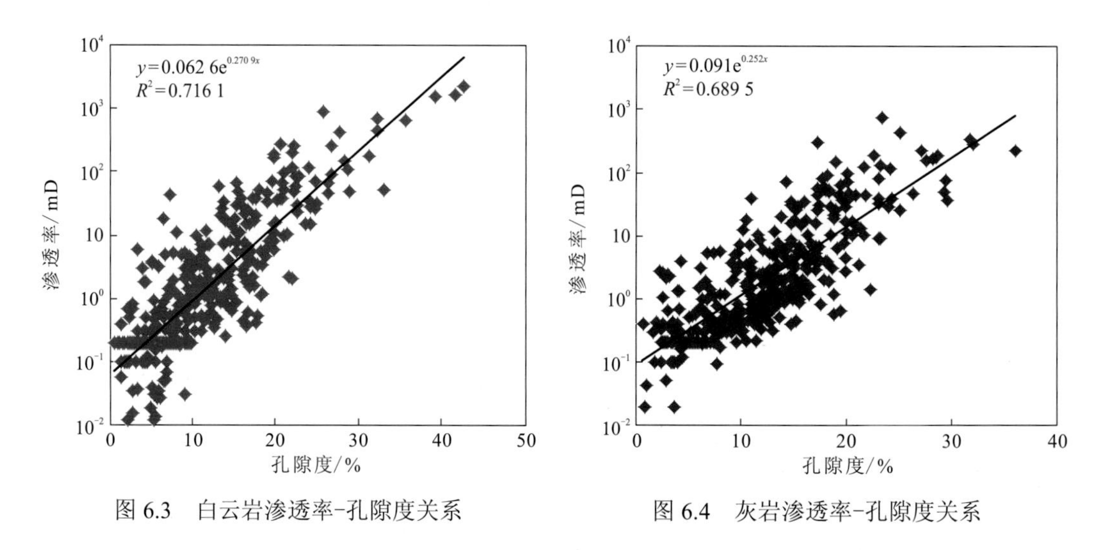

图 6.3　白云岩渗透率-孔隙度关系

图 6.4　灰岩渗透率-孔隙度关系

在单对数坐标下，作砂岩岩心孔隙度与渗透率的关系图（图 6.5），由图可知二者相关系数 R^2 为 0.833 8，模型的计算公式为 $y=0.048\,1e^{0.375\,8x}$。

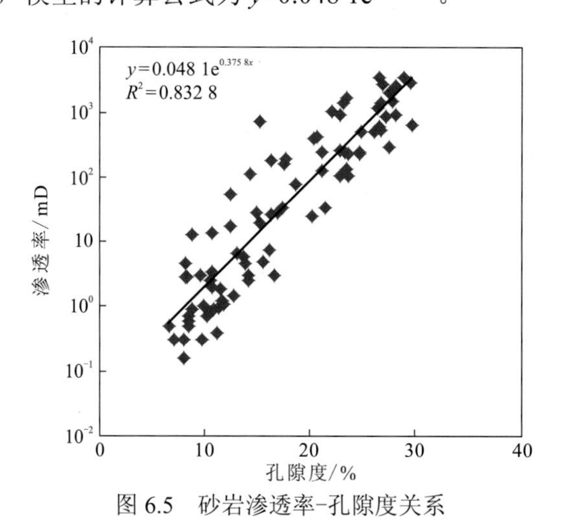

图 6.5　砂岩渗透率-孔隙度关系

本小节采用 Fisher 判别法对研究区岩性进行划分。考虑到自然伽马（GR）曲线、深电阻率（RD）曲线、中子（NPHI）曲线以及地层密度（RHOB）曲线这 4 条曲线对岩性较为敏感，将这 4 条曲线作为输入，将岩性划分为白云岩、灰岩和砂岩三大类，对研究区整体岩性进行判别。随机从 460 块白云岩岩心样品中挑选 110 个样本，412 块灰岩岩心样品中挑选 110 个样本，85 块砂岩岩心样品中挑选 85 个样本，利用 Fisher 判别法进行岩性分类判别，最终判别的正确率为 72.8%（表 6.3），所得到的判别式为

$$\text{TypeI}=0.318\text{GR}+0.412\text{RD}+5.48\text{NPHI}+323.226\text{RHOB}-479.748 \tag{6.2}$$

$$\text{TypeII}=0.313\text{GR}+0.398\text{RD}+5.224\text{NPHI}+307.779\text{RHOB}-435.592 \tag{6.3}$$

$$\text{TypeIII}=0.325\text{GR}+0.392\text{RD}+5.065\text{NPHI}+296.523\text{RHOB}-406.142 \tag{6.4}$$

表 6.3　Fisher 判别法岩性分类结果

			预测组成员			合计
			1	2	3	
初始	计数	1.00	93.0	11.0	6.0	110.0
		2.00	28.0	63.0	19.0	110.0
		3.00	1.0	18.0	66.0	85.0
	百分比/%	1.00	84.5	10.0	5.5	100.0
		2.00	25.5	57.3	17.2	100.0
		3.00	1.2	21.2	77.6	100.0
交叉验证	计数	1.00	93.0	11.0	6.0	110.0
		2.00	28.0	63.0	19.0	110.0
		3.00	2.0	17.0	66.0	85.0
	百分比/%	1.00	84.5	10.0	5.5	100.0
		2.00	25.5	57.3	17.3	100.0
		3.00	2.4	20.0	77.6	100.0

注：①仅对分析中的案例进行交叉验证。在交叉验证中，每个案例都是按照从该案例以外的所有其他案例派生的函数来分类的；②已对初始分组案例中的 72.8%进行了正确分类；③已对交叉验证分组案例中的 72.8%进行了正确分类

判别的基本准则为：类型 I、类型 II 及类型 III 这三个公式计算所得到的值中最大值对应的类型即为该点实际的岩性类别，判别类型与岩性的对应关系见表 6.4。例如地层某一点计算得到的值中，类型 I 公式计算的值最大，则将该点的岩性判别为类型 I 对应的岩性，即该点的岩性为白云岩。

表 6.4　岩性划分类别

类型	岩性
I	白云岩
II	灰岩
III	砂岩

运用 Fisher 判别公式对研究区 A2 井岩性进行整体划分，然后将基于岩性划分建立的渗透率模型在 A2 井进行应用（图 6.6），图中第一道为岩性曲线，包括 3 条曲线，分别为井径曲线、自然电位曲线以及自然伽马曲线，第二道为孔隙度曲线，包括 3 条曲线，分别为声波时差曲线、补偿密度曲线以及补偿中子孔隙度曲线，第三道为电阻率曲线，

包括 3 条曲线，分别为深电阻率、浅电阻率以及微电阻率，第四道为深度，第五道为孔隙度，包括岩心孔隙度以及计算孔隙度，其中红色点为岩心孔隙度，第六道为渗透率曲线，包含岩心渗透率与计算渗透率，其中红色圆点为岩心渗透率，蓝色曲线为模型计算渗透率。表 6.5 为计算渗透率与岩心渗透率部分数值对比表，由图与表可知，模型计算产生的相对误差仍然较大，模型应用精确度较低，效果不理想。究其原因：①每种岩性的渗透率模型各不相同，在岩性判别出现错误的情况下，就会使用错误的渗透率预测模型计算渗透率，从而导致出现较大的误差；②仅使用单一的孔渗回归建立的渗透率预测模型精确度低。说明研究区渗透率的主要影响因素是孔隙度以及孔隙结构，所以必须将表征储层孔隙结构的参数考虑在渗透率模型内，才能提高储层渗透率预测精确度。

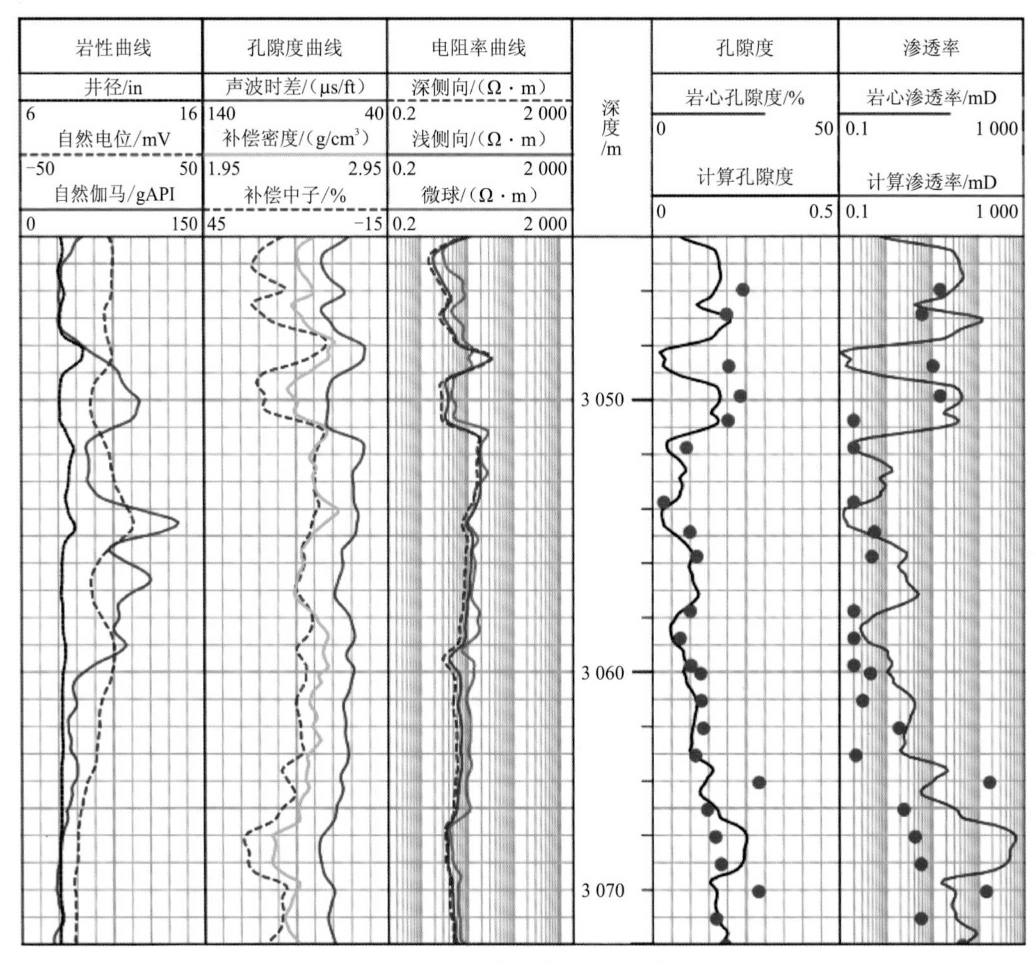

图 6.6 A2 井模型应用效果图

通过建立起不同岩性的孔渗关系，分别得到白云岩、灰岩、砂岩的孔渗回归模型，其中，白云岩孔渗模型的相关系数 R^2 为 0.716，灰岩孔渗模型相关系数 R^2 为 0.689，砂岩孔渗模型相关系数 R^2 为 0.833，在不分岩性时，整体回归的模型相关系数 R^2 为 0.73。通过比较可知，白云岩以及灰岩模型的相关系数 R^2 要低于整体建模的相关系数 R^2，而砂岩模型的相关系数 R^2 要高于整体建模的相关系数 R^2，这反映出研究区砂岩储层渗透率与孔隙度相关性较高，砂岩储层具有较好的物性特征，而白云岩和灰岩储层渗透率与孔隙度相关性一般，其孔隙结构更为复杂。

表 6.5 A2 井计算渗透率与岩心渗透率对比

编号	岩心渗透率 /mD	计算渗透率 /mD	绝对误差 /mD	相对误差 /%
1	1.30	0.05	1.25	96.28
2	0.43	0.05	0.38	88.77
3	3.50	0.49	3.01	85.88
4	0.20	0.38	0.18	90.70
5	0.33	0.32	0.01	2.03
6	12.00	0.53	11.48	95.63
7	2.80	0.81	1.99	71.11
8	0.30	0.53	0.23	75.00
9	38.00	75.75	37.75	99.34
10	28.00	35.32	7.32	26.16
11	0.32	0.47	0.15	46.56
12	15.00	26.15	11.15	74.35
13	10.50	0.14	10.36	98.67
14	15.00	44.93	29.93	199.53
15	0.56	0.35	0.21	38.00
16	0.49	2.76	2.27	464.06
17	0.46	1.05	0.59	128.74
18	121.00	118.47	2.53	2.09
19	1.90	2.83	0.93	48.79
20	7.50	17.10	9.60	128.05
21	175.00	10.38	164.62	94.07
22	104.00	126.28	22.28	21.43
23	493.00	375.54	117.46	23.83
24	107.00	208.17	101.17	94.55
25	25.00	9.48	15.52	62.08
26	5.60	31.20	25.60	457.22
27	44.00	49.73	5.73	13.02
28	3.20	0.05	3.15	98.49
29	16.00	0.05	15.95	99.70
30	59.00	0.05	58.95	99.92

2. 基于流动单元的渗透率模型建立

分岩性建立的孔渗回归模型应用效果仍然较差，本小节继续基于储层划分建立渗透率与孔隙度的关系模型，根据流动单元将研究区储层分类，再对每一类储层建立渗透率与孔隙度的关系模型，评价研究区储层渗透率。

流动单元指数（flow zone indicator，FZI）是由 Amaefule 等在 1993 年提出的[33]，通过对 Kozeny-Carman 公式变形得到流动单元指数的计算公式。

$$\mathrm{FZI}=0.0314\times\frac{1-\phi}{\phi}\times\sqrt{\frac{K}{\phi}} \tag{6.5}$$

式中：FZI 为流动单元指数；ϕ为孔隙度，小数；K 为渗透率，mD。

流动单元指数（FZI）可以反映储层的孔隙结构特征，如果岩样的流动单元指数值范围相近，则这些岩样应具有相似的孔隙结构特征，其对应的渗透率与孔隙度会具有较好的相关性。因此，可根据流动单元指数的大小对储层进行流动单元划分之后，对每一类储层建立渗透率与孔隙度的关系模型，然后对储层渗透率分类评价。

首先，对研究区目的层段 7 口井，共 957 块岩心样品物性分析资料，利用式（6.6）计算每块岩样的流动单元指数，得到这 957 块岩心样品流动单元指数的分布范围为 0.09～39.52，结合岩心物性与实际测井值等资料，将研究区储层流动单元指数分为三类：第一类，0<FZI<0.8；第二类，0.8≤FZI<2；第三类，FZI≥2。分类后，分不同的储层类型建立渗透率与孔隙度关系模型，由图 6.7 可看出，模型具有较好的相关性。第一类储层（0<FZI<0.8）的渗透率评价模型为：$K=0.0002\phi^{3.2438}$，相关系数 R^2 为 0.769；第二类储层（0.8≤FZI<2）的渗透率评价模型为：$K=0.0016\phi^{3.1185}$，相关系数 R^2 为 0.931 8；第三类储层（FZI≥2）的渗透率评价模型为：$K=0.0214\phi^{2.8861}$，相关系数 R^2 为 0.902。

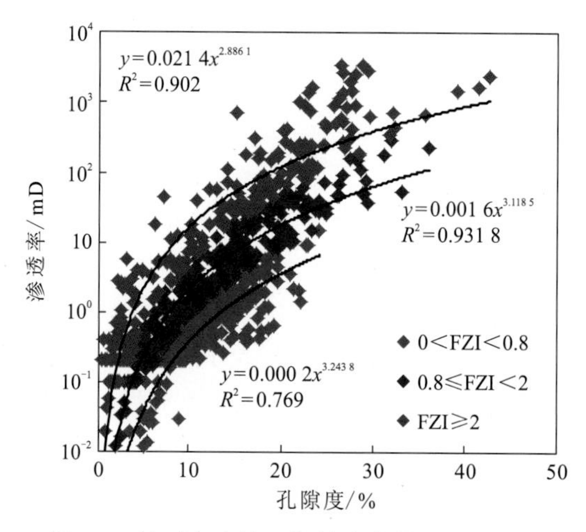

图 6.7　基于流动单元指数分类的渗透率模型

岩心样品只能反映地层部分点的特征，不具有连续性，为判断连续地层的储层类型，采用 Fisher 判别法对研究区储层类型进行判别，基于流动单元指数对研究区储层的分类结果，利用测井资料对储层进行判别，选取声波时差（DT）曲线、自然伽马（GR）曲线、深电阻率（RD）曲线、中子（NPHI）曲线及地层密度（RHOB）曲线作为输入，对研究区储层类别进行判别。957 块岩心样品中，属于第一类储层（0<FZI<0.8）的岩心样品有 277 块，属于第二类储层（0.8≤FZI<2）的岩心样品有 404 块，属于第三类储层（FZI≥2）的岩心样品有 276 块，在这三类储层的岩心样品中各挑选 100 块作为样本，

利用 Fisher 判别法对储层进行分类判别，储层分类判别的正确率仅为 44%（表 6.6），所得到的判别公式为

$$\text{TypeI}=5.824\text{DT}+0.387\text{GR}+0.007\text{RD}+0.887\text{NPHI}+371.595\text{RHOB}-670.98 \tag{6.6}$$

$$\text{TypeII}=5.806\text{DT}+0.364\text{GR}+0.004\text{RD}+0.897\text{NPHI}+373.006\text{RHOB}-672.79 \tag{6.7}$$

$$\text{TypeIII}=5.871\text{DT}+0.359\text{GR}+0.01\text{RD}+0.737\text{NPHI}+370.541\text{RHOB}-668 \tag{6.8}$$

表 6.6　Fisher 判别法储层分类结果

			预测组成员			合计
			1	2	3	
初始	计数	1.00	44.0	31.0	25.0	100.0
		2.00	26.0	45.0	29.0	100.0
		3.00	23.0	34.0	43.0	100.0
	百分比/%	1.00	44.0	31.0	25.0	100.0
		2.00	26.0	45.0	29.0	100.0
		3.00	23.0	34.0	43.0	100.0
交叉验证	计数	1.00	41.0	32.0	27.0	100.0
		2.00	27.0	44.0	29.0	100.0
		3.00	23.0	35.0	42.0	100.0
	百分比/%	1.00	41.0	32.0	27.0	100.0
		2.00	27.0	44.0	29.0	100.0
		3.00	23.0	35.0	42.0	100.0

注：①仅对分析中的案例进行交叉验证。在交叉验证中，每个案例都是按照从该案例以外的所有其他案例派生的函数来分类的；②已对初始分组案例中的 44.0%进行了正确分类；③已对交叉验证分组案例中的 42.3%进行了正确分类

判别的基本准则为：TypeI、TypeII 以及 TypeIII 这三个公式计算所得到的值中最大值对应的类型即为该点实际的储层类别，若地层某一点计算得到的值中 TypeI 公式计算的值最大，则该点的储层类型为第一类储层（$0<\text{FZI}<0.8$）。

运用 Fisher 判别式对研究区 A3 井储层整体进行判别分类，然后将基于流动单元建立的渗透率模型应用在 A3 井，对全井段渗透率进行预测（图 6.8），图中第 1 道为岩性曲线，第 2 道为孔隙度曲线，第 3 道为电阻率曲线，第 4 道为深度，第 5 道为孔隙度曲线，其中红色点为岩心孔隙度，第 6 道为渗透率曲线，红色点为岩心渗透率，蓝色曲线为基于流动单元建立的渗透率模型预测渗透率，可以看出很多岩心点与曲线相距较远，表 6.7 为计算渗透率与岩心渗透率部分数值对比表，结合图与表可知，基于流动单元的渗透率模型在研究区的计算误差依旧较大。在建立基于流动单元的孔渗模型时，渗透率与孔隙度有较好的相关性，相关系数 R^2 高达 0.9，而在对实际井资料进行渗透率评价的时候，却出现了计算误差大，效果不理想的情况，其中最主要的原因是在基于流动单元将研究区储层分为三类之后，这三类储层在常规测井曲线上的响应特征差异不明显，Fisher 判别法对样本点分类判别的正确率较低，仅为 44%，使得利用 Fisher 判别法对储层进行判别分类时，常常会出现将储层错误分类的情况，导致渗透率计算出现错误，渗

透率评价模型误差较大，预测精确度较低。

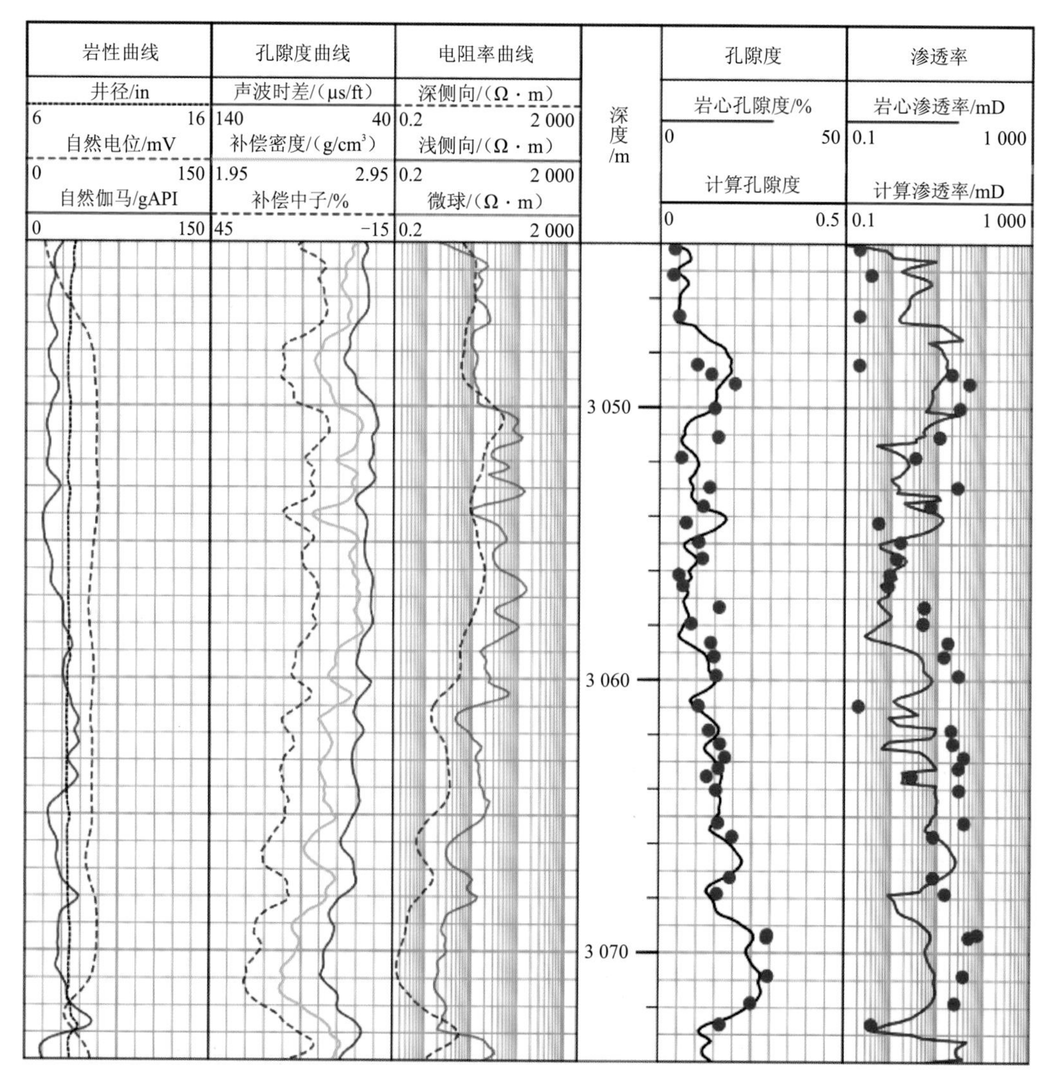

图 6.8　A3 井模型应用效果图

表 6.7　A3 井计算渗透率与岩心渗透率对比

编号	岩心渗透率/mD	计算渗透率/mD	绝对误差/mD	相对误差/%
1	1.30	0.05	1.25	96.28
2	0.43	0.05	0.38	88.77
3	3.50	0.49	3.01	85.88
4	0.20	0.38	0.18	90.70
5	0.33	0.32	0.01	2.03
6	12.00	0.53	11.48	95.63
7	2.80	0.81	1.99	71.11
8	0.30	0.53	0.23	75.00

续表

编号	岩心渗透率/mD	计算渗透率/mD	绝对误差/mD	相对误差/%
9	38.00	75.75	37.75	99.34
10	28.00	35.32	7.32	26.16
11	0.32	0.47	0.15	46.56
12	15.00	26.15	11.15	74.35
13	10.50	0.14	10.36	98.67
14	15.00	44.93	29.93	199.53
15	0.56	0.35	0.21	38.00
16	0.49	2.76	2.27	464.06
17	0.46	1.05	0.59	128.74
18	121.00	118.47	2.53	2.09
19	1.90	2.83	0.93	48.79
20	7.50	17.10	9.60	128.05
21	175.00	10.38	164.62	94.07
22	104.00	126.28	22.28	21.43
23	493.00	375.54	117.46	23.83
24	107.00	208.17	101.17	94.55
25	25.00	9.48	15.52	62.08
26	5.60	31.20	25.60	457.22
27	44.00	49.73	5.73	13.02
28	3.20	0.05	3.15	98.49
29	16.00	0.05	15.95	99.70
30	59.00	0.05	58.95	99.92

6.1.3 渗透率与孔隙结构

1981 年，Swanson[34]将压汞实验得到的毛管压力曲线在双对数坐标下绘制，发现其近似为双曲线的形态，且双曲线的拐点，即每条毛管压力曲线进汞饱和度与进汞压力比值的最大值$\left(\dfrac{S_{\mathrm{Hg}}}{P_{\mathrm{c}}}\right)_{\mathrm{A}}$（称为 Swanson 参数）与岩心渗透率有较好的相关性，最终建立渗透率评价模型：

$$K=355\left(\frac{S_{\mathrm{Hg}}}{P_{\mathrm{c}}}\right)_{\mathrm{A}}^{2.005} \tag{6.9}$$

2004 年，Guo 等[35]在 Swanson 参数的基础上提出了 Capillary Parachor 参数，即每

条毛管压力曲线进汞饱和度与进汞压力平方比值的最大值$\left(\dfrac{S_{Hg}}{P_c^2}\right)_{max}$，并发现岩心渗透率与 Capillary Parachor 参数有较好的相关性，最终建立渗透率评价模型：

$$K = 0.000\,07\left(\frac{S_{Hg}}{P_c^2}\right)_{max}^2 \tag{6.10}$$

Winland 基于大量砂岩和碳酸盐岩岩心资料，拟合出了毛管压力曲线上进汞饱和度为 35%时对应的孔喉半径（R_{35}）与岩心孔隙度、渗透率的经验公式，被称为 Winland 模型[36]：

$$\lg R_{35} = 0.732 + 0.588\lg K - 0.864\lg\phi \tag{6.11}$$

1992 年，Pittman[37]通过对压汞实验的毛管压力曲线进行分析，毛管压力曲线的拐点所对应的孔喉半径（即 Swanson 参数点所对应的孔喉半径 R_{apex}）与岩心渗透率有较好的相关性，并得到了拐点孔喉半径 R_{apex} 与岩心渗透率的经验公式，称为 Pittman 模型：

$$\lg R_{apex} = -0.226 + 0.466\lg K \tag{6.12}$$

2005 年，Nelson[38]通过分析砂岩岩心样品，发现通过毛管压力曲线提取得到的孔隙中值半径 R_{50} 与样品岩心渗透率相关性较好，并利用孔隙中值半径 R_{50} 构建了渗透率评价模型，被称为 Nelson 模型。

2014 年，成志刚等[39]通过分析致密砂岩岩心资料，求取能定量表征储层孔隙结构的特征参数，并与岩心渗透率进行回归分析，优选参数，建立了能准确预测致密砂岩储层渗透率的 δ 函数模型：

$$\delta = \frac{\phi \times R_z}{P_d} \tag{6.13}$$

式中：R_z 为主流喉道半径，μm，指岩样中孔隙喉道对渗透率累积贡献率到 95%之前全部孔隙喉道半径的加权平均。如果 R_z 越大，则反映储层具有较好的孔隙结构。

对研究区 26 块压汞实验样品分别求取以上 6 个渗透率评价模型的参数，并与岩心渗透率建立关系（图 6.9～图 6.14）。

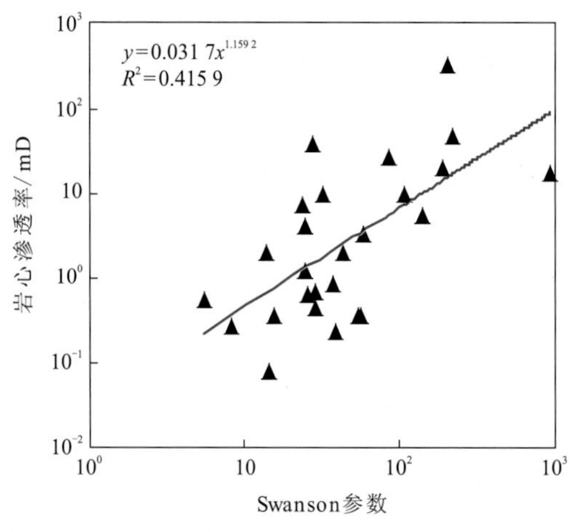

图 6.9　岩心渗透率与 Swanson 参数关系

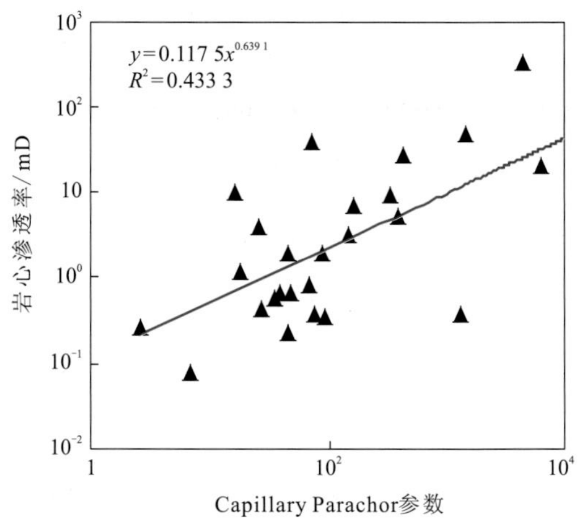

图 6.10　岩心渗透率与 Capillary Parachor 参数关系

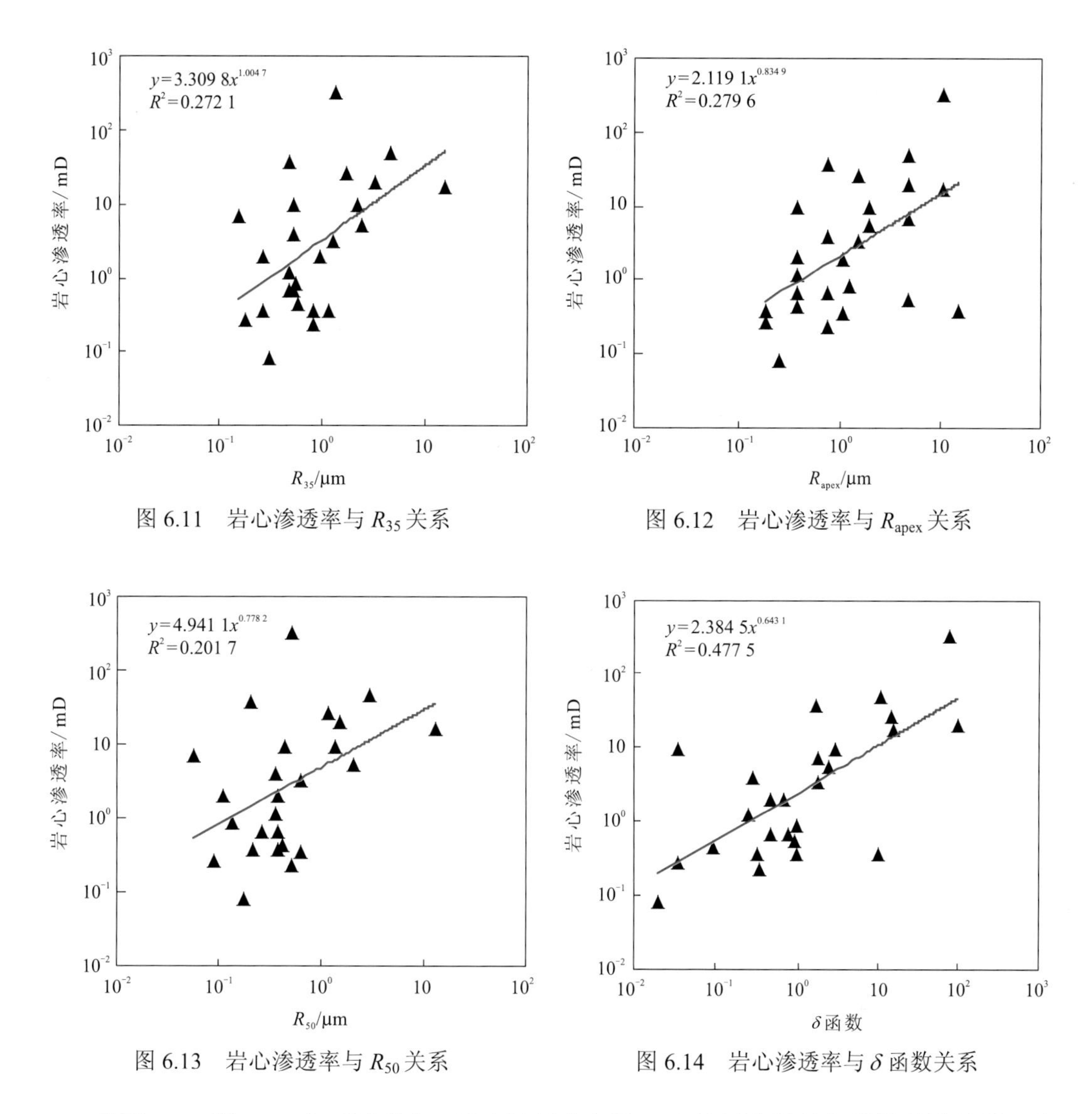

图 6.11　岩心渗透率与 R_{35} 关系

图 6.12　岩心渗透率与 R_{apex} 关系

图 6.13　岩心渗透率与 R_{50} 关系

图 6.14　岩心渗透率与 δ 函数关系

从图 6.9～图 6.14 中可以看出，岩心渗透率与这 6 个特征参数的相关性普遍较差，岩心渗透率与 Swanson 参数的相关系数 R^2 约为 0.415 9，与 Capillary-Parachor 参数的相关系数 R^2 约为 0.433 3，与 R_{35} 的相关系数 R^2 约为 0.272 1，与 R_{apex} 的相关系数 R^2 约为 0.279 6，与 R_{50} 的相关系数 R^2 约为 0.201 7，与 δ 函数的相关系数 R^2 约为 0.477 5，都低于 0.5。其中，岩心渗透率与 δ 函数的相关性是最好的，但相关系数 R^2 仅为 0.477 5，这说明这 6 个经典模型在研究区的适用性并不理想，6 个经典模型中表征孔隙结构的参数并不能准确反映研究区储层的孔隙结构特征，从而导致模型应用效果较差，渗透率预测精确度低。

考虑上述 6 个模型中的孔隙结构特征参数只是部分孔隙结构参数，不具有全面性，为准确反映研究区储层孔隙结构特征，将排驱压力、最大进汞饱和度以及分选系数等孔隙结构特征参数分别与岩心渗透率建立关系（图 6.15～图 6.22）。

从图 6.15～图 6.22 可以看出，与前面 6 个模型中的孔隙结构特征参数类似，最大孔喉半径、中值半径以及变异系数等 8 个孔隙结构特征参数与岩心渗透率的相关性普遍较差。其中，岩心渗透率与最大进汞饱和度无明显相关性，岩心渗透率与最大孔喉半径的

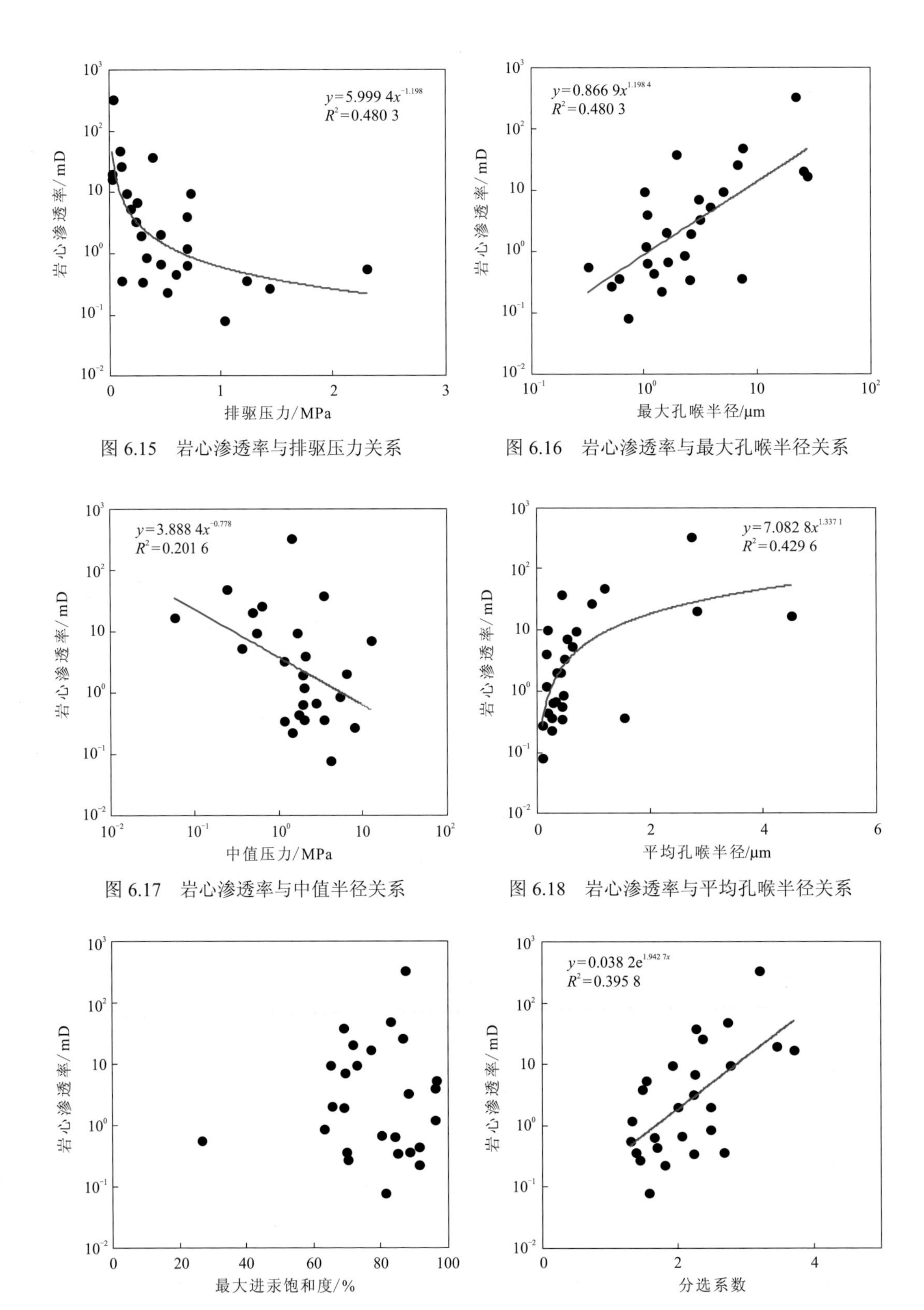

图 6.15 岩心渗透率与排驱压力关系

图 6.16 岩心渗透率与最大孔喉半径关系

图 6.17 岩心渗透率与中值半径关系

图 6.18 岩心渗透率与平均孔喉半径关系

图 6.19 岩心渗透率与最大进汞饱和度关系

图 6.20 岩心渗透率与分选系数关系

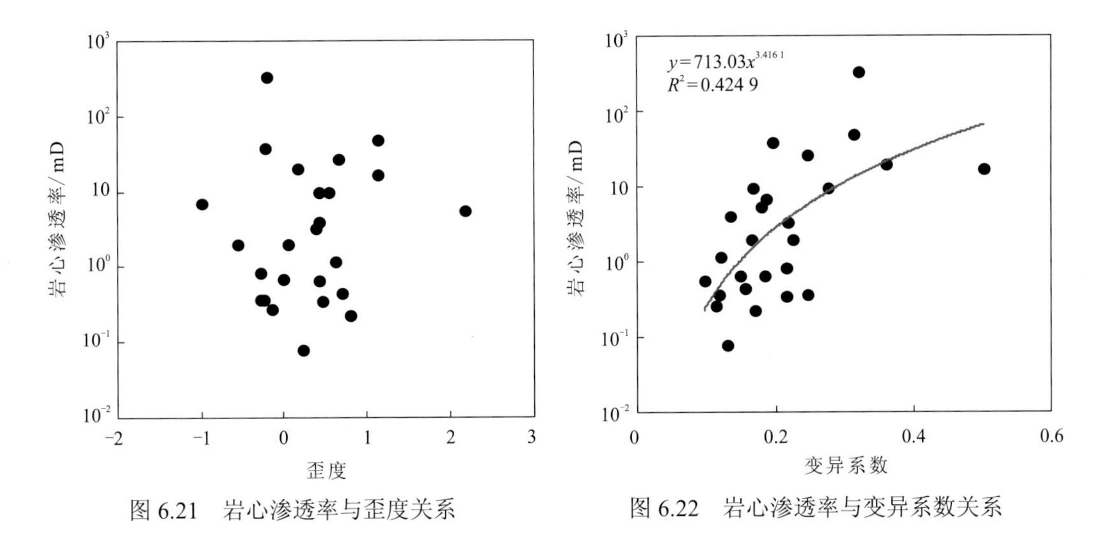

图 6.21　岩心渗透率与歪度关系

图 6.22　岩心渗透率与变异系数关系

相关性是最好的，但其相关系数 R^2 仅为 0.480 3。这 8 个孔隙结构特征参数与岩心渗透率的相关系数 R^2 都低于 0.5，故目前较为常见的孔隙结构参数均无法准确表征研究区的孔隙结构特征以及渗流机理。所以，要想精确预测研究区渗透率，准确刻画研究区孔隙结构特征以及渗流机理是必不可少的。

6.1.4　核磁共振渗透率模型

近几年核磁共振测井技术在油田领域得到快速发展，由核磁共振测井测量得到的 T_2 谱中携带有大量能反映储层岩石的孔径分布、孔喉大小及连通情况等孔隙结构特征的信息，因此核磁共振测井是目前评价储层孔隙结构以及渗透率的首选方法。本小节将重点分析经典核磁共振测井渗透率评价模型——Coates 模型和 SDR 模型在研究区的适用性。

1. 基础理论

物理学中，原子核由质子和中子组成，其中质子带有正电荷，中子不带电荷，质子和中子都被称为核子，是原子核的重要组成部分。其中，质子数为奇数的原子核会自旋，即原子核总是不停地按一定频率绕着自身的轴旋转。与地球自转产生地磁场类似，原子核自旋能产生磁场。原子核从某一能量状态转变到另一能量状态称为原子核在能级之间的跃迁，原子核只能在相邻两个能级之间进行跃迁，对于 ^1H 核来说，自身只有两个能级，所以跃迁就只能在这两个能级之间进行。

由量子力学理论可知，将电磁波作用于原子核系统时，当电磁波频率所决定的量子的能量正好等于原子核两个相邻能级之间的能量差时，原子核就会吸收电磁波，在两个相邻能级之间进行跃迁，这一现象称为核磁共振现象。在对静磁场 $\boldsymbol{B}_0$ 加一个射频场后，会发生射频脉冲作用，磁化矢量会逐渐偏离静磁场 $\boldsymbol{B}_0$ 的方向，最终核磁化强度矢量 $\boldsymbol{M}_0$ 与静磁场 $\boldsymbol{B}_0$ 之间会形成一个夹角，这个夹角被称为扳转角。停止射频脉冲作用后，磁化矢量 $\boldsymbol{M}_0$ 会逐渐向静磁场 $\boldsymbol{B}_0$ 方向恢复，原子核会从非平衡状态慢慢转变为平衡状态，从高能态恢复为低能态。原子核从这种高能态不经过辐射而转变为低能态的过程，一般称之为弛豫。

弛豫可分为两个部分：①核磁化矢量 $\boldsymbol{M}$ 在坐标轴 z 轴上的分量，最终会逐渐变为初始磁化强度 $\boldsymbol{M}_0$，一般称为纵向弛豫，也称为自旋-晶格弛豫，纵向弛豫的时间常数一般被称为纵向弛豫时间，记为 T_1；②核磁化矢量 $\boldsymbol{M}$ 在坐标轴（x，y）平面上的分量，最终要逐渐减小为零，一般称为横向弛豫，也被称为自旋-自旋弛豫，横向弛豫的时间常数一般被称为横向弛豫时间，记为 T_2。横向弛豫时孔隙流体同时受到三种机制：自由弛豫、表面弛豫及扩散弛豫[40]。

自由弛豫，是流体自身固有的一种核磁特性，不被所在地层因素干扰。自由弛豫与分子的运动相关，而分子的运动速度受流体的黏度以及地层温度所影响，故自由弛豫是地层温度以及流体黏度的函数，有以下公式。

$$T_{2b} \propto \frac{T}{\eta} \tag{6.14}$$

式中：T_{2b} 为流体横向自由弛豫时间，ms；T 为绝对温度，η 为流体黏度。

表面弛豫，即在进行核磁共振测量时，扩散作用的发生引起核磁共振弛豫，使分子有充分的机会和颗粒表面碰撞，每次碰撞都使分子有概率发生自旋弛豫，从而引起的核磁共振弛豫，有以下公式。

$$\frac{1}{T_{2s}} = \rho_2 \frac{S}{V} \tag{6.15}$$

式中：T_{2s} 为流体横向表面弛豫时间，ms；ρ_2 为横向表面弛豫率；$\frac{S}{V}$ 为孔道比表面积。

扩散弛豫，即在梯度场中分子扩散将缩短弛豫时间。有以下公式。

$$\frac{1}{T_{2D}} = \frac{D\left(\gamma G T_{E}\right)^2}{12} \tag{6.16}$$

式中：T_{2D} 为流体横向扩散弛豫时间，ms；D 为流体的扩散系数；γ 为孔隙中流体的旋磁比；G 为静磁场强度；T_E 是核磁共振测量的回波间隔。

地层岩石孔隙中流体的横向弛豫时间 T_2 有以下表达式。

$$\frac{1}{T_2} = \frac{1}{T_{2b}} + \frac{1}{T_{2s}} + \frac{1}{T_{2D}} = \frac{1}{T_{2b}} + \rho_2 \frac{S}{V} + \frac{D\left(\gamma G T_{E}\right)^2}{12} \tag{6.17}$$

当地层岩石完全饱含水时，相比于表面弛豫，水的自由弛豫非常的慢，故可以完全忽略；测量过程中仪器的磁场梯度或采用的回波间隔非常小时，扩散弛豫的作用是非常小的，因此也可忽略不计。此时核磁横向弛豫时间 T_2 主要来自表面弛豫，则式（6.17）可以改写为下式。

$$\frac{1}{T_2} = \rho_2 \frac{S}{V} \tag{6.18}$$

一般在研究地层中岩石的核磁共振现象时，常不考虑流体的自由弛豫和扩散弛豫。T_1 在测量过程中耗时较长且操作过程较为复杂，所以，在进行核磁共振测井时，一般都测量横向弛豫时间 T_2。单个孔喉的弛豫现象一般叫作单指数弛豫，但在实际测量过程中，地层岩石中包含有大大小小的孔喉，这些孔喉各自对应的弛豫时间 T_2 也各不相同，因此核磁共振测量到的信号是多个单指数弛豫共同作用的结果。总弛豫为各单弛豫相加，有以下计算公式。

$$S(t)=\sum A_i \exp\left(-\frac{t}{T_{2i}}\right) \tag{6.19}$$

式中：$S(t)$ 为回波幅度；A_i 为第 i 个孔隙组分的占比；T_{2i} 为第 i 个孔隙组分的横向弛豫时间。

通过使用式（6.19），将测量得到的衰减信号累加，即可计算得到 T_2 衰减曲线。对于回波串数据，可以通过奇异值分解法等方法反演得到核磁共振 T_2 分布谱，也叫 T_2 谱。基于核磁共振 T_2 谱，就可以了解地层孔隙分布以及孔隙结构特征，并计算有效孔隙度、渗透率等储层参数。

2. 经典核磁共振渗透率模型适用性分析

利用核磁共振测井资料可以预测储层的渗透率，国内外许多学者基于核磁共振实验及理论分析提出了大量核磁共振渗透率评价模型，其中常用的经典模型主要为 SDR 模型和 Coates 模型，表达式分别如下。

$$K_{\text{Coates}}=\left(\frac{\phi}{C}\right)^4\left(\frac{\text{FFI}}{\text{BVI}}\right)^2 \tag{6.20}$$

$$K_{\text{SDR}}=aT_{2\text{gm}}^2\phi^4 \tag{6.21}$$

式中：ϕ 为核磁有效孔隙度，%；FFI 为核磁自由流体体积，%；BVI 为核磁束缚流体体积，%；$T_{2\text{gm}}$ 为核磁 T_2 分布几何均值，ms；a、C 为拟合得到的经验系数。

Coates 模型通过选取合适的 T_2 截止值，将地层孔隙体积分为自由流体体积与束缚流体体积两部分，通过核磁有效孔隙度与自由束缚流体体积比来建立渗透率评价模型[41]。在划分可动流体体积和束缚流体体积时，T_2 截止值的确定是至关重要的。目前 T_2 截止值的确定有以下两种手段：①在实验室对岩心进行核磁共振实验，先测量岩样饱含水情况下的 T_2 谱，作出孔隙度累积曲线，然后测量岩样经过离心后的 T_2 谱，也作孔隙度累积曲线，将前后两条孔隙度累积曲线进行对比分析即可得到该岩样的 T_2 截止值。该方法的弊端是实验室核磁测量成本较高、时间周期较长，且数据点较少，不能准确反映地层的真实情况。②采取目前公认的经验值，其中砂泥岩储层核磁共振 T_2 截止值为 33 ms，碳酸盐岩储层核磁共振 T_2 截止值为 92 ms。该方法的缺点是不同地区的储层特征各不相同，会导致误差较大。

SDR 模型通过核磁有效孔隙度和 T_2 几何平均值来建立渗透率评价模型。不同大小的孔喉对应的 T_2 谱分布不同，且其对渗透率的贡献也有差异，但在 SDR 模型中，T_2 谱分布被平均为 T_2 几何均值来计算渗透率。Coates 模型考虑到了大小不同的孔喉对渗透率的贡献不同，但只是简单地认为渗透率只是由孔隙体积中的可动流体体积和束缚流体体积两部分共同贡献的作用。常规储集层的孔隙结构简单，通常使用 SDR 模型和 Coates 模型评价渗透率都能得到较高的精确度。但对于孔隙结构复杂的储集层，SDR 模型和 Coates 模型的应用效果往往都不好。以研究区 A4 井为例，图 6.23～图 6.24 是 SDR 模型和 Coates 模型计算的渗透率与岩心渗透率的交会图，表 6.8 为 SDR 模型计算渗透率与岩心渗透率的部分数值对比表、表 6.9 为 Coates 模型计算渗透率与岩心渗透率的部分数值对比表。从图和表中可以看出，这两个模型计算产生的相对误差均较大，精确度较低，效果不理想。图 6.25 是压汞孔喉分布频率及渗透率贡献值分布曲线图，由图 6.25 可知，研究区储层孔喉分布范围较为广泛，不同大小的孔喉连续分布且对渗透率的贡献值差异较大，因此 SDR 模型或 Coates 模型均无法精确表征其孔隙结构复杂程度，其局限性在于它们无法精确表征复杂储集层 T_2 分布所反映的孔隙结构以及孔喉分布特征。

基于上述分析可知，要想准确评价该地区渗透率，必须对储层孔隙结构以及孔喉分布特征进行更加准确的表征，以便更精确地表征不同尺寸分布孔隙及喉道对渗透率的贡献，提高渗透率评价效果。

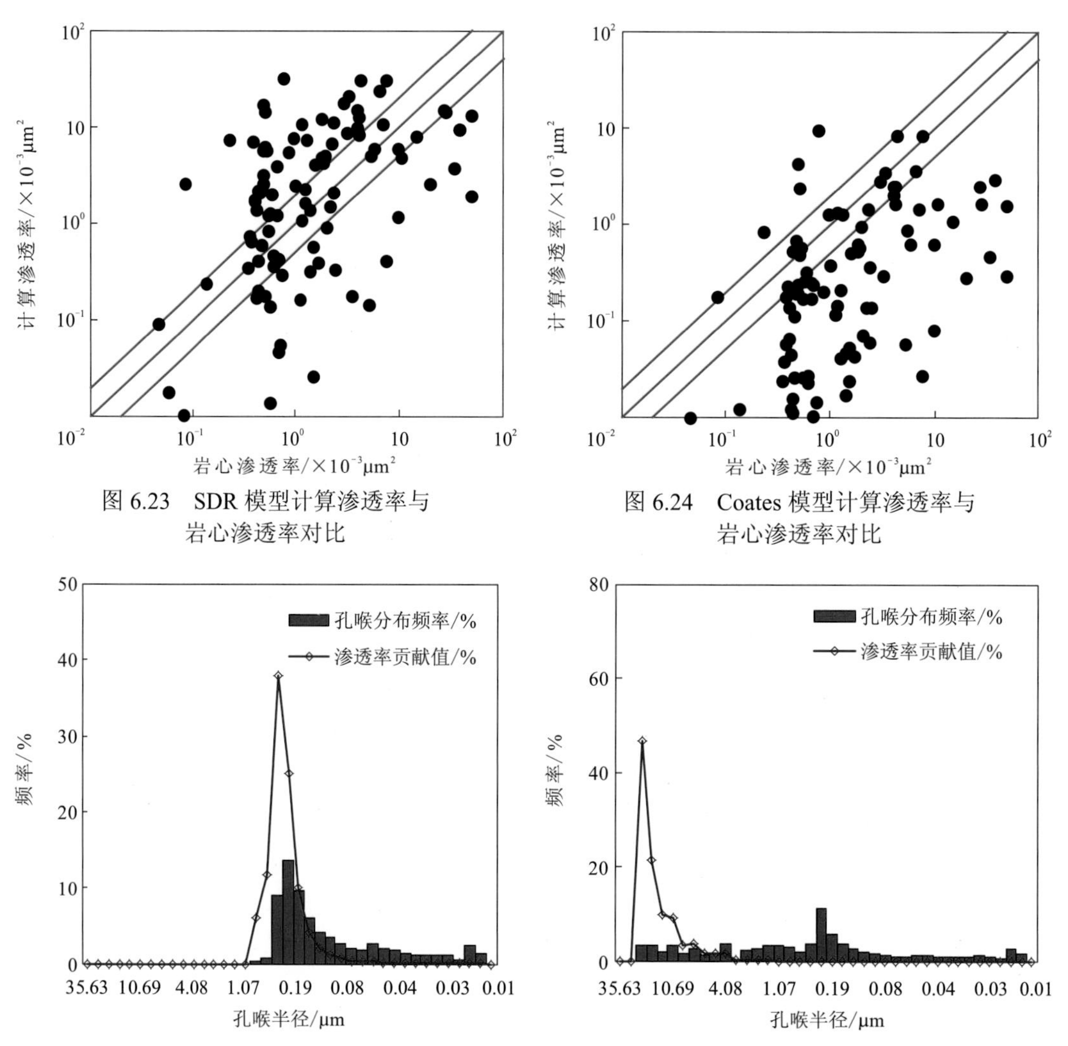

图 6.23 SDR 模型计算渗透率与岩心渗透率对比

图 6.24 Coates 模型计算渗透率与岩心渗透率对比

图 6.25 孔喉分布频率及渗透率贡献分布曲线

表 6.8 SDR 模型计算渗透率与岩心渗透率对比

编号	岩心渗透率/mD	计算渗透率/mD	绝对误差/mD	相对误差/%
1	0.36	0.75	0.39	109.08
2	4.35	30.83	26.48	608.65
3	38.20	9.54	28.66	75.03

续表

编号	岩心渗透率/mD	计算渗透率/mD	绝对误差/mD	相对误差/%
4	10.70	4.94	5.76	53.81
5	33.90	3.87	30.03	88.59
6	2.36	11.21	8.85	375.07
7	3.12	8.79	5.67	181.87
8	0.39	7.22	6.83	1 769.53
9	0.85	5.62	4.77	558.45
10	0.66	1.22	0.56	84.40
11	1.25	1.65	0.40	31.80
12	2.31	2.12	0.19	8.26
13	3.51	0.18	3.33	94.94
14	7.39	30.83	23.44	317.14
15	4.14	8.48	4.34	104.81
16	1.82	12.35	10.53	578.51
17	0.45	2.23	1.78	397.41
18	1.36	1.41	0.05	3.32
19	1.26	2.31	1.05	83.39
20	1.56	4.18	2.62	167.79
21	49.30	1.97	47.33	96.00
22	20.30	2.57	17.73	87.36
23	1.09	0.16	0.93	84.97
24	0.43	2.18	1.74	404.64
25	5.39	5.15	0.24	4.38
26	1.28	7.42	6.14	479.93
27	27.70	14.36	13.34	48.17
28	48.70	13.37	35.33	72.56
29	7.02	10.93	3.91	55.66
30	14.80	8.20	6.60	44.60

表 6.9　Coates 模型计算渗透率与岩心渗透率对比

编号	岩心渗透率/mD	计算渗透率/mD	绝对误差/mD	相对误差/%
1	0.36	0.04	0.32	89.16
2	4.35	8.49	4.14	95.12
3	38.20	2.99	35.21	92.16
4	10.70	1.64	9.06	84.69
5	33.90	0.46	33.44	98.63

续表

编号	岩心渗透率/mD	计算渗透率/mD	绝对误差/mD	相对误差/%
6	2.36	0.37	1.99	84.49
7	3.12	0.30	2.82	90.26
8	0.39	0.23	0.16	40.78
9	0.85	0.21	0.65	75.75
10	0.66	0.17	0.49	74.21
11	1.25	0.04	1.21	96.71
12	2.31	0.06	2.25	97.32
13	3.51	0.01	3.50	99.81
14	7.39	8.49	1.10	14.85
15	4.14	2.46	1.68	40.65
16	1.82	0.53	1.29	70.69
17	0.45	0.03	0.42	94.22
18	1.36	0.05	1.31	96.59
19	1.26	0.22	1.04	82.90
20	1.56	0.50	1.06	67.65
21	49.30	0.29	49.01	99.40
22	20.30	0.28	20.02	98.60
23	1.09	0.12	0.97	89.10
24	0.43	0.54	0.11	25.55
25	5.39	0.90	4.49	83.33
26	1.28	1.27	0.02	1.17
27	27.70	1.66	26.04	94.01
28	48.70	1.62	47.08	96.68
29	7.02	1.47	5.55	79.06
30	14.80	1.09	13.71	92.63

6.2 基于电成像面孔率的渗透率评价

6.2.1 预测模型理论基础

研究区碳酸盐岩储层的物性和孔隙结构较复杂，储层孔隙多为次生孔隙，不同孔隙结构的物性差异较大，且储层的孔隙类型、孔隙大小空间分布、孔隙连通性和孔道迂曲度等因素均会对岩石的渗透率产生影响，导致储层渗透率的计算产生误差。针对上述问题，本节利用高分辨率的铸体薄片和电成像测井对储层孔隙类型、孔隙空间和孔隙结构等因素进行分析，建立渗透率评价模型，并将计算结果进行对比分析。

分析研究区块储层铸体薄片图像（图 6.26），可见储层段主要发育粒间溶孔和少量晶间孔，储集层的渗透性主要由基质孔隙和溶蚀孔隙两部分渗透体系贡献，表现出明显的双重介质特性。

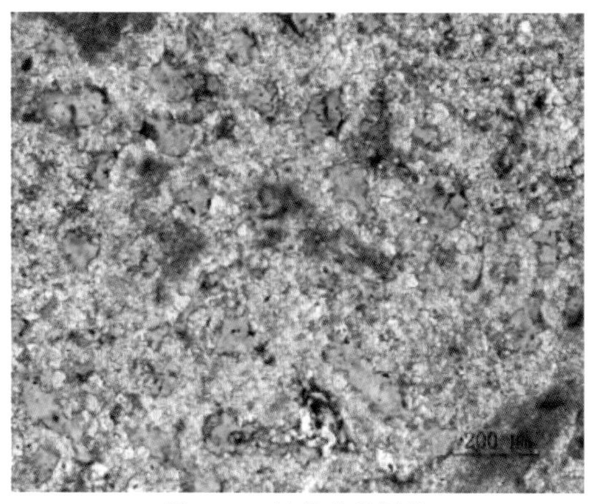

图 6.26　铸体薄片图像

碳酸盐岩储层渗透特性可通过由基质孔隙部分组成的低渗透体系 K_{ma} 和由溶蚀孔隙部分组成的高渗透体系 K_v 两方面进行等效表述[42]。同时，当储层的孔隙有一定的方向性和空间连通性时，根据有效介质近似理论就可以计算具有双重介质特征的碳酸盐岩地层的有效渗透率 K_{eff}，用公式表示如下。

$$K_{eff}^m = f_v K_v^m + f_{ma} K_{ma}^m \tag{6.22}$$

式中：K_{ma}、K_v 分别表示基质孔隙与溶蚀孔隙部分的渗透率；f_{ma}、f_v 分别是基质孔隙与溶蚀孔隙体系的体积分数。根据有效介质近似理论和 Looyenga[43]的研究结果，m 值一般取 1/3。

由于基质孔隙与溶蚀孔隙体系的体积分数之和为 1，即 $f_{ma}+f_v=1$，可以将式（6.22）转化为下式。

$$K_{eff}^m = f_v K_v^m + (1-f_v) K_{ma}^m \tag{6.23}$$

因 m 值为小于 1 的常数，进一步将式（6.23）转化为

$$K_{eff} = \left[f_v K_v^{\frac{1}{n}} + (1-f_v) K_{ma}^{\frac{1}{n}} \right]^n \tag{6.24}$$

假设 K_{ma}、K_v 为常数，可以将有效渗透率［式（6.24）］进行二项式展开：

$$K_{eff} = c_0 + c_1 f_v + c_2 f_v^2 + \cdots + c_{n-1} f_v^{n-1} + c_n f_v^n \tag{6.25}$$

指数 e^x 多项式的展开形式为

$$e^x = 1 + x + 2!x^2 + \cdots + (n-1)!x^{n-1} + n!x^n \tag{6.26}$$

有效渗透率的二项式展开与 e^x 多项式展开形式相似，因此，储层的有效渗透率可以近似与溶蚀孔隙体系的体积分数呈指数关系，由此得到双重介质地层渗透率模型。

$$K_{eff} = f\left(f_v\right) \approx C_1 e^{C_2 f_v} \tag{6.27}$$

式中：C_1 和 C_2 为双重介质特征地层渗透率模型的 2 个主要参数。

对研究区块碳酸盐岩储层渗透率变化范围进行拟合，得到如图 6.27～图 6.30 和表 6.10 所示的结果。

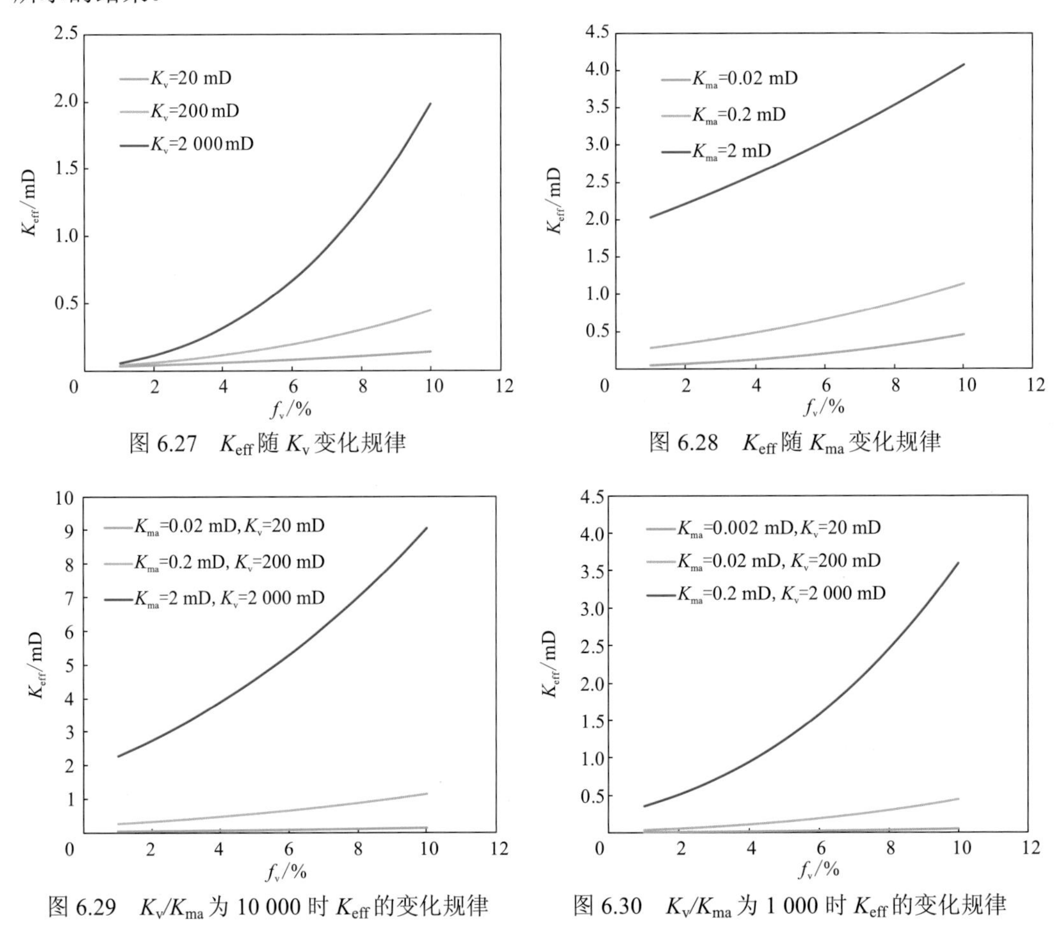

图 6.27 K_{eff} 随 K_v 变化规律

图 6.28 K_{eff} 随 K_{ma} 变化规律

图 6.29 K_v/K_{ma} 为 10 000 时 K_{eff} 的变化规律

图 6.30 K_v/K_{ma} 为 1 000 时 K_{eff} 的变化规律

表 6.10 不同取值情况下模型参数拟合结果

	K_{ma}/mD	K_v/mD	C_1	C_2
	0.020	20	0.032 7	0.152 6
K_{ma} 为定值时	0.020	200	0.040 2	0.253 8
	0.020	2 000	0.063 3	0.367 5
	0.020	200	0.040 2	0.253 8
K_v 为定值时	0.20	200	0.259 4	0.152 6
	2.00	200	1.910 2	0.077 1
	0.002	20	0.005 1	0.253 8
K_v/K_{ma}=10 000	0.020	200	0.040 2	0.253 8
	0.200	2 000	0.319 7	0.253 8
	0.020	20	0.032 7	0.152 6
K_v/K_{ma}=1 000	0.200	200	0.259 4	0.152 6
	2.000	2000	2.060 2	0.152 6

由上述图表可看出，K_{ma} 取定值 0.02 mD，K_v 取值逐渐增加时，参数 C_1 有小幅度的增加，参数 C_2 增加较明显；当 K_v 取定值 200 mD，K_{ma} 取值逐渐增加时，参数 C_1 随着 K_{ma} 的增加明显增大，且接近于 K_{ma} 的取值。说明参数 C_1 主要受基质孔隙渗透体系的影响，反映均质储层的变化规律。当 K_v 和 K_{ma} 分别取不同值时，但保持 K_v/K_{ma} 为固定值时，参数 C_2 保持不变，且随着 K_v/K_{ma} 值的增大，参数 C_2 也会相应增大。可以看出参数 C_2 的取值主要取决于 K_v 和 K_{ma} 的比值，反映的是储层中溶蚀孔隙部分高渗透性体系的占比对地层渗透率的贡献。同时，由于裂缝对储层渗透率的影响不稳定，该渗透率预测模型主要适用于孔隙型和孔隙-孔洞型碳酸盐岩储集层，而研究区碳酸盐岩储层的孔隙空间主要以粒间孔和晶间孔等次生孔隙为主，裂缝相对不发育，因此预测模型式（6.27）适用于研究区的孔隙型碳酸盐岩储集层。

岩石铸体薄片实验图像分辨率较高，能直观地观察到储层孔隙类型和孔隙空间形状，而铸体薄片中的岩石背景灰度值与孔隙的灰度值存在一定的差别，利用图像处理技术进行分割处理，能够有效得到溶蚀孔隙部分高渗透性体系的体积分数，进而验证有效渗透率的预测模型。

6.2.2 基于铸体薄片的模型验证

储层的孔隙结构会直接影响岩石物理响应，对于复杂的碳酸盐岩储层而言，孔隙结构的分析尤为重要。研究区碳酸盐岩储层孔隙结构十分复杂，储集孔隙空间类型多样，主要的孔隙类型有粒间孔、晶间孔和溶蚀孔等。半径相对较大的次生孔隙和溶蚀孔隙等对储层孔隙性和渗透性贡献较大。目前，储层孔隙结构的研究方法比较多，常用的几种方法有岩心CT、扫描电镜、铸体薄片、压汞实验以及核磁测井等。研究区铸体薄片实验资料与其他实验资料相比相对较多，故采用铸体薄片资料对研究区碳酸盐岩储层的孔隙结构进行分析和研究。

铸体薄片是在真空状态下将染色树脂或蓝色的液态胶压入到岩石储层的孔隙空间中，然后在一定温度和压力条件下等待树脂或者液态胶凝固，最后将其磨制形成的。由于岩石的孔隙空间被有色树脂或者液态胶充填，孔隙会呈现蓝色状态，而岩石骨架背景呈现灰色状态，所以在显微镜下能比较醒目地观察到铸体薄片中的岩石孔隙，且易辨认。因此，通过铸体薄片可以直接观察岩石孔隙空间大小、分布、孔隙类型、喉道连通情况以及组合特征和配位数，是一种评价岩石孔隙结构的有效方法。在显微镜下观察铸体薄片时，选择合适的放大倍数可以对岩石样品的主形态进行表征，通过成像分析可以得到由红、绿、蓝三种基本颜色组成的 RGB 格式的薄片图片，根据图像学理论，可以用式（6.28）对 RGB 铸体薄片图片的灰度值进行表示。

$$I_c = f_c(x,y) \quad (0 \leqslant f_c(x,y) \leqslant 255) \tag{6.28}$$

式中：下标 c 表示三种颜色 R（red）、G（green）、B（blue）。

为定量分析岩石孔隙参数与渗透率之间的关系，需要通过数字图像处理技术对铸体薄片图片提取碳酸盐岩储层中的孔隙信息参数。对原始的铸体薄片使用图像处理提取岩石孔隙参数的操作流程见图 6.31，具体步骤如下。

（1）将原始的 RGB 图像转化为灰度图像。

原始铸体薄片图片是由红色、绿色和蓝色三个通道构成的图像，在图像中以不同的灰度色阶来表示红、绿、蓝三种颜色在图像中的比重。目前将 RGB 图像转化为灰度图像的方法有浮点算法、整数方法、移位方法、平均值法以及仅取单通道方法。本节选择仅取单通道方法对铸体薄片图片进行灰度转换。

图 6.32（a）是原始岩样铸体薄片实验图片，图 6.32（b）为仅取红色通道的灰度转化结果图，图 6.32（c）为仅取绿色通道的灰度转化结果图，图 6.32（d）为仅取蓝色通道的灰度转化结果图。通过对比分析 R（红色）、G（绿色）、B（蓝色）三个通道的灰度转换图，可以看到红色通道的灰度图像能够较完整地表征原始铸体薄片中的孔隙特征，岩石孔隙呈现明显的暗色，岩石骨架呈现明显的亮色，两者区分明显。因此，为方便岩石孔隙参数的提取，选择能明显区分岩石孔隙和骨架的红色通道的灰度转化图像。

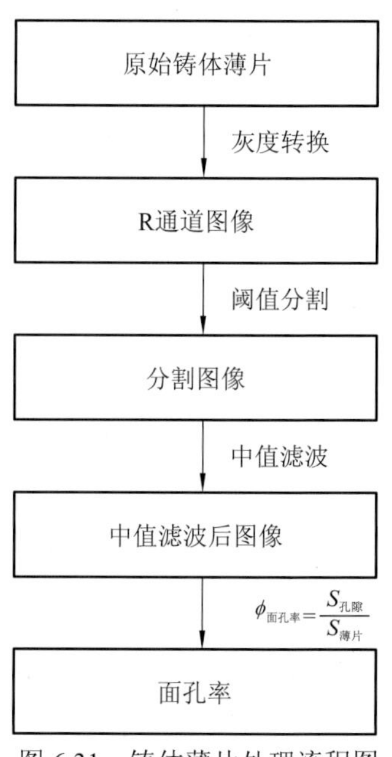

图 6.31　铸体薄片处理流程图

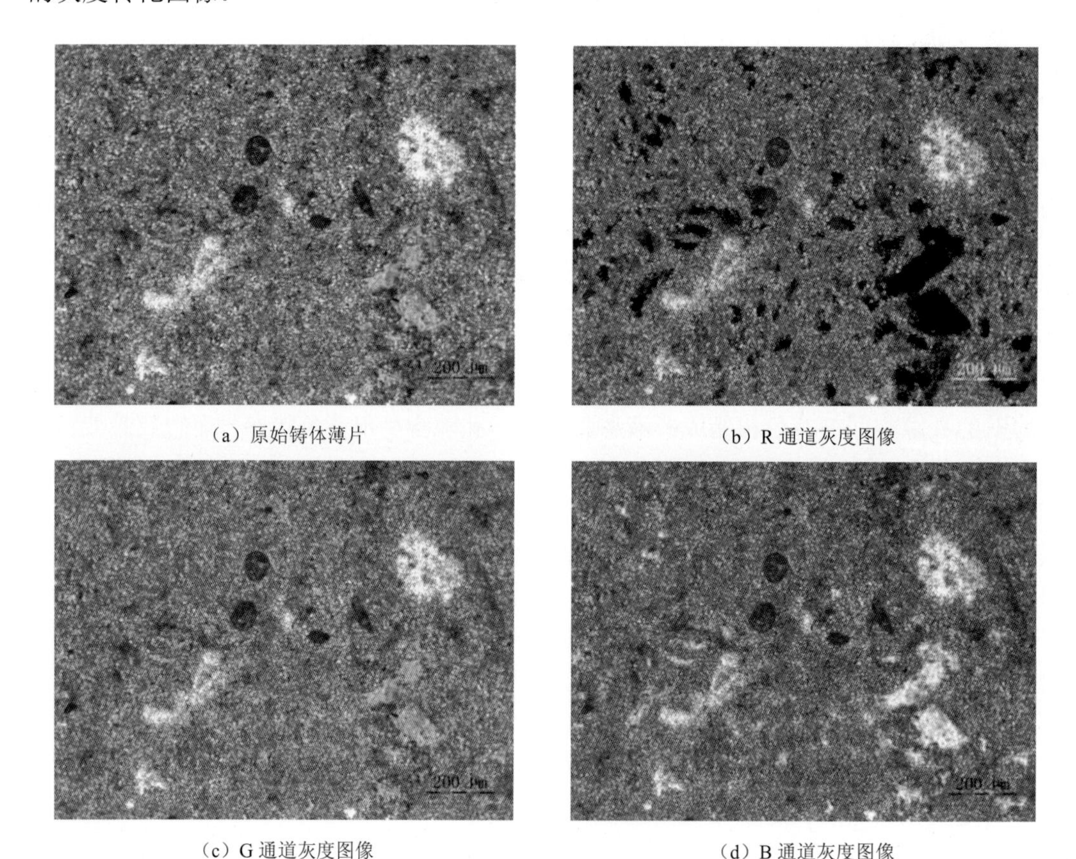

（a）原始铸体薄片　（b）R 通道灰度图像

（c）G 通道灰度图像　（d）B 通道灰度图像

图 6.32　铸体薄片灰度转换图像

（2）对灰度图像进行图像分割提取岩石孔隙。

R 通道灰度转换图像能够较明显地区分岩石孔隙和骨架，说明在灰度图像中，岩石孔隙和骨架的灰度像素值存在差异。统计灰度图像中所有像素值出现的频率，可以得到如图 6.33（b）所示的灰度图像统计直方图，直方图表现出较明显的两峰状态，选择两峰间的波谷处的灰度像素值 T 作为阈值进行铸体薄片图像分割。

$$g(x,y)=\begin{cases} f(x,y), & f(x,y)\geqslant T \\ 0, & f(x,y)<T \end{cases} \tag{6.29}$$

式中：$f(x,y)$为原始图像；$g(x,y)$为经过阈值分割的图像。

图 6.33（c）为经过阈值分割的过程图像，图中选中的红色部分为孔隙，与铸体薄片灰度图像图 6.33（a）对比，红色部分较准确地覆盖了岩石孔隙，且能将具有相同特征的连通孔隙区域分割出来。对图像进行分割，得到分割后的图像见图 6.33（d），由图可知，分割图像能提供很好的孔隙边界信息和分割结果。

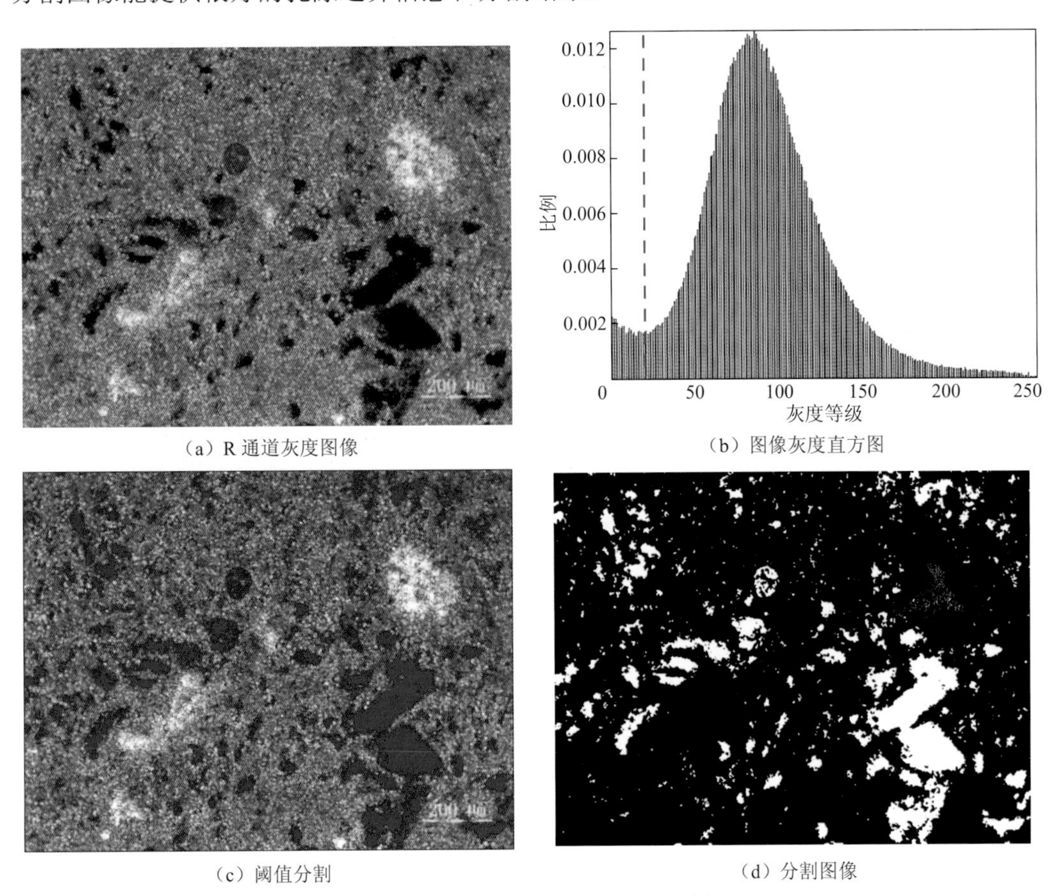

（a）R 通道灰度图像　（b）图像灰度直方图

（c）阈值分割　（d）分割图像

图 6.33　铸体薄片灰度图像分割过程

（3）分割图像滤波处理并提取孔隙参数。

根据图 6.33（d）分割后的图像，可以看出分割后的图像仍然存在明显的噪音点，对孔隙参数计算存在较大的影响。因此，采用中值滤波对分割后的图像进行滤波处理，突出增强孔隙和骨架的真实信息，进而得到最终的二值化铸体薄片图像[图 6.34（a）]，图中白色部分为岩石孔隙，黑色部分为骨架。

最后，应用点统计方法对最终的二值化图像进行孔隙测量和分析，如图 6.34（b）所示。统计分割后的孔隙数目和每个孔隙的面积 Σ_i（图像中灰度值为 255（白点）的像素数目），并计算出铸体薄片孔隙参数——面孔率 ϕ_{sp} 为

$$\phi_{sp} = \sum_{i=1}^{N} \frac{\Sigma_i}{\Sigma_{ts}} \tag{6.30}$$

式中：Σ_{ts} 为铸体薄片的面积；N 为每个铸体薄片孔隙数目。

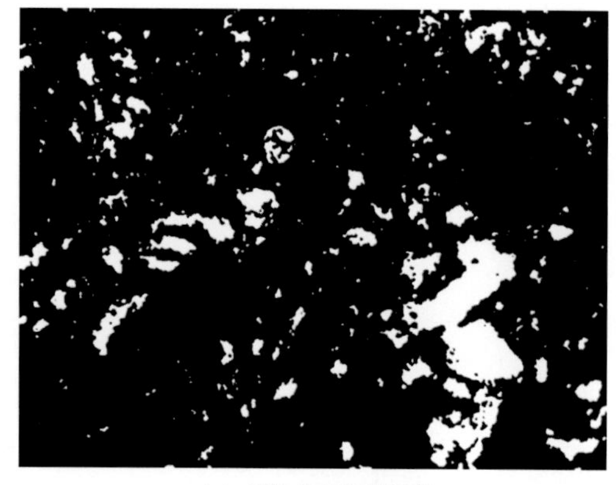

（a）滤波处理后的图像

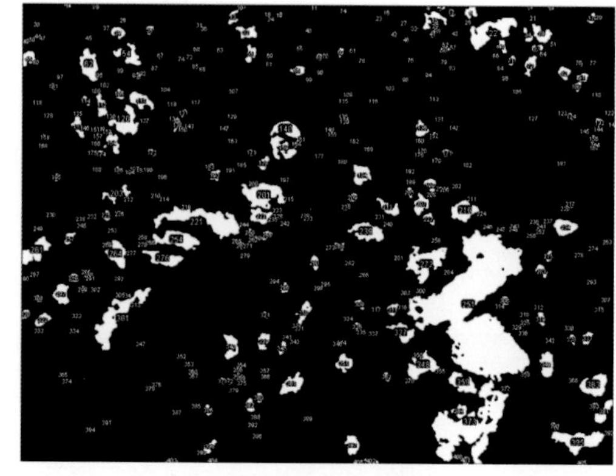

（b）孔隙统计图像

图 6.34　铸体薄片滤波和孔隙统计图

选取研究区 AGCS-24 井 19 块碳酸盐岩岩心物性实验数据和铸体薄片实验样品的平行样品进行分析，研究铸体薄片孔隙结构并进行图像处理，提取面孔率，处理统计结果见表 6.11。

将表 6.11 中提取的 19 块样品铸体薄片的面孔率与岩心渗透率数据进行拟合，如图 6.35 所示，发现两者存在明显的指数关系。

$$K = 0.024\,8\mathrm{e}^{0.396\,1\phi_{sp}} \tag{6.31}$$

两者拟合的结果[式（6.31）]与根据双重介质有效介质近似理论证明岩心渗透率与溶蚀孔隙体积分数存在指数关系[式（6.27）]的结论相符，验证了基于铸体薄片提取面孔率预测储层渗透率的可靠性。

表 6.11　岩心物性实验数据和铸体薄片面孔率

样品编号	岩心孔隙度/%	岩心渗透率/mD	孔隙数目	面孔率/%
1	18.5	26.70	384	18.74
2	9.8	0.85	125	11.22
3	12.0	0.66	800	7.89
4	9.3	0.37	1 256	8.88
5	7.0	2.02	798	9.35
6	6.6	0.68	237	6.30
7	6.5	2.00	91	11.14
8	8.8	7.10	308	14.39

续表

样品编号	岩心孔隙度/%	岩心渗透率/mD	孔隙数目	面孔率/%
9	12.9	20.30	205	15.93
10	11.6	0.27	530	6.97
11	17.4	5.40	467	10.67
12	17.6	48.70	611	17.36
13	6.7	0.37	194	7.37
14	9.4	0.35	137	9.37
15	5.1	0.45	243	5.49
16	17.1	1.20	648	9.36
17	14.7	3.30	717	14.27
18	4.3	0.08	316	4.16
19	11.3	9.70	271	14.37

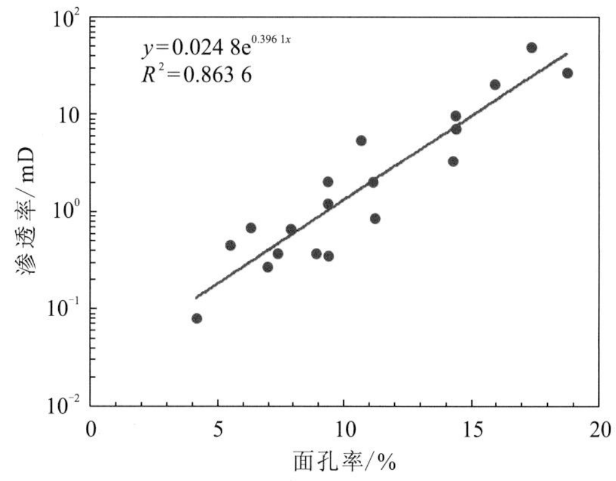

图 6.35　岩心渗透率与铸体薄片面孔率交会图

6.2.3　基于电成像面孔率的渗透率评价方法

基于铸体薄片进行整口井的储层渗透率测井评价需要大量的铸体薄片实验资料，然而在实际生产中，对整口井所有层段进行铸体薄片实验费用昂贵，较不现实，因此考虑利用测井资料计算溶蚀孔隙体系的体积分数，并将其应用于实际生产过程的测井渗透率评价中。

电成像测井通过多个纽扣电极贴井壁测量地层电导率的变化特征，经过加速度校正、几何校正以及坏电极剔除校正等预处理，按照测量的井斜和极板方位曲线将电导率数据沿井壁的正北方向 360° 展开，以图像的形式显示出来。受导电泥浆侵入影响，地层孔隙与骨架岩石相比会出现高电导的现象，在电成像测井图像上显示为暗色。因此电成像测井图像能够较直观清晰地观察储层孔隙的大小、连通性以及孔隙空间特征等。针对这些特征，可以通过图像处理技术定量地从电成像测井图像中提取孔洞信息，用于表征渗透率预测模型[式（6.27）]中溶蚀孔隙部分的高渗透体系的体积分数，从而达到全井段覆盖的储层渗透率测井评价的目的。

从研究区碳酸盐岩储层中定量地提取地层孔隙的参数信息，首先需要对电成像测井图像进行图像分析与分割处理，也就是从地层骨架背景中分割出有效孔隙、孔洞等目标信息，然后对分割出的这些有效地质信息进行分析、研究和处理，定量提取参数，进行统计得到孔隙参数信息。

本节主要采用形态学运算结合 OTSU 法对电成像测井图像进行图像分割处理[44]。基于形态学开闭运算结合 OTSU 法计算速度较快，操作简便，且能准确地得到分割目标边缘，而形态学滤波算子在较好地对成像测井图像抑制噪声处理同时，还保留了原始电成像图像中岩石孔隙和骨架的形状边缘。因此本书选择基于形态学运算的 OSTU 法对电成像测井图像进行分割处理，既能降低噪声对图像的影响和干扰，也能较好地提取图像中的目标信息。

1. OTSU 法原理

1979 年日本学者大津（Nobuyuki Otsu）提出一种用于图像分割的方法，即 OSTU 法[44]，它的本质是利用阈值将图像分为背景和前景两部分，分别计算前景和背景的方差。当选取的阈值使得两部分的类间方差达到最大时，对图像进行分割，所以 OSTU 法又称最大类间方差法。OSTU 法的优点是计算简便，处理速度较快，且分割效果较好，因此，是阈值分割方法中较普遍有效的分割算法。OTSU 法的具体应用步骤如下。

假设一幅灰度图像为 $F(x,y)$，图像中总像素数目为 N，其中像素灰度值为 i 的像素点数目为 n_i，像素灰度值 i 的变化范围为$[0,L]$，通常 L 取值为 255，则图像中像素灰度值 i 出现的概率可以表示为

$$p_i = \frac{n_i}{N} \tag{6.32}$$

取某个灰度像素值 T 作为阈值对原始图像进行分割，可以将图像分成目标图像和背景图像两部分。其中目标图像的灰度值范围为$[0,T]$，背景图像的灰度值取值为$[T+1,L]$，那么目标图像出现的概率为

$$\omega_0 = \sum_{i=0}^{T} p_i \tag{6.33}$$

背景图像的概率为

$$\omega_b = \sum_{i=T+1}^{L} p_i = 1 - \omega_0 \tag{6.34}$$

目标图像的像素灰度均值可以表示为

$$\mu_0 = \sum_{i=0}^{T} i p_i / \omega_0 \tag{6.35}$$

背景图像的像素灰度均值为

$$\mu_b = \sum_{i=T+1}^{L} i p_i / \omega_b \tag{6.36}$$

那么原始图像 $F(x,y)$的像素灰度均值可以表示为

$$\mu = \omega_0 \mu_0 + \omega_b \mu_b \tag{6.37}$$

根据模式识别理论，以像素值 T 为阈值分割得到的两个图像的类间方差可以表示为

$$\sigma^2 = \omega_0 (\mu_0 - \mu)^2 + \omega_b (\mu_b - \mu)^2 \tag{6.38}$$

对原始图像采用遍历的方法使得分割后两部分图像的类间方差为最大时，此时的灰度像素 T 就为图像分割的最佳阈值。应用 OTSU 法对电成像测井图像进行分割时，可以选择小窗口对成像图像进行处理，避免因图像整体变化大引起的过分割或分割效果不好等现象。

2. 电成像测井图像分割及孔洞面孔率计算

在实际电成像测井图像分割的处理过程中，选取 200 个采样点的电成像测井数据作为一个图像处理窗口，处理窗口为一个基本处理单位，然后选用形态学算子结合 OTSU 法对其进行图像滤波和分割处理，提取相应的岩石孔隙参数，具体操作流程如图 6.36 所示。应用算法对电成像测井图像进行图像滤波、分割及孔隙参数的提取步骤如下。

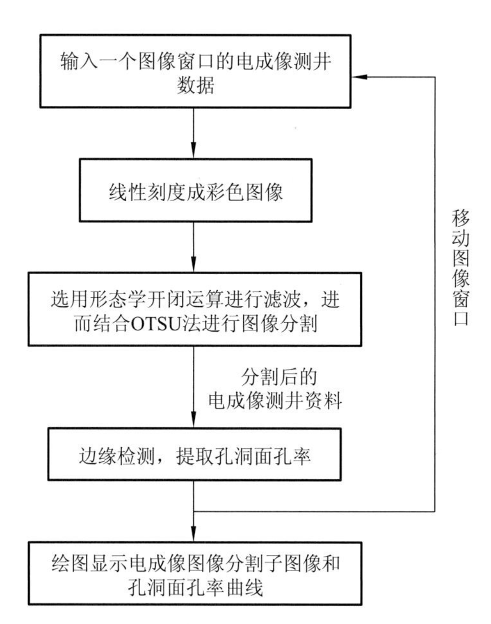

图 6.36　电成像测井图像分割和面孔率提取流程图

（1）电成像测井数据线性转化成灰度图像数据。

地层电阻率变化范围较大，为方便后面图像分割时阈值的选取，可以先将成像测井的电阻率数据通过线性刻度转换为灰度图像数据（0～255），线性刻度转换公式为

$$k = \frac{l}{R_{\max}(i,j) - R_{\min}(i,j)} \tag{6.39}$$

$$b = \frac{l^* R_{\min}(i,j)}{R_{\max}(i,j) - R_{\min}(i,j)} \tag{6.40}$$

$$L(i,j) = k^* R(i,j) + b \tag{6.41}$$

式中：$L(i，j)$为经过线性刻度后的灰度像素数据，$R(i，j)$为电成像测井的电阻率，l 为图像的灰度等级，取值为 255。

（2）成像测井滤波和目标区域的分割。

电成像测井仪器在井眼进行测量的过程中，由于岩性或者钻井钻头震动等原因引起的井壁不平，会导致电成像测井测量过程中采集的地层电导率产生干扰。受到上述因素影响采集到的背景岩石电导率值较低，在电成像测井图像上会产生暗色的麻点噪声，为尽可能地避免在对电成像测井图像分割和孔隙参数提取过程中包含这类噪声信息，导致结果产生误差，选用形态学开闭运算对电成像测井图像进行滤波和去噪。开运算能够降低图像中的极大值噪声，而形态学闭运算可以消除图像中极小值噪声，这样可以有效地消除或降低岩石背景噪声对图像分割及孔隙参数提取的影响。在应用形态学运算对图像滤波时，采用先开运算再闭运算的操作顺序，结构元素选择的是圆盘形结构元素。

对经过去噪处理的图像窗口中的灰度数据，计算出每个灰度像素值的概率 p_i，可以得到一个处理窗口内的灰度统计直方图，然后给定一个灰度值 T 作为初始分割阈值，分别计算得到经过阈值 T 分割的目标区域和背景区域两部分的概率和均值，得到整个处理窗口内图像的灰度像素均值和类间方差，最后在整个灰度像素内搜索，使得分割后两部分的类间方差最大的灰度值，该灰度值就是最佳阈值 T，应用阈值 T 对图像窗口内的图像进行分割，可以有效地保留地层中有效高电导的目标图像，即能够得到一个图像窗口内分割后的溶蚀孔或洞的子图像。

（3）孔洞面孔率计算。

经过图像分割处理，图像处理窗口内的有效孔隙被分割保留下来，对分割出来的有效孔隙进行边缘检测处理，可以得到单个孔隙、孔洞的像素点数、长度、面积等参数。处理窗口的面积为 A，统计窗口内孔隙、孔洞的数目为 N，每个孔隙、孔洞的面积为 A_i。那么可以得到处理窗口内的面孔率 ϕ_v，面孔率 ϕ_v 是指单位处理窗口内有效孔隙的面积，公式如下：

$$\phi_v = \frac{\sum_{i=0}^{N} A_i}{A} \tag{6.42}$$

（4）移动图像处理窗口，并重复步骤（1）、（2）、（3）直至处理完成整口井所有层段的电成像测井图像，对处理的分割图像和面孔率值绘图，可以得到分割后的有效孔隙的子图像和提取计算的面孔率曲线、面孔率以孔隙度单位，显示为百分数。

图 6.37 是电成像测井图像和基于形态学算子结合 OTSU 法图像分割效果图以及面孔率提取结果示意图。其中，图 6.37（a）为电成像测井原始图像；图 6.37（b）为经过形态学开闭运算滤波后的滤波图像，从滤波后的图像上可以看出，滤波后的图像相对于原来的成像测井图背景上的麻点减少了很多，也就是较好地消除了背景岩石噪声，且滤波后的图像较清晰，孔隙、孔洞等目标图像没有发生畸变；图 6.37（c）为分割的孔隙、孔洞子图像，对比原始成像图像，可以发现图中的孔隙、孔洞都被较完整地分割出来，应用效果比较好；图 6.37（d）为分割图像提取的面孔率曲线。在溶蚀孔较为发育的层段，电成像测井分割的子图像上也能够清晰地看到溶蚀孔，而且提取的面孔率参数与溶蚀孔的发育情况相对应，溶蚀孔越发育，则相应的面孔率曲线数值越高；而溶蚀孔不发育的地层，对应的面孔率值较低。表 6.12 为电成像测井面孔率提取结果值与岩心物性实验数据和铸体薄片面孔率提取值的比较。

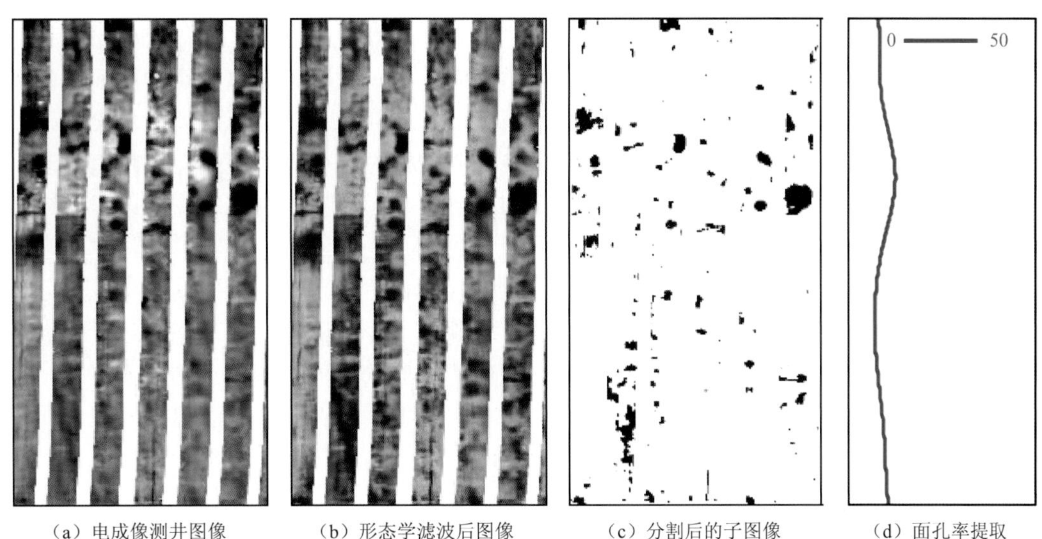

（a）电成像测井图像　（b）形态学滤波后图像　（c）分割后的子图像　（d）面孔率提取

图 6.37　电成像测井图像分割和面孔率提取结果

表 6.12　岩心物性实验和铸体薄片、电成像测井面孔率提取结果

样品编号	岩心孔隙度/%	岩心渗透率/mD	铸体薄片面孔率/%	电成像测井面孔率/%
1	18.5	26.70	18.74	18.28
2	9.8	0.85	11.22	14.86
3	12.0	0.66	7.89	9.45
4	9.3	0.37	8.88	12.63
5	7.0	2.02	9.35	11.85
6	6.6	0.68	6.30	7.92
7	6.5	2.00	11.14	14.90
8	8.8	7.10	14.39	14.35
9	12.9	20.30	15.93	17.05
10	11.6	0.27	6.97	10.36
11	17.4	5.40	10.67	13.92
12	17.6	48.70	17.36	17.29
13	6.7	0.37	7.37	7.93
14	9.4	0.35	9.37	12.70
15	5.1	0.45	5.49	6.90
16	17.1	1.20	9.36	13.66
17	14.7	3.30	14.27	17.70
18	4.3	0.08	4.16	9.28
19	11.3	9.70	14.37	14.28

根据表 6.12 的统计结果，绘制电成像测井提取的面孔率与铸体薄片提取的面孔率的交会图，如图 6.38 所示，电成像测井提取的面孔率与铸体薄片提取的面孔率存在相关性，

但是电成像测井的面孔率要大于铸体薄片面孔率。由于铸体薄片分辨率为 200 μm，铸体薄片分割提取得到的面孔率与孔隙、孔洞的实际面孔率一致，因此电成像测井提取的面孔率相较于实际孔隙、孔洞的面孔率大。原因可能是有孔隙、孔洞地层处的泥浆侵入使得原本孔隙、孔洞的边界导电性变好，产生边界变宽效应，使电成像测井纽扣电极测得的电导率变小，导致电成像测井图像上刻度的孔隙、孔洞大于实际面积，所以需要用铸体薄片对电成像测井的面孔率进行刻度。

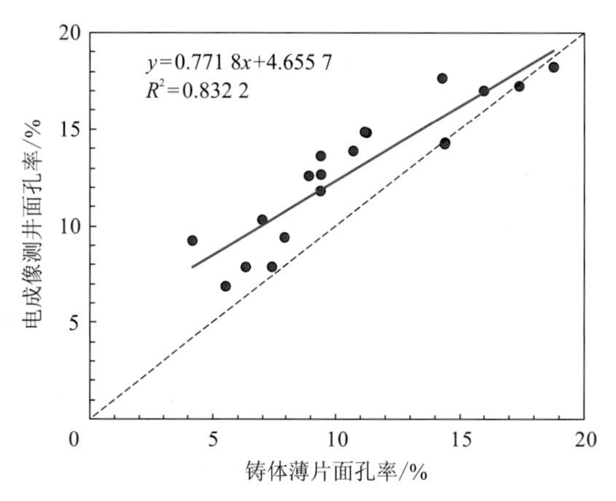

图 6.38　电成像测井面孔率与铸体薄片面孔率交会图

图 6.38 显示电成像测井提取的面孔率（ϕ_v）与通过铸体薄片提取的面孔率（ϕ_{sp}）存在线性相关性，其线性关系为

$$\phi_v = 0.7718 * \phi_{sp} + 4.6557 \tag{6.43}$$

通过对电成像测井提取的面孔率进行线性刻度，刻度后的电成像测井新面孔率与铸体薄片提取的面孔率显示出良好的对应关系，如铸体薄片分割图像与对应电成像测井分割图像对比图（图 6.39）所示，其中第一道为电成像测井图像，第二道为深度，第三道为电成像测井分割的子图像，第四道为经过刻度后的电成像分割子图像提取的面孔率和通过铸体薄片提取的面孔率对比，红线为电成像测井提取的刻度后面孔率，黑点表示铸体薄片提取的面孔率，两者之间存在较好的对应关系，第五道为铸体薄片的原始图像以及分割后的二值化图像。从电成像测井图像和铸体薄片分割的二值图上均可见明显的溶蚀孔，其他铸体薄片与电成像测井图像显示特征也基本一致。

通过电成像测井图像可以提取连续的面孔率曲线，再应用双重介质地层渗透率的预测模型[式（6.31）]可以对全井段进行连续地层渗透率评价。图 6.40 为研究区 AGCS-24 井碳酸盐岩储层渗透率计算结果图，图中第一道为深度，第二、第三道分别为电成像测井动静态图像，第四道为电成像测井图像分割的子图像，第五道为通过电成像测井提取的面孔率曲线，最后三道为分别通过岩性刻度法计算的渗透率曲线（PERM_HG）、TIMUR 公式预测的渗透率曲线（PERM_TIMUR）以及通过基于电成像测井的双重介质有效渗透率预测模型计算的渗透率曲线。应用三种预测模型计算的曲线分别与物性实验数据的岩心分析渗透率进行对比，发现应用 TIMUR 模型计算的渗透率曲线比岩心刻度模型与岩心分析渗透率对应得较好一些，但是应用这两种预测模型计算的渗透率曲线都比较平直，不能反映出碳酸盐岩储层的非均质性。由于电成像测井的高分辨率特点，基于电成像测

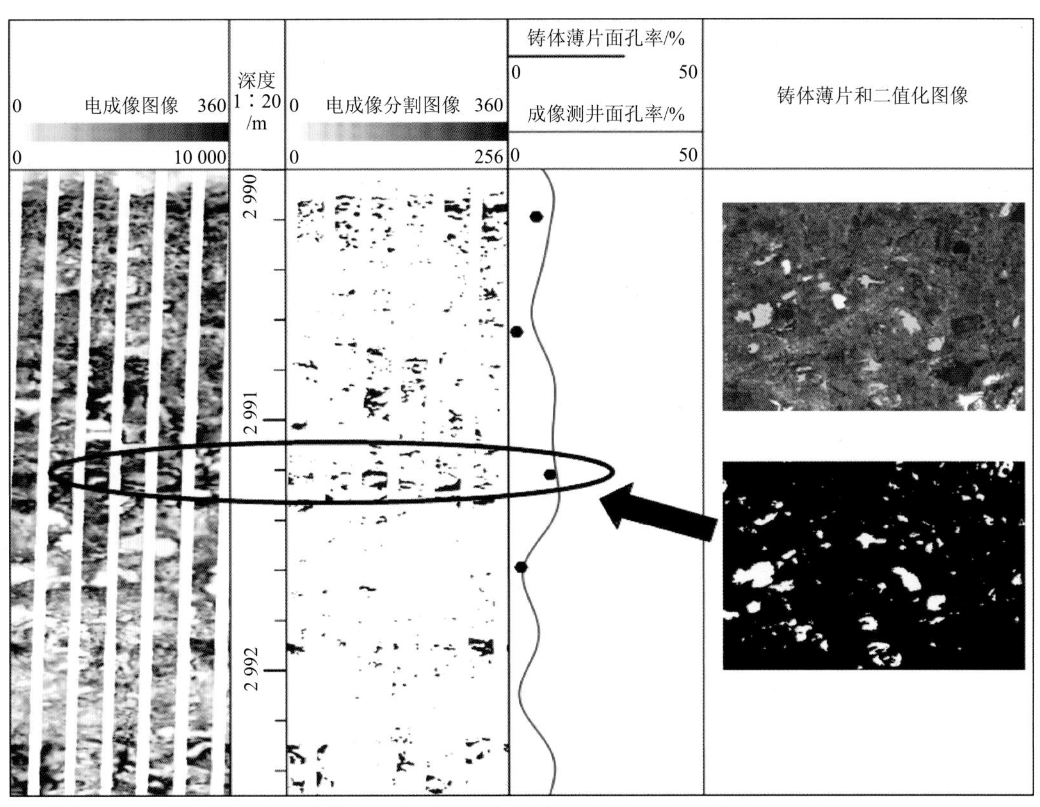

图 6.39　铸体薄片分割图像与对应电成像测井分割图像对比图

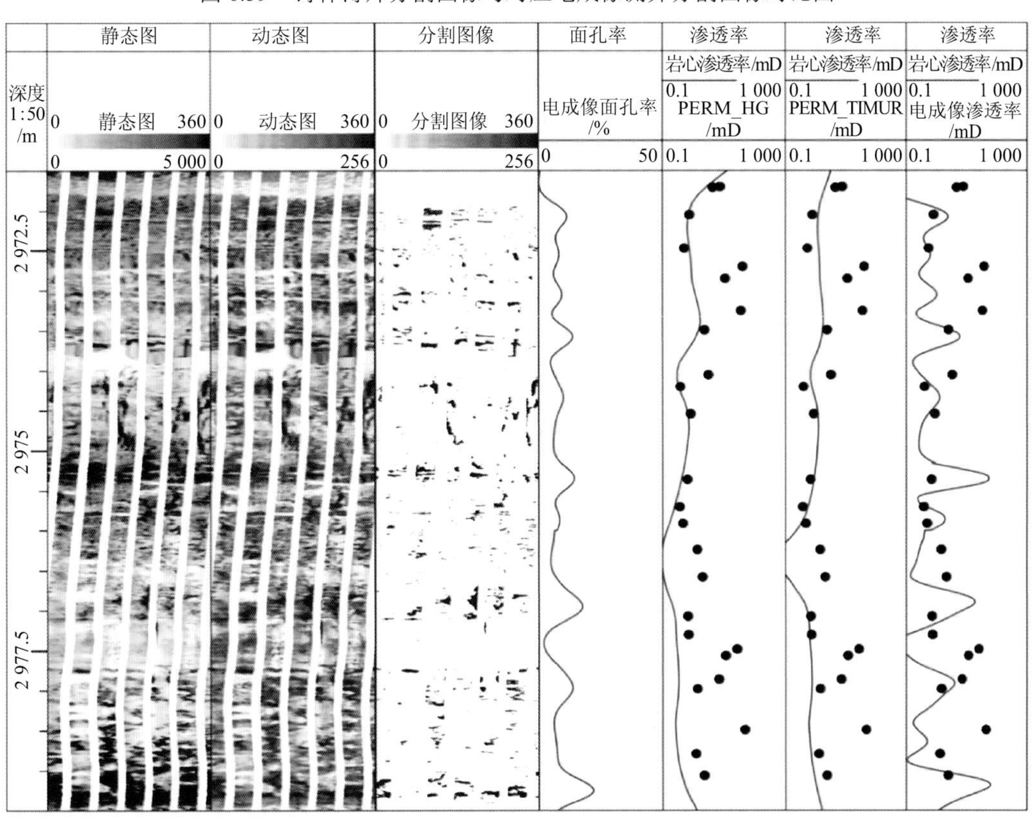

图 6.40　AGCS-24 井碳酸盐岩储层渗透率计算结果

井建立的双重介质渗透率模型计算的渗透率曲线能一定程度上反映出碳酸盐岩储层的非均质特征，且预测的渗透率曲线与岩心分析渗透率结果吻合较好，证实了本方法的可靠性，也说明本方法对于复杂的非均质性碳酸盐岩储层渗透率评价有良好的应用价值。

泥岩的电阻率较低，在电成像测井图像上会表现为暗色特征，与孔隙特征相似。在泥岩含量较高的地层，在进行电成像图像分割时容易将泥质当成孔隙分割出来，造成提取的面孔率值会变大，偏离实际值，导致通过最终提取的面孔率计算得到的地层渗透率偏大，使预测的渗透率不准确。因此，基于电成像测井提取面孔率的预测渗透率模型主要适用于不含泥质或者泥质含量极少致密的碳酸盐岩储集层中，在有一定泥质含量的地层中该方法存在局限性。

6.3 基于次生孔隙度的渗透率评价

研究区孔隙类型主要为以粒间孔、晶间孔和铸模孔为主的次生孔隙。相比于基质孔隙，次生孔隙对储层渗透率的贡献更大，因此，准确地获取次生孔隙并利用次生孔隙对储层进行渗透率评价显得尤为重要。电成像测井分辨率高且能直观地显示储层孔隙结构在储层次生孔隙度求取和测井评价中有广泛的应用，本节主要探讨使用电成像测井资料来进行次生孔隙度求取的方法。

6.3.1 电成像测井孔隙度频谱生成方法

利用电成像测井数据反演可以得到孔隙度频谱，对孔隙度频谱进行进一步分析、处理就得到了次生孔隙度。

1. 电阻率刻度

电成像测井仪器的纽扣电极采集到的是地层的电导率变化数据。因此，需要对电导率数据进行刻度转换，转换成电阻率数据。由于电成像测井的径向探测深度约为 5 cm，探测的是冲洗带地层的电导率，常规测井中浅侧向测井的探测深度与其相近，且浅侧向测井的电流流动方式和聚焦形式与电成像测井也类似，故选择浅侧向测井测量的电阻率对电成像测井的电导率进行刻度。具体刻度转换公式如下。

$$R_i = \frac{\bar{\sigma}}{\sigma_i} R_{\mathrm{LLS}} \tag{6.44}$$

式中：R_i 为经过刻度后第 i 个纽扣电极的电阻率值；$\bar{\sigma}$ 为每个深度点上所有纽扣电极测量的电导率的平均值；σ_i 为第 i 个纽扣电极测量的地层电导率值；R_{LLS} 为对应深度点的浅侧向测井测量的电阻率值。

2. 孔隙度标定

常用的基于电成像测井资料反演孔隙度的模型通常使用经典的阿奇公式，本节除应用阿奇公式进行孔隙度标定外，也采用导电效率模型和 Simandoux 公式进行孔隙度标定。

1）阿奇公式

经过电阻率刻度的电成像测井的电阻率主要反映的是冲洗带地层的电阻率变化特征，因此根据经典的阿奇公式在冲洗带地层的应用，可以得到

$$\phi^m R_{\mathrm{XO}} = \frac{aR_{\mathrm{mf}}}{S_{\mathrm{XO}}^n} \tag{6.45}$$

$$\phi_i^m R_i = \phi_{\mathrm{e}}^m R_{\mathrm{LLS}} \tag{6.46}$$

式中：ϕ 为孔隙度值；R_{XO} 为冲洗带地层电阻率；a 为地层因子；n 为饱和度指数；m 为孔隙度胶结指数，一般取值为 2；R_{mf} 为泥浆滤液电阻率；S_{XO} 为冲洗带地层含水饱和度。

分别取常规测井中浅侧向测井测量的电阻率 R_{LLS} 为冲洗带电阻率，常规测井计算的孔隙度 ϕ_{e} 为 ϕ，用经过电阻率刻度后的电成像测井纽扣电极的电阻率值 R_i 为冲洗带电阻率，得到的孔隙度为 ϕ_i，代入式（6.46）并进行转化，就可以得到每个纽扣电极对应的孔隙度值。

$$\phi_i = \phi_{\mathrm{e}} \left(\frac{R_{\mathrm{LLS}}}{R_i} \right)^{\frac{1}{m}} \tag{6.47}$$

通过式（6.45）和式（6.47），就能够将电成像测井采集的电导率转化为地层孔隙度，对不同孔隙度进行统计，可以得到电成像测井的孔隙度频谱。

2）导电效率模型

针对均质储层，Herrick 和 Kennedy 提出了岩石导电效率模型[45]，假设地层中只有地层水导电，可以得到岩石导电效率的定义式。

$$E = \frac{C_{\mathrm{t}}}{C_{\mathrm{w}} S_{\mathrm{w}} \phi_{\mathrm{e}}} = \frac{R_{\mathrm{w}}}{R_{\mathrm{t}} S_{\mathrm{w}} \phi_{\mathrm{e}}} = \frac{R_{\mathrm{w}}}{R_{\mathrm{t}} \phi_{\mathrm{w}}} \tag{6.48}$$

Herrick 和 Kennedy 发现岩石导电效率与含水孔隙度存在较好的线性相关性，结合式（6.48）进一步构建，可以得到含水饱和度的计算方法。针对研究区复杂孔隙结构和强非均质性的碳酸盐岩储层而言，岩石导电效率与含水孔隙度之间相关性较差，但岩石导电效率与地层电阻率之间存在幂函数关系，如图 6.41 所示，两者之间的关系式如下。

$$E = \frac{R_{\mathrm{w}}}{R_{\mathrm{t}} S_{\mathrm{w}} \phi_{\mathrm{e}}} = \frac{R_{\mathrm{w}}}{S_{\mathrm{w}} \phi_{\mathrm{e}}} R_{\mathrm{t}}^{-1} \approx e R_{\mathrm{t}}^f \tag{6.49}$$

对式（6.49）进行转换后，可以得到含水饱和度计算式。

$$S_{\mathrm{w}} = \frac{R_{\mathrm{w}}}{R_{\mathrm{t}} E \phi_{\mathrm{e}}} = \frac{R_{\mathrm{w}}}{e R_{\mathrm{t}}^{f+1} \phi_{\mathrm{e}}} \tag{6.50}$$

式中：C_{t} 为岩石电导率；C_{w} 为地层水电导率；ϕ_{e} 为有效孔隙度；ϕ_{w} 为含水孔隙度；E 为导电效率；R_{w} 为地层水电阻率；R_{t} 为深侧向电阻率；S_{w} 为含水饱和度；e、f 为导电效率饱和度模型参数。从图 6.41 可以得到 e 值为 0.580 7，f 值为 0.448。

将导电效率饱和度模型应用于冲洗带地层中，可以得到

$$\phi R_{\mathrm{XO}}^{f+1} = \frac{R_{\mathrm{mf}}}{e^* S_{\mathrm{XO}}} \tag{6.51}$$

同样取浅侧向电阻率 R_{LLS} 为冲洗带电阻率，常规测井计算的孔隙度 ϕ_{e} 为 ϕ，用经过电阻率刻度的成像测井电阻率值 R_i 为冲洗带电阻率，得到的孔隙度为 ϕ_i，代入式（6.51）可得

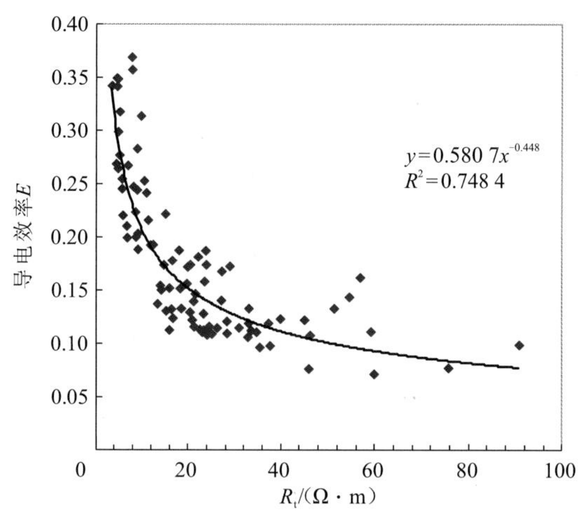

图 6.41　导电效率与深电阻率关系图

$$\phi_i = \phi_e \left(\frac{R_{LLS}}{R_i} \right)^{f+1} \tag{6.52}$$

通过式（6.52）可以将电成像测井采集的电导率数据转化为地层孔隙度数据，再根据孔隙度值的大小进行统计，就可以得到孔隙度频率分布谱。

3）Simandoux 公式

根据 Simandoux 公式在冲洗带地层的应用，可以将孔隙度表示为

$$\phi_i = \frac{1}{S_{XO}} \left\{ \sqrt{\frac{0.81R_{mf}}{R_i} - V_{sh}\frac{R_{mf}}{0.4R_{sh}}} \right\} \tag{6.53}$$

式中：R_{mf}为泥浆滤液电阻率；V_{sh}为储层泥质含量；R_{sh}为纯泥岩段的电阻率，可以通过测井响应分析得到，纯泥岩段的电阻率 R_{sh} 取值为 2.53 Ω·m。

同样使用式（6.53）将电成像测井资料的电导率转化为地层孔隙度数据，统计不同孔隙度值，就可以得到电成像测井的孔隙度频谱。

3. 孔隙度谱特征分析

电成像测井孔隙度频谱的形态主要有单峰、双峰以及多峰分布，与储集层的非均质性密切相关。当地层孔隙主要以原生孔和小孔径分布均匀的次生孔隙为主时，孔隙度频谱多呈现较窄的单峰或者后移的单峰；而当地层发育多尺寸的溶蚀孔洞，且分布不均匀时，孔隙度频谱上表现为较宽的双峰或者多峰形态。

图 6.42 为利用三种公式反演的 AGCS-24 井孔隙度频谱成果图，图中第一道为常规测井曲线中的自然伽马曲线和井径曲线；第三、四道为电成像测井动静态图像；第五道为基于导电效率公式反演的孔隙度谱；第六道为基于经典阿奇公式计算的孔隙度谱；第七道为基于 Simandoux 公式反演的孔隙度谱。从图中可以看出基于导电效率公式反演的孔隙度谱总孔隙度较小，且多呈窄单峰形式，与研究区碳酸盐岩地层情况不符；基于经典阿奇公式和 Simandoux 公式反演的孔隙度谱在孔隙度值上符合研究区碳酸盐岩储层的孔隙度变化范围；而基于 Simandoux 公式反演的孔隙度谱由于公式中有泥质校正部分，在含少量泥岩的储层段计算的孔隙度减小，孔隙度谱有前移的趋势。基于这两种方法反

演的孔隙度谱可以明显地观察到在孔隙度较大的部分，孔隙度谱呈现双峰或者多峰的形态，储层孔隙类型多以次生孔隙为主，与研究区次生孔隙度发育的非均质碳酸盐岩储层特征相符。

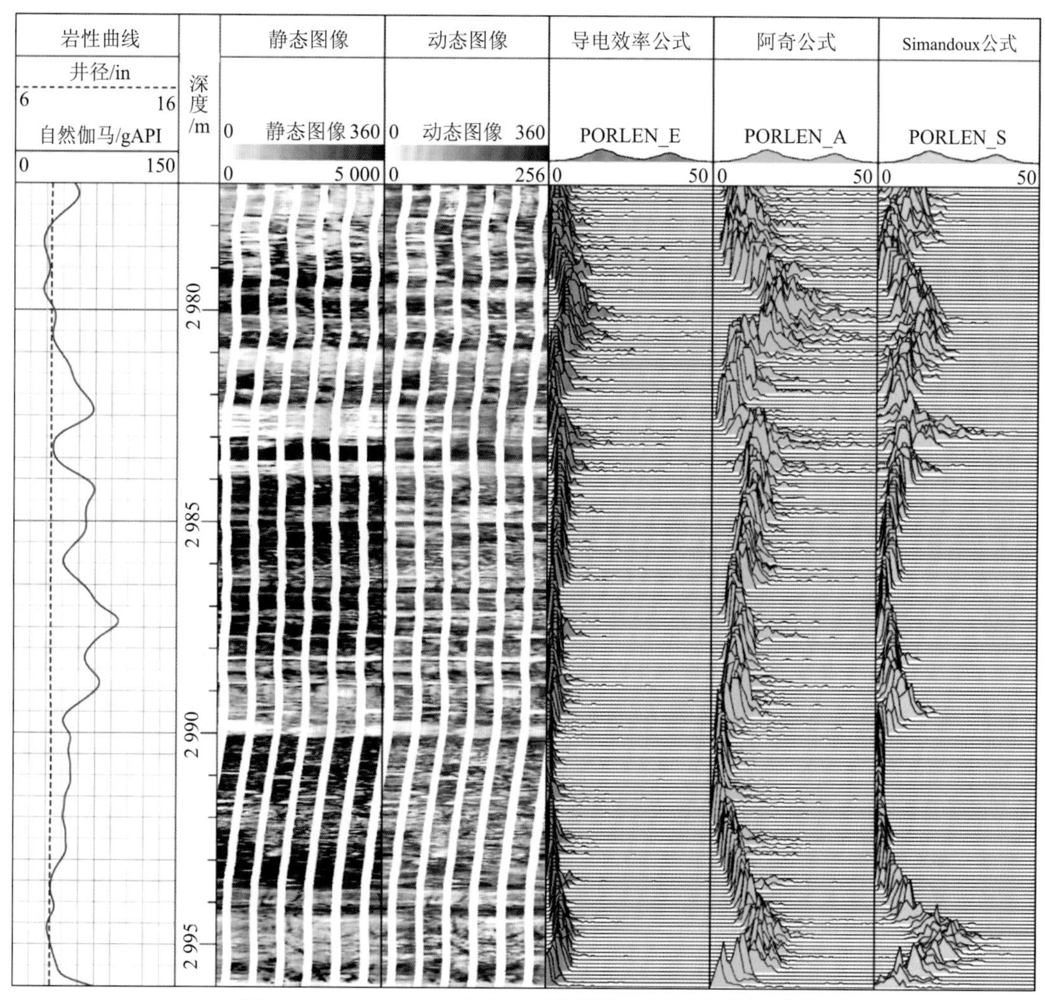

图 6.42 AGCS-24 井电成像测井孔隙度频谱计算结果图

6.3.2 孔隙度谱的次生孔隙度提取方法

从图 6.42 电成像孔隙度频谱反演结果图上可以发现，孔隙度谱多呈单峰、两峰或多个分离的峰状。在次生孔隙发育的非均质碳酸盐岩储层中，可以观察到孔隙度谱形态呈双峰或者多峰模式分布，图 6.43 为典型孔隙度谱双峰模式分布示意图，在频率分布图中，高孔隙度端的点代表溶蚀孔隙或者大孔径的次生孔隙部分，而低孔隙度端的点属于小孔径的原生孔隙或者致密岩石的胶结部分，频率分布图中高孔隙度部分能够表示出次生孔隙度的大小。因此，在孔隙度频率分布图上可以应用连续、移动的阈值或者截止点，将次生孔隙与原生孔隙的贡献区分开。

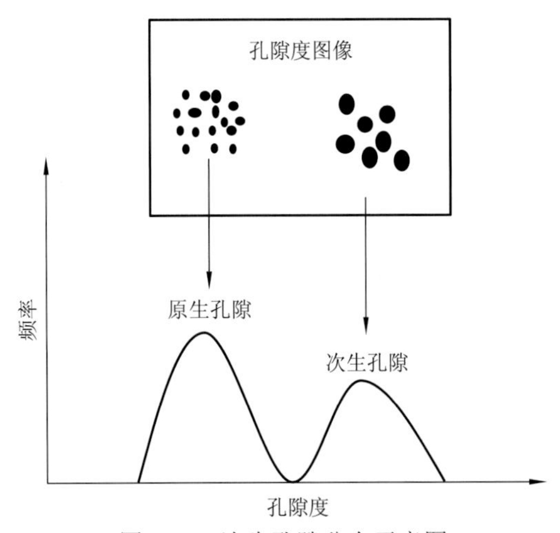

图 6.43　次生孔隙分布示意图

如何确定原生和次生孔隙的阈值或截止点是最重要的。通常选用确定阈值的方法有人工阈值法和 OTSU 法。

1）人工阈值法

主要是人为调整孔隙度成像的量程，当孔隙度成像图上的基质孔隙度已经完全消失，仅还剩颜色较深的次生孔隙度时的分界值即为原生和次生孔隙度的阈值。

2）OTSU 法（最大类间方差法）

主要应用 OTSU 法对成像测井的孔隙度频率分布图寻优，找到最适合的阈值 T 进行分割计算，来得到次生孔隙度的值。如电成像测井次生孔隙度计算结果所示（图 6.44），其中第一道为常规测井曲线中的自然伽马曲线和井径曲线；第三、四道为电成像测井的动、静态图像，后面三道为分别利用导电效率公式，经典阿奇公式以及 Simandoux 公式三种方法反演的孔隙度谱计算的总孔隙度和次生孔隙度，每一道的红线代表总孔隙度，蓝线表示计算的次生孔隙度，黑色的点代表岩心物性分析孔隙度。从图中可以看出，导电效率公式计算的孔隙度相比于岩心孔隙度值较小，差异较大，基于 Simandoux 公式计算的孔隙度相较于经典阿奇公式，与岩心孔隙度吻合的效果更好，计算的次生孔隙度更准确。在 2 982～2 987 m 深度段自然伽马值变大，表明储层中含有泥质，在电成像测井图像上表现为暗色形态，阿奇公式计算的总孔隙度较大，而进行泥质校正的 Simandoux 公式计算的总孔隙度更符合实际地层。

综上所述，在地层含有少量泥质时，Simandoux 公式能校正掉地层的泥质影响，使用电成像测井计算的孔隙度更接近地层的实际孔隙度，更有利于储层渗透率的准确评价。因此，基于次生孔隙度计算渗透率时选用基于 Simandoux 公式计算的总孔隙度和次生孔隙度。

6.3.3　基于次生孔隙度的渗透率评价方法

研究区复杂碳酸盐岩储层孔隙类型主要是以粒间孔、晶间孔和铸模孔为主的次生孔隙，相比于基质孔隙，次生孔隙对储层渗透率的贡献较大。如图 6.45 所示在 3 012～3 017 m 与 3 017 m 以下深度段，下段岩心孔隙度比上段大，但相差较小。下段岩心分析

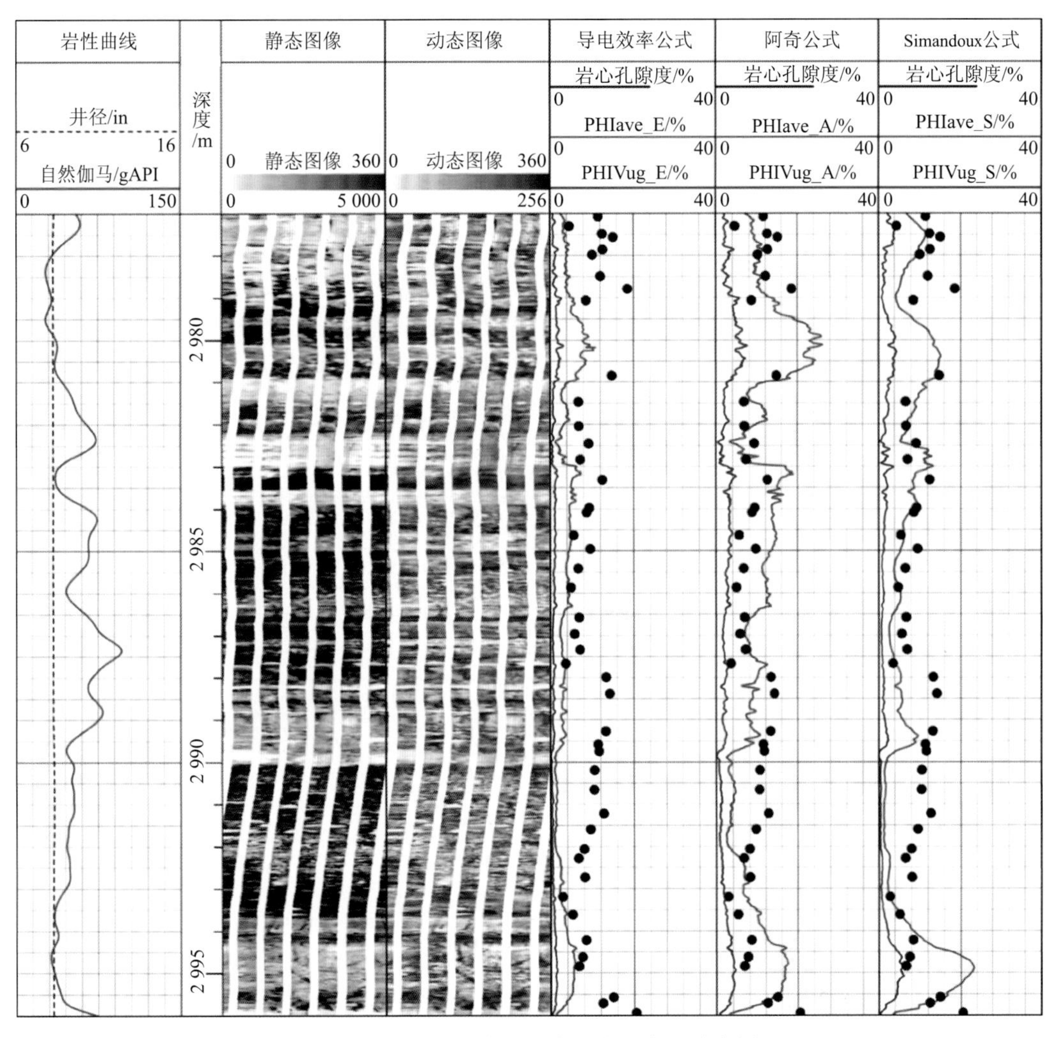

图 6.44 AGCS-24 井电成像测井次生孔隙度划分

渗透率比上段大一到两个数量级，简单地利用常规测井岩心刻度模型（第六道）或者经典的 Timur 公式（第七道）计算的渗透率与岩心渗透率差别较大。而利用电成像测井计算的总孔隙度和次生孔隙度（图中第五道，红线为总孔隙度，蓝线为次生孔隙度）与岩心分析渗透率对应关系较好。在岩心孔隙度相近的深度段，次生孔隙发育，且计算的次生孔隙度较大的地层，相应的岩心分析渗透率也较大。

由于次生孔隙度的急剧增加而导致储层渗透率增加，在总孔隙度变化不大的情况下，Russell 等[46]指出这种情况可能导致总孔隙度与渗透率之间呈现负相关关系；相似地，Wang 和 Alaasm[47]作的孔隙度-渗透率交会图显示了两种不同的趋势，斜率较大的部分可以归因于储层的多孔性。因此，Xu 等[48]通过大量的实验数据，研究发现了如下岩心渗透率随着次生孔隙度的变化公式。

$$K = a\phi^2 \times 10^{b\phi_{\text{vug}}} \tag{6.54}$$

式中：ϕ和ϕ_{vug}分别为利用电成像测井提取的总孔隙度和次生孔隙度；a 和 b 分别为常数参数，a 一般取值在 10 附近，b 取值在 100 附近；$a\phi^2$ 表示次生孔隙为零的均质性岩石的渗透率，因此常数 a 可以通过将其与具有可忽略次生孔层段的岩心渗透率拟合得到。在次生孔隙发育的地层，地层渗透率主要被次生孔隙度和参数 b 约束。

将该模型应用到研究区碳酸盐岩中，如图 6.45 所示，最后一道中红线为利用次生孔隙度式（6.59）预测的地层渗透率，黑点为岩心分析渗透率。可以看出，与岩心刻度模型和经典的 Timur 公式相比，基于次生孔隙度预测的渗透率明显与岩心分析渗透率吻合的更好，计算的结果更准确。

基于次生孔隙度的渗透率评价模型在次生孔隙度发育的碳酸盐岩储层中有良好的应用效果，而地层中含有少量泥质时，用含泥质校正量的 Simandoux 公式反演计算得到的原生孔隙和次生孔隙更符合实际地层情况。因此两种方法都给次生孔隙发育的非均质性碳酸盐岩储层提供了一种有效的渗透率评价方法。

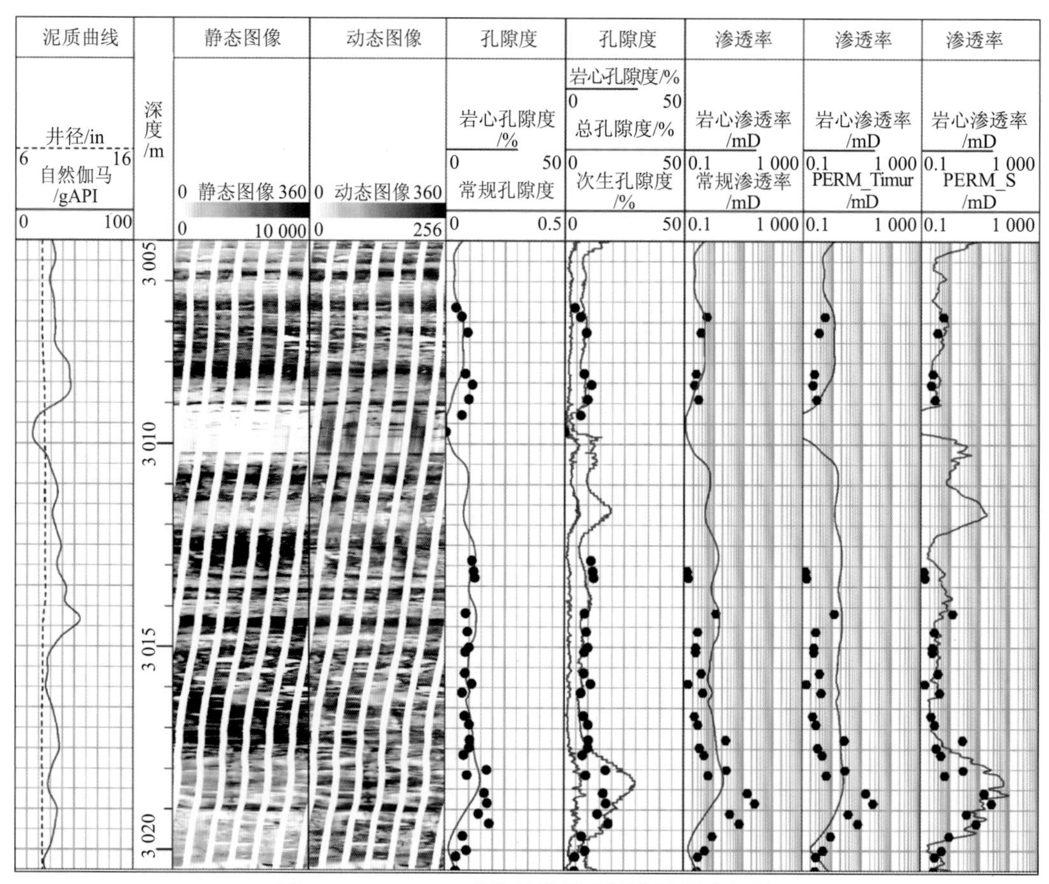

图 6.45　AGCS-24 井次生孔隙度评价渗透率结果

6.4　细分孔喉体系的核磁渗透率评价

研究区渗透率评价的难点主要有以下几点：①研究区岩性复杂，孔隙类型多样，物性特征复杂，孔渗相关性不理想，毛管压力曲线在形态上各不相同，反映出研究区储层复杂的孔隙结构特征；②研究区渗透率不仅受孔隙度影响，而且与孔隙结构密切相关，目前常见的基于孔隙结构的渗透率模型在研究区应用效果较差，其他能反映储层孔隙结构的特征参数也与渗透率相关性较差，无法精确反映储层渗流机理特征；③核磁共振测井虽能反映储层孔喉分布特征，但经典核磁共振渗透率评价模型在研究区应用效果较差，需基于储层渗流机理建立能准确评价研究区渗透率的模型。

为准确评价研究区渗透率，必须从孔隙结构出发，深入分析研究区储层的渗流机理。本节从孔隙结构出发，结合压汞实验资料与核磁共振资料，划分孔喉体系，并提出能精细反映储层孔隙结构的特征参数，构建适合研究区的渗透率评价模型。

6.4.1 研究区孔喉体系的划分

孔隙度与孔隙结构对渗透率的影响主要源于地层中孔喉的大小及其占比。地层中的粗孔喉连通性好且占比高，则其对应的渗透率较大；地层中孔喉细且占比高，则对应的渗透率较小。地层中的孔喉对渗透率的贡献可由式（6.55）计算得到。

$$\Delta K = \frac{r_i^2 \alpha_i}{\sum r_i^2 \alpha_i} \tag{6.55}$$

式中：ΔK_i 为第 i 个区间的渗透率贡献，%；r_i 为孔喉半径，μm；α_i 为第 i 个区间的孔喉半径频率，%。

从压汞实验的毛管压力曲线中可以看出，斜率近似相同的区间表明其进汞速度是相同的，即该孔隙空间是某一个互相连通的、孔喉大小相近的孔隙体积，称之为孔喉体系。对于处于同一孔喉体系的孔隙体积，它们对渗透率的贡献应相同或近似。对每块岩样，利用它的进汞饱和度和渗透率贡献都可作出分布曲线，对于同一类孔喉体系，其累积进汞饱和度曲线与累积渗透率贡献曲线都应为一条近似的直线段。从图 6.46 可以看出，该岩样累积进汞饱和度曲线以及累积渗透率贡献曲线由 4 条线段组成，说明该岩样的孔隙空间由 4 类不同的孔喉体系组成。

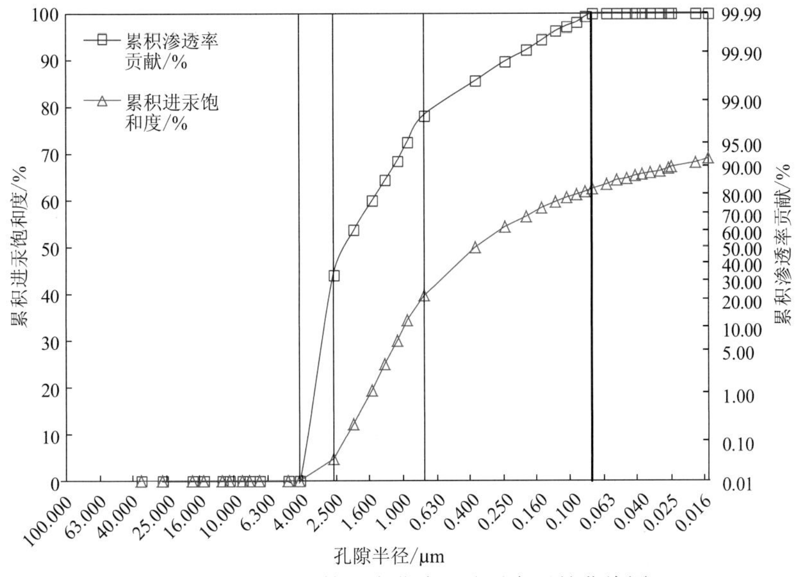

图 6.46　压汞毛管压力曲线及渗透率贡献曲线图

利用核磁共振测井资料构建伪毛管压力曲线后，理论上可根据式（6.55）计算出伪毛管压力曲线对应的伪累积渗透率贡献曲线（图 6.47）。与由压汞资料得到的毛管压力曲线类似，利用核磁资料得到的伪毛管压力曲线也由 4 条线段组成，即反映出 4 类不同的孔喉体系，与压汞毛细管压力曲线有较好的对应关系，即毛细管压力曲线的每一类直线段区间与伪毛细管压力曲线的每一类直线段区间反应的是该岩样的同一孔喉体系，证明孔隙半径与核磁共振横向弛豫时间有很好的对应关系，即每一类孔喉体系的孔隙半径区间对应核磁共振横向弛豫时间区间。通过上述方法可以确定研究区储层孔隙空间主要由哪几类孔喉体系组成以及每一类孔喉体系对应的孔喉半径区间和横向弛豫时间区间。

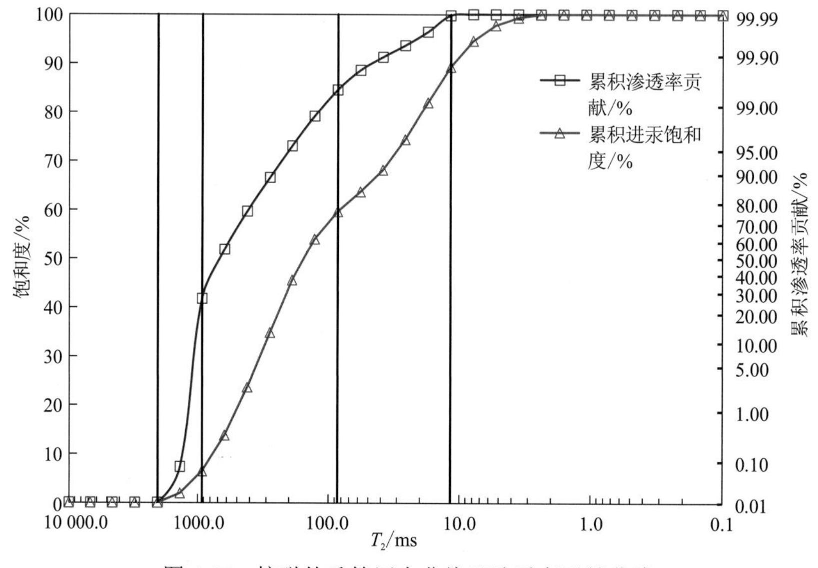

图 6.47　核磁伪毛管压力曲线及渗透率贡献曲线

对研究区 23 块压汞实验样品孔喉体系进行分析，最终将研究区孔喉体系分为四类，并确定每一类孔喉体系对应的孔隙半径区间，见表 6.13。

从图 6.48 中可以看出，孔喉体系从第 I 类到第 IV 类，孔喉半径逐渐变大，反应孔喉体系逐渐由差向好转变。

表 6.13　不同孔喉体系对应孔隙半径区间

孔喉体系类型	半径/μm
第 I 类	<0.2
第 II 类	0.2～1
第 III 类	1～4
第 IV 类	>4

对 23 块压汞实验样品对应深度的核磁共振资料在线性刻度下构建伪毛细管压力曲线，并计算出对应的渗透率贡献值，做出累积渗透率贡献曲线。通过总结分析，发现其

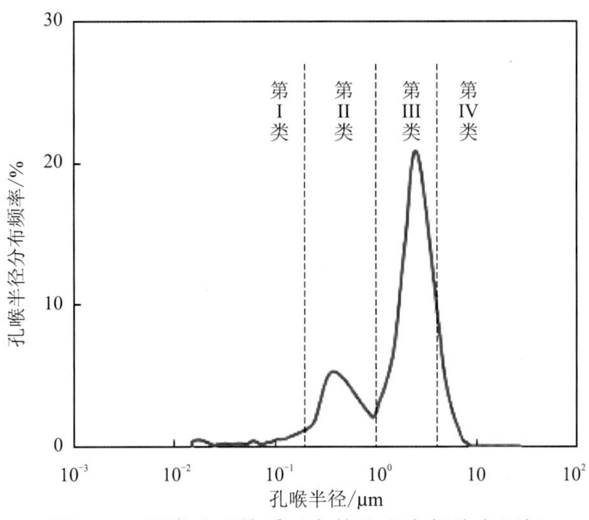

图 6.48　四类孔喉体系对应的孔喉半径分布区间

与压汞资料得到的孔喉体系对应良好，即也有 4 类孔喉体系，每一类孔喉体系对应的横向弛豫时间区间见表 6.14 和图 6.49 所示。

表 6.14　4 类孔喉体系对应的 T_2 区间

孔喉体系类型	T_2/ms
第 I 类	<38
第 II 类	38～139
第 III 类	139～763
第 IV 类	>763

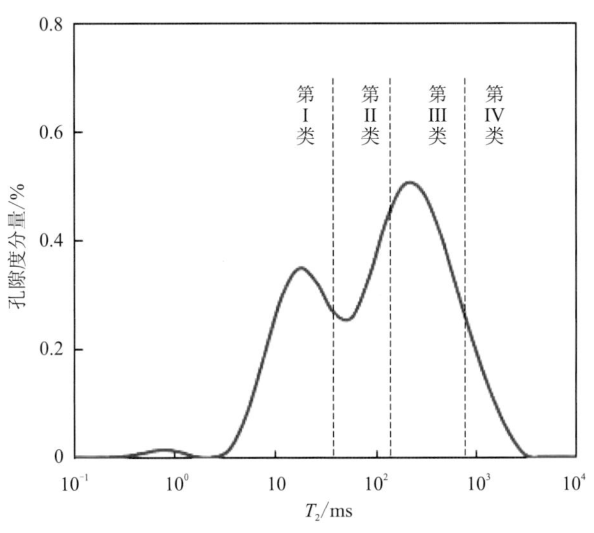

图 6.49　4 类孔喉体系对应横向弛豫时间分布区间

综上所述，研究区孔喉体系主要有 4 类，不同孔喉体系的孔喉半径拐点分别为 0.2 μm、1 μm 及 4 μm，不同孔喉体系对应的横向弛豫时间拐点分别为 38 ms、139 ms

以及 763 ms，见表 6.15。利用此标准，即可将核磁共振横向弛豫时间划分为 4 个区间，为利用核磁共振测井资料评价渗透率奠定基础。

表 6.15　研究区孔喉体系划分标准

孔喉体系类型	半径/μm	T_2/ms
第 I 类	<0.2	<38
第 II 类	0.2～1	38～139
第 III 类	1～4	139～763
第 IV 类	>4	>763

6.4.2　区间孔隙度对渗透率的影响分析

基于孔喉体系的划分结果，将核磁共振横向弛豫时间划分为四个区间，这四个孔喉体系的核磁区间孔隙度分别记为 P_1、P_2、P_3 及 P_4，其中 P_1 代表第 I 类孔喉体系的核磁区间孔隙度，P_2 代表第 II 类孔喉体系的核磁区间孔隙度，依次类推。分析各个核磁区间孔隙度对渗透率的贡献，结果见图 6.50～图 6.53，从图中可以看出，P_1、P_2、P_3 与岩心渗透率之间都无明显的相关性，而在图 6.53 中，随着 P_4 增大，岩心渗透率也随之增大，这说明 P_4 与岩心渗透率有着良好的正相关关系。第 IV 类孔喉体系对应的核磁区间孔隙度是核磁横向弛豫时间大于 763 ms 的区间孔隙度，由核磁共振测井原理可知，低横向弛豫时间处的孔隙度对应的是小孔隙的孔隙度，高横向弛豫时间处对应的孔隙度对应的是大孔隙的孔隙度。因此，第 IV 类孔喉体系对应的核磁区间孔隙度是这四类孔喉体系对应的核磁区间孔隙度里最大的孔隙区间孔隙度，这也反映出地层中的大孔隙对渗透率的贡献是占主导地位的。所以，在构建新的渗透率评价模型时，反映大孔隙的核磁区间孔隙度 P_4 是必不可少的参数之一。

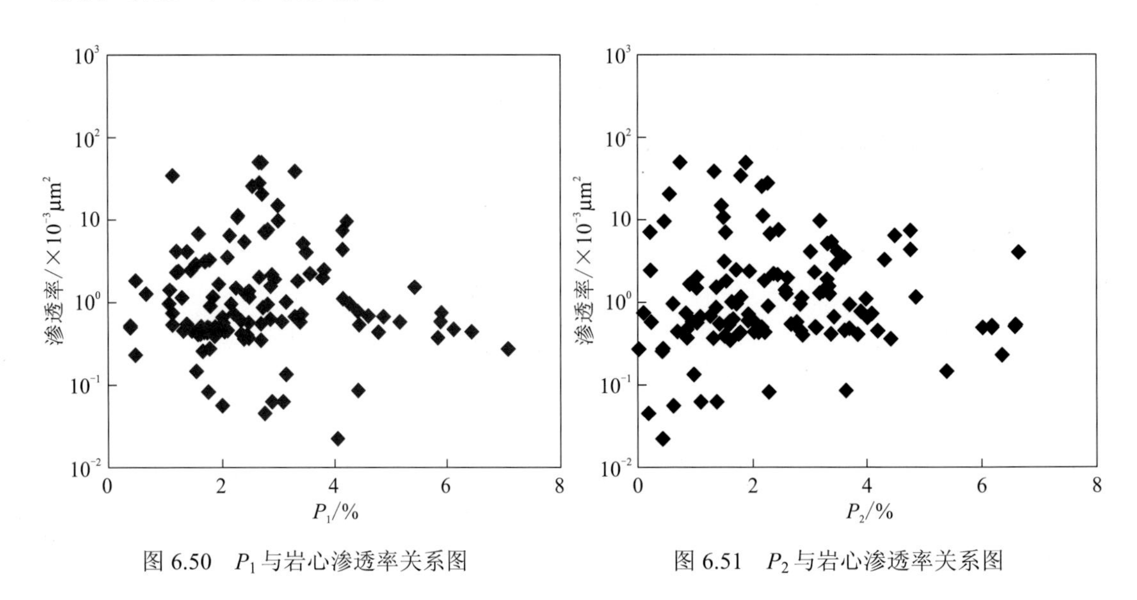

图 6.50　P_1 与岩心渗透率关系图　　图 6.51　P_2 与岩心渗透率关系图

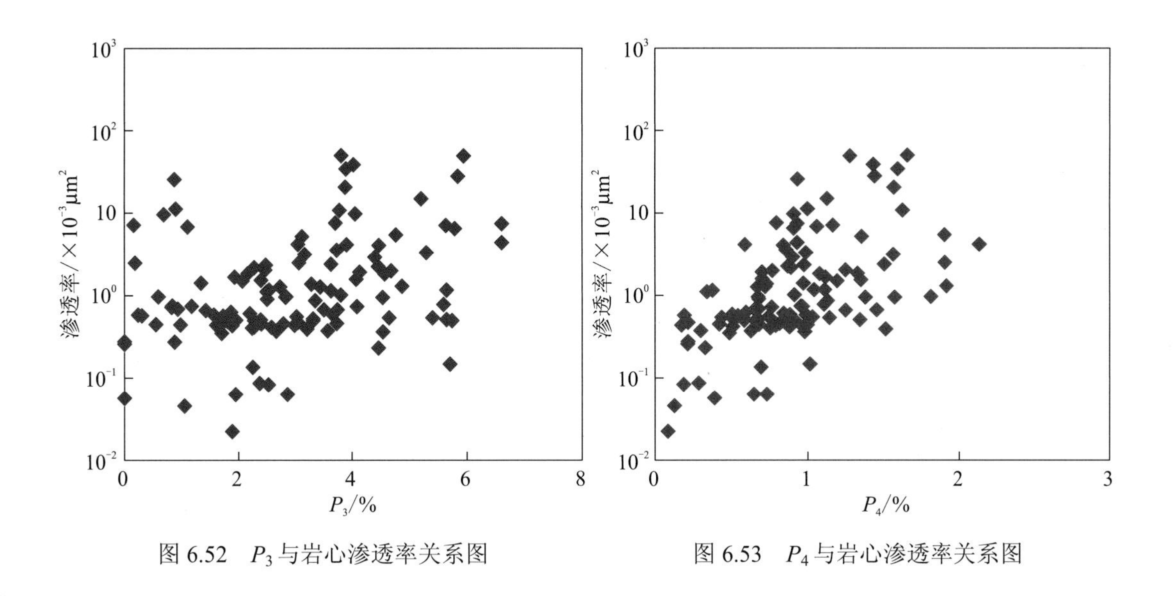

图 6.52　P_3 与岩心渗透率关系图　　　图 6.53　P_4 与岩心渗透率关系图

6.4.3　新孔隙结构参数的提出

在构建新的核磁共振渗透率测井评价模型时，仅考虑孔隙类型对渗透率的贡献是不够的，还要考虑孔隙结构对渗透率的影响。利用压汞资料可以计算得到分选系数、最大孔喉半径、中值半径等反应储层孔隙结构的参数。但是，压汞法仅仅测得了地层中少量的点，无法得到连续地层的孔隙结构参数。结合压汞实验资料与核磁共振测井资料构建伪毛细管压力曲线，进而得到连续地层的孔隙结构参数的方法，在利用核磁共振测井资料构建伪毛细管压力曲线的过程中，会存在一定的误差，在利用伪毛细管压力曲线计算孔隙结构参数的过程中，又会出现误差，即会产生二次误差，使得计算效果比预期的大大降低，达不到理想的效果。本小节提出一个直接利用核磁共振测井资料计算出的能反映孔隙结构的参数，此参数与岩心渗透率相关性良好，可准确评价储层渗透率，减小误差。

T_2 谱可以反映地层不同孔隙类型及孔喉分布的特征，即核磁共振测井 T_2 谱能反映出储层的孔隙结构特征。由此提出一个新的孔隙结构参数 R，其计算式如下。

$$R = \left(P_1G_1 + P_2G_2 + P_3G_3 + P_4G_4\right) \tag{6.56}$$

$$G_i = \frac{D_{i-1} + D_i}{2} \tag{6.57}$$

式中：P_1、P_2、P_3 及 P_4 分别为第 I 至第 IV 类孔喉体系对应的核磁区间孔隙度，%；G_1、G_2、G_3、G_4 分别为第 I 至第 IV 类孔喉体系对应核磁区间的横向弛豫时间中值，ms；D_i 为第 i～1 个孔喉体系与第 i 的孔喉体系的拐点横向弛豫时间值，ms。

计算出岩心对应深度点的孔隙结构参数 R，将其与岩心渗透率建立关系（图 6.54）。从图 6.54 中可以看出，渗透率与孔隙结构参数 R 有良好相关性，随着孔隙结构参数 R 的增大，渗透率也逐渐增大，相关系数 R^2 达到了 0.75。

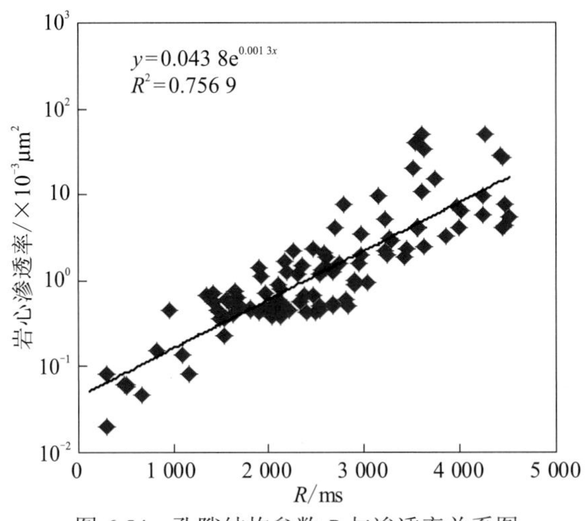

图 6.54　孔隙结构参数 R 与渗透率关系图

6.4.4　新渗透率评价模型的构建

岩心渗透率与孔隙结构参数 R 在指数函数条件下具有最好的相关性，故在构建渗透率评价模型时，考虑建立指数模型。优选区间孔隙度 P_4 与孔隙结构参数 R，提出一个既考虑孔隙度、又考虑孔隙结构的渗透率预测新模型。

$$K = m\mathrm{e}^{(nP_4 + cR)} \tag{6.58}$$

式中：m、n、c 为拟合常数，无量纲，此模型所用参数分别为 0.041 3、0.343、0.002 43；K 为渗透率，×10^{-3} μm^2；P_4 为第 IV 类孔喉体系对应的核磁区间孔隙度，%；R 为孔隙结构参数，ms。

图 6.55 为新模型计算渗透率与岩心渗透率的对比图，将该结果与图 6.56、图 6.57 进行对比，结果显示其精度明显提高，表明新模型对渗透率的预测效果良好。

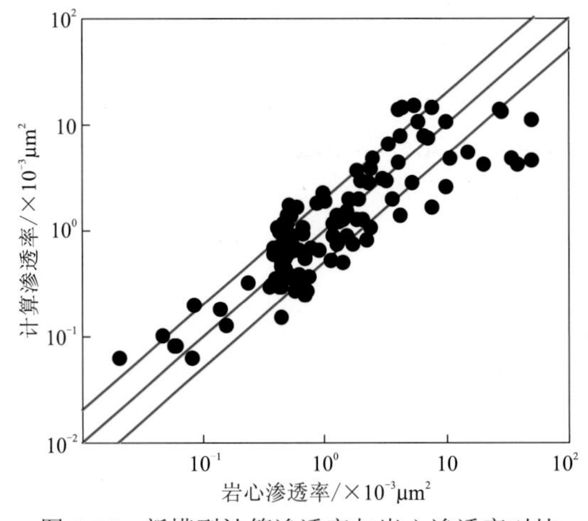

图 6.55　新模型计算渗透率与岩心渗透率对比

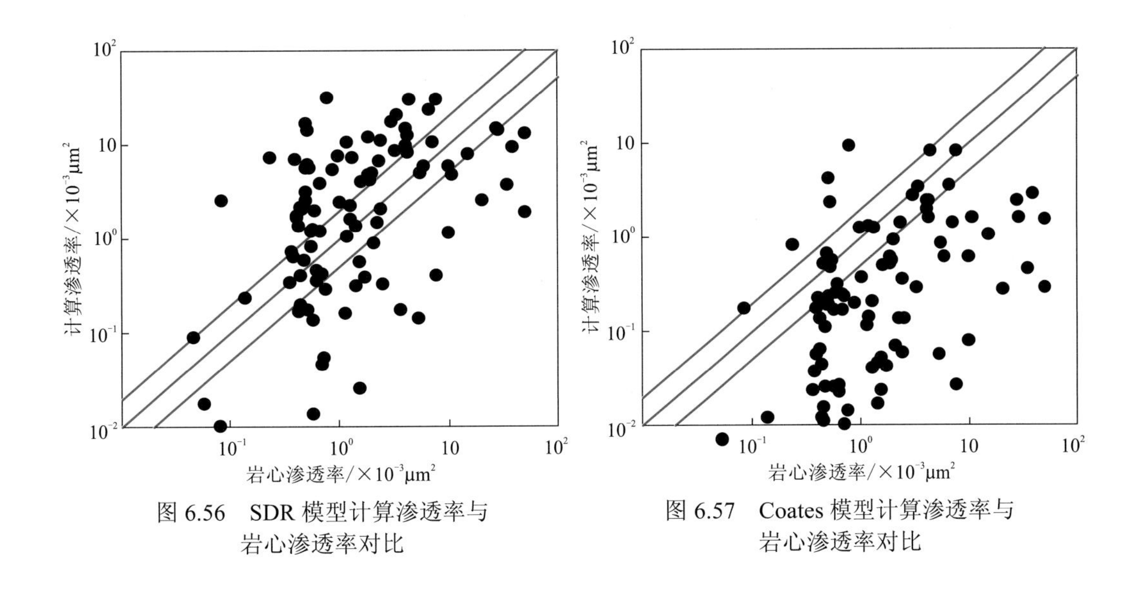

图 6.56　SDR 模型计算渗透率与岩心渗透率对比

图 6.57　Coates 模型计算渗透率与岩心渗透率对比

6.5　基于机器学习的渗透率评价

6.5.1　基于混合模拟退火遗传和随机森林的渗透率评价方法

1. 随机森林（RF）原理

随机森林（random forest，RF）由 Breiman[49]于 2001 年提出，是以 bagging 算法与决策树为框架的集成算法，作为一种新兴的机器学习算法，RF 已经在分类、预测和缺失值检测等方面均得到了广泛应用。在当前的主流算法中，它具有较高的正确率，同时随机森林不仅仅应用于大数据，也适用于小样本数据，对于高维的样本数据其能够自行进行数据的降维，在随机森林算法中只要森林的数值够多，过拟合现象就不易发生。相较于其他的机器学习算法，随机森林算法没有过多的超参数，也较容易进行模型的训练。但该算法也有不足，当树的数量的使用过多时，容易造成模型训练速度变慢。

随机森林的基本思想是在原始样本中进行重复有放回的抽取，形成新的训练样本，根据新的样本集生成多个决策树组成随机森林，每个决策树都是一个分类器，每个决策树对于输入的样本会有不同的分类结果，比较不同情况下的产生误差，从而做出一个好的预测。算法的主要过程如图 6.58 所示。

首先，进行 Boostrap 采样，Boostrap 采样的原理为在原有的样本中重新抽取一定数量的样本，即一个样本能够被多次抽取，对于某一数据集进行连续 n 次抽取，一个样本未被抽中的概率约为 0.368，未被抽取的数据被称为袋外数据，可用于模型验证。

其次，生成决策树，随机森林中核心的结构为决策树，决策树是一种树形结构，代表对象的属性与值之间的一种对应关系，决策树的每个内部节点表示一个属性，各个树的分支为一个输出，每个叶节点代表一种类别。信息、熵与信息增益为决策树中的基本概念，决策树采用三者进行特征选择。

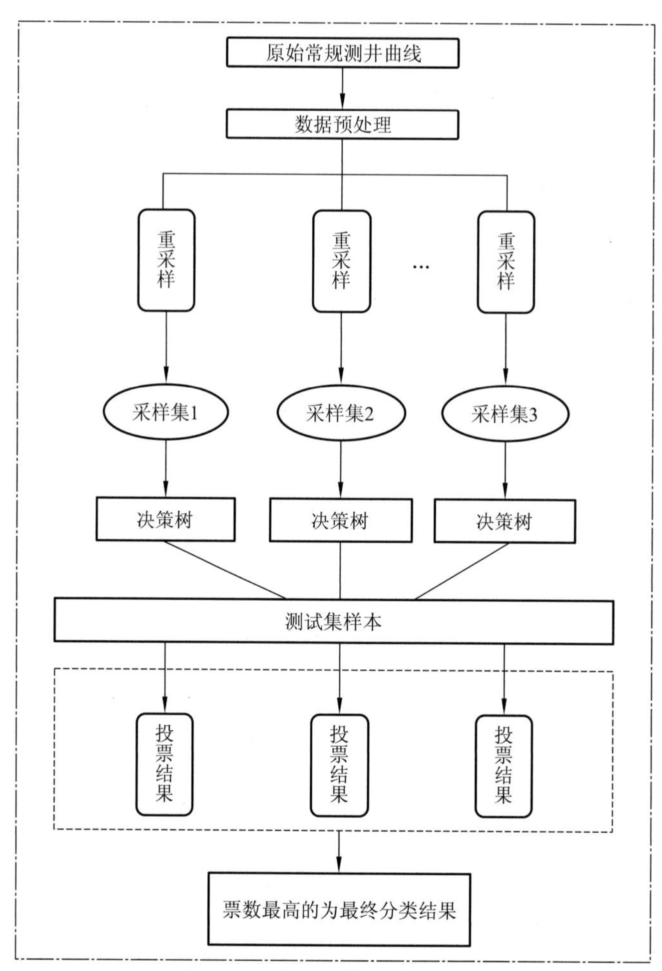

图 6.58　随机森林算法原理图

信息主要用来消除不确定因素，某个类别的信息可以定义为

$$I\left(X=x_i\right)=-\log_2 p\left(x_i\right) \tag{6.59}$$

式中：$I(x)$为随机变量的信息；$p(x_i)$为样本x_i的概率。

熵是信息的期望值，熵越大，样本x_i成为X类的不确定性越大，反之越小。熵的值决定于x的分布，用于度量信息的不确定性。可以记作

$$H(x)=\sum_{i=1}^{n} p\left(x_i\right) I(i) \tag{6.60}$$

信息增益为待分类集合的熵与某个确定特征的条件熵的差，当信息增益越大，对应的特征选择性越好。具体公式如下。

$$IG(Y/X)=H(Y)-H(Y/X)=H(Y)-\sum_{x} p(x) H(Y/X=x) \tag{6.61}$$

利用信息增益作为决策树的分支生成指标，即在决策树生成的过程中选择谁作为根节点。信息增益越大，特征划分后的子集的信息熵越低，对应的选择该特征作为分支的标准越可靠。

在随机森林的回归问题中选用 Gini 系数进行决策树的特征选择，Gini 系数的选择标准是每个子节点达到最高纯度（即随机选择的样本被错分的概率），Gini 系数越小，纯

度越高，不确定性越小，Gini 系数的计算方法如下。

$$\mathrm{Gini}(p)=\sum_{k=1}^{K}p_k\left(1-p_k\right) \tag{6.62}$$

式中：k 为样本数；p 为集中属于某一类别的样本占总样本数的比例；p_k 为该类别中属于第 k 个子类别的样本占该类别总样本数的比例。

依据 Gini 系数作为分裂依据，当决策树的深度过深时，容易出现过拟合现象，为防止该现象产生，需要对决策树进行剪枝，CART 剪枝首先从决策树的底端进行剪枝直到根节点，形成该决策树的子树序列，然后在新的数据集中通过交叉验证对子树序列进行验证，选取最优的子树。最优子树的选取标准为

$$C_a(T)=C(T)+aT \tag{6.63}$$

式中：T 为任一子树；$C(T)$为对新数据集的预测误差；a 为常数，用于衡量训练数据与树的复杂度。

根据构建的随机森林模型进行测试数据的预测，最终的预测结果为所有 CART 回归树预测结果 y_k 的平均值：

$$\overline{y}=\frac{1}{K}\sum_{k=1}^{K}y_k \tag{6.64}$$

2. 基于 SA-GA 的参数寻优

RF 中不同参数对模型具有不同程度的影响，决策树个数过多会导致模型过拟合，相反过小则欠拟合。最大特征数越大，模型的表现能力越好，但并不是特征数最大时，模型达到最优。为解决 RF 的决策树个数与特征分裂数对于模型的影响，本节利用 SA-GA 进行参数寻求。模拟退火算法（simulated annealing，SA）能够跳出局部值，寻找全局最优解；遗传算法（genetic algorithm，GA）具有收敛快，不易过拟合的特性。SA-GA 算法是将两种算法结合，弥补 GA 收敛过快出现局部最优和 SA 收敛速度慢、容易产生震荡的缺点，能够充分发挥各自的优势。具体步骤如下。

（1）初始化相关参数。

选取输入、输出参数，进行初始化，随机产生 n 个个体为初始化种群，即 RF 的决策树个数和特征分裂数，设置最大迭代次数为 $M_{\max}$，规定退火过程的初始温度与截止温度。

（2）选择适应度函数。

适应度函数决定种群中的个体是否能够保留，适应度函数为 RF 误差评价函数，表达式为

$$f=\frac{1}{n}\sum_{k=1}^{n}\left(y_k-y\right)^2 \tag{6.65}$$

式中：f 为经验损失或适用度函数；n 为样本个数；y 为样本所属类别；y_k 为预测样本所属类别。

（3）选择、交叉、变异操作。

选择、交叉、变异的目的是对种群进行操作。保留优秀的个体，依据个体的适应度选择当前优秀个体。本文中的选择操作为“轮盘赌法”，即个体成为父代，其表达式为

$$p_i=\frac{f_i}{\sum_{i}^{n}f_i} \tag{6.66}$$

式中：p_i 为个体样本 x_i 的损失概率；f_i 为样本 x_i 的适应度函数。

交叉、变异操作的目的是产生新的子代，按照一定的随机概率选择个体进行交叉、变异操作，从而产生可行的新个体。

（4）模拟退火算法进行局部更新。

对交叉、变异后产生的新的个体与父代进行模拟退火操作，在进行模拟时采用 Metropolis 准则，其表达式为

$$P(\Delta E,T)=\mathrm{e}^{\frac{\Delta E}{K_\mathrm{b}T}} \tag{6.67}$$

式中：P 为个体样本 x_i 的状态转换概率；ΔE 在温度 T 时从一个状态进入另一个状态的能量变化量；K_b 为波尔兹曼常数。

若 P 小于随机产生的个体，则保留子代个体，如不满足上述条件则保留父代个体继续进行种群的最优检测。

（5）迭代结束。

重复步骤（1）～（4），达到最大迭代次数则寻优结束。

3. SA-GA-RF 渗透率评价模型构建流程

研究区岩石结构复杂，储集空间具有多样性，多种孔隙类型发育，地层纵向非均质性强。孔隙类型多样导致储层渗流能力差异大，渗透率分布区间较广，岩心孔渗关系复杂。当地下某一深度储层性质发生变化时，其测井响应特征也会受到影响。利用 RF 中的重复采样原理能够解决该部分数据分布不均带来的干扰，进而有效克服孔隙结构复杂及储层强非均质性带来的影响。

渗透率评价模型构建主要包括数据预处理、参数寻优、RF 模型搭建、预测等流程（图 6.59）。其中预处理包括常规测井曲线的响应特征分析，优选相应的衍生参数，对其进行敏感性分析，优选输入特征向量。以岩性样本深度点对应的测井值为序列数据，用岩心数据标定全井段。RF 为该网络的核心部分，其输入层即为预处理确定的输入特征向量，然后利用 SA-GA 寻优模型进行 RF 的参数寻优，通过产生不同参数组合序列，计算不同组合下的适应度函数，进行多次迭代，直到收敛，将寻优结果作为参数的最优解输入 RF 进行渗透率预测，形成最终的渗透率评价模型。

渗透率评价模型建立及应用的详细流程如下。

（1）输入特征参数优选。

巨厚型碳酸盐岩储层孔隙类型复杂，非均质性强，测井响应特征不明确，为更好表征该区碳酸盐岩的复杂孔隙结构，选用衍生参数放大油层响应特征，提高渗透率计算精度。分别计算三孔隙度（密度孔隙度 ϕ_d 、声波孔隙度 ϕ_s 、中子孔隙度 ϕ_n ）、三孔隙度差值、三孔隙度比值 5 个衍生参数，其计算公式分别如下所示。

$$\phi_\mathrm{d}=\frac{\rho-\rho_\mathrm{ma}}{\rho_\mathrm{f}-\rho_\mathrm{ma}} \tag{6.68}$$

$$\phi_\mathrm{s}=\frac{\Delta t-\Delta t_\mathrm{ma}}{\Delta t_\mathrm{f}-\Delta t_\mathrm{ma}} \tag{6.69}$$

$$\phi_\mathrm{n}=\frac{N-N_\mathrm{ma}}{N_\mathrm{f}-N_\mathrm{ma}} \tag{6.70}$$

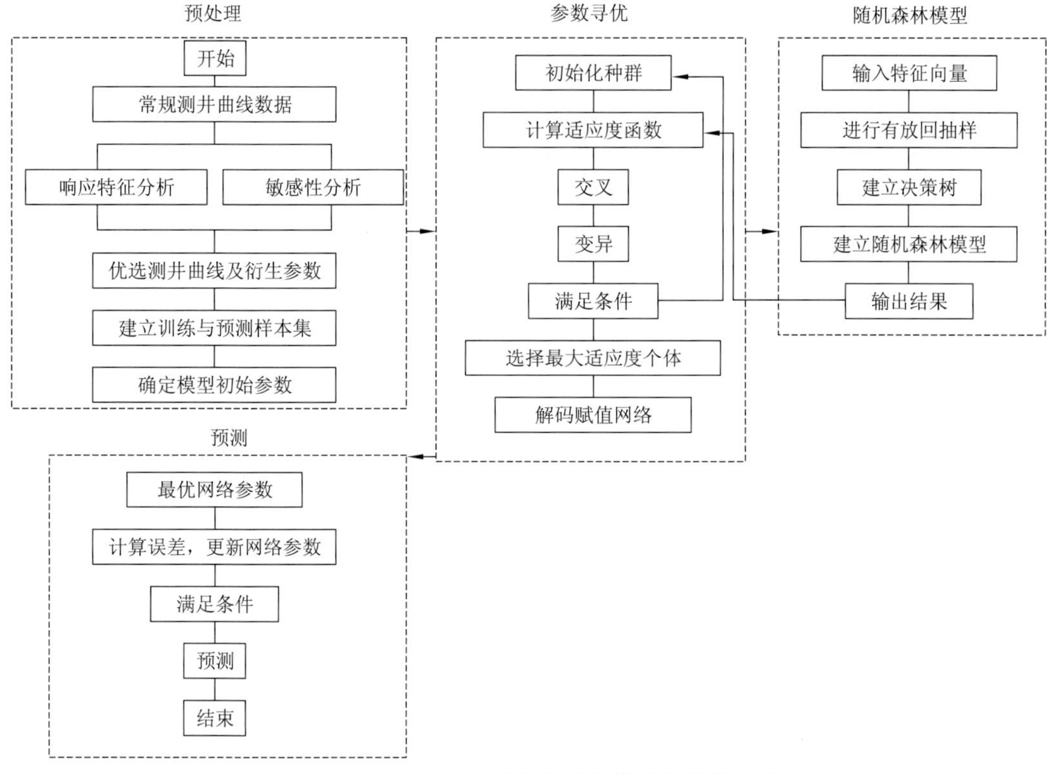

图 6.59　SA-GA-RF 渗透率评价模型构建流程图

$$C = \phi_{\mathrm{d}} + \phi_{\mathrm{s}} - 2\phi_{\mathrm{n}} \tag{6.71}$$

$$B = \frac{\phi_{\mathrm{d}}\phi_{\mathrm{s}}}{\phi_{\mathrm{n}}^{2}} \tag{6.72}$$

根据常规测井曲线及衍生曲线在不同流体中响应特征差异，对 10 条测井曲线与渗透率进行相关性分析（图 6.60）。通过密度孔隙度(ϕ_{d})、中子孔隙度（ϕ_{n}）、声波孔隙度（ϕ_{s}）计算可得，渗透率（K）与三孔隙度比值（B）和三孔隙度差值（C）具有极弱的

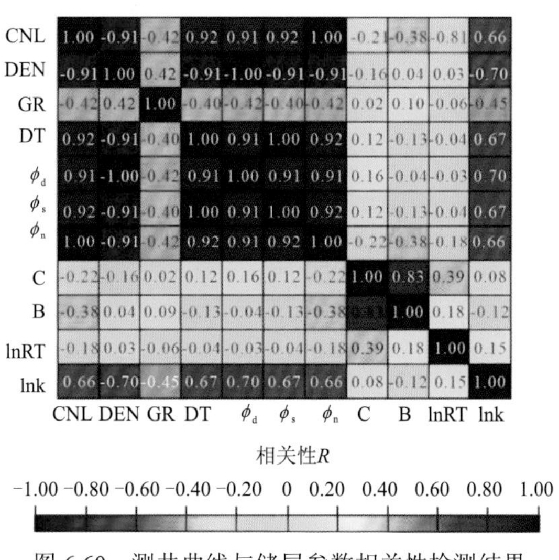

图 6.60　测井曲线与储层参数相关性检测结果

相关性，与ϕ_d、ϕ_n、ϕ_s、密度（DEN）曲线、中子（CNL）曲线、自然伽马（GR）曲线、声波时差（DT）曲线、自然电位对数（lnRT）曲线存在一定的相关性，但密度曲线、中子曲线、声波时差曲线存在强相关性，去除高度相关的曲线，最终优选常规测井曲线的自然伽马测井曲线、电阻率测井曲线，衍生曲线密度孔隙度测井曲线、中子孔隙度测井曲线、声波孔隙度测井曲线为输入参数组合，进行渗透率计算。

（2）模型训练。

确定输入参数后，对异常数据进行清洗，消除输入特征参数量纲差异带来的影响。选取约 80%样本作为训练集，剩余样本作为测试集进行模型训练，即 508 个样本为训练集，146 个样本为测试集。表 6.16 展示了部分训练样本与测试样本分析结果。

表 6.16　渗透率模型计算的部分训练样本与测试样本分析结果

样本类型	K/mD	RT/（Ω · m）	GR/API	ϕ_d /%	ϕ_s /%	ϕ_n /%
训练样本	2.05	68.50	22.15	0.22	0.18	0.18
	1.42	67.25	21.53	0.21	0.17	0.16
	0.76	56.63	22.14	0.16	0.11	0.12
	0.42	35.14	20.65	0.12	0.10	0.12
	0.14	52.66	20.32	0.12	0.11	0.10
	0.38	32.86	20.72	0.15	0.13	0.09
	1.28	52.08	20.41	0.24	0.16	0.17
	0.15	42.69	21.10	0.22	0.15	0.16
	5.79	24.73	19.32	0.20	0.14	0.16
	0.16	23.81	15.24	0.19	0.17	0.16
	1.82	31.08	19.06	0.23	0.21	0.18
	1.82	31.08	19.06	0.23	0.21	0.18
	1.71	39.49	21.33	0.22	0.17	0.15
	1.00	27.42	17.48	0.13	0.10	0.09
	1.09	25.22	16.93	0.16	0.13	0.11
	2.28	37.58	23.40	0.23	0.20	0.17
测试样本	8.46	63.96	16.22	0.26	0.22	0.20
	2.17	56.71	20.20	0.24	0.22	0.19
	11.93	52.05	18.90	0.26	0.25	0.21
	11.93	63.91	22.55	0.29	0.23	0.22
	6.93	49.75	22.79	0.26	0.24	0.21
	166.83	467.06	4.06	0.31	0.26	0.24

对决策树个数与分裂特征数进行步长为 1 的精细传统网格寻优和 SA-GA 寻优(图 6.61，图 6.62)。传统网格寻优与 SA-GA 寻优中的相关参数设置与寻优结果见表 6.17，通过对比，表 6.17 与图 6.61 表明传统网格穷举寻优能够得到绝对全局最优解(决策树个数 178，分裂特征数 1)，但耗时较长，不具有时效性；由图 6.62 可知，SA-GA 寻优过程在决策树个数为 191，分裂特征数为 1 时达到收敛，在该过程中耗时相比传统网格寻优极大地

缩短，且寻优的结果也接近于全局最优解。

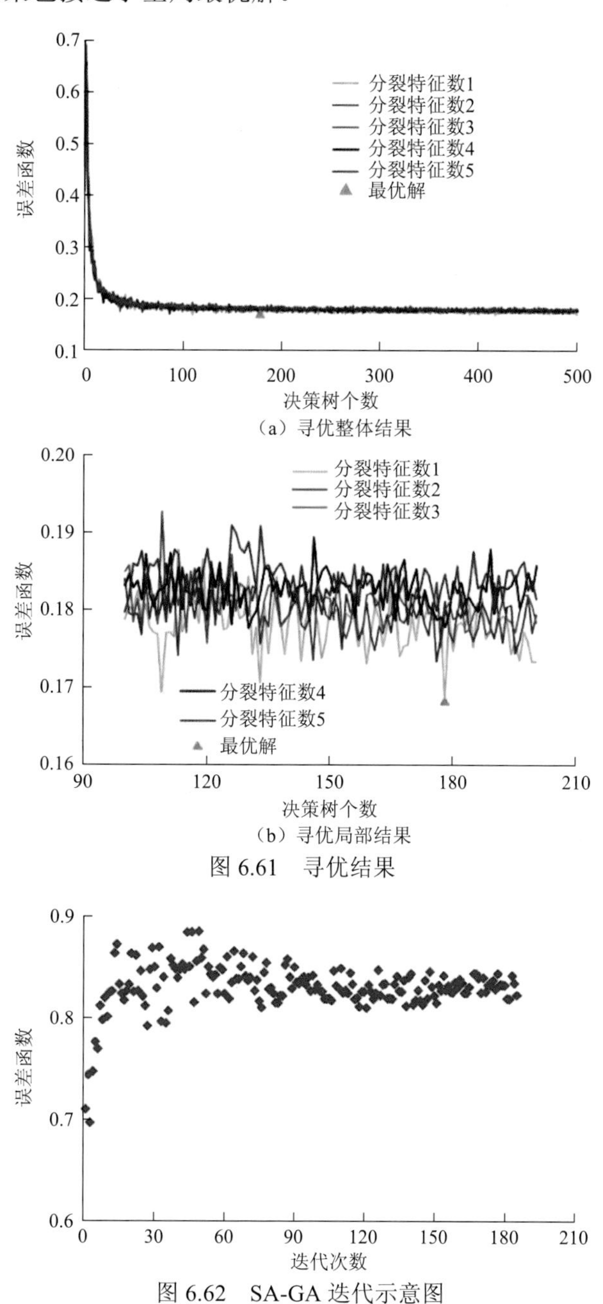

（a）寻优整体结果

（b）寻优局部结果

图 6.61　寻优结果

图 6.62　SA-GA 迭代示意图

表 6.17　模型参数设置和参数优化结果

模型类型	寻优算法参数设置	寻优结果	运行时间/h
传统网格寻优	步长为 1，最大决策树为 500，分裂特征数为 5	决策树个数为 178，分裂特征数为 1	12.0
SA-GA 寻优	最大决策树为 500，最大分裂特征数为 5，迭代次数为 200；种群个体数为 10；温度降低参数为 0.98	决策树个数为 191，分裂特征数为 1	0.5

（3）模型验证。

利用测试集对SA-GA寻优结果进行验证，由SA-GA-RF模型的预测结果[图6.63（a）]可知，岩心渗透率与预测渗透率的相关性（R^2）达到0.83，平均绝对误差（MAE）为0.29。相比随机参数建立的RF模型[图6.63（b）]，其R^2提高了0.15，MAE提高了0.12。综上可认为，SA-GA-RF渗透率评价模型能够在不损失模型精度的情况下发挥模型的最大性能。为验证该模型的外推能力，对全部样本进行十折交叉验证，结果如图6.64所示，在进行的十折交叉验证中，SA-GA-RF模型的误差函数值的平均值为0.19，说明该模型

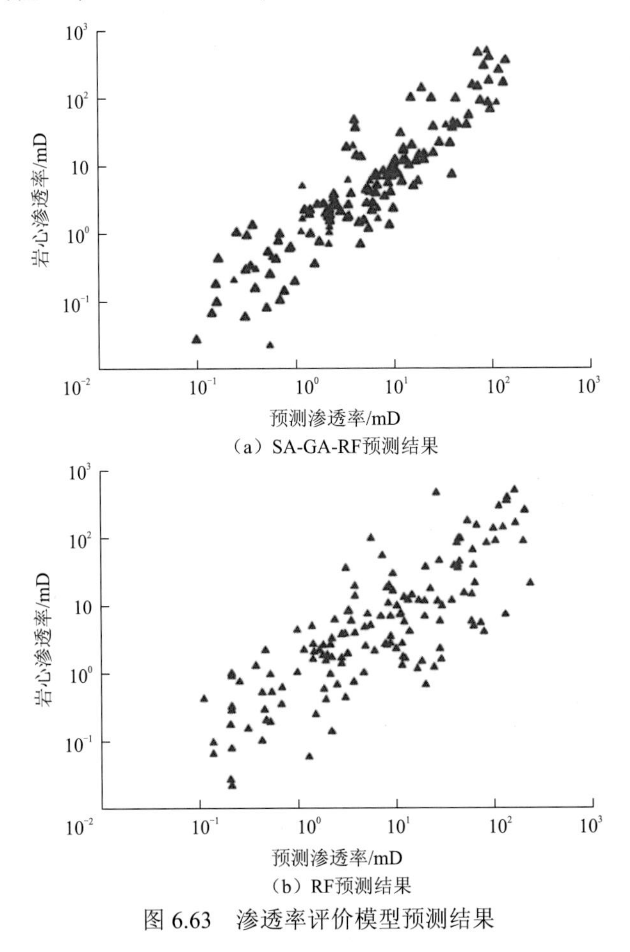

（a）SA-GA-RF预测结果

（b）RF预测结果

图6.63 渗透率评价模型预测结果

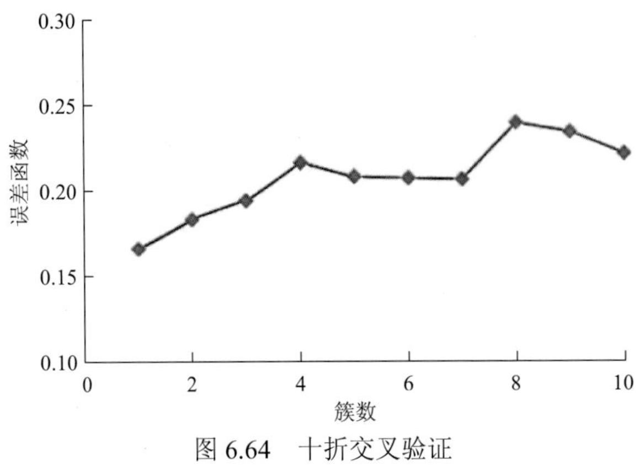

图6.64 十折交叉验证

具有一定的泛化能力和有效性，能高精度地完成预测任务。

（4）模型应用与对比。

将建立的SA-GA-RF渗透率评价模型及RF和SA-GA-BP应用于研究区，从实际应用效果分析验证模型的可靠性。为保证分析结果的准确性，SA-GA-RF、RF及SA-GA-BP均采用相同的建模样本集及预测样本集，其中将反向传播（back propagation,BP）算法进行SA-GA寻优是为了确定BP算法的最优相关参数。从应用效果（图6.65）来看，3种渗透率评价模型均能反映渗透率随深度变化的趋势，但预测精度有明显差异，SA-GA-BP渗透率评价模型中渗透率低值与高值存在明显偏差。RF在中高渗透储层计算效果较好。SA-GA-RF渗透率模型在全井段应用效果较好，误差较小，优于其他2种模型，特别是在低渗透率区间，优势更加明显。利用MAE和R^2对上述结论进行定量评价，MAE越小，R^2越大，其预测值与真实值的误差越小，以上3种方法中SA-GA-RF的误差明显小于其余2种渗透率评价模型，其中SA-GA-RF的MAE与R^2分别达0.17和0.9。而RF与SA-GA-BP的MAE分别为0.45和0.74，R^2分别为0.53和0.42。

SA-GA-RF渗透率评价模型能充分反映测井响应特征差异，模型稳定性强，计算结果精度高，更适用于孔隙结构复杂、储层非均质性强的碳酸盐岩储层渗透率评价。

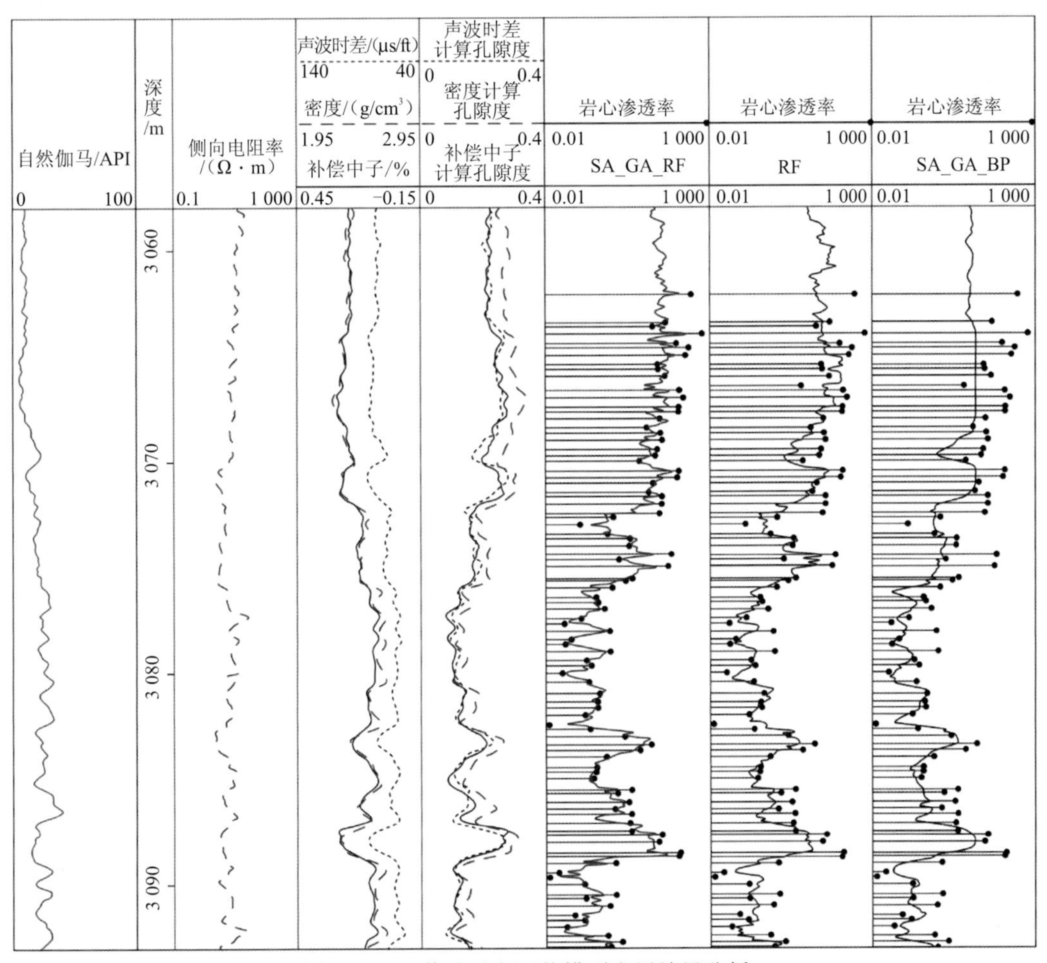

图6.65　A井渗透率评价模型应用结果分析

6.5.2 基于LSTM神经网络的渗透率评价方法

碳酸盐岩储层非均质性强，测井响应参数与渗透率之间的非线性关系复杂。地球物理测井参数从不同深度点反映了各个地质时期的声波、放射性、电性等沉积特征，测井响应参数与渗透率之间存在较强的非线性映射关系且具有时间序列性质。基于此特点，考虑到测井响应参数与渗透率具有一定的时间序列性质，本小节搭建了具有记忆功能的长短期记忆网络，并通过交叉验证对网络的拟合能力进行综合评估，进而调节网络超参数直到网络拟合能力达到最优，然后重新训练模型，并用训练好的长短期记忆（long short term memory，LSTM）网络模型进行渗透率预测。

1. 长短期记忆网络原理

常规的循环神经（recurrent neural network，RNN）网络只能处理一定的短时序列问题，无法处理长程依赖问题。因为当序列数据较长时，序列后端的梯度很难反向传播到前端的序列，容易产生梯度消失问题和梯度爆炸问题。长短期记忆网络也叫LSTM循环神经网络，是RNN的一种变体，可以有效地解决梯度消失和爆炸问题，最早由Hochreiter和Schmidhuber[50]提出，工作原理如图6.66所示，相比常规RNN网络，LSTM网络的循环单元更加复杂，在循环单元中增加门控机制，使得循环单元的权重是可变的，这种带有门控结构的循环单元可以有选择地保存有用信息，遗忘无用信息，避免产生梯度消失或梯度爆炸的问题。

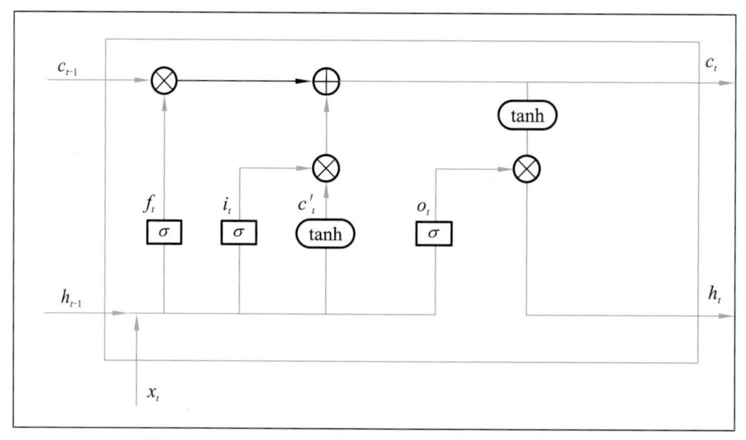

图6.66 LSTM网络t时刻循环单元工作原理

2. 基于LSTM神经网络的渗透率测井评价模型

LSTM循环神经网络模型结构与全连接神经网络结构类似，包含输入层、隐藏层和输出层，其中隐藏层是网络中的核心结构。理论上神经元数目越多，网络结构越深，其网络拟合效果就越好，预测精度越高。但在实际应用中，需要考虑样本数据的大小，以及样本特征的维度等因素，若构建的隐藏层层数和神经元数目过多会导致网络训练耗时过长，并且容易造成过拟合，反之会造成欠拟合。本书搭建的渗透率测井评价模型框架包括数据预处理层、输入层、LSTM层、全连接层以及输出层5个部分。在数据预处理部分，进行多井标准化、扩径校正、岩心归位、数据清洗以及敏感曲线的选取，确保输入数据的准确性，预处理完成之后，划分训练集和测试集并依次传入网络的输入层、隐藏层，进行迭代求解，直到模型收敛最后输出，形成基于 LSTM 循环神经网络渗透率测井评价模型框架（图 6.67）。

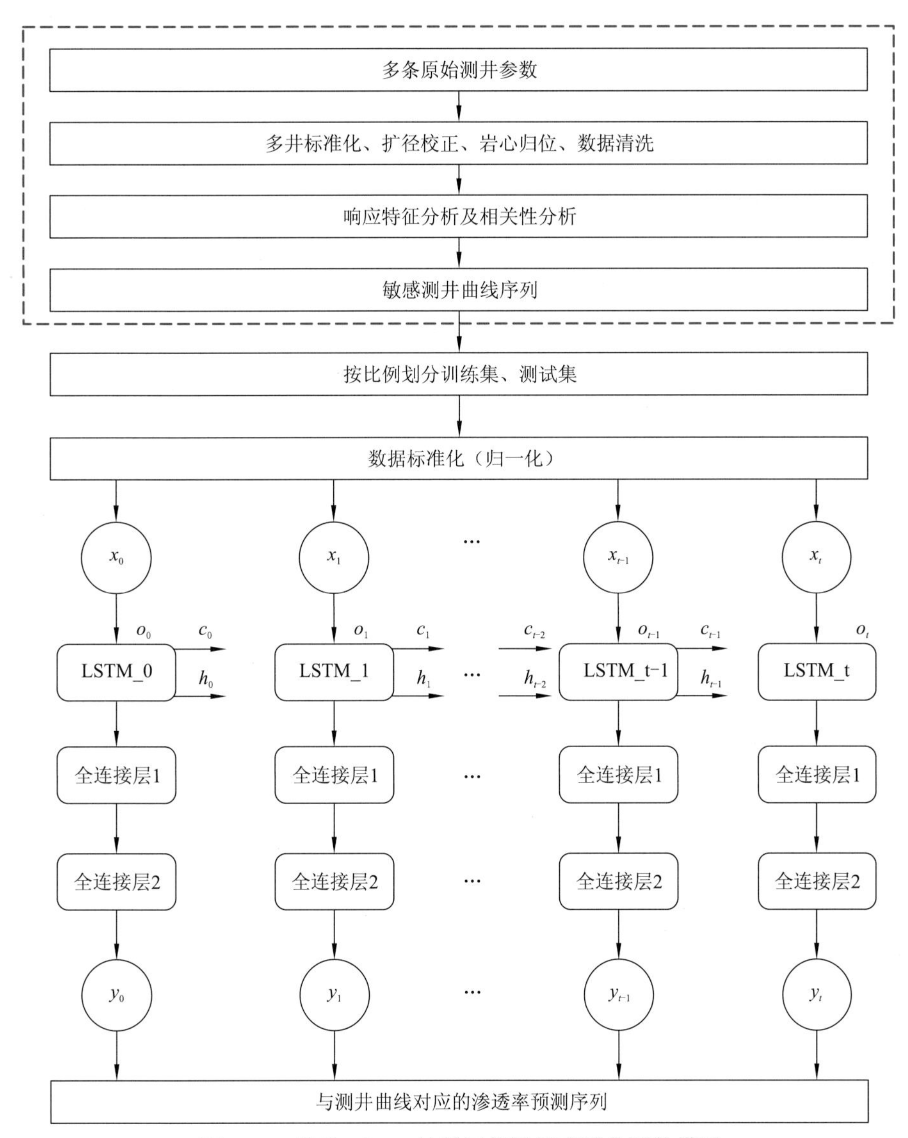

图 6.67　基于 LSTM 神经网络渗透率测井评价模型

3. 数据准备及相关性分析

数据来源于伊拉克油田实际勘探的测井数据，共选取 906 组测井数据样本，包括自然伽马、自然电位、深电阻率、浅电阻率、声波时差、补偿中子孔隙度、补偿密度、泥质含量以及对应的渗透率，其中泥质含量由中子密度交会计算而得，是补偿中子孔隙度和补偿密度两条曲线的综合反映，故将泥质含量这个参数作为一个初步的计算参数。在确定出模型的输入参数前，对上述测井参数进行相关性分析。渗透率由实验室直接测得。

在将样本数据输入网络之前将数据集划分为训练数据、测试数据，选择 234 组测井数据作为测试数据，剩下的数据作为训练数据用来训练模型。

分别采用皮尔逊（Pearson）线性相关系数 P、肯德尔（Kendall）秩相关系数 R 和斯皮尔曼秩相关系数 S 来定量计算各个测井参数与渗透率的相关性，优选测井曲线，避免赘余的信息和多重共线性影响模型的泛化能力。三个相关性系数的计算公式为

$$P=\frac{N\sum x_i y_i-\sum x_i \sum y_i}{\sqrt{N\sum x_i^2-\left(\sum x_i\right)^2}\sqrt{N\sum y_i^2-\left(\sum y_i\right)^2}} \tag{6.73}$$

$$R=\frac{4A}{N(N-1)}-1 \tag{6.74}$$

$$S=\frac{\sum_i\left(x_i-\overline{x}\right)\left(y_i-\overline{y}\right)}{\sqrt{\sum_i\left(x_{i-\overline{x}}\right)^2\sum_i\left(y_{i-\overline{y}}\right)^2}} \tag{6.75}$$

式中：x 为各个常规测井参数；y 为岩心渗透率；i 为每个样本的序号；N 为统计的总样本数；A 为两个属性值排列大小关系一致的统计对象对数。

各测井参数与渗透率的三种相关度绝对值的变化趋势如图 6.68 所示。从图 6.68 可以看出，自然伽马、泥质含量、补偿密度、声波时差、补偿中子孔隙度这五种测井参数的 P、R 和 S 均较高，说明渗透率与自然伽马、泥质含量、声波时差、补偿中子孔隙度、补偿密度之间存在较强的相关性，自然电位的 P 值较高但 S 和 R 较低，说明自然电位与渗透率之间只存在一定的线性相关，非线性相关程度较弱；深电阻率和浅电阻率的 P、R 和 S 均较低，因此本文最后选择自然伽马、泥质含量、声波时差、补偿中子、补偿密度这 5 种测井参数预测渗透率。

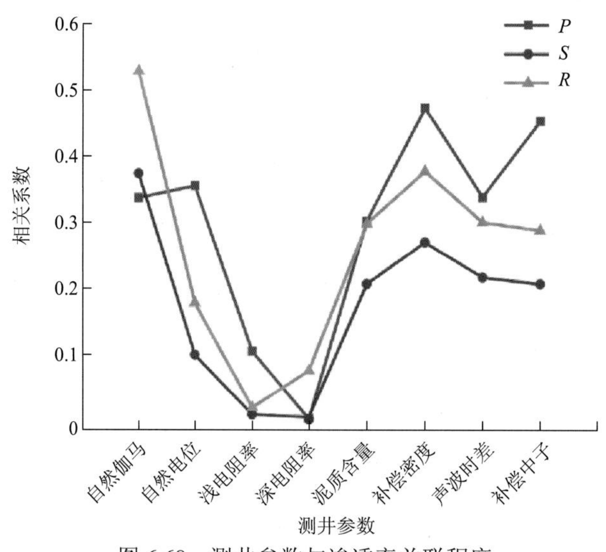

图 6.68　测井参数与渗透率关联程度

4. 模型训练及参数调优

采用自适应优化算法（Adam）进行训练，它是一种随机梯度下降算法的改进算法，

具备自适应学习率优化算法（AdaGrad）和梯度下降算法（RMSProp）的优点，隐藏层的激活函数采用非线性整流函数（ReLU），也叫 ReLU 激活函数。该激活函数为非线性函数，能够使网络更好地解决复杂非线性问题，且 ReLU 函数能够克服一定的梯度消失问题。采用 K 折（K-fold）交叉验证算法来确定隐藏层神经元的个数、学习率，防止过拟合。如图 6.69 所示，图中横坐标为隐藏层神经元个数，纵坐标为所预测渗透率的均方根误差（RSME），可以看出当神经元个数小于 32 时，均方根误差偏大，当神经元个数为 64 时，均方根误差达到最小值，随着神经元个数不断增多，其均方根误差逐渐变大。最终确定隐藏层的神经元个数为 64 个。图 6.70（a）展示了不同学习率下的 LSTM 模型的预测精度随迭代次数的变化关系，可以看出在 a=0.01 时，RMSE 曲线下降最快，收敛速度最快并且最平缓，本节设定 a=0.01 为 LSTM 模型的学习率。为验证 LSTM 模型是否存在过拟合以及解决方法，本小节分别使用神经元随机丢弃算法（Dropout）和 L2 正则化方法来进行试验，如图 6.70（b）所示，不使用方法的模型其 RMSE 曲线收敛速度一般，收敛后出现了过拟合现象，使用 L2 正则化方法的模型的 RMSE 曲线收敛速度较慢，收敛后处于比较平稳的状态，采用 Dropout 技术的 LSTM 模型的 RMSE 曲线收敛速

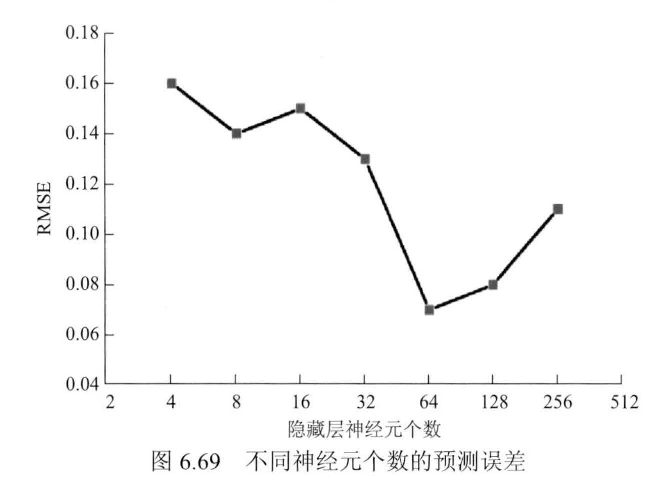

图 6.69　不同神经元个数的预测误差

（a）不同学习率下的预测误差

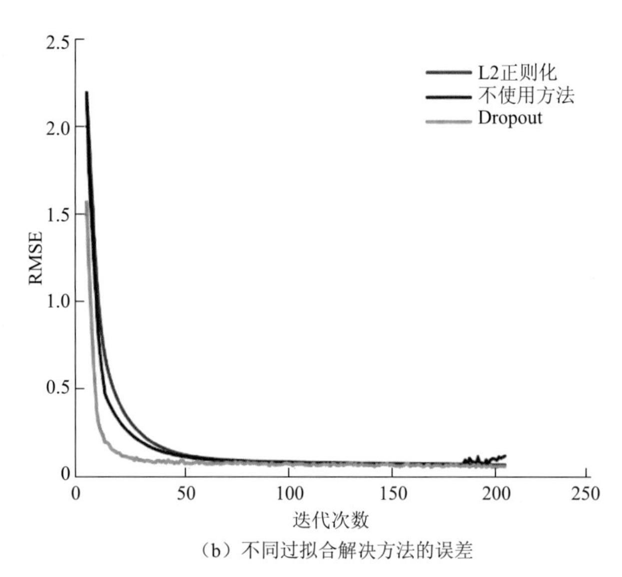

（b）不同过拟合解决方法的误差

图 6.70　不同学习率以及不同过拟合解决方法下的预测误差

度快且收敛后达到平稳状态，Dropout 技术在模型中不仅消除了一定的过拟合现象，还提升了 LSTM 模型的拟合性能，因此本节选定 Dropout 技术来防止过拟合问题。

5. 结果分析

将 LSTM 模型应用到研究区碳酸盐岩中，如图 6.71 所示。通过 LSTM 模型预测得到的渗透率与真实值吻合程度要高于灰色预测模型 GM(0,5)，在 S_a2 层位，两种模型的渗透率预测效果比较接近，但是 LSTM 预测精度要稍高。从 S_b1 至 T 层位，LSTM 对渗透率的预测优势更加明显，主要是因为 S_a2 层位的测井响应参数变化趋势比较平稳，两种模型的渗透率预测精度都比较高。随着深度加深，从 S_b1-S 至 T 层位，渗透率存在很多突变的峰谷值，测井响应参数的变化趋势变得复杂，各测井响应参数与渗透率之间的非线性关系也就更加复杂，渗透率与测井响应参数的序列性很强，普通的机器学习方法在样本有限的情况下表示复杂映射关系的能力有限，故灰色预测模型 GM(0,5)模型不能准确学习渗透率的变化趋势，导致该模型预测的准确性下降。对比可知，LSTM 模型具有能够提取序列信息的优势，使得 LSTM 模型能较准确地预测到渗透率的振荡规律，故 LSTM 渗透率预测模型更符合渗透率曲线随深度变化的趋势。

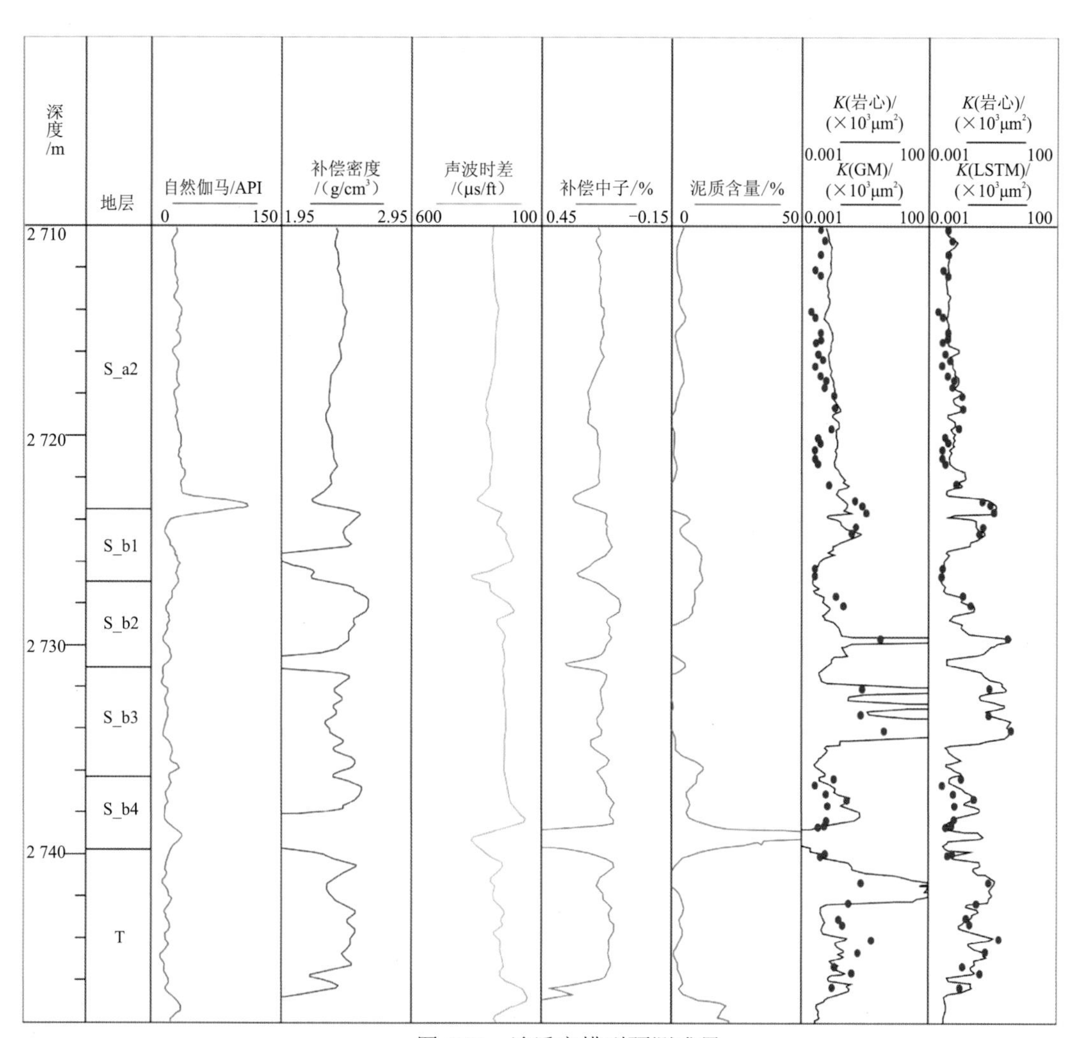

图 6.71 渗透率模型预测成果

第 7 章 薄片孔隙特征参数自动拾取与储层分类方法

7.1 图像分析技术与特征参数提取

通过对研究区的岩心描述资料进行分析，明确了研究区块的储层特征，确定影响研究区储层油气储量和产能的重要因素是早成岩期溶蚀与胶结作用。在溶蚀与胶结作用的影响下储集空间被不断改造，形成孔隙类型多样、孔隙结构复杂等特征。孔隙结构对油气的赋存状态存在不同程度的影响，研究储层孔隙结构特征对明确储层储集机制具有重要意义。铸体薄片图像能最直观地表示孔隙的分布特征与结构特征，但传统的薄片鉴定方法存在人工识别效率低、分辨率差等问题。随着图像处理技术的发展，目前已经能够高精度地识别图像中的目的信息，因此利用图像处理技术进行薄片特征提取能够消除人工识别的弊端，并准确有效地提取铸体薄片中的孔隙信息。

7.1.1 图像预处理

在信号传输的过程中外界环境与仪器本身精度带来的影响会造成图像生成过程中的部分信息损失。图像质量会直接影响孔隙提取的精度，因此需要通过预处理对图像质量进行改善，将损失的信息进行恢复，同时消除图像中的无用信息。

1. 图像噪声

图像预处理最首要的步骤是图像去噪，图像噪声是无用信息，在图像中表现为孤立的像素点或像素块，对图像的可观测性产生负面作用。在图像形成过程中影响因素复杂，通常无法直接对图像中存在的噪声定义，目前主要是假设图像存在噪声，对图像添加不同类型的噪声，对其进行降噪，对比去噪后的图像与原始图像质量从而确定噪声类别。

噪声是在图像获取与信号传输过程中由于传感器自身或受到传输介质与记录设备的影响产生的，常见的噪声有高斯噪声、泊松噪声、乘性噪声、椒盐噪声。高斯噪声是一种概率密度函数为高斯分布的噪声，通常为因照明不均引起的传感器噪声。泊松噪声是概率密度函数服从泊松分布的噪声，该噪声是一种信号依赖噪声。乘性噪声由信号通道特征随机变化引起，信号与噪声相互伴随。椒盐噪声是一种在受到突然的强烈干扰下产生的脉冲噪声，在图像中表现为随机黑白相间的像素点，也是成像过程中最常见的噪声。本小节在无法确定原始图像中的噪声时对其添加不同类型的噪声，使用相适应的方法进行滤波去噪，对去噪后的结果进行对比，确定针对研究区铸体薄片图像的降噪方法。首先对铸体薄片分别添加如图 7.1 所示的椒盐噪声、高斯噪声、泊松噪声，添加不同噪声后的图像清晰度不同程度上都明显下降。

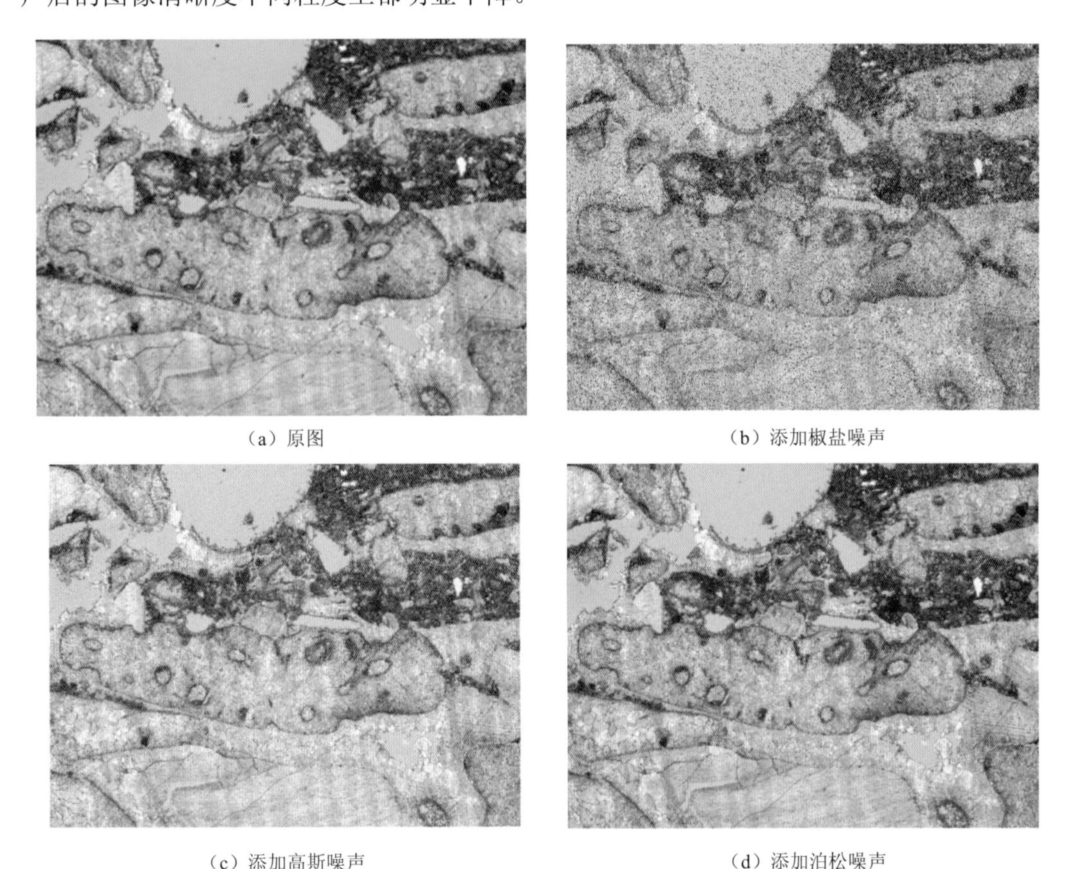

（a）原图　（b）添加椒盐噪声

（c）添加高斯噪声　（d）添加泊松噪声

图 7.1　对薄片图像添加不同噪声

2. 图像滤波

图像滤波是指在保留图像细节特征的前提下，能够使图像减少噪声，消除高频噪声的同时保留低频信息的一种处理手段。图像滤波主要包括线性滤波与非线性滤波两种，线性滤波有均值滤波和高斯滤波等方法，非线性滤波有中值滤波和双边滤波等方法。不同的滤波方法适用于处理不同的噪声类型，例如针对椒盐噪声，最适合的滤波方法为中值滤波，而高斯滤波适用于消除线性的高斯噪声。不同滤波方法去噪的结果优劣决定了后续目标特征提取、分析与处理的可靠性与有效性。滤波算法主要利用图像像素与周围的像素信息存在的差异去除噪点，在消除噪声的同时对图像不产生干扰。具体过程是将图像像素与相应的核进行卷积，将原图像素按权重进行分配，其中卷积核有中值滤波、均值滤波和高斯滤波等，本小节主要对中值滤波与高斯滤波进行介绍。

1）中值滤波

中值滤波是将每一像素点领域范围内的中值作为该点的灰度值。消除孤立的噪点，以达到去噪的目的，具体原理如下。

设领域窗长为 $2L+1$，在该窗长内的数据矩阵 $\boldsymbol{G}$ 为

$$\boldsymbol{G}=[\boldsymbol{G}(1),\boldsymbol{G}(2),\cdots,\boldsymbol{G}(2L+1)] \tag{7.1}$$

进行中值滤波后的 $\boldsymbol{G}(L)$ 点的像素值为

$$\boldsymbol{G}(L)=\text{median}\,(\boldsymbol{G}) \tag{7.2}$$

2）高斯滤波

高斯滤波是一种平滑线性滤波器，高斯滤波的主要目的是降低灰度图像的尖锐变化，高斯滤波器适用于抑制服从正态分布的噪声。高斯滤波的计算是将某个像素点与滤波的和矩阵进行相乘并累加得到新的像素值，滤波的过程可表述为

$$h(x,y)=\sum_{i=0}^{m}\sum_{j=0}^{n}G(i,j)g(i-x,j-y) \tag{7.3}$$

式中：h 为高斯滤波后的像素值；g 为高斯函数；$G(i,j)$ 为原始图像像素值。

其中高斯函数 g 定义为

$$g(i,j)=\frac{1}{2\pi\sigma}\mathrm{e}^{-\frac{(i-i_0)^2+(j-j_0)^2}{2\sigma^2}} \tag{7.4}$$

式中：i_0 和 j_0 为中心点的坐标；σ^2 为方差，代表高斯函数的形态。

对图 7.1 中的（b）、（c）、（d）分别进行滤波处理，对添加椒盐噪声、高斯噪声、泊松噪声的薄片图像分别进行中值滤波、高斯滤波、中值滤波，处理结果如图 7.2 示。将滤波后的图像与原始图像进行比较，能观察到图 7.2（a）中蓝色孔隙中孤立的像素点得到改善，图 7.2（b）、（c）与原图图像质量相比并未得到提高，图 7.2（b）图像整体变暗，表示图像整体的信息被平滑掉，图像边缘信息被弱化，图 7.2（c）图像中仍然存在部分噪点。

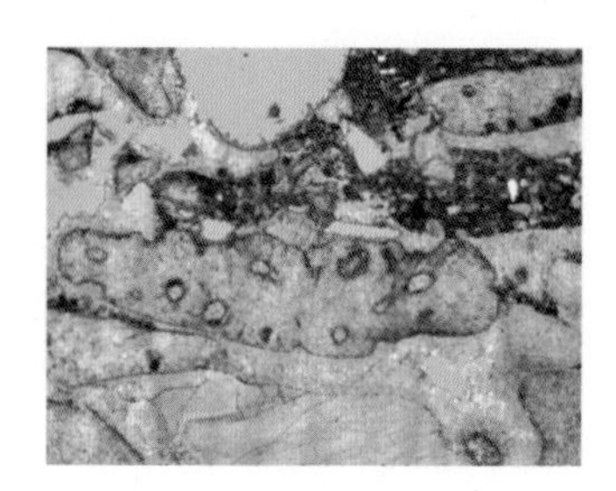

（a）中值滤波去椒盐噪声

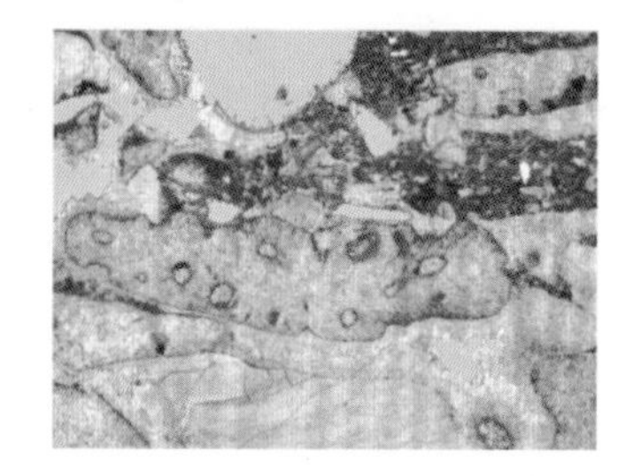

（b）高斯滤波去高斯噪声

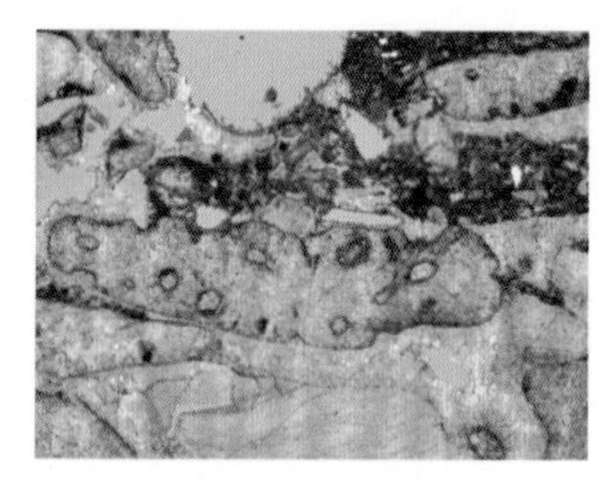

（c）中值滤波去泊松噪声

图 7.2 图像滤波降噪结果图

图 7.2（a）的去噪效果最好。通过计算正常信号与噪声信号之间的信噪比与峰值信噪比关系来评价图像质量，能够对图像滤波后的效果定量表征。二者的计算方法如下。

峰值信噪比是将参考图像与失真图像进行对比，比较二者之间的相似程度，表达式为

$$\text{MSE}=\frac{1}{M\times N}\sum_{i=1}^{M}\sum_{j=1}^{N}(X(i,j)-Y(i,j))^2 \tag{7.5}$$

$$\text{PSNR}=10\lg\left(\frac{2^n-1}{\text{MSE}}\right)^2 \tag{7.6}$$

信噪比为有用信号与噪声功率的比，是衡量图像质量高低的重要指标，信噪比大则图像质量越好，表达式为

$$\mathrm{SNR}=10\times\lg\left[\frac{\sum_{i=1}^{M}\sum_{j=1}^{N}g(i,j)^2}{\sum_{i=1}^{M}\sum_{j=1}^{N}\left[g(i,j)-g_1(i,j)\right]^2}\right] \tag{7.7}$$

式中：M和N为图像大小；g为原始图像；g_1为去噪后的图像。

将去除椒盐噪声、高斯噪声、泊松噪声后的图像与原始图像进行对比，计算原始图像与去噪后图像的信噪比与峰值信噪比。如表 7.1 所示，对图像添加椒盐噪声并进行中值滤波后的图像信噪比与峰值信噪比均高于其他二者的信噪比和峰值信噪比，证实添加椒盐噪声并进行中值滤波后的图像质量得到了改善。因此后续对研究区的铸体薄片图像均添加椒盐噪声，并进行中值滤波。

表 7.1　滤波效果评价

噪声类型	滤波方法	信噪比/dB	峰值信噪比/dB
椒盐噪声	中值滤波	18.17	23.04
高斯噪声	高斯滤波	17.63	22.50
泊松噪声	中值滤波	14.39	19.26

3. 图像对比度增强

图像增强是图像预处理过程中必不可少的部分，主要通过改善图像的颜色、亮度和对比度，使目标区域特征更加明显。图像降噪的目的是对图像中的无用信息进行处理，在图像成像过程中，由于光线环境的影响，图像通常会出现对比度不足、局部图像较暗等问题，容易造成图像信息损失。对比度增强能够增强图像的视觉效果，抑制无用信息，提高图像质量。图像对比度增强方法主要有基于直方图均衡化的图像增强、基于拉普拉斯算子的图像增强、基于对数变换的图像增强、基于伽马变换的图像增强等算法。本小节选用基于伽马变换的图像增强方法对滤波后的铸体薄片图像进行对比度增强。伽马变换主要对图像灰度过高与过低的区域进行修正，从而增强图像对比度。伽马变换的定义如下。

$$h(i,j)=ch(i,j)^{\gamma} \tag{7.8}$$

式中：$h(i,j)$为高斯滤波后的像素值；通过γ与c改变伽马曲线的形态，γ越小，图像低灰度的部分越暗，反之，γ越大图像越亮。

对增强后的图像分别进行对比度变换，分别选取不同的γ值，比较不同条件下的图像变化特征。如图 7.3 所示，当$\gamma>1$时图像变亮，目标区域颜色特征更加显著，当$\gamma<1$时图像整体变暗，绘制不同γ取值下的灰度分布直方图，如图 7.4 所示，（a）为原始图像灰度分布，（b）、（c）为$\gamma>1$与$\gamma<1$时的灰度分布直方图，由图可知（a）经滤波处理后灰度较为集中，经对比度增强后的（b）灰度分布较为分散，且高值与低值部分具有较好的区分度，图像中孔隙与骨架的颜色对比更加明显，但当γ取值太小时，图像灰度值集中于灰度值较高的范围内，此时对比度处理后的图像中目标与背景的色彩对比度差，无法很好地对目标与背景进行区分。经过研究区的孔隙图像不同γ取值的对比度变化研究，结果证实当γ为 1.2 时，孔隙与骨架的色彩区分度最好。

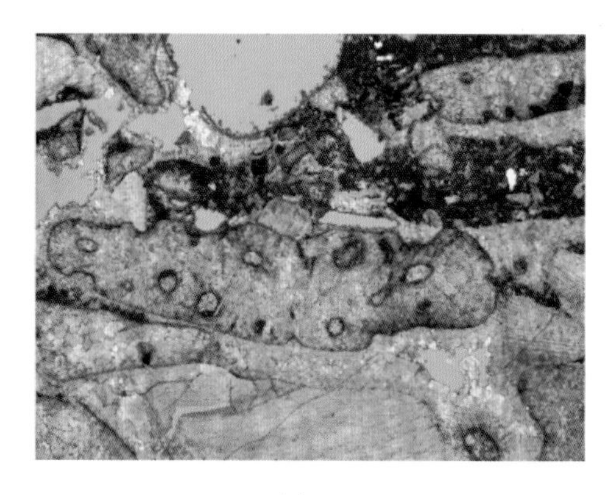
（a）$\gamma>1$

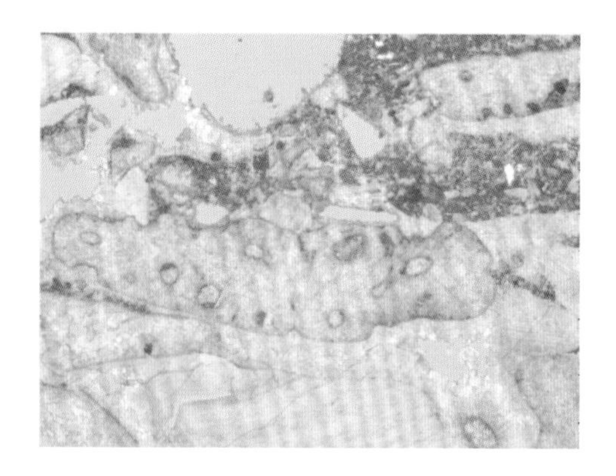
（b）$\gamma<1$

图 7.3　不同 γ 取值的对比度变化图

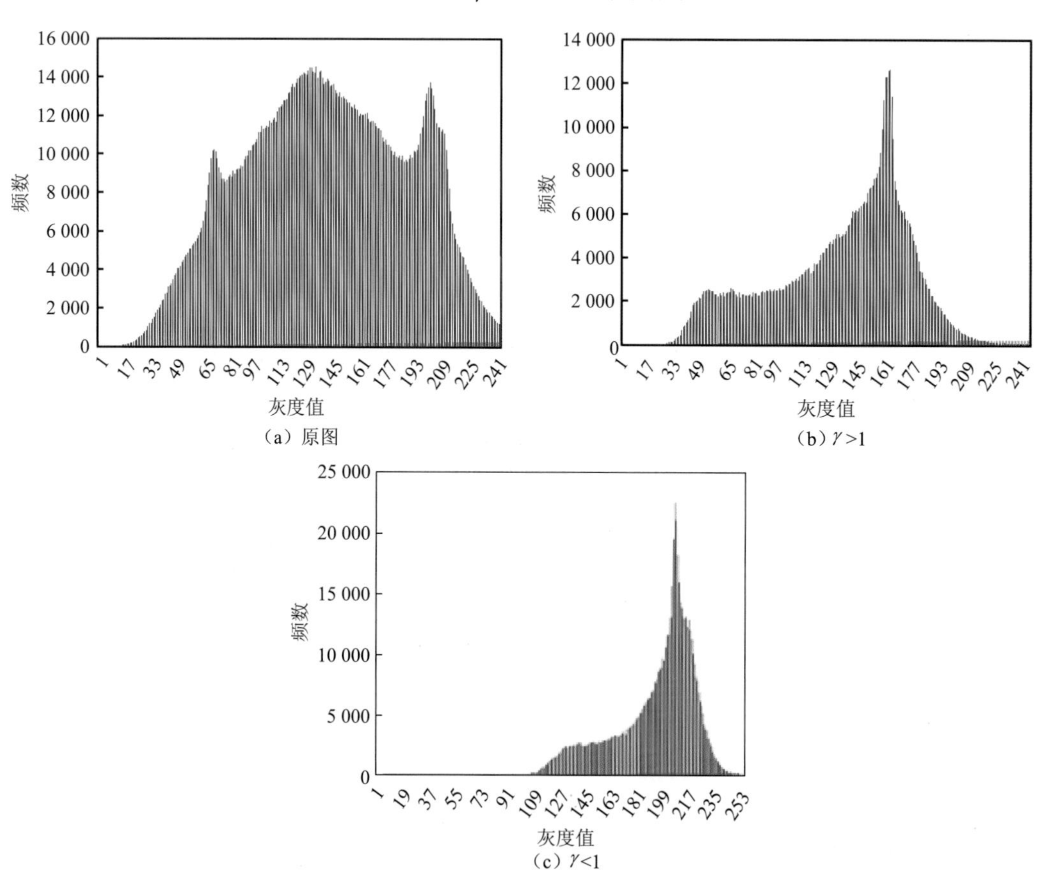

（a）原图　（b）$\gamma>1$　（c）$\gamma<1$

图 7.4　不同 γ 取值的灰度频率分布直方图

4. 图像色彩空间变化

对薄片图像进行图像预处理后，对图像中的信息进行有选择性的加强，改善图像质量，突出图像的色彩信息，有利于依据颜色特征对薄片图像进行孔隙提取。岩石铸体薄片是在真空状态下注入液态胶，待液态胶固化后磨制而成，中东 S 区块的铸体薄片采用蓝色液态胶制成，因此孔隙在薄片中呈蓝色。基于这一颜色特征，对 RGB 色彩空间进行转换。

RGB 色彩空间是最常用的色彩空间，是基于物体发光定义的，最符合物体本身的色彩模型，能够涵盖物体本身的信息。研究区的铸体薄片图像的处理均基于 RGB 色彩空间进行，铸体薄片图像中蓝色部分为孔隙，蓝色在 RGB 色彩模型是蓝色空间向红色与绿色色彩空间过渡的颜色，并非某一确定色彩值，因此无法根据 RGB 色彩空间中蓝色(0,0,255)色值来精确提取孔隙。对薄片图像进行基于 RGB 色彩空间转换，可以突出孔隙的颜色特征，便于后续的图像分割，具体转换如下。

$$h = \{R, G, B\} \tag{7.9}$$

$$f_1 = h\{B\} - h\{R\} \quad (0 \leqslant f_1 \leqslant 255) \tag{7.10}$$

$$f_2 = h\{B\} - h\{G\} \quad (0 \leqslant f_2 \leqslant 255) \tag{7.11}$$

在任意图像中，每一像素点都由 R、G、B 三个分量组成，任一分量的取值范围都为 0～255。f_1 与 f_2 分别为蓝色与红色、绿色的差值图，f_1 与 f_2 同时成立则组成蓝色孔隙与背景之间的过渡边界。

图 7.5～图 7.7 为不同深度岩心薄片图像经预处理后进行色彩变化的结果，图 7.5（b）、图 7.6（b）、图 7.7（b）为三个深度下的薄片图像进行式（7.11）计算后的结果示意图，图 7.5（c）、图 7.6（c）、图 7.7（c）为进行式（7.10）计算后的结果示意图，分别将图 7.5（b）、图 7.6（b）、图 7.7（b）中的孔隙信息与图 7.5（c）、图 7.6（c）、图 7.7（c）的孔隙信息进行融合，融合后结果如图 7.5（d）、图 7.6（d）、图 7.7（d）所示，当孔隙与骨架色彩对比度差异较大时，能够将孔隙与骨架较好地分割，如图 7.5（d）所示。但当二者色彩对比度相近时，即使将图（b）与图（c）融合也不能将孔隙与骨架完全分离开，如图 7.6（d）和图 7.7（d）所示。图（a）与图（b）中孔隙信息交互，因此将图（a）与（b）分别作为研究对象，寻求两组的最佳阈值以进行后续的阈值分割。

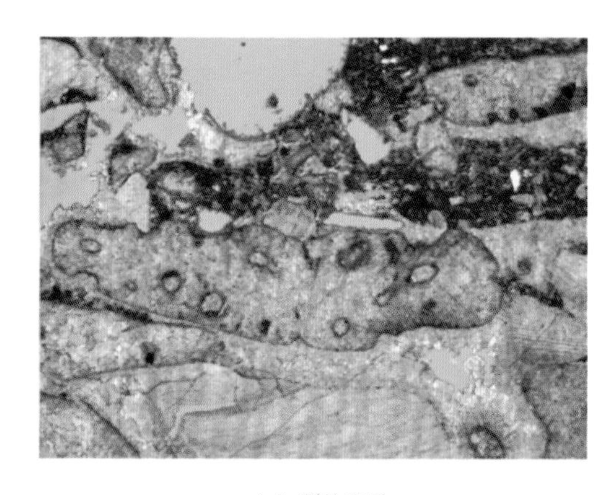

（a）预处理后

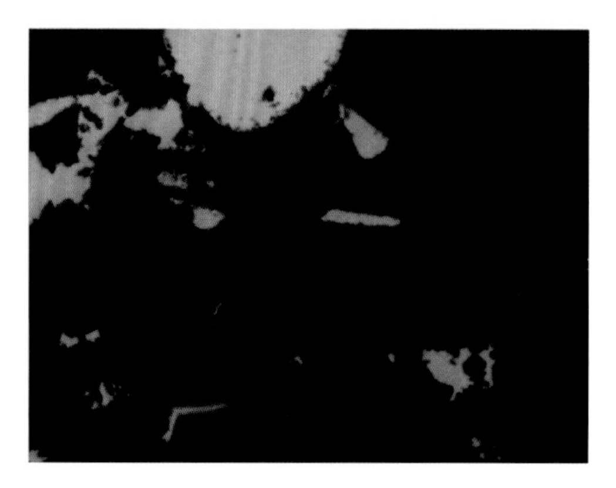

（b）蓝色通道与绿色通道差值

（c）蓝色通道与红色通道差值

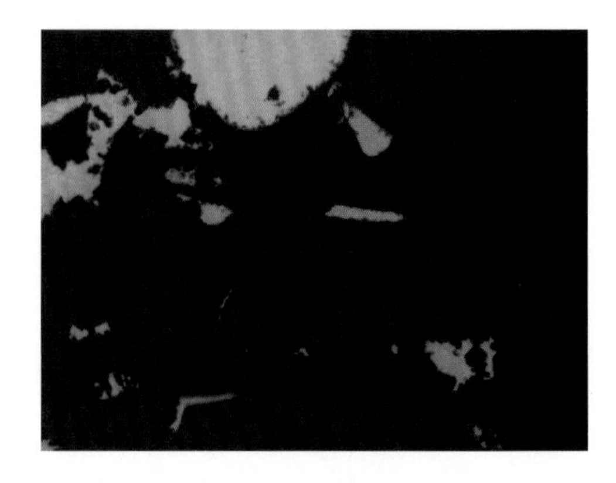

（d）三原色差值融合

图 7.5　2 990.12 m 岩心薄片图像色彩空间变化过程图

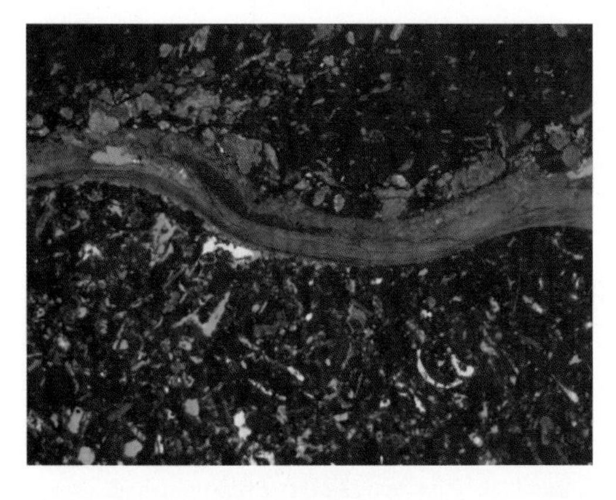

（a）预处理后

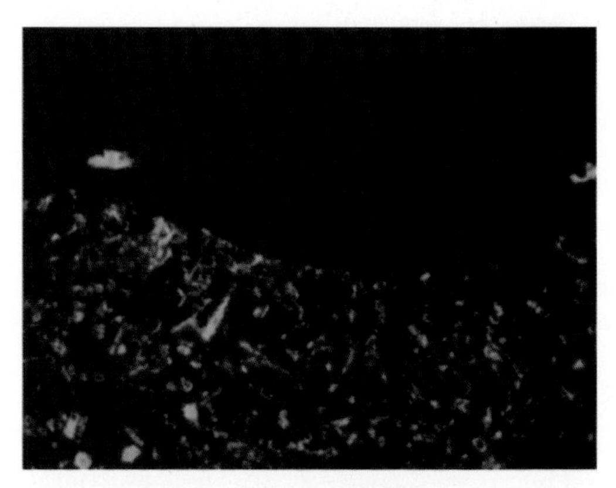

（b）蓝色通道与绿色通道差值

（c）蓝色通道与红色通道差值

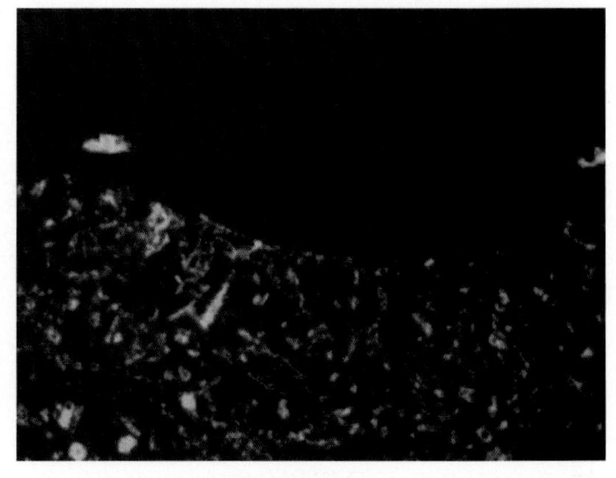

（d）三原色差值融合

图 7.6　3 011.12 m 岩心薄片图像色彩空间变化过程图

（a）预处理后

（b）蓝色通道与绿色通道差值

（c）蓝色通道与红色通道差值

（d）三原色差值融合

图 7.7　3 003.18 m 岩心薄片图像色彩空间变化过程图

7.1.2　图像分割

图像分割是一种计算机视觉技术，主要通过灰度、彩色、空间纹理和几何形状等特征将人们希望作为目标区域的图像从环境图像中提取出来。目前主要有四种基本的图像分割方法，分别为基于阈值的图像分割法、基于区域的图像分割法、基于边缘的图像分割法和超像素图像分割法。基于阈值的图像分割法是最常用的图像分割方法，其主要利用目标的特征，选取合适的阈值来划分背景与目标。根据一个或几个阈值将图像的灰度直方图分成几个类，将在同一个灰度类像素内的灰度值归属于一类。经过色彩变化的图像 f_1 与 f_2 表示不同蓝色色值的二维矩阵，可以等同于灰度图像。因此可以利用基于阈值的图像分割法进行孔隙提取。在分割过程中分割阈值的准确性是分割效果的主要影响因素。本节选取三种不同的阈值分割方法，分别为局部自适应阈值分割、二维熵阈值分割与基于粒子群的二维熵阈值分割，将三种不同的分割方法进行对比，最终选取提取效率高、准确度高的阈值分割方法。

1. 局部自适应阈值分割

局部自适应阈值分割是基于像素的邻域像素来确定该像素位置的二值化阈值。局部自适应阈值适用于解决因光照不均导致的图像对比度不明确的图像分割。不同亮度、对比度、纹理的局部图像区域有对应的局部二值化阈值，通常通过计算像素点邻域内灰度值的加权平均得到自适应阈值。常见的局部自适应阈值分割有局部邻域块的均值分割与局部邻域块的高斯加权阈值分割。本小节采用邻域块均值法进行阈值分割，具体分割的原理如下。

（1）确定图像灰度值的最大值 $f_{\max}$、最小值 $f_{\min}$，设定初始的分割阈值为

$$T_0 = \frac{f_{\max} + f_{\min}}{2} \tag{7.12}$$

（2）依据初始阈值，区分图像中的目标与背景，此时可获得背景的平均灰度值 T_1，目标的平均灰度值 T_2。

（3）将上述计算过程中孔隙与骨架的平均灰度值重新求平均得到新的阈值为

$$T = \frac{T_1 + T_2}{2} \tag{7.13}$$

（4）重复进行上述步骤直至背景与目标的平均灰度值不再变化，即分割阈值 T 不再变化，迭代结束，即为最终的阈值。

（5）根据最终的分割阈值进行二值化。

2. 二维熵阈值分割

二维熵阈值分割最初由 Brink 基于灰度信息与部分空间信息提出[52]，二维熵阈值法因具有计算量小、复杂性低等优点而得到广泛应用。该阈值分割引入熵的概念，计算图像的信息熵用于反映图像信息的多少。一维熵用于描述图像的灰度分布，二维熵不仅能够反映灰度分布的聚集性，同时也能表征其灰度分布的空间性。二维熵阈值分割利用像素位置的灰度值与邻域灰度均值构成的二元数组同时表征灰度分布的信息量与空间分布。相比一维最大熵，二维最大熵是根据图像一点的像素值与邻域像素的平均值确定一个合适的阈值来分割图像。其分割效果能够同时表征图像灰度分布的聚集性与空间性。二维熵阈值分割的原理如下。

色彩变化后的图像 f 大小为 $M \times N$，图像的灰度级范围为 0～255，计算 $f(x,y)$ 的像素值与窗口大小为 e 领域范围内的平均像素 $f_a(x,y)$，产生与图像大小相同的平均灰度矩阵，$f(x,y)$ 与 $f_a(x,y)$ 构成一个二元数组，计算该数组中每一个组合的概率 $p(x,y)$。存在一组阈值 (s,t)，将 f 区分为孔隙与骨架，像素被归为孔隙的概率为 p_1，被归为骨架的概率为 p_2，其中

$$p = \frac{s}{M \times N} \tag{7.14}$$

$$p_1 = \sum_{x=1}^{s} \sum_{y=1}^{t} p(x,y) \tag{7.15}$$

$$p_2 = \sum_{x=s+1}^{255} \sum_{y=t+1}^{255} p(x,y) \tag{7.16}$$

(s,t) 对应图像的二维熵为

$$H_1 = -\sum_{i=1}^{s}\sum_{j=1}^{t}\left(\frac{p(x,y)}{p_1}\right)\lg\left(\frac{p(x,y)}{p_1}\right) \tag{7.17}$$

$$H_2 = -\sum_{i=s+1}^{255}\sum_{j=t+1}^{255}\left(\frac{p(x,y)}{p_2}\right)\lg\left(\frac{p(x,y)}{p_2}\right) \tag{7.18}$$

存在一组 (s^*,t^*) 使 H_1+H_2 最大，此时的 (s^*,t^*) 即为最终图像的分割阈值。依据该原理，将 f_1 与 f_2 进行二维 OTSU 阈值分割，得到两组最优 (s^*,t^*)，依据两组阈值进行最终的阈值分割，根据式（7.19）对图像进行二值化。

$$\begin{cases} f_1(x,y) \leqslant s \,\|\, f_2(x,y) \leqslant t \,\&\, f_2(x,y) \leqslant s \,\|\, f_2(x,y) \leqslant t & f(x,y)=0 \\ f_1(x,y) > s \,\|\, f_2(x,y) \leqslant t \,\|\, f_2(x,y) \leqslant s \,\|\, f_2(x,y) \leqslant t & f(x,y)=1 \end{cases} \tag{7.19}$$

3. 粒子群-二维最大熵阈值分割

粒子群算法是模拟鸟集觅食行为的算法，具体可解释为：在某区域只有一个位置有食物，通过不断搜索离食物最近的鸟群的区域确定食物的位置。该模型寻求最优解的过程为：通过随机设定初始粒子群，并计算其中每个粒子对应的适应度值，选取最优适应度值对应的粒子进行迭代，产生新的种群，通过在多维空间中不断调整局部与整体最优值，最终得到最优解，具体迭代过程如下。

搜索的目标为经过色彩变化后的 f_1，粒子为图像中的每个像素点，预处理后的灰度值组成粒子种群 $\boldsymbol{Z}=\{Z_1,Z_2,\cdots,Z_n\}$，图像第 i 个粒子的初始位置与初始速度为

$$\begin{cases} Z_i = \{Z_{i1},Z_{i2},\cdots,Z_{in}\} \\ V_i = \{V_{i1},V_{i2},\cdots,V_{in}\} \end{cases} \tag{7.20}$$

式中：Z_i 为第 i 个粒子的位置，表示计算过程中的当前解；V_i 为粒子当前的运动速度。

搜索存在的最优解粒子 S_{id} 和当前种群中的最优解 T_{id}，利用二者进行更新。

$$V_{\text{id}}^{t+1} = wV_{\text{id}}^{t} + c_1\varepsilon\left(S_{\text{id}}^{t} - Z_{\text{id}}^{t}\right) + c_2\eta\left(T_{\text{id}}^{t} - Z_{\text{id}}^{t}\right) \tag{7.21}$$

$$Z_{\text{id}}(t+1) = Z_{\text{id}}(t) + V_{\text{id}}(t+1) \tag{7.22}$$

式中：w 为惯性权重；c_1 和 c_2 为学习因子；ε,η 为[0,1]的均匀随机数。w 越大越能提高全局的搜索能力，反之则提高局部搜索能力。

适应度函数为第 i 个粒子对应的分割阈值下的孔隙与骨架的二维熵值。经过不断的迭代，寻找全局最优解，求得的全局最优解即为分割阈值。

4. 阈值分割效果对比

将预处理后的图像分别进行局部自适应阈值分割、二维熵阈值分割、粒子群改进后的二维熵阈值分割（图 7.8），将三种方法进行对比后得出结论：三种阈值分割方法中，局部自适应阈值分割的结果较差，无法完全区背景与目标，基于粒子群的二维熵阈值分割结果与二维熵阈值分割结果能够较好地区分孔隙与骨架，但基于粒子群二维熵阈值分割容易陷入局部自优，在进行大批量的铸体薄片分割中容易陷入局部自优，导致噪声分割结果失真，同时二维熵阈值分割与基于粒子群二维熵阈值分割的分割效果无较大的差异。

（a）局部自适应阈值分割

（b）二维最大熵阈值分割

（c）粒子群-二维最大熵阈值分割

图 7.8　三种不同阈值分割结果

图 7.9 为利用三种不同分割方法下的孔隙细节图，从图中可知，基于局部自适应分割后的结果在孔隙形态上存在差异，孔隙间的连通区域定义不明确，基于二维熵阈值分割的效果整体较为合适，但孔隙边缘形态较为粗糙，基于粒子群的二维熵阈值分割结果不仅在形态上符合薄片中的孔隙形态，且孔隙的边界更为平滑。综上可以证实基于粒子群二维熵阈值分割效果的有效性，但综合考虑各个算法的稳定性，最终选取二维熵阈值分割作为研究区薄片图像的分割方法。

7.1.3　形态学图像处理

经阈值分割处理后的图像存在孤立点和孤立块等噪声，孔隙间存在连接边界模糊等问题。孔隙中边缘信息的粘连、断裂会影响后续特征参数提取的准确度。形态学处理是对目标物体的结构、边界边缘等特征进行识别，同时去除不相干的结构，保持孔隙的基本形状特征。本小节通过形态学的开、闭运算去除边界噪声，明确薄片中孔隙间的连通情况；通过边缘运算提取孔隙的边缘特征，进行中轴骨架提取；通过图像细化提取孔隙中轴信息来表征孔隙形态（图 7.10）。

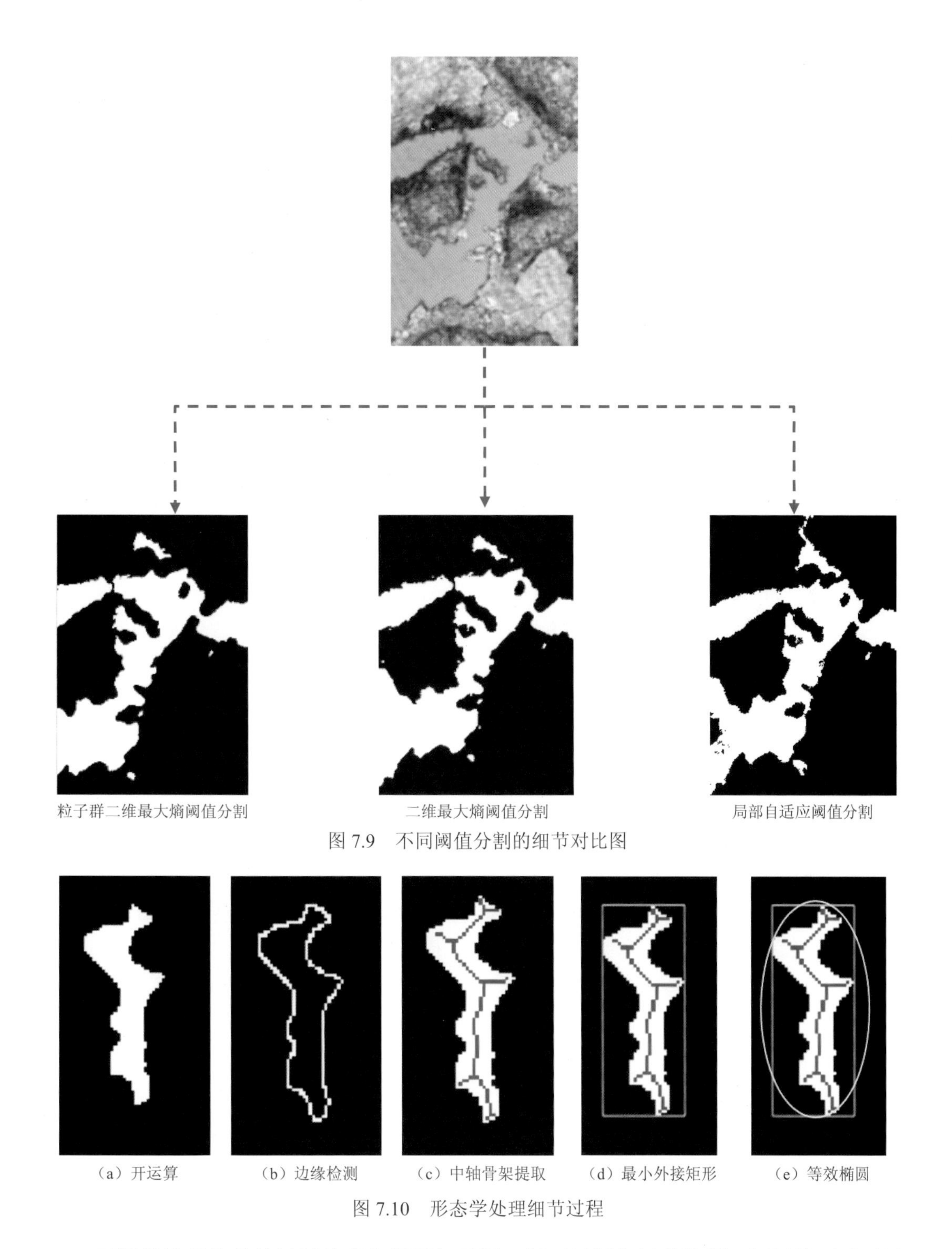

图 7.9　不同阈值分割的细节对比图

图 7.10　形态学处理细节过程

开运算的目的是使目标轮廓变得更加平滑，断开目标之间的狭颈，闭运算可以对目标中细小的空缺进行填充，消除二值图中孤立的像素点以及孔隙边缘的毛刺，平滑孔隙的边缘，同时保证孔隙的位置与形状不变。将开运算后孔隙内所有的像素点的总和作为孔隙面积参数。

Canny 边缘检测依据亮度变化界定目标与背景，突出图像的对象边缘，能够标识出可能多的边缘信息，同时不易受噪声影响。边缘检测后被标识的孔隙边缘信息即为孔隙边界，计算孔隙边界的像素个数，将孔隙边界所包含的像素数作为孔隙周长长度，参与特征参数的计算。

对孔隙不断进行细化，使其经层层剥离后仍能保持孔隙的形状，将孔隙不断细化到最后一层，此时获得的中轴信息便是孔隙的中轴，中轴骨架能更突出孔隙的结构与形状信息。利用中轴轴线的长度可反映单个孔隙的曲折度，以此评价孔隙空间的弯折程度。

由于孔隙形态不规则，无法直接获取孔隙的长、宽来表示孔隙的形态，所以本书采用孔隙的最小外接矩形对孔隙的形态进行描述。最小外接矩形包含孔隙中所有像素，孔隙的最小外接矩形的长宽比能够评价条带孔隙空间的发育程度。

将孔隙空间等效为椭圆，等效椭圆的长轴与短轴能够表征孔隙空间形态，当长轴远大于短轴时，孔隙形态为扁平状，长轴与短轴越接近，孔隙形态就越规则。

依次进行上述操作能够获得孔隙的面积、周长、最小外接矩形的长与宽、等效椭圆的长轴与短轴、等效半径、面孔率等参数，最后将上述参数进行计算就获得能够综合表征孔隙结构的特征参数。

7.1.4 孔隙特征参数提取

岩石的微观结构是影响储层渗流能力的主要因素之一。对孔隙结构进行精确的定量评价能够更加精确地表示储层特性。在经过图像预处理、阈值分割、形态学操作后的二值图中，将白色定义为孔隙，黑色定义为骨架。建立孔隙的连通区域，连通区域标记的目的是使二值图中提取的每个孔隙能够单独成块，一个连通区域为一个单独的孔隙，以每个连通区域为处理对象，获取每个孔隙的面积、周长、最小外接矩形的长与宽、等效椭圆的长轴与短轴、等效半径、面孔率参数（图 7.11）。

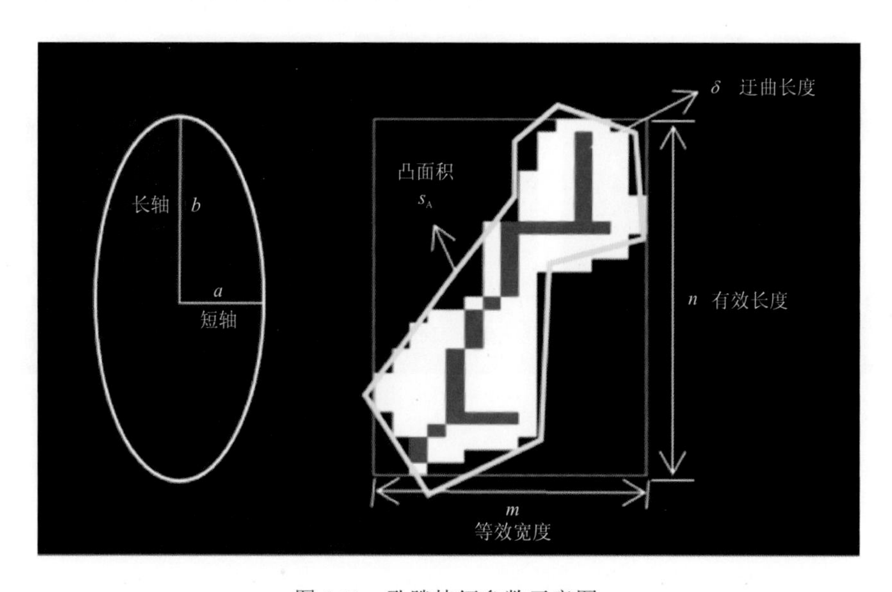

图 7.11 孔隙特征参数示意图

获取的参数不能直观地表示孔隙形态参数，因此需要将获取的参数进行转化，获得能够直接表征孔隙的形态参数，具体计算方法如下。

长宽比：单个孔隙的最大外接矩形的宽为等效宽度 w，长为有效长度 r，纵横比 z 为最大外接矩形的宽与长的比，纵横比越小孔隙越接近条带状。长宽比的变化程度能够反映孔隙形态的变化程度，长宽比的计算为迂曲长度 ζ 与等效宽度的比。

$$l = \frac{\varsigma}{w} \tag{7.23}$$

$$z = \frac{w}{r} \tag{7.24}$$

迂曲度：迂曲度为孔隙的迂曲长度与有效长度的比值，可以用来表示孔隙的骨架的弯曲程度。

$$q = \frac{\xi}{r} \tag{7.25}$$

离心度：离心度反映孔隙的空间形态，其计算方式为求孔隙的等效椭圆，获取等效椭圆的长短轴 a 和 b。

$$c = \frac{\sqrt{a^2 - b^2}}{a} \tag{7.26}$$

形状因子：形状因子可以表征孔隙边界的光滑度与规则性，形状因子越接近于 1，表示孔隙的空间形态越规则。

$$e = \frac{4\pi s_{\mathrm{p}}}{c^2} \tag{7.27}$$

式中：s_{p} 为孔隙面积；c 为孔隙周长。

实心度：实心度不仅可以表示孔隙形状的规则度，也可以作为孔洞与裂缝的识别参数，通过计算孔隙面积 s_{p} 与孔隙的最小凸面积 s_{A} 的比值可以计算实心度。

$$\mu = \frac{s_{\mathrm{p}}}{s_{\mathrm{A}}} \tag{7.28}$$

面孔率：孔隙面积 s_{p} 占视域面积 s_{sum} 的百分比。

$$s = \frac{s_{\mathrm{p}}}{s_{\mathrm{sum}}} \tag{7.29}$$

等效圆半径：将孔隙面积等效为圆的面积，根据圆半径的求取公式可计算等效圆半径。

$$R = \frac{s_{\mathrm{p}}}{\pi^2} \tag{7.30}$$

对经图像处理后的薄片二值图提取能够表征薄片中孔隙分布的特征参数。在每个孔隙中进行连通域处理，使其成为单独的个体，提取每个孔隙的面积、周长、凸面积、等效宽度、迂曲长度、有效长度、椭圆长轴、椭圆短轴来对孔隙的空间分布进行描述。对于某一深度点的岩石铸体薄片图像，提取每个孔隙中上述 8 个参数与该块样本的面孔率。由于各个薄片图像间的孔隙数量存在差异，利用最小孔隙或最大孔隙来代表该薄片的孔隙特征较为片面，因此计算薄片图像中所有孔隙参数的平均值，利用 8 个参数的平均值来综合反映该块薄片的孔隙形态特征。表 7.2 为某深度点岩石铸体薄片图像中提取的部分孔隙结构中间参数。

表 7.2　部分薄片特征参数的中间参数（相对值）

面积	周长	凸面积	等效宽度	迂曲长度	有效长度	椭圆长轴	椭圆短轴
79	33.79	94	10	29.05	11	11.30	9.69
291	108.55	552	26	116.94	39	44.03	14.07
45	29.60	60	9	22.38	12	14.94	4.83
55	36.10	73	7	30.12	16	16.10	5.24
55	27.18	61	10	21.92	10	11.10	6.87
97	40.56	117	12	41.30	14	13.48	10.41
177	60.99	222	16	64.35	23	24.62	9.78
80	37.26	100	11	34.00	12	12.17	10.19
241	65.05	298	18	55.70	23	23.56	14.78

将表 7.2 中的参数进行长宽比、纵横比、实心度、离心度、孔隙形状因子、孔隙半径、迂曲度计算，得到表 7.3 中 8 个参数。表中参数能够综合地表征孔隙的空间分布与形态特征。

表 7.3　部分薄片特征参数（无量纲）

离心度	孔隙形状因子	长宽比	纵横比	迂曲度	实心度	等效圆半径	面孔率（小数）
0.51	0.87	2.91	0.91	2.64	0.84	5.38	0.012
0.95	0.31	4.50	0.67	3.00	0.53	17.28	
0.95	0.65	2.49	0.75	1.86	0.75	4.71	
0.95	0.53	4.30	0.44	1.88	0.75	5.75	
0.79	0.94	2.19	1.00	2.19	0.90	4.33	
0.64	0.74	3.44	0.86	2.95	0.83	6.45	
0.92	0.60	4.02	0.70	2.80	0.80	9.71	
0.55	0.72	3.09	0.92	2.83	0.80	5.93	
0.78	0.72	3.09	0.78	2.42	0.81	10.35	
0.37	0.81	3.12	0.83	2.60	0.83	5.33	

7.2　薄片特征参数分析

在碳酸盐岩储层中，孔隙是重要的油气储集空间，孔隙结构特征对流体在储层中的渗流规律具有主导作用。由于孔隙结构的差异，即使在相同孔渗条件下，储层的含油特性也完全不同，这在一定程度上导致了储层测井信息不明确，造成碳酸盐岩储层评价困难。碳酸盐岩储层非均质性强、孔隙结构复杂，带来的影响较多，主要是沉积作用影响着原生孔隙与次生孔隙的发育程度，沉积环境中水动力弱，孔隙被泥质填充，则分选性较差，水动力强，生屑堆积，若泥质被冲洗掉，剩下的生屑颗粒交替，则容易形成连通性好的孔隙。其次，孔隙成岩作用的强度控制着次生孔隙的形成，溶蚀作用、胶结作用、压实作用等对孔隙通道进一步改造，不同类型的孔隙演化形成不同类型、空间分布尺寸差异较大的多种孔隙类型。

从铸体薄片中提取的孔隙结构参数是表征孔隙形态特征的重要数据，依据薄片提取的参数可以实现孔隙结构定量表征，因此将该参数应用于储层评价，利用数据挖掘技术对孔隙结构参数进行信息挖掘来认识不同孔隙结构对油气分布的影响。本节主要对提取的参数进行聚类分析，分析聚类结果的现实意义。

7.2.1 主成分分析

不同的变量间存在相关性，包含冗余信息和噪声信息，因此需要利用主成分分析从原始的数据中寻找主要特征，并利用特征向量进行聚类分析。

主成分分析是研究多个相关变量的多元统计方法。通过降维操作可以将多个相关变量转化为不相关的主成分变量，消除数据间的冗余信息。根据选取的特定数量的综合变量来反映原变量的信息。薄片中提取的孔隙结构特征参数之间存在共线性，直接将其作为输入变量进行聚类容易导致分类精度降低。因此将选取的长宽比、纵横比、离心度、孔隙形状因子、迂曲度、等效圆半径、面孔率参数进行主成分分析，在保留原向量的主要信息的同时消除变量间的共线性。

首先将 n 个样本的 m 个变量即孔隙结构参数$\{X_1,X_2,\cdots,X_m\}$进行标准化，消除变量的量纲差异。标准化后的变量矩阵为

$$X'_{ij}=\frac{x_{ij}-\overline{x_j}}{\sigma_{x_j}} \tag{7.31}$$

式中：$\overline{x_j}$ 和 σ_{x_j} 分别为 x_j 的均值和标准差。

标准化后的变量仍为原始信息，对原始信息进行线性组合将获得 m 个新的不相关变量，即生成的主成分 $y_1,y_2,\cdots,y_m$。

$$\begin{cases} y_1=c_{11}x_1+c_{12}x_2+\cdots+c_{1m}x_m \\ y_2=c_{21}x_1+c_{22}x_2+\cdots+c_{2m}x_m \\ \qquad\vdots \\ y_m=c_{m1}x_1+c_{m2}x_2+\cdots+c_{mm}x_m \end{cases} \tag{7.32}$$

式中：c_{ij} 为特征向量，表示第 j 个向量的第 i 个分量。

计算各个主成分的贡献率 p 与 $y_1, y_2,\cdots, y_m$ 的累积贡献率 p_{u}。

$$p=\frac{\lambda_j}{\sum_{k=1}^{n}\lambda_j} \tag{7.33}$$

$$p_{\mathrm{u}}=\frac{\sum_{k=1}^{v}\lambda_k}{\sum_{k=1}^{n}\lambda_j}\ (p\leqslant n) \tag{7.34}$$

式中：λ_j 为样本 $\boldsymbol{X}$ 的协方差矩阵的特征值。

依据成分方差的贡献率确定选取的主成分的个数，图 7.12 为各个成分的累积贡献率，选取累积贡献率达到 80%以上的前三个成分表示原始的结构参数信息，使用特征值、成分矩阵对标准化后的样本进行变化，计算主成分。

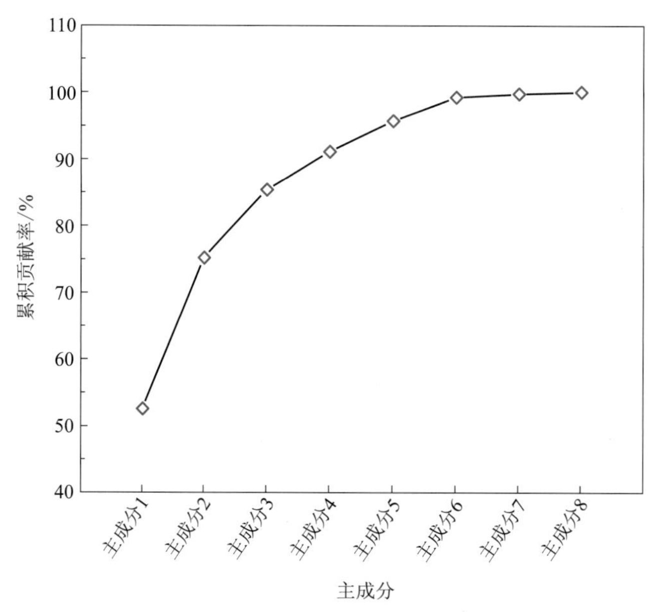

图 7.12　主成分累积贡献率

如图 7.12 所示，第三个主成分的信息累积率达到 85%，表明前三个主成分能够保留原始样本大部分有效信息，因此选择主成分 1、主成分 2、主成分 3 作为主要变量，计算三个主成分特征值对应的特征向量，经过计算得到三个成分的特征值及成分矩阵如表 7.4、表 7.5 所示，依据成分矩阵计算前三个主成分，计算式如下。

$$y_1 = 0.08c + 0.13e + 0.82l + 0.1z + 0.77q + 0.19\mu - 0.35s - 0.35R \tag{7.35}$$

$$y_2 = 0.25c + 0.44e + 0.15l - 0.02z + 0.13q + 0.86\mu + 0.07s + 0.09R \tag{7.36}$$

$$y_3 = 0.43c + 0.03e - 0.2l + 0.14z + 0.3q - 0.04\mu - 0.08s + 0.03R \tag{7.37}$$

式中参与计算的特征参数均进行标准化处理。

表 7.4　特征值及主成分累积贡献率

主成分	特征值	贡献率/%	累积贡献率/%
1	4.205	52.561	52.561
2	1.810	22.619	75.180
3	0.814	10.179	85.359

表 7.5　成分矩阵

特征参数	主成分 1	主成分 2	主成分 3
离心度	0.08	0.25	0.43
孔隙形状因子	0.13	0.44	0.03

续表

特征参数	主成分 1	主成分 2	主成分 3
长宽比	0.82	0.15	−0.20
纵横比	0.10	−0.02	0.14
迂曲度	0.77	0.13	0.30
实心度	0.19	0.86	−0.04
面孔率	−0.35	0.07	−0.08
等效圆半径	−0.35	0.09	0.03

将计算得到的前三个主成分作为聚类分析的输入。提取的主成分只能代表所包含的所有信息的总量却无法明确每个主成分具体表征的特征参数。因此需要对提取的主成分进行因子分析，计算每个成分与特征参数之间的函数模型，通过因子旋转确定主成分的物理意义。

7.2.2 因子分析

因子分析可以将每个原始变量表示为公共因子与特殊因子的线性函数，该模型可表示为

$$\boldsymbol{X} = \boldsymbol{AF} + \boldsymbol{B} \tag{7.38}$$

$$\boldsymbol{X} = \begin{bmatrix} x_1 \\ x_2 \\ \vdots \\ x_P \end{bmatrix}, \quad \boldsymbol{A} = \begin{bmatrix} a_{11} & a_{12} & \cdots & a_{1m} \\ a_{21} & a_{22} & \cdots & a_{2m} \\ & \vdots & & \vdots \\ a_{p1} & a_{p2} & \cdots & a_{pm} \end{bmatrix}, \quad \boldsymbol{F} = \begin{bmatrix} F_1 \\ F_2 \\ \vdots \\ F_P \end{bmatrix}, \quad \boldsymbol{B} = \begin{bmatrix} B_1 \\ B_2 \\ \vdots \\ B_P \end{bmatrix} \tag{7.39}$$

式中：F_i 为公共因子；B_i 为特殊因子；矩阵 $\boldsymbol{A}$ 为因子荷载矩阵。各个公共因子互不相关，特殊因子互不相关，同时公共因子与特殊因子互不相关。

计算原始变量 $\boldsymbol{X}$ 的协方差矩阵，求得特征值与特征根，忽略特殊因子方差可得到矩阵 $\boldsymbol{\Sigma}$，其中 $\boldsymbol{A}$ 为因子荷载矩阵。

$$\boldsymbol{\Sigma} = \begin{bmatrix} u_1 & u_2 & \cdots & u_p \end{bmatrix} \begin{bmatrix} \lambda_1 & 0 & 0 & 0 \\ 0 & \lambda_2 & 0 & 0 \\ \vdots & \vdots & \ddots & \vdots \\ 0 & 0 & 0 & \lambda_p \end{bmatrix} \begin{bmatrix} u_1' \\ u_2' \\ \vdots \\ u_p' \end{bmatrix} \tag{7.40}$$

展开得到

$$\boldsymbol{\Sigma} = \lambda_1 u_1 u_1' + \lambda_2 u_2 u_2' + \cdots + \lambda_m u_m u_m' + \lambda_{m+1} u_{m+1} u_{m+1}' + \lambda_p u_p u_p' \tag{7.41}$$

忽略特殊因子后最终得到的矩阵 $\boldsymbol{\Sigma}$ 为

$$\boldsymbol{\Sigma} = \begin{bmatrix} \sqrt{\lambda_1} u_1 & \sqrt{\lambda_2} u_2 & \cdots & \sqrt{\lambda_p} u_p \end{bmatrix} \begin{bmatrix} \sqrt{\lambda_1} u_1' \\ \sqrt{\lambda_2} u_2' \\ \vdots \\ \sqrt{\lambda_p} u_p' \end{bmatrix} + \boldsymbol{D} = \boldsymbol{AA}' + \boldsymbol{D} \tag{7.42}$$

将荷载矩阵进行因子旋转后，得到如表 7.6 所示旋转后的成分矩阵，依据成分矩阵就能确定各个主成分所表示的物理意义。

表 7.6 旋转后的成分矩阵

参数	主成分 1	主成分 2	主成分 3
离心度	−0.02	−0.82	−0.39
孔隙形状因子	−0.37	0.42	0.82
长宽比	0.88	−0.29	−0.22
纵横比	−0.09	0.94	0.04
迂曲度	0.91	0.09	−0.27
实心度	−0.28	0.11	0.94
面孔率	0.79	0.13	−0.13
等效圆半径	0.79	−0.22	−0.19

提取贡献率较大的三个主成分，对因子分析后得到的荷载矩阵做因子旋转，得到旋转后的成分矩阵。表 7.6 中主成分 1 中等效圆半径、面孔率、迂曲度、长宽比的因子得分系数为 0.79、0.79、0.91、0.88，表明主成分 1 主要反映三者的信息，即主成分 1 表征孔隙的大小，主成分 2 中离心度、纵横比与孔隙形状因子的因子得分系数分别为-0.82、0.94、0.42，表明主成分 2 主要表征孔隙的形状，主成分 3 中孔隙形状因子、实心度的因子得分系数为 0.82、0.94，主要表征孔隙的规则程度。

7.2.3 聚类分析

利用主成分分析后得到的含有原始向量 80%以上信息的主成分 1、2 和 3 进行聚类分析来确定储层类型。主要利用较典型的 K 均值聚类对提取的三个主成分进行聚类。

K 均值聚类需要人为设置初始类别数量，为寻找合适的初始类别数，分别设定 3、4、5 和 6 类初始类别。利用 XB 指标确定最佳的分类类别数。XB 是评价聚类效果的一种内部有效性指标，能够度量类内紧凑性与类间离散性。XB 指标的值越小，代表聚类的效果越好。XB 指标的具体计算式为

$$\mathrm{XB}=\frac{\sum_{i=1}^{k}\sum_{j=1}^{n}\upsilon_{ij}\left\|x_i-\upsilon_j\right\|^2}{n\times\min\left\|\upsilon_i-\upsilon_j\right\|^2} \tag{7.43}$$

式中：υ_i 与 υ_j 为聚类中心；υ_{ij} 为隶属度；x_i 为第 i 个样本点。

表 7.7 中 4 个类别的 XB 指标表明当储层分类类别数为 3 类时，XB 值最小，即分类效果最好。

表 7.7 不同类别的 XB 系数

类别数	3	4	5	6
XB 指标	0.18	0.19	0.31	0.25

根据K均值聚类结果，初步确定了储层类别，根据储层最终分类结果绘制3种储层的孔隙度与渗透率交会图（图7.13）与3个主成分的三维分布图（图7.14）。

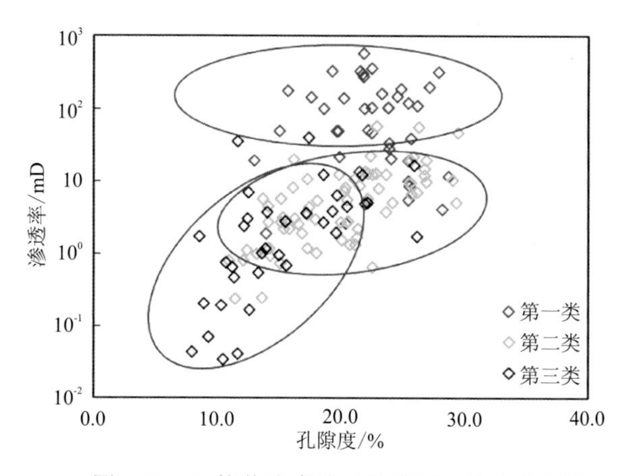

图7.13　K均值聚类储层分类岩心孔渗分布图

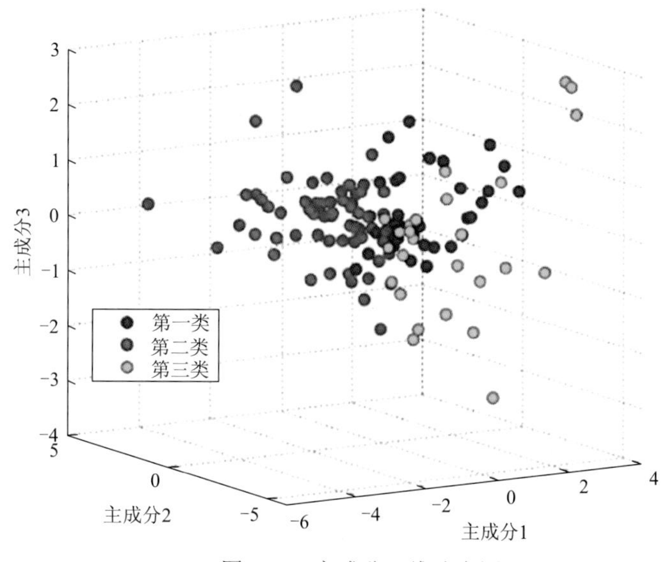

图7.14　主成分三维分布图

由各类储层的孔渗分布结果可知，第一类储层中孔隙度集中分布在20%～30%，渗透率集中分布在 100～1 000 mD，该类储层的物性最好；第二类储层孔隙度集中分布在10%～30%，渗透率集中分布在 10 mD 附近，该类储层的物性较好；最后一类孔隙度集中分布在0%～20%，渗透率集中分布在10 mD以下，储层物性最差。根据三维交会图（图7.14）可知，在多维空间中各主成分之间具有较明显的界限，表明根据特征参数进行数据挖掘后的分类结果是有效的。

孔渗分布与主成分三维分布证实了该分类结果在多维空间上的可分性，储集层中的孔隙结构特征通常指孔隙和喉道的几何形状、大小、分布及连通性关系等多方面的特征，薄片中提取的孔隙特征参数仅能够表示孔隙的形态与分布状况，在该前提下的储层分类结果能否综合表示孔隙结构需要进一步探究，因此可利用压汞数据中的孔隙结构参数验证薄片中孔隙结构参数分类结果的可靠性。

压汞实验是当前研究孔隙结构的重要方法，主要依据压汞数据获得的毛管压力曲线的形态特征和孔隙结构参数来定量评价孔隙结构。其中，最大孔喉半径能表示孔隙的大小，最大孔喉半径为非润湿相驱替润湿相时所需的最小压力对应的喉道半径，最大孔喉半径越大表明孔隙结构越好。退汞效率能够反映流体的运动特征，退汞效率指降压后的汞体积占降压前注入汞体积的比例，退汞效率越低，流体渗流能力越差，喉道连通越差，孔隙越分散。相对分选系数是指分选系数与平均喉道半径的比值，反映孔隙分布的均匀性，相对分选系数越大，表明孔喉分布越不均匀。上述三个参数能综合表述孔隙大小、分布、连通性等特征。

图 7.15、图 7.16 和图 7.17 分别为各个类型储层的最大孔喉半径、退汞效率、相对分选系数分布图，第一类储层中，最大孔喉半径的平均值为 17.6 μm，退汞效率的分布区间为 20.7～34.8，相对分选系数分布范围为 0.238～0.348，当最大孔喉半径分布越大、退汞效率越低、相对分选系数越大时，表明孔隙多为大孔隙，喉道连通性较好，孔喉分布均匀，为优质储层。第二类储层中，最大孔喉半径的平均值为 2.6 μm，退汞效率的分布区间为 33.8～48.4，相对分选系数分布范围为 0.184～0.253，此时最大孔喉半径分布

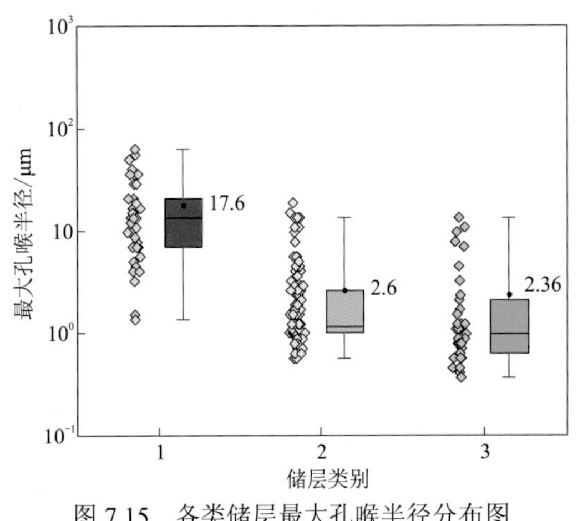

图 7.15　各类储层最大孔喉半径分布图

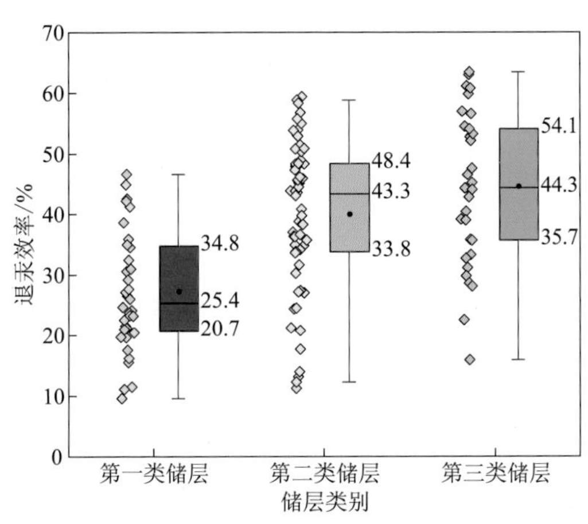

图 7.16　各类储层退汞效率分布图

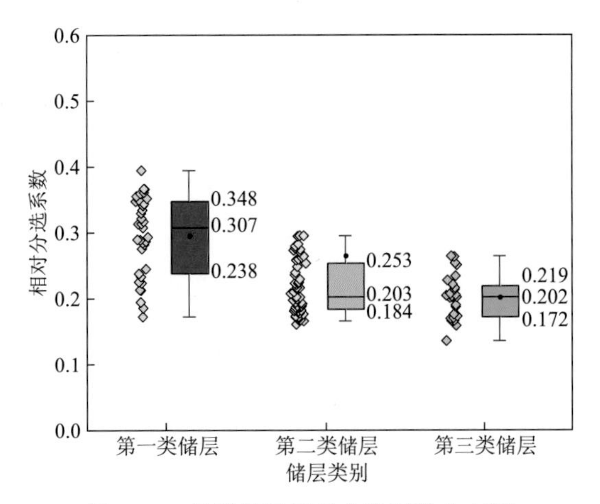

图 7.17　各类储层相对分选系数分布图

较小，退汞效率适中、相对分选系数一般时，表明孔隙为中孔隙，喉道连通性一般、孔喉分布不均匀，为一般储层。第三类储层中，最大孔喉半径的平均值为 2.36 μm，退汞效率的分布区间为 35.7～54.1，相对分选系数分布范围为 0.172～0.219，此时最大孔喉半径分布较小，退汞效率差、相对分选系数交叉，表明孔隙多为小孔隙，喉道连通性差，孔喉分布不均匀，为差储层。

根据储层的地质特征，分析沉积微相、岩性与孔隙发育特征能够对碳酸盐岩进行分类。孔隙结构特征主要受沉积环境与成岩作用影响，针对依据薄片孔隙结构参数的储层分类结果是否能够反映不同储层的地质特征的问题，分析不同储层类型的岩性与孔隙类型，研究二者的相互适应性。

如图 7.18、图 7.19 所示，第一类储层中岩性宏观地质特征为：以颗粒灰岩与颗粒主导的泥粒灰岩为主，为高水动力沉积环境，原生孔隙发育，主要发育粒间孔与溶蚀孔，储层物性好，孔隙分选性好，形状规则。在铸体薄片中孔隙结构特征为：面孔率大，孔隙形状因子小，长宽比与纵横呈正相关，等效圆半径大，长宽比与纵横比正相关时，孔隙越扁长，越接近于细条带状，长宽比呈负相关时，孔隙形态展布越大。因此第一类储层中大多为面积较大且连通性好的孔隙。

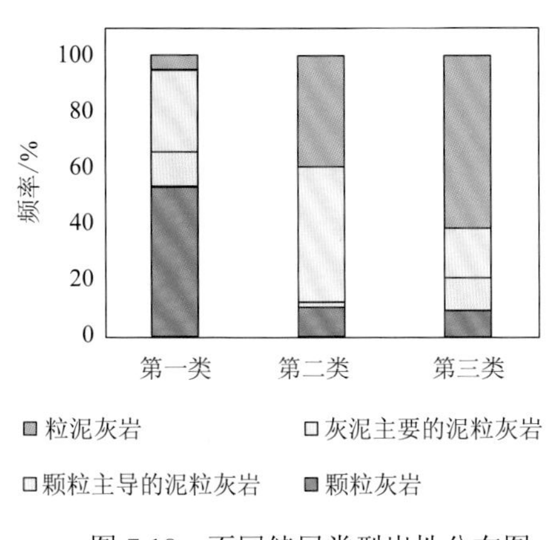

图 7.18　不同储层类型岩性分布图

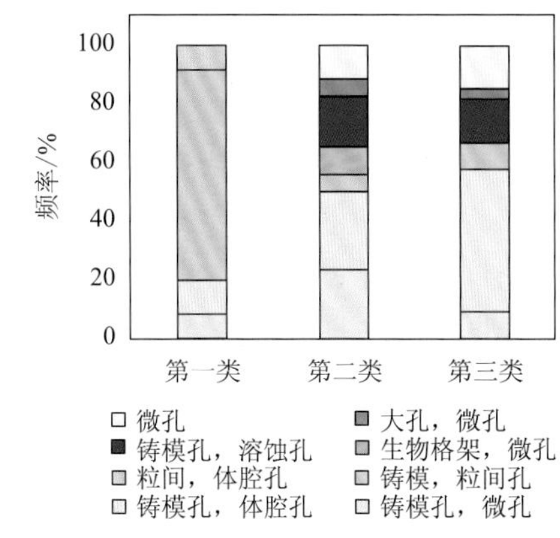

图 7.19　不同储层类型的孔隙类型分布图

第二类储层中岩性宏观地质特征为：以灰泥主要的泥粒灰岩为主，为低能沉积环境，原生孔隙发育中等，次生孔隙发育，主要孔隙类型有铸模孔、体腔孔和部分溶蚀孔。由于结晶与胶结作用，导致孔隙发育形状不规则，连通性一般。在铸体薄片中孔隙结构特征为：面孔率中等，孔隙形状因子大，长宽比与纵横呈较弱的正相关，等效圆半径大小中等，长宽比与纵横比弱相关时，孔隙接近于细条带状。第二类储层中虽然孔隙数量多，但孔隙间连通性差，孔隙度高，但渗透能力差。

第三类储层中岩性宏观地质特征为：以粒泥灰岩为主，为低能沉积环境，含有大量的灰泥基质，原生孔隙几乎不发育，孔隙多为微孔与体腔孔，储层的储集能力与渗流能力都较差。在铸体薄片中孔隙结构特征为：面孔率小，孔隙形状因子较大，长宽比与纵横呈正相关，等效圆半径小，长宽比与纵横比呈正相关时，孔隙接近于短轴较大的椭圆状。孔隙形状因子较大，孔隙较规则，但孔隙面积小，多为孤立的小孔隙。

从宏观地质成因分析结果来看，三种不同的储层类型对应不同的沉积与成岩环境，导致三种不同储层类型的储集空间存在较大的差异。

7.3 储层分类预测

确定可靠的储层类别标签是提高储层预测精度的重要前提，将聚类分析后的储层类别作为测井数据的标签，本节基于常规测井资料，利用随机森林算法与概率神经网络进行全井段预测，用岩心资料来刻度全井段预测结果，建立从小尺度到大尺度的多测井数据融合的储层预测模型。

7.3.1 常规测井数据归一化

常规测井曲线中，各曲线间存在量纲差异，在进行机器学习的过程中其结果容易受到量纲大的变量的影响且容易忽略较小的量纲变量的贡献，容易造成误差，因此需要对常规测井曲线进行数据归一化处理，将数据统一到[0,1]。采用式（7.44）进行归一化处理。

$$Y = \frac{Y_i - Y_{\min}}{Y_{\max} - Y_{\min}} \tag{7.44}$$

式中：Y_i 为第 i 个特征向量的测井值；$Y_{\max}$ 与 $Y_{\min}$ 分别为该特征向量的最大值与最小值。

7.3.2 各类储层的测井响应

根据 7.2 节中的储层分类结果，本小节分析各类储层对应的测井响应特征，确定能够反映储层类型差异的测井曲线来进行储层预测，对各类储层的测井响应进行统计，相关结果如图 7.20～图 7.25 所示。

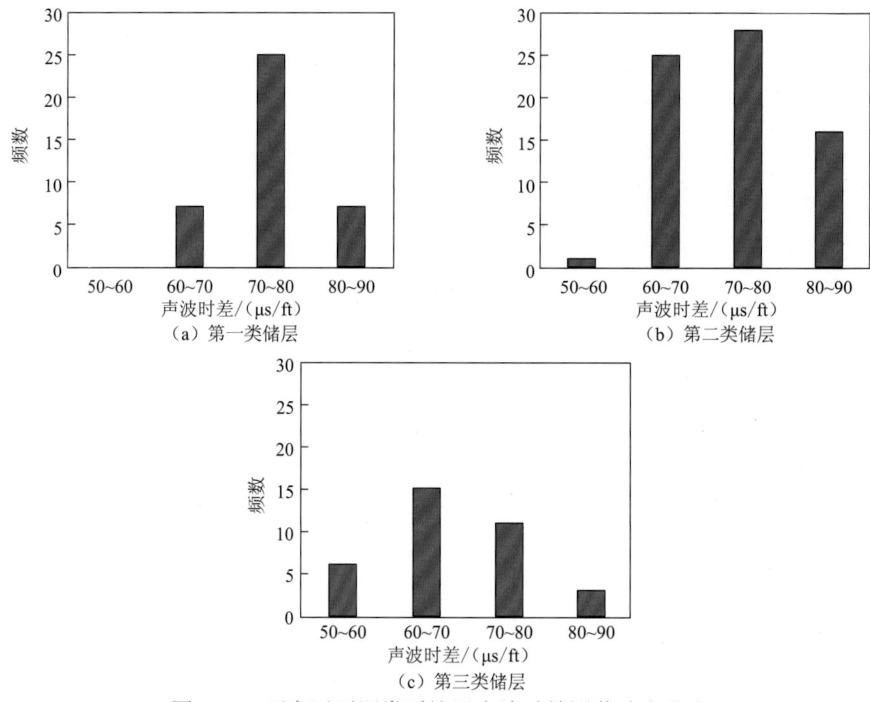

图 7.20　研究区不同类型储层声波时差测井响应分布

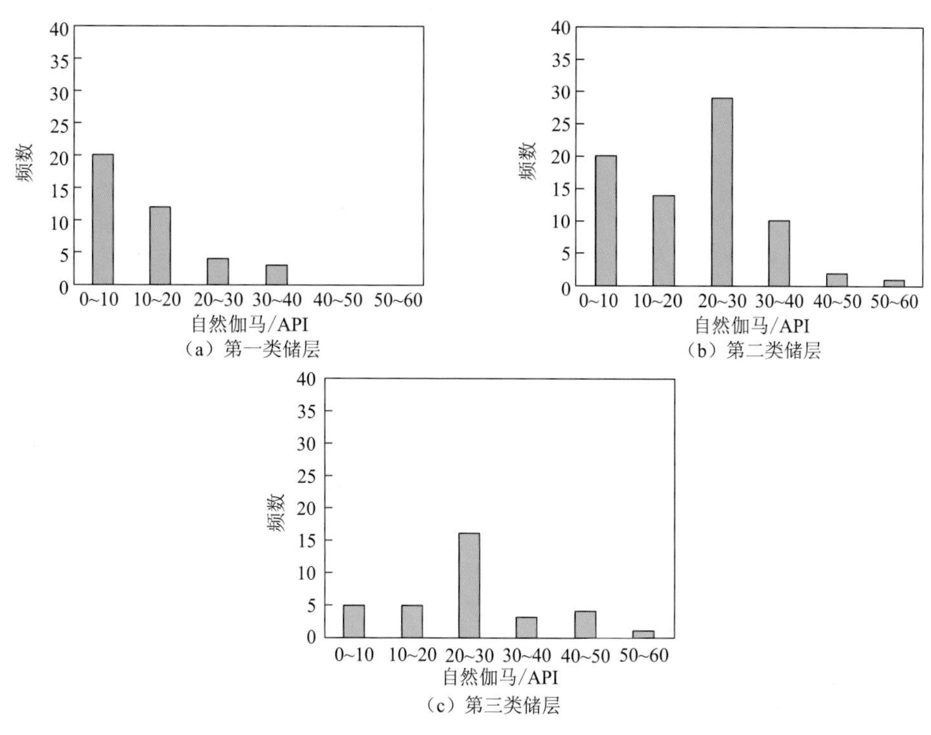

图 7.21　研究区不同类型储层自然伽马测井响应分布

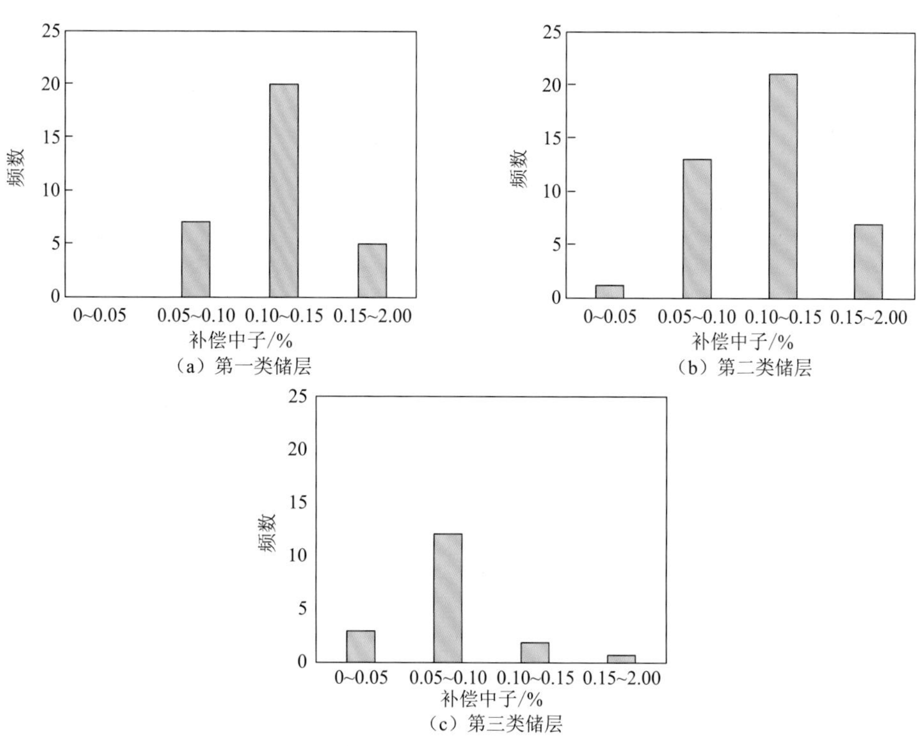

图 7.22　研究区不同类型储层中子测井响应分布

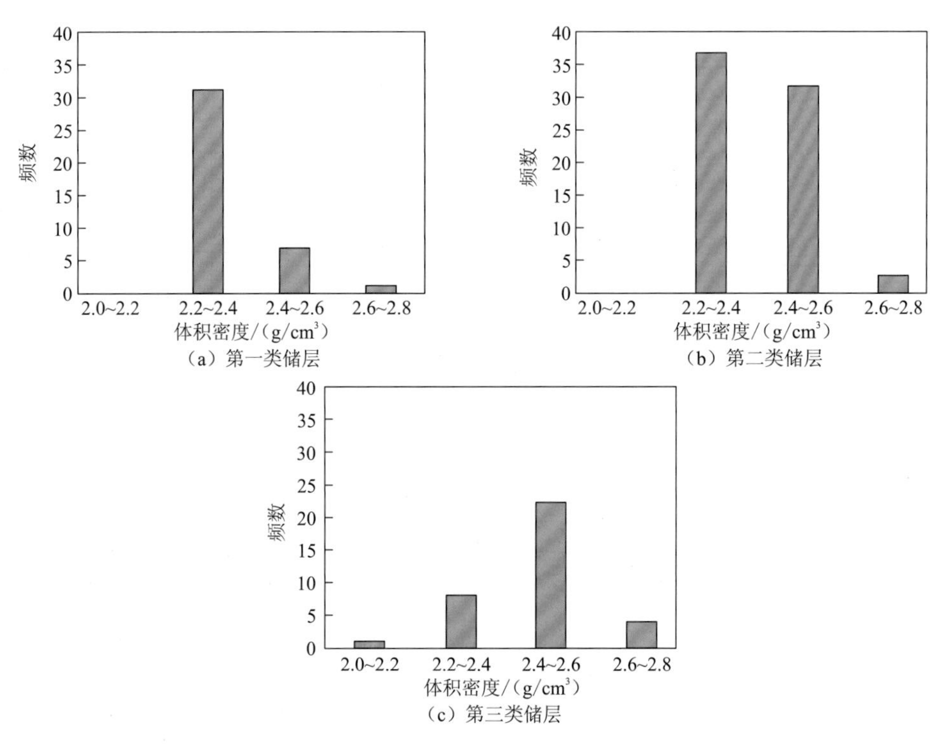

图 7.23　研究区不同类型储层密度测井响应分布

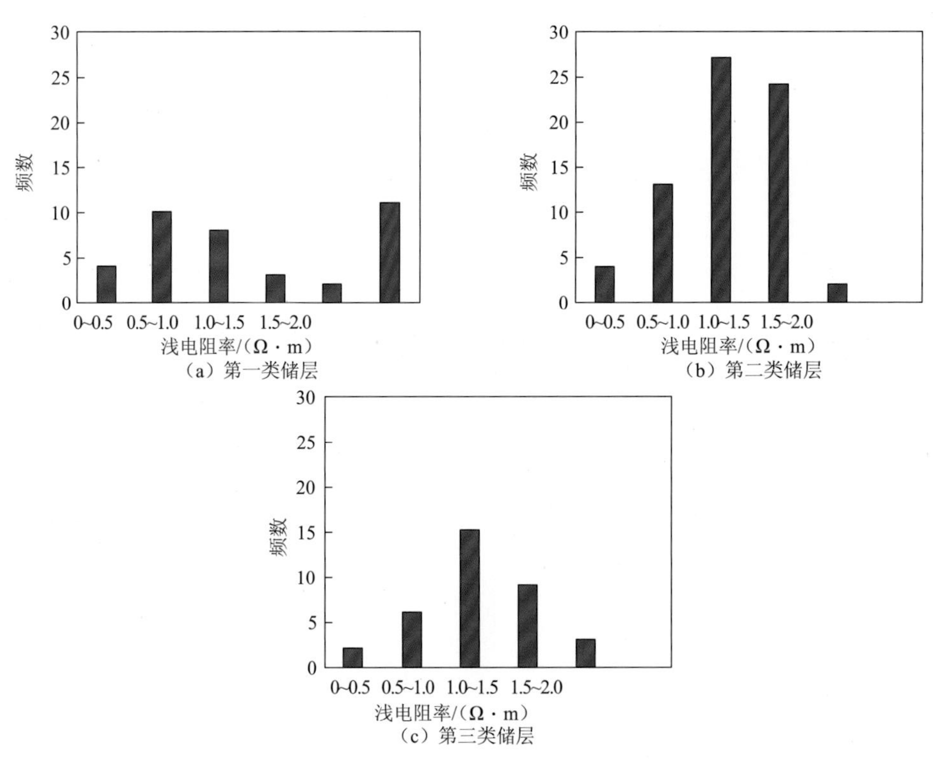

图 7.24　研究区不同类型储层浅电阻率测井响应分布

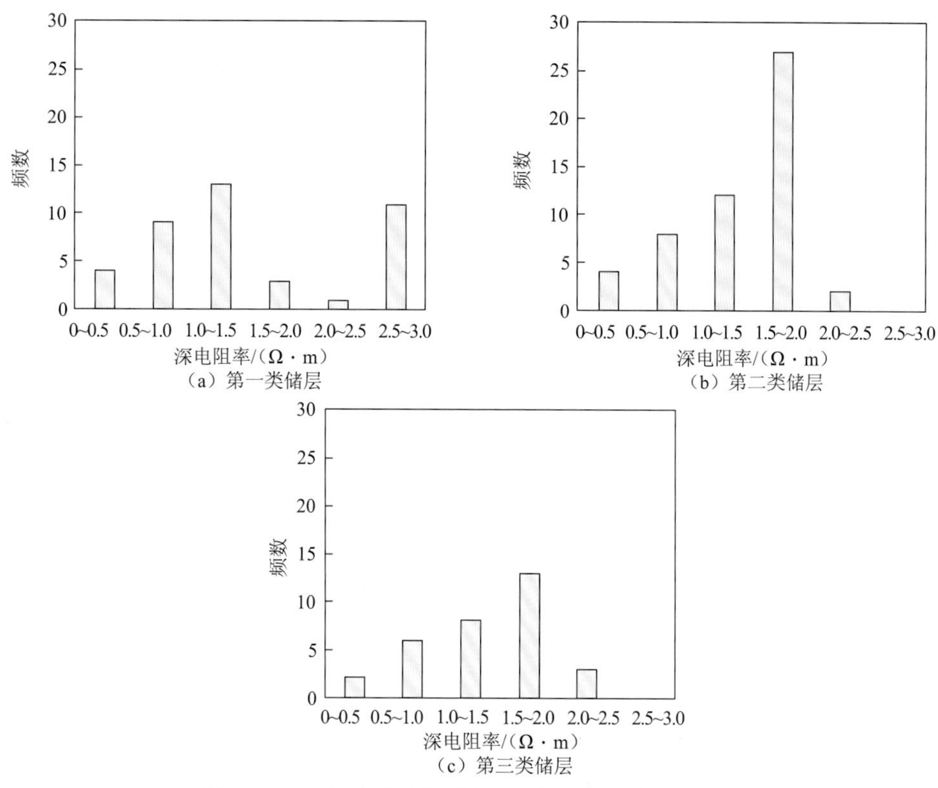

图 7.25 研究区不同类型储层深电阻率测井响应分布

从不同类型储层的声波时差测井响应分布（图 7.20）可知，第一类储层的声波时差主要集中在 70～80 μs/ft，第二类储层声波时差主要分布在 60～80 μs/ft，第三类储层的声时差值分布较为分散但主要集中在 50～70 μs/ft。随着储层品质的下降声波时差测井的响应值也相应降低。

图 7.21 为不同类型储层的自然伽马测井响应分布，第一类的自然伽马值主要集中在 0～20 API，第二类储层自然伽马响应值主要分布在 20～30 API，第三类储层的自然伽马值主要集中在 20～30 API。图 7.22 为不同类型储层的中子测井响应分布，第一类的中子测井响应值主要集中在 0.1～0.15，第二类储层中子测井响应值主要分布在 0.05～0.15，第三类储层的中子测井响应值主要集中在 0.05～0.1。图 7.23 为不同类型储层的密度测井响应分布图，第一类储层的密度测井响应值主要集中在 2～2.4 g/cm^3，第二类储层密度测井响应值主要分布在 2.2～2.6 g/cm^3，第三类储层的密度测井响应值主要集中在 2.4～2.6 g/cm^3。图 7.24 与图 7.25 为不同类型储层深、浅电阻率的测井响应分布，从图中可以看出不同储层类型的电阻率测井响应较为分散，在各个储层类型中无明显差异。

综上所述，自然伽马、声波时差、中子、体积密度在不同的储层类别间的测井响应存在差别，而深、浅电阻率不能很好地反映不同储层间的差异。因此最终选取伽马、声波时差、中子、体积密度四条常规测井曲线与聚类分析得到的分类结果作为标签进行储层预测，由于测井曲线与储层类型不是单一的线性关系，故引入机器学习算法解决二者之间复杂的对应问题。

7.3.3 基于随机森林的储层类型预测

机器学习中不同超参数的选取都会影响模型的性能，随机森林模型中重要的超参数有森林中树的个数、节点中特征数的个数、叶子节点数、决策树最大深度等，各部分参数的不同对模型性能都有不同程度的影响，其中对模型具有关键作用的参数是树的个数与节点中的特征数个数。一般随着树的个数增加，模型精度越高，但当树的个数增加到一定数目时，模型的运行效率必然下降，因此需要选择合理的树的数量，在保证模型精度的基础上同时保证模型的高效性。增加叶子节点中特征数的个数能够提高模型性能，但同时也会降低决策树的多样性，因此需要选择合适的特征数个数来平衡模型。

为选取最佳的模型参数，利用网格寻优对交叉验证中的每一折进行参数寻优（图 7.26），具体过程为：将 144 个岩心样本按照 8∶2 的比例，将 80%的数据作为训练集，20%的数据作为测试集，测试集用于验证模型的性能，不参与模型建立。将训练集等分为 K 份子集，K-1 份作为训练集，剩余样本为测试集。如此将产生 K 个模型，对 K 个模型分别作决策树个数步长为 10 与节点的特征数步长为 1 的网格寻优，计算三组数据的平均适应度作为最终确定最优参数的指标，以适应度函数为正确率，如图 7.27 所示。图 7.26 中为不同特征数与不同决策树数下的储层分类预测正确率，由图可知 A、B 两点模型的正确率最高，但 B 点之后的模型较为稳定，因此选取 B（节点特征数个数为 1，决策树个数为 241 对）作为最优参数。

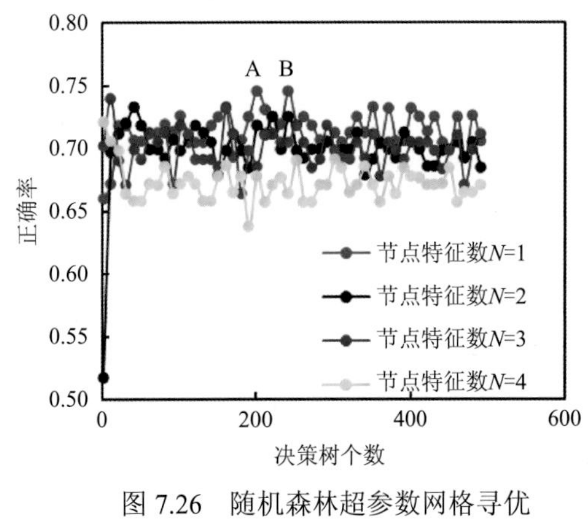

图 7.26 随机森林超参数网格寻优

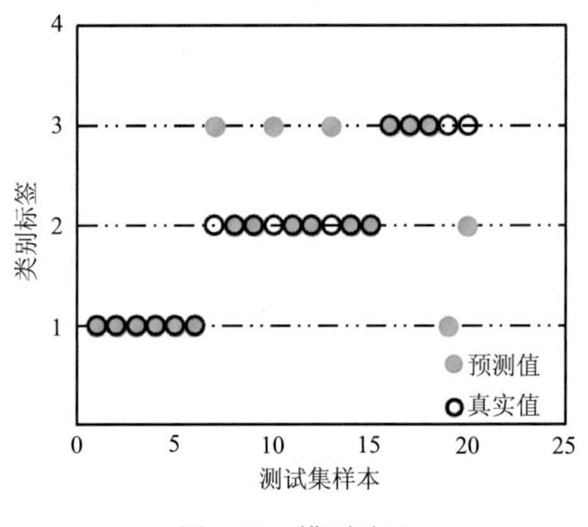

图 7.27 模型验证

利用未参与建模的20%的样本数据对确定的最优参数进行验证，结果如图 7.27 所示，其正确率为 75%。

7.3.4 基于概率神经网络的储层类型预测

1. 概率神经网络原理

概率神经网络是径向基神经网络的一个分支，是前馈网络的一种。概率神经网络具有训练容易、收敛速度快、容错性好的优点。概率神经网络一般有输入层、模式层、求和层和输出层。输入层将特征向量传入网络，模式层通过权值连接输入层，模式层中每个样本为一个神经元。在模式层中计算输入样本之间的距离，通过径向函数进行映射获得输出层，具体流程如图 7.28 所示。

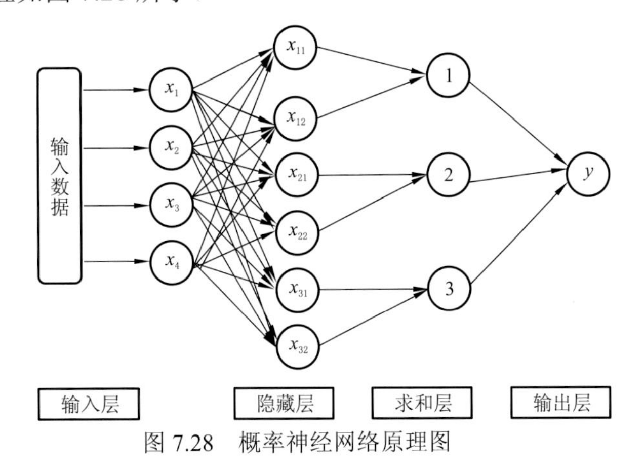

图 7.28　概率神经网络原理图

输入层：输入层的节点数为输入样本的特征维数，即前述选取的 4 条测井响应曲线。计算输入层中输入样本与训练集中每个样本的距离 D 与权值矩阵 L_{w}，获得每个单元的输入值。

$$Z=\sqrt{\sum_{i=1}^{R}||L_{\mathrm{w}}-p|^{2}\times b|} \tag{7.45}$$

式中：b 为第 i 个神经元的阈值；b 的取值一般为 $\dfrac{\sqrt{-\lg(0.5)}}{\text{spread}}$，spread 为扩散系数；$p$ 为输入向量的转置矩阵。

模式层：模式层为 RBF 的径向层，其中每一个神经元都对应一个样本数据的输出向量。经过 RBF 传递函数 radbas 计算可以得到输出向 a_{s}：

$$a_{\mathrm{s}}=\text{radbas}\left(\left|L_{w}-p\right|\right)\times b=\mathrm{e}\frac{Z-1}{2\sigma^{2}} \tag{7.46}$$

式中：不同的 σ 取值可以得到不同的分类，σ 影响最终的分类效果。

求和层：求和层中的神经元个数为目标的类别数，将模式层中属于同一类的神经元进行加权平均后输出。

$$\text{pt}=\frac{\sum_{j-1}^{n_i}\phi_{ij}(x)}{n_i} \tag{7.47}$$

式中：n_i 为第 i 类的神经元个数；pt 为第 i 类的输出值；ϕ_{ij} 为第 i 类模式的第 j 个神经元的输出。

2. 概率神经网络参数确定

扩散系数决定 RBF 模型中的平滑因子，平滑因子对储层分类预测的结果具有重要的影响，需要通过确定扩散系数来降低平滑因子对概率模型的影响。但扩散系数的取值范围不确定，因此不能直接对其进行精细化的网格寻优，应首先以指数增长变化的扩散系数进行初步寻优，确定扩散系数的大致取值范围，在该范围内向前向后进行精细查找，确定最优的扩散系数。使用概率神经网络参数的寻优过程如图 7.29 所示。

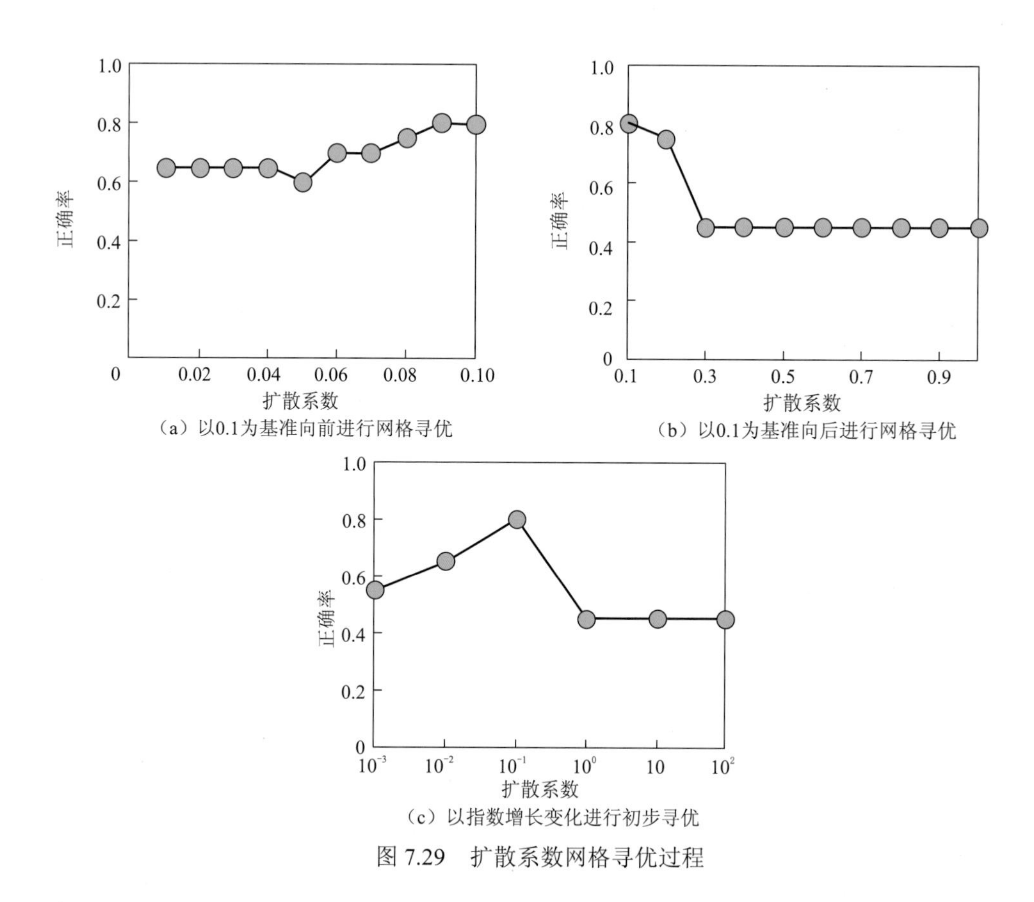

（a）以0.1为基准向前进行网格寻优

（b）以0.1为基准向后进行网格寻优

（c）以指数增长变化进行初步寻优

图 7.29　扩散系数网格寻优过程

如图 7.29（c）所示，当扩散系数为 0.1 时，储层分类预测的正确率最高。因此以扩散系数 0.1 为基准进行前后网格寻优，向前进行网格寻优结果如图 7.29（a）所示，向后进行网格寻优结果如图 7.29（b）所示，结果证实当扩散系数为 0.1 时，模型的精度最高。

建立基于最优扩散系数的概率神经网络模型，利用未参与建模的测试集验证模型的可靠性，结果如图 7.30 所示，测试集样本的预测精度达到 80%。

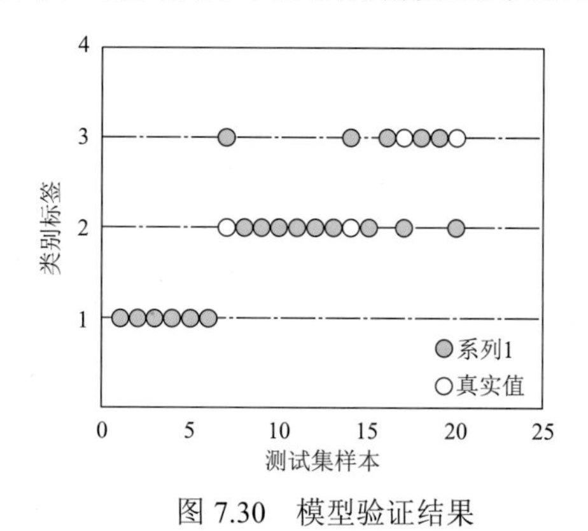

图 7.30　模型验证结果

7.3.5　应用

建立基于最优参数的随机森林网络与概率神经网络储层分类预测模型，并将模型应用于 M、G 井，以声波时差、自然伽马、体积密度、中子 4 条常规测井曲线为输入数据，以基于 K 均值聚类的储层分类结果为随机森林的类别标签进行全井段的储层预测。预测结果如图 7.31 所示，图中第 2～6 道为常规测井曲线，第 7 与第 8 道为孔隙度与渗透率，第 10 道为随机森林模型预测结果。

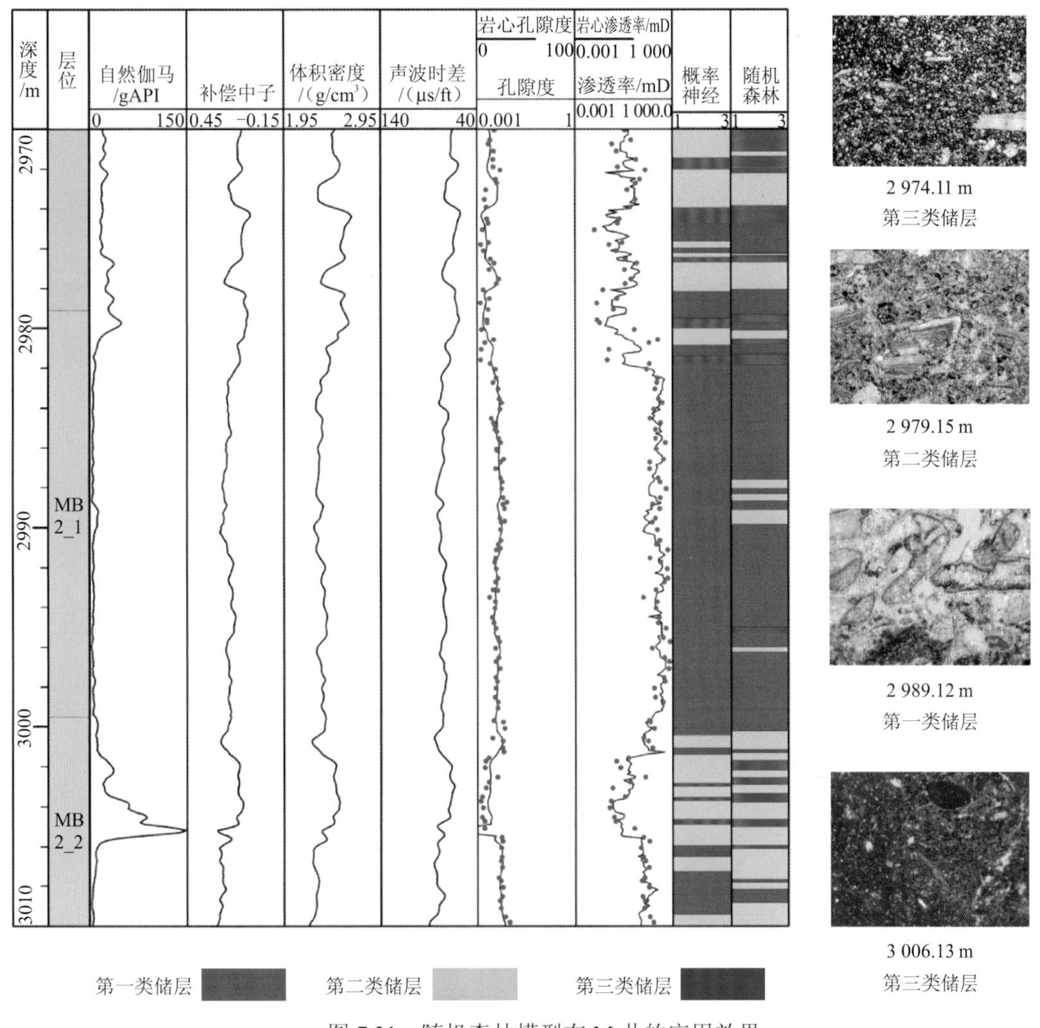

图 7.31　随机森林模型在 M 井的应用效果

依据铸体薄片资料对储层预测结果进行验证，如图 7.31 所示，右侧为不同深度段的岩心样本，2 974.11 m 处岩心铸体薄片可见岩石中富含有黏土、有机物、泥晶基质、有机物质等，主要的储集空间是微小孔隙，可见孔隙较低，为第三类储层；2 979.15 m 处岩心薄片资料可见孔隙发育良好，孔隙主要由开放的粒间孔和常见的、典型的小铸模孔组成，含部分胶结物与结晶，为第二类储层；2 989.12 m 处岩心薄片可见分选良好，颗粒等级粗糙，磨损严重，形状通常较圆，并且有颗粒支撑，孔隙发育良好，由铸膜孔主导，有残余的开放粒间孔，基质和微晶相中存在微孔，存在大量相对较大的开放孔隙，连通性主要受粒间孔影响，为第一类储层；3 006.13 m 处铸体薄片可见分选适中，主要为细粒到粗粒，形状通常为次圆形到次棱角状，适度堆积，观察到的生物碎屑主要由点粒接触和广泛的基质支撑，在生物碎屑之间能观察到微晶和非铁方解石基质，泥晶基质可能由未分化的泥晶生物碎屑组成，胶结作用广泛存在，可观察到少量的铸膜孔和原生体腔孔，孔隙度非常低，主要为由微晶基质和重结晶镶嵌形成的微孔隙，为第三类储层。渗透性可以忽略不计或非常差，主要是由于泥晶基质和大部分的孤立孔隙导致大孔隙网络连通性较差。观察第 9 道与第 10 道对应结果，并经过岩心薄片对比，证实概率神经网络预测结果优于随机森林网络。

第 8 章　碳酸盐岩水淹层评价方法

在油田开发过程中，水淹层评价对有效提高油田注水开发效果、确定剩余油分布、准确制定增产方案起着至关重要的作用。随着中东米桑油田开发程度的不断加大，油田逐渐进入注水开发期，早期的生产井出现了见水情况，导致产量降低，制约了油田后期的增储上产。

大多数水淹层解释方法是建立在碎屑岩基础上的，相对碎屑岩储层来说，碳酸盐岩储层岩性复杂多样、储层非均质性强，导致储层进水形式更加复杂，给碳酸盐岩储层水淹层的准确评价带来了很大困扰。

本章主要研究碳酸盐岩水淹层解释方法，基于岩石水淹机理确定水淹规律、水淹层测井敏感参数并建立水淹层定性识别图版。为了对水淹情况进行更精确的评价，需要对水淹层进行定量计算，由计算结果确定水淹程度，进行等级划分。

8.1　碳酸盐岩水淹层测井响应特征

8.1.1　典型水淹层测井响应特征

本小节基于典型水淹层的测井响应特征，对米桑油田某区块 8 口试油井进行水淹层分析。通过分析水淹层、油层和水层的测井响应特征，研究水淹规律，确定水淹层敏感参数，为建立水淹层定性识别方法奠定基础。

1. 电阻率测井响应特征

电阻率测井是根据流体导电性质的不同实现储层流体性质的识别。当油层发生水淹后，由于注入水矿化度不同，导致水淹层电阻率随含水饱和度变化的规律也不同。

当注入水为淡水，注入水电阻率/地层水电阻率大于 2.5 Ω · m 时，在水驱油过程中，随着注入水不断进入地层，地层含水饱和度不断变大，且由于注入水比原始地层水矿化度低，造成混合地层水矿化度不断降低。在淡水刚进入地层时，会首先选择驱替大孔隙中的油，随着油不断被驱替出去，含油饱和度不断降低，含水饱和度不断升高，水淹层电阻率不断降低。随着可动油越来越少，水淹层电阻率下降得越来越慢，直至达到一个定值，此时孔隙中的可动油已经被完全驱替。之后，地层电阻率开始升高，这是因为注入水开始进入原始地层水所在的孔隙，随着注入水的不断进入，地层水矿化度不断被稀释，直至地层水完全转变成淡水，混合地层水矿化度达到最低值，水淹层电阻率达到最高值。地层电阻率和含水饱和度呈现一个非对称的"U"型曲线特征。

当注入水电阻率/地层水电阻率小于 2.5 Ω · m 时，随着注入水不断进入地层，地层电阻率随着含水饱和度的增加，持续单调降低，但是地层电阻率下降的速度会越来越慢，曲线渐渐趋于平缓。

统计分析油层、水层和水淹层对应的电阻率曲线可知，油层的深侧向电阻率最高，水层的深侧向电阻率最低，水淹层的深侧向电阻率介于油层和水层之间，并且随着水淹程度的增强，深侧向电阻率会逐渐接近水层的电阻率。

2. 自然电位测井响应特征

自然电位曲线在泥岩段一般比较平直，测井解释过程中，一般以泥岩段自然电位曲线作为基线。由于地层非均质性的影响，地层在水淹过程中往往发生的是局部水淹，导致水淹层自然电位发生偏移。自然电位基线偏移的大小以式（8.1）表示：

$$\mathrm{SSP} = -K\lg\left(\frac{C_{\mathrm{w}}}{C_{\mathrm{m}}}\right) = -K\lg\left(\frac{R_{\mathrm{m}}}{R_{\mathrm{w}}}\right) \tag{8.1}$$

式中：SSP 为井内总自然电位，mV；C_{w} 为原始地层水矿化度；C_{m} 为注入水矿化度；R_{m} 为注入水电阻率，Ω · m；R_{w} 为原始地层水电阻率，Ω · m；K 为系数，正数。

自然电位的异常主要受注入水和原始地层水矿化度的影响，两者矿化度的差异越大，发生水淹后，对应的自然电位基线偏移越大。不同地质条件地区的自然电位曲线的水淹特征差异较大，当发生局部水淹时，自然电位曲线是否出现幅度异常或基线偏移，取决于原始地层水矿化度和注入水矿化度，只有当两者矿化度不同时，自然电位才会变化。通过对研究区自然电位曲线分析，发现自然电位曲线幅度异常不能准确反映水淹情况。

3. 自然伽马测井响应特征

自然伽马测井可以反映岩层中的黏土等放射性矿物的存在。当储层发生水淹时，弱水淹不会对聚集在小孔隙中的黏土矿物产生影响，此时自然伽马值不会发生明显变化，而强水淹会降低孔隙和喉道中的泥质和黏土矿物的含量，因此强水淹层往往对应低自然伽马值。但是这些变化也往往会受岩性的影响，使得自然伽马测井曲线特征复杂，因此，在确定测井曲线的变化特征时，必须同时分析岩性的变化，从而确定自然伽马测井曲线的变化与水淹层的关系。

4. 声波时差测井响应特征

油层被开采后，地层压力下降，地层骨架状况发生变化，导致储层岩石变形、储层矿物颗粒之间连续发生变化。在开发后期，储层处于三种状态，既有弹性变形状态，也有半可塑性变形状态和可塑性变形状态。当地层压力升高时，由于颗粒与胶结物之间的接触断开，储层孔隙空间结构变得复杂。一般情况下，含少量碎屑物和胶结物、分选好的砂岩具有孔隙度和渗透率可逆变化特点。泥质和碎屑物含量高、分选不好的砂岩、石灰岩和白云岩，其孔隙度和渗透率的变化是绝对不可逆的。当储层发生水淹时，在注入水的冲刷下，岩石颗粒表面附着的一些离散状态存在的黏土矿物和泥质成分在冲刷过程中，可能发生溶解，尤其是发生强水淹时，由于注入水的水动力较强，聚集在较小喉道的黏土矿物和泥质也会被冲洗替换，使岩石的孔隙度变大，导致声波时差测井响应值变大。当注入水水动力较弱，即发生弱水淹时，小孔隙中的聚集物（黏土矿物和泥质）不会被水冲走，声波时差测井响应值基本不会发生变化。

8.1.2　水淹层的常见规律

米桑油田储层结构复杂，非均性质严重，沉积韵律类型多样，地层的岩性、物性的变化规律不同，油田水淹后，不同性质地层的水淹规律也是不一样的。

1. 均匀地层水淹特征

均匀地层内的岩性、物性变化不大、相对比较均匀，反映当时的水动力条件比较平稳，在测井曲线上，电阻率、自然伽马、声波时差曲线形状表现为箱形或钟形特征。储层水淹后一般表现为全层水淹比较均匀，从水淹初期到高水淹期过程比较缓慢。在测井曲线上反映电阻率曲线在全层幅度均匀降低，形状变得圆滑，声波时差变大，容易和天然油水同层混淆。但是，这一水淹过程与储层性质、储层物性和储层厚度等因素有关，当储层厚度较大、储层物性较好时，水淹过程所表现的特征与正韵律地层类似，即表现为下部水淹强度比上部大的特征，使得深电阻率曲线呈现出漏斗型曲线特征。例如图 8.1 所示的 AG24 井 3 098～3 108 m 层段对应的 25 号、26 号水淹层的水淹特征。

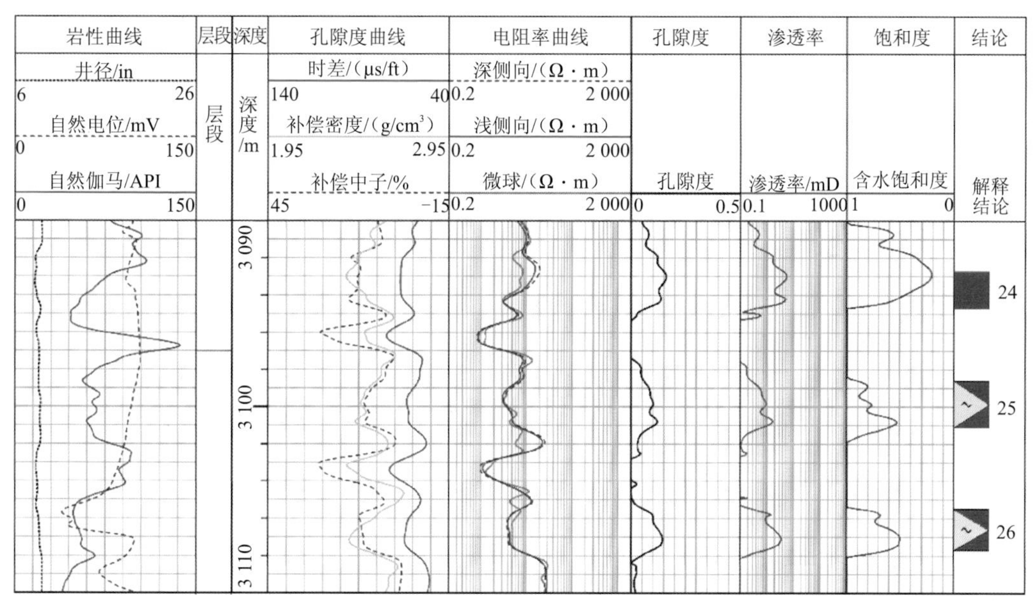

图 8.1　AG24 井 3 098～3 108 m 井段水淹特征

2. 正韵律地层水淹特征

储层从底部到顶部岩石颗粒由粗变细，孔渗条件由好变差，反映当时沉积环境水动力条件由强到弱的变化过程，在测井曲线上反映电阻率由低电阻率变高，声波时差由大变小，自然伽马值由低变高。

储层水淹后呈现出明显的底部水淹特征，在曲线上主要表现为视电阻率在底部明显降低，形状圆滑；声波时差在底部明显变大；自然电位值异常变大等特征，这类地层往往底部水淹情况非常严重，而上部水淹很轻或不发生水淹。发生这种情况的主要原因是注入水往往沿着渗透性最好的地层渗透，正韵律地层的上部岩性渗透性较差而下部渗透性较好，注入水先在底部水淹，地层的压力普遍很低，地层没有足够的能量使注入水向孔渗条件较差的上部地层波及，注入水在底部地层反复冲刷后形成过水通道，使地层含水量上升很快，造成整个地层的高水淹。如图 8.2 所示，AG24 井 3 114～3 130 m 层段对应解释结论中的 27 号层、28 号层所看到的正是这种特征。

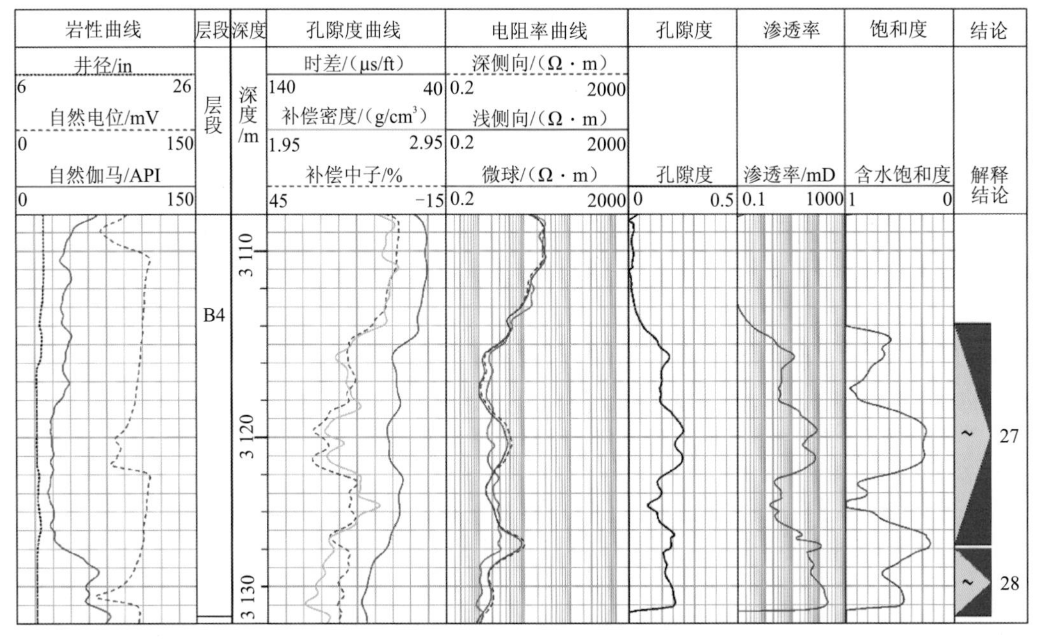

图 8.2　AG24 井 3 114～3 130 m 井段水淹特征

3. 复合韵律地层水淹特征

由多次沉积叠加的储层，厚度较大，层内可以细分为几个均匀地层、正韵律地层和反韵律地层，岩性、物性变化大，一般表现出多次水进、水退、复杂的水动力变化过程。往往在地层中下部分的孔渗、物性最好，在测井曲线上可以看出其由多个韵律岩体叠加而成。地层水淹后表现出多样性，但一般在岩性、物性最好的中下部，某一个韵律地层的某段内水淹。测井曲线反映在该段地层内，深电阻率曲线明显下降，声波时差变大，自然电位幅度异常等特征，图 8.3 所示 AG28 井 3 040～3 051 m 层段的水淹特征表现为复合韵律地层水淹特征，储集层在地层下部的物性条件最好，注入水容易进入，导致地层水淹，表现为深侧向电阻率明显下降，声波时差变大的测井响应特征。

4. 反韵律地层水淹特征

常同其他正韵律地层一起组成复合韵律地层，地层从底部到顶部岩石颗粒逐渐变大，岩石物性由差变好，反映当时水动力环境由弱到强的变化过程。地层水淹后物性好的顶部先见水，随着注入水的不断进入，地层压力也会随之变大，同时由于重力分异作用的影响，地层的中下部慢慢水淹，在测井曲线上表现视电阻率降低且全层幅值比较均匀、圆滑，声波时差变大，自然电位幅度增大等特征。

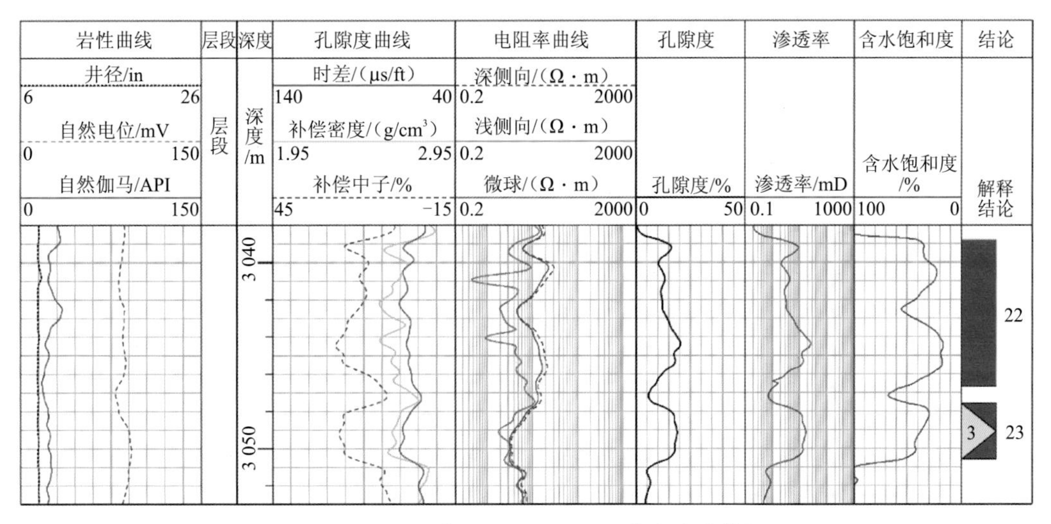

图 8.3　AG28 井 3 040～3 051 m 井段水淹特征

8.2　基于生产试油资料的水淹层确定

本节根据研究区生产测井资料的动态生产数据，结合对应的地质资料、试油资料及测井响应特征等数据，进行水淹层确定。

AGCS-24 井是米桑油田某区块的一口生产井，于 2013 年 5 月 2 日投产，该井位于区块南部，总射孔厚度为 35.8 m。投产后 AGCS-24 井含水率迅速上升，投产初期含水率为 1.6%，随着油井产量的增加，含水率迅速上升至 38%，产油量由 4 036 桶/日下降至 1 777 桶/日。该油井的生产动态可见图 8.4，可以看到，在投产初期，基本不产水，随着后期开发，产油量逐渐减少，产水量逐渐增大。

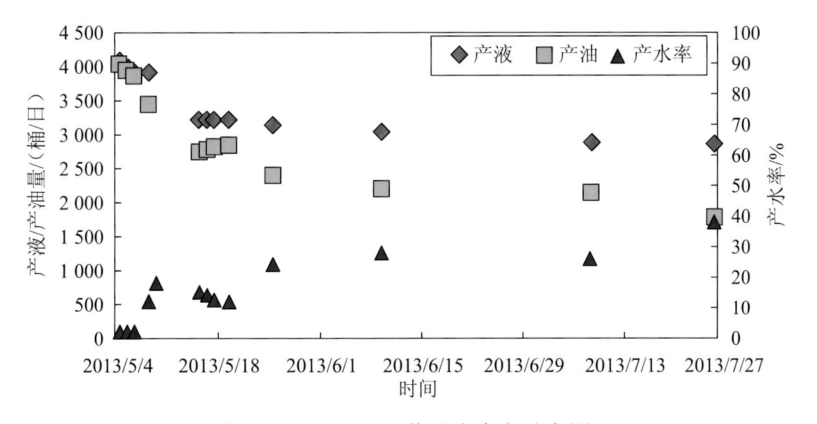

图 8.4　AGCS-24 井历史生产动态图

AGCS-24 井的生产动态监测结果及试油结论见表 8.1，测井曲线响应特征如图 8.5 所示。试油层段 1：深度 3 016～3 019 m，产油量 310.5 桶/日，产水量 5.7 桶/日，产油量占比 98.2%；层段对应的岩性主要以白云岩、砂岩和灰岩为主，泥质含量低，储层物性好；对应的声波时差较小，电阻率相对较高，结合试油资料，解释对应的11号层为油层。试油层段2：深度3 045～3 055 m，产油量244.8桶/日，产水量449.4桶/日，产水量占比为64.7%，该层段发生水淹，对应的17号层段的声波时差变大，低自然伽马值，测井响应特征表明储层泥质含量低，储层物性良好，深侧向电阻率、浅侧向电阻率、微球聚焦电阻率表现为低值；结合试油资料，解释17号层为水淹层。试油层段3：深度3 066～3 069.9 m，产油量67.7桶/日，产水量2.9桶/日，产油量占比为95.9%，产水量占比为4.1%；对应层段的自然伽马值为低值，声波时差变大，深侧向电阻率、浅侧向电阻率、微球聚焦电阻率明显变低；结合生产试油资料，解释19号层为水淹层。试油层段4：深度3 072.4～3 077 m，产油量150.3桶/日，产水量41.9桶/日，产水量占比为21.8%；说明该试油层段发生水淹，对应的声波时差无明显变化，自然伽马值为低值，测井响应特征表明泥质含量低，储层物性良好，同时电阻率表现为低值；结合试油资料，解释为20号层为水淹层。试油层段5：深度3 079.9～3 083 m，产油量1 289.3桶/日，产水量481.7桶/日，产水量占比为27.2%；对应的声波时差较大，自然伽马值为低值，电阻率为低值；结合试油资料，解释21号层为水淹层。

表8.1　AGCS-24生产试油资料

试油层段	起始深度/m	终止深度/m	产油量/（桶/日）	产水量/（桶/日）	流体产量/（桶/日）
1	3 016.0	3 019.0	310.5	5.7	316.2
2	3 045.0	3 055.0	244.8	449.4	694.2
3	3 066.0	3 069.9	67.7	2.9	70.6
4	3 072.4	3 077.0	150.3	41.9	192.2
5	3 079.9	3 083.0	1 289.3	481.7	1 771.0

AGCS-36井位于米桑区块南部，于2013年3月5日开始投产，初期产油2361桶/日，含水率为0，生产6个月后开始见水，产油率逐渐下降，含水率逐渐上升。

AGCS-36井的生产动态监测结果和生产试油资料见表8.2，测井曲线响应特征如图8.6所示。试油层段1包含2～4号小层，深度2 951.5～2 957.5 m，产油431.7桶/日，不产水；该层段对应的声波时差、密度和中子曲线无明显变化规律，自然伽马值为低值，深侧向电阻率和浅侧向电阻率为高值，深侧向电阻率明显高于浅侧向电阻率；结合试油资料，2～4号小层均解释为油层。试油层段2，深度2 971～2 984.5 m，产油量751桶/日，产水量487.3桶/日，产水量占比为39.4%，该层段包含8～10号小层，8～9号层对应的中子、密度和声波时差曲线没有明显变化趋势，电阻率为高值，10号层对应的声波时差明显变大，电阻率曲线出现一个明显的低峰，结合试油资料，判断8～9号层为油层，10号层为水淹层。试油层段3，深度2 986～3 002 m，产油量16.6桶/日，产水量210.3桶/日，产水率为92.7%，该试油层段中上部电阻率明显为高值，在2 990～2 994 m层段，电阻率曲线有明显的由高值到低值的一个水淹过程，因此判断11号层为油层，12号和13号层为水淹层。

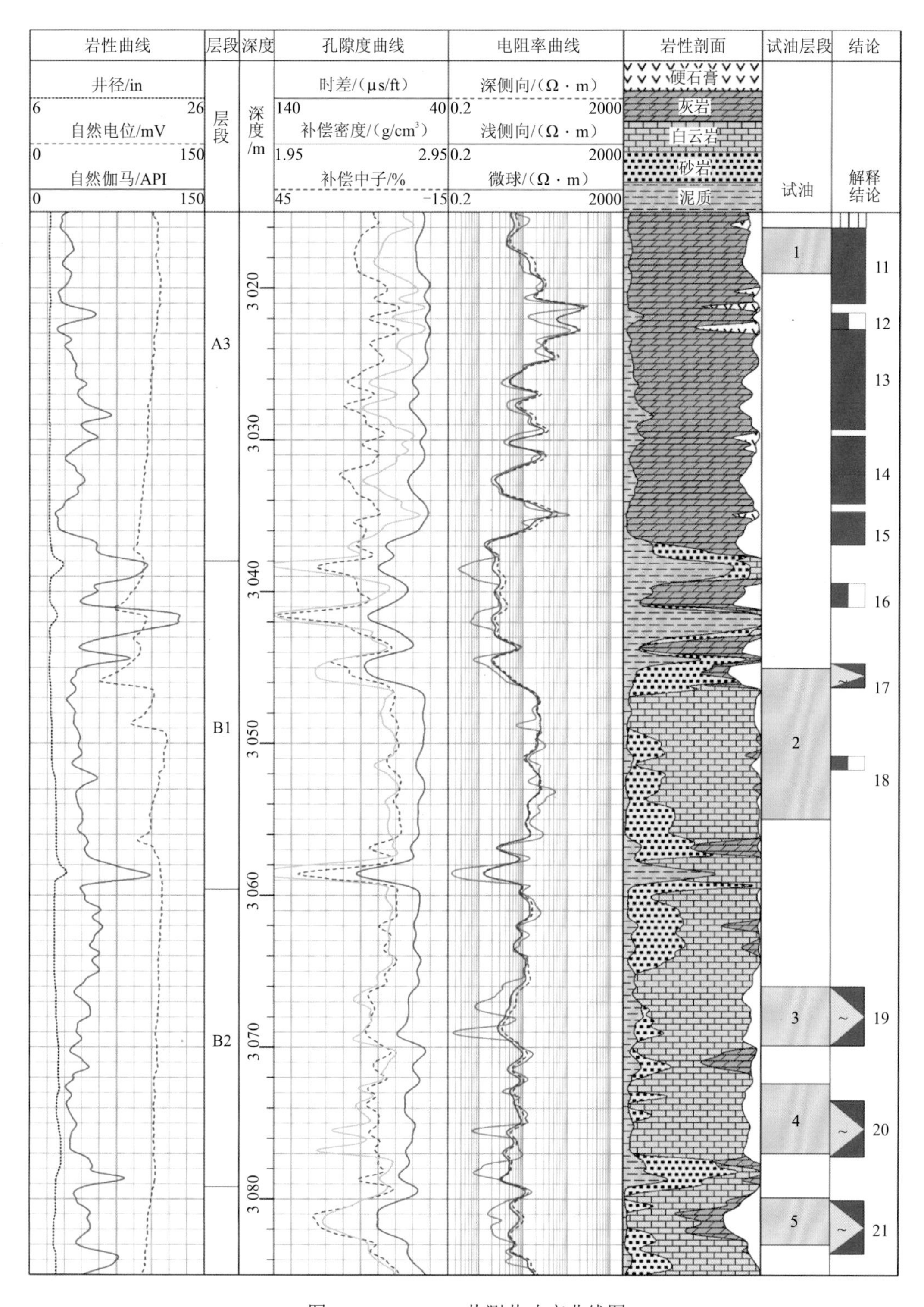

图 8.5　AGCS-24 井测井响应曲线图

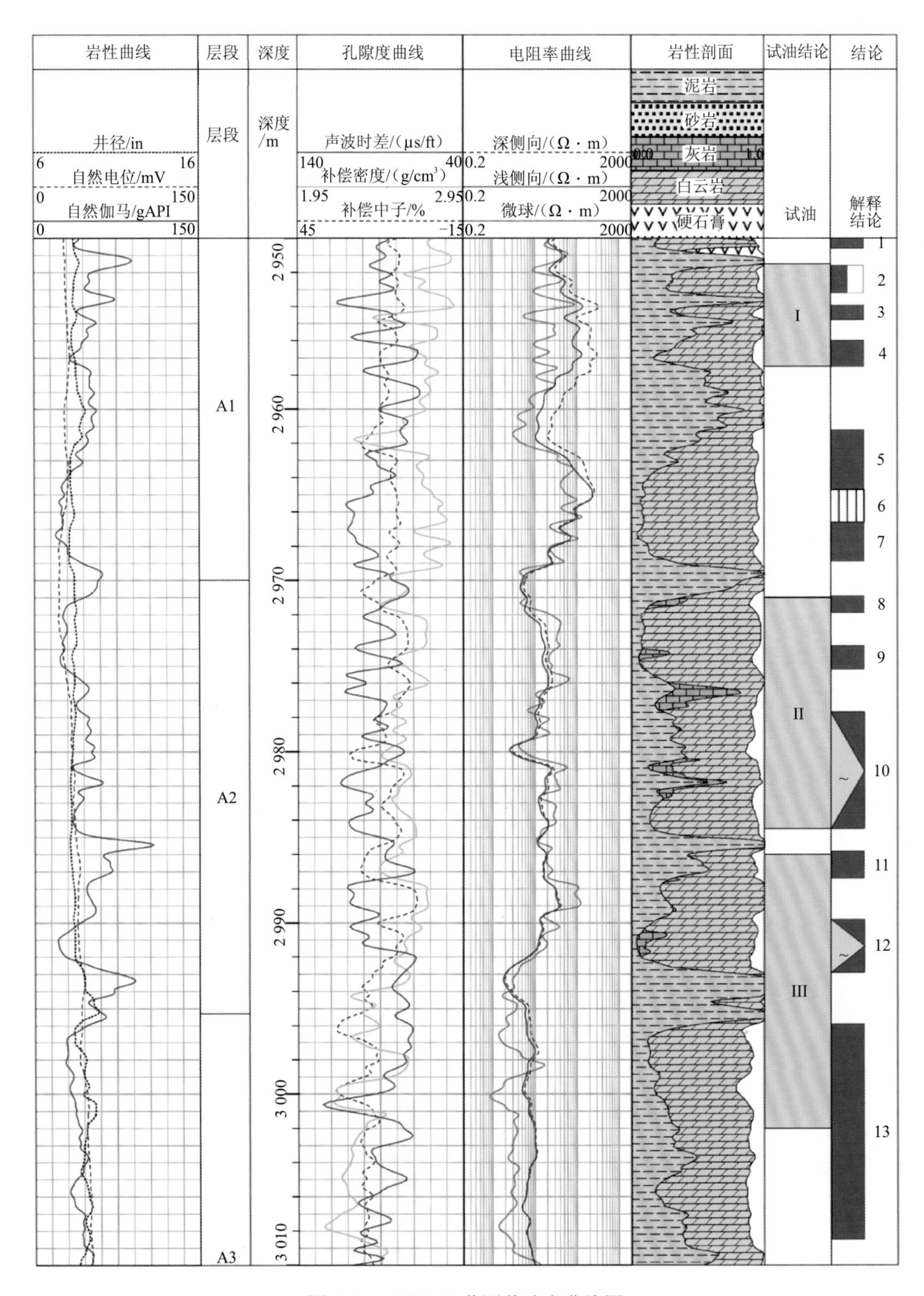

图 8.6　AGCS-36 井测井响应曲线图

表 8.2　AGCS-36 井生产试油资料

试油层段	起始深度/m	终止深度/m	产油量/（桶/日）	产水量/（桶/日）	流体产量/（桶/日）
I	2 951.5	2 957.5	431.7	0	431.7
II	2 971.0	2 984.5	751.0	487.3	1 238.3
III	2 986.0	3 002.0	16.6	210.3	226.9

8.3　水淹层定性识别

水淹层的定性识别主要是对水淹层进行初步判定，为水淹层的定量评价奠定基础。在储层发生水淹之后，储层的流体性质、地层水矿化度、岩石润湿性、孔隙结构、矿物成分（尤其是黏土含量）等都会发生变化，对应的测井曲线响应特征也会不同。因此在测井解释中，主要根据水淹后的测井曲线变化规律，建立水淹层测井定性识别方法。

常用的水淹层定性识别方法主要包括电阻率相对变化识别法、深浅电阻率幅度差法、自然电位基线偏移判定法等。在研究区，注入水情况复杂，储层发生水淹后，深侧向电阻率相比于油层电阻率明显较低，但相比于水层电阻率又明显偏高；声波时差相比于油层有明显增大的趋势；自然电位基线偏移不明显。综合以上水淹层测井响应特征，可以得知地层在发生水淹之后，主要是在电学性质（深侧向电阻率、浅侧向电阻率）及声学性质方面发生明显变化。因此，研究区采用的水淹层定性识别方法主要为利用深侧向电阻率和声波时差交会图版法。

米桑油田已解释层段共 59 层，其中油层 22 层，水淹层 28 层（包括弱水淹层 8 层，中水淹层 3 层，强水淹层 17 层），水层 9 层。这些层段在声波时差-深侧向电阻率交会图版上的分布情况见图 8.7 所示，可以看到油层深侧向电阻率明显高于水淹层，水淹层深侧向电阻率又高于水层；相比于油层段，水淹层段（无论是强水淹、中水淹还是弱水淹）的声波时差变大；水层对应的深侧向电阻率明显低于油层和水淹层，基本低于 1 Ω · m，部分强水淹层的深侧向电阻率与水层类似。分析其原因，当地层发生强水淹时，如果岩

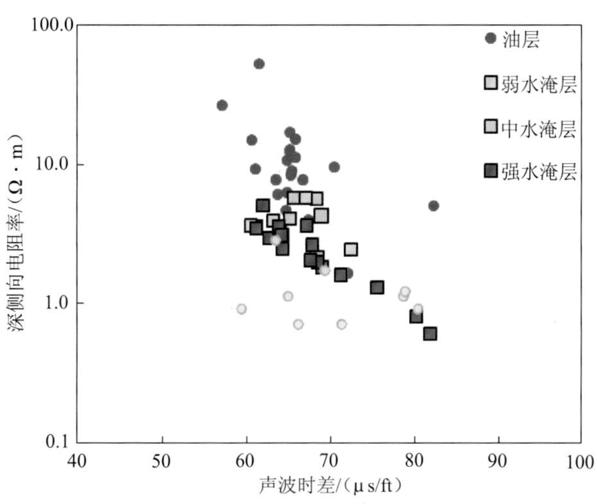

图 8.7　声波时差-深侧向电阻率水淹层定性识别图版

石孔隙中的油完全被水替代（含水饱和度接近于 1），此时储层类似于一个水层，深侧向电阻率等于水层的深侧向电阻率。

利用本图版对水淹层进行识别，AGCS-24 井的定性识别效果如图 8.8 所示，图版可

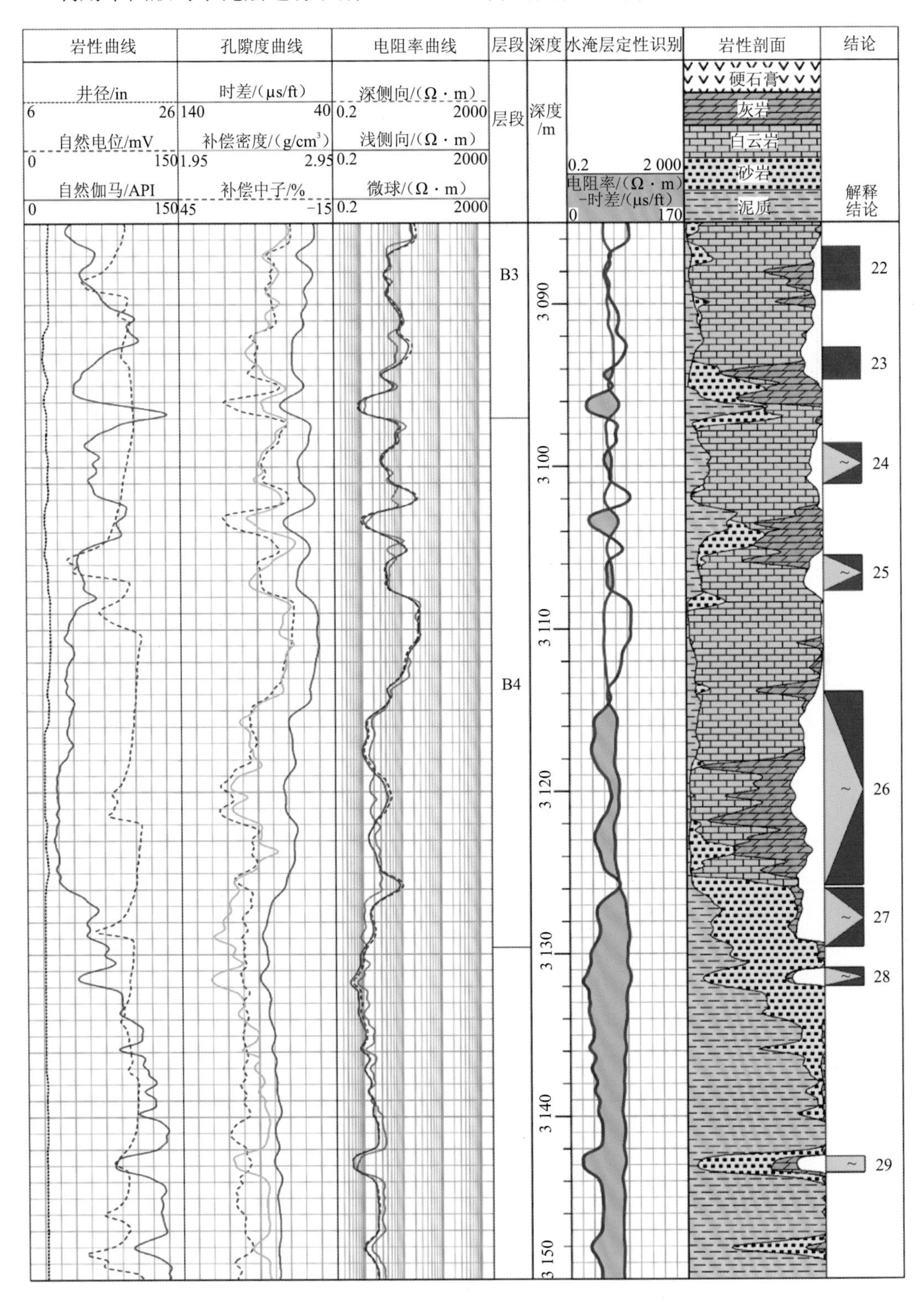

图 8.8　AGCS-24 井水淹层定性识别效果图

以准确指示 24～28 共 5 个水淹层，22 和 23 共 2 个油层无水淹显示，表明识别图版在该井的水淹层识别效果良好。

AGCS-28 井的定性识别效果图如图 8.9 所示，图版可以准确指示 23～29 共 7 个水淹

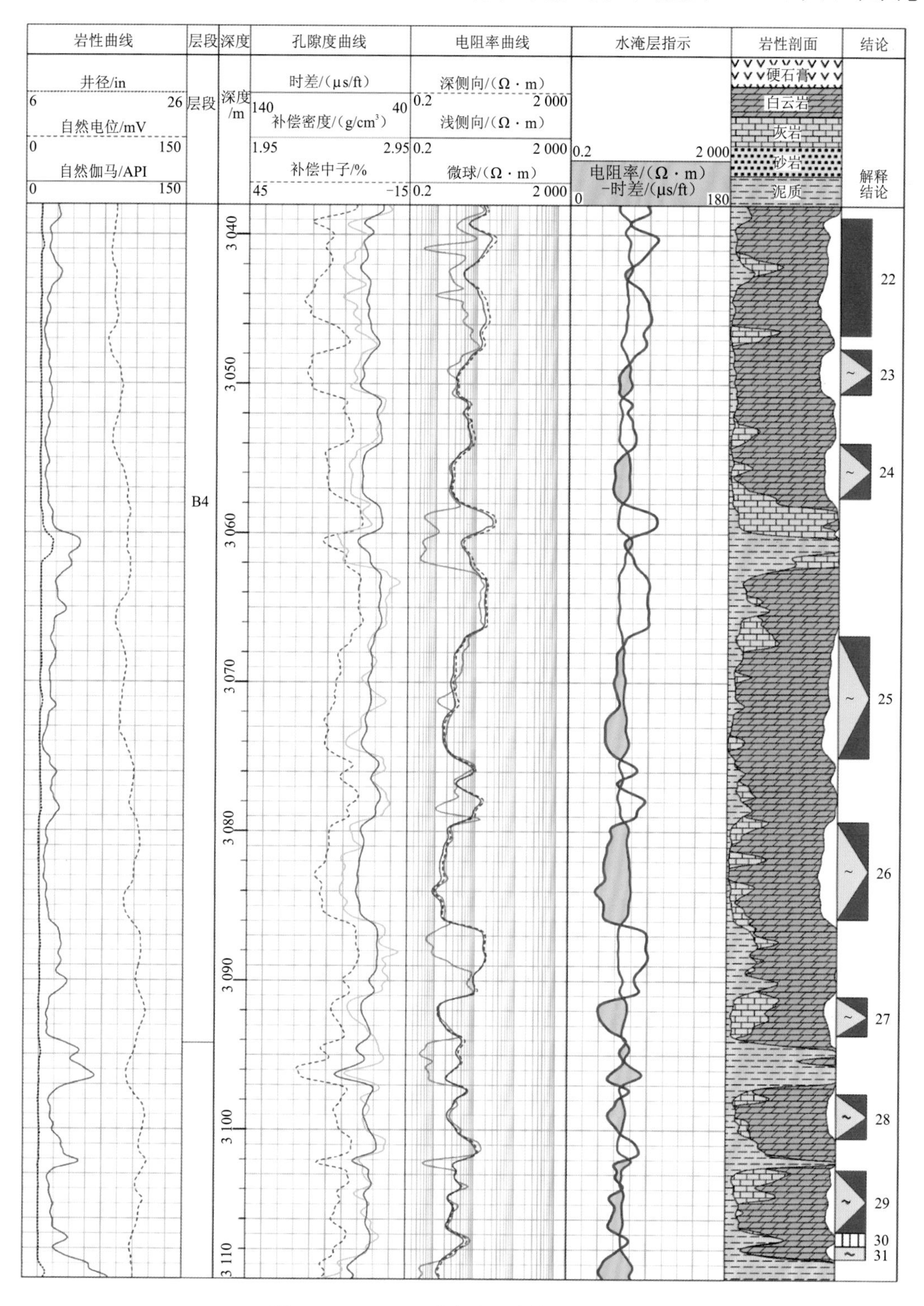

图 8.9　AGCS-28 井水淹层定性识别效果图

层。同时，油层无水淹显示，表明识别图版在该井的水淹层应用效果良好。

使用该水淹层定性识别图版，可以较好地将油层与水淹层、水层区别开来，但不能有效的区分水淹层与水层，也不能对水淹层的水淹级别进行判断。为准确判断水淹层水淹级别，对水淹层进行更加精细的评价，需要对水淹层进行进一步的定量评价研究。

8.4 水淹层定量评价

8.4.1 储层油水相对渗透率

当油层发生水淹后，油层中经常油水并存。由于油水两相流体的润湿性不同，两种流体之间会存在流体界面，在岩石孔隙中表现为毛细管压力。油水两相的物理性质包括密度、黏度和不同的组分含量等，在岩石孔隙的流动过程中油水两相会互相干扰，干扰的程度与油水饱和度有关。

储层的绝对渗透率与其中流体有效渗透率的比值称为该流体的相对渗透率，它可以反映储层中某一相流体的渗流能力。油、水相对渗透率是计算产水率、定量评价水淹层的关键参数。

以毛细管压力为基础，从两相共渗体系入手，水为润湿相，油为非润湿相，则可引入数学表达式（8.2）和式（8.3）。

$$K_{rw} = \frac{S_w - S_{wi} \int_0^{S_w} \frac{dS_w}{(P_c)^2}}{1 - S_{wi} \int_0^1 \frac{dS_w}{(P_c)^2}} \tag{8.2}$$

$$K_{ro} = \frac{S_o - S_{or} \int_{S_w}^1 \frac{dS_w}{(P_c)^2}}{1 - S_{wi} - S_{or} \int_0^1 \frac{dS_w}{(P_c)^2}} \tag{8.3}$$

式中：K_{rw} 为水相相对渗透率，小数；S_w 为含水饱和度，小数；S_{wi} 为束缚水饱和度，小数；P_c 为排驱压力，MPa；K_{ro} 为油相相对渗透率，小数；S_o 为含油饱和度，小数；S_{or} 为残余油饱和度，小数。

直接应用测井资料计算储层各相流体的相对渗透率仍比较困难，在实际水淹层的解释评价中，主要基于实验室测定的经验关系式分析油、水的相对渗透率。对于油、水两相共渗体系，水相相对渗透率的计算式如式（8.4）、式（8.5）所示。

$$K_w = \frac{S_w - S_{wi}}{1 - S_{wi}} \tag{8.4}$$

$$K_{rw} = cK_w^m \tag{8.5}$$

式中：K_w 为中间变量，K_{rw} 水相相对渗透率，小数；c、m 为拟合参数。

油相相对渗透率的计算式如式（8.6）、式（8.7）所示。

$$K_o = \frac{1 - S_w - S_{or}}{1 - S_{or} - S_{wi}} \tag{8.6}$$

$$K_{ro} = dK_o^n \tag{8.7}$$

式中：K_o 为中间变量；K_{ro} 为油相相对渗透率，小数；d、n 为拟合参数。

在经验计算式中，水相相对渗透率计算式是纯水层模型，没有包含残余油，将它用于油层计算中会带来很大的误差。但通过分析，水相相对渗透率和水相有效渗透率之间存在正相关关系（图 8.10）；油相相对渗透率和油相有效渗透率存在明显的正相关关系（图 8.11）。

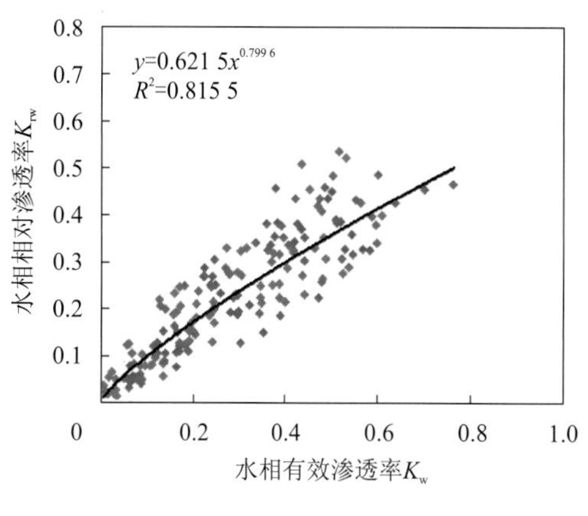

图 8.10　水相相对渗透率模型

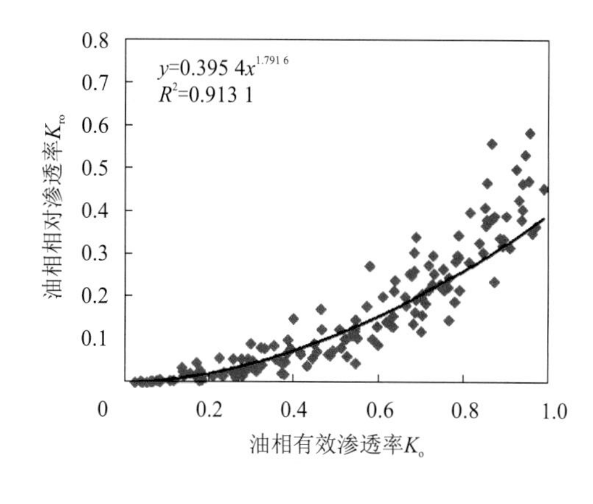

图 8.11　油相相对渗透率模型

同时，分析油水相对渗透率与含水饱和度的相关性（图 8.12），可以看到当油层发生水淹后，油水两相相对渗透率与含水饱和度存在较好的相关性，随着水淹程度的不断加剧，含水饱和度会不断升高，对应水的相对渗透率会不断上升，而油的相对渗透率会不断减小。因此，可以利用含水饱和度建立油、水相对渗透率计算模型。

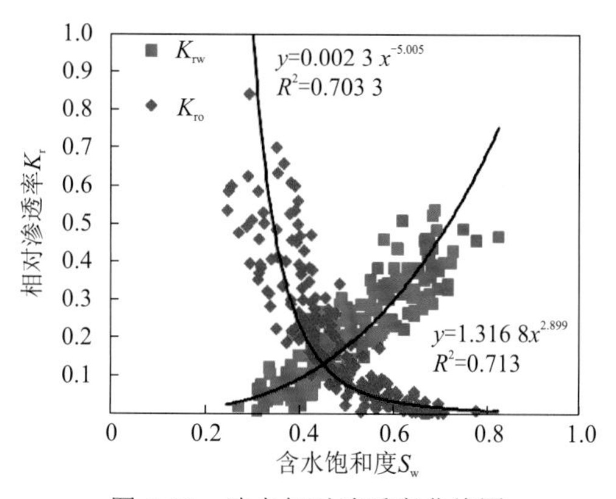

图 8.12　油水相对渗透率曲线图

根据以上分析，最终基于油、水相有效渗透率和含水饱和度，建立油水相对渗透率计算模型（表 8.3）。

表 8.3　油水相对渗透率计算模型

类型	模型
油相相对渗透率	$K_{ro}=0.395\,4K_o^{1.791\,6}$
	$K_{ro}=0.002\,3S_w^{-5.005}$
水相相对渗透率	$K_{rw}=0.621\,5K_w^{0.799\,6}$
	$K_{rw}=1.316\,8S_w^{2.899}$

8.4.2　饱和度计算

1. 混合地层水电阻率的确定

在对水淹层进行评价过程中，混合地层水电阻率是反映注入水情况的一个关键参数，同时也是饱和度计算的一个关键参数。因此，混合地层水电阻率的准确计算，关系着水淹层评价的准确程度。混合地层水电阻率与原始地层水矿化度、地层温度、注入水矿化度、黏土含量等众多因素有关，并且还受注水时间和注水井的远近控制。因此，在水淹层评价过程中，混合地层水电阻率的准确计算一直是一个亟须解决的难题。本小节通过建立水淹地层模型，基于岩石导电机理，进行数学推导，建立混合地层水电阻率计算模型。

1）岩石导电机理

地层在发生水淹之前，地层中的流体主要包括原始地层水和油气两部分，其中原始地层水又包括原始可动水和束缚水，油气包括可动油气和残余油，此时地层主要通过原始地层水导电。注水开发之后，注入水开始进入地层，并且对地层中的原始可动流体进行驱替，此时地层水为混合地层水，包括注入水和原始地层水，混合液电阻率由两者共同决定。随着注入水不断进入，原始可动流体不断被注入水代替，水淹强度越来越大，混合液中的原始可动流体占比不断下降，注入水占比不断上升，混合液电阻率不断接近注入水电阻率。在水淹过程中，混合地层水电阻率与原始地层水矿化度、注入水矿化度、含水饱和度、束缚水饱和度、残余油饱和度有关。同时，在含泥质层段，泥质含量以及对应的泥质束缚水饱和度对混合地层水电阻率也有影响。

2）混合地层水电阻率模型推导

在含泥质碳酸盐岩油层储层中，原始地层水包括毛管束缚水和泥质束缚水两部分，不包括可动流体。随着注入水的进入，可动油气不断被驱替，同时部分毛管束缚水也会被驱替，泥质束缚水孔隙由于孔喉小，连通性差，注入水基本不会进入。因此，地层混合液由注入水、毛管束缚水、泥质束缚水三部分组成。地层可以等效为一个由剩余毛管束缚水、泥质束缚水、注入水、残余油气、泥质、岩石骨架组成的等效体积模型[图 8.10（a）]。岩石骨架和油气电阻率很大，可认为不导电，地层电阻主要是由毛管束缚水、注入水、泥质束缚水三者并联决定的，导电模型见图 8.13（b），表达式为

$$\frac{1}{r_{wz}}=\frac{1}{r_{wi}}+\frac{1}{r_{sh}}+\frac{1}{r_{wj}} \tag{8.8}$$

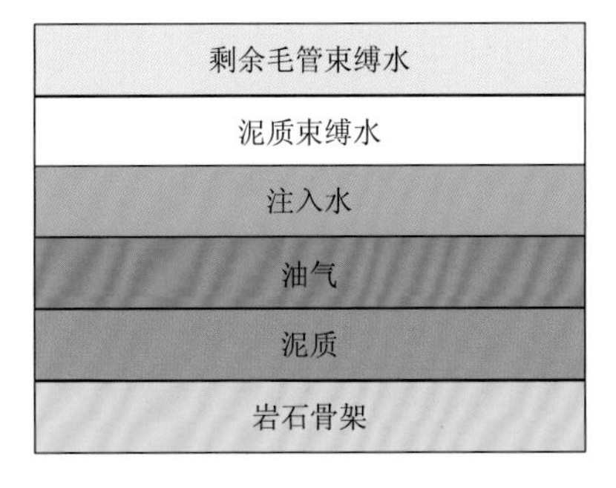

（a）等效体积模型

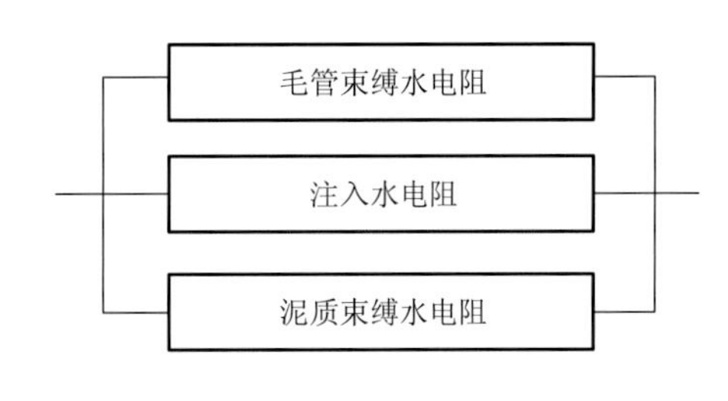

（b）导电模型

图 8.13 地层等效模型

式中：$r_{\rm wz}$ 为混合地层水电阻，Ω；$r_{\rm wi}$ 为毛管束缚水电阻，Ω；$r_{\rm sh}$ 为泥岩电阻，Ω；$r_{\rm wi}$ 为注入水电阻，Ω。

由关系式：

$$r = R\frac{L}{A} \tag{8.9}$$

可以得到：

$$\frac{A_{\rm wz}}{R_{\rm wz}L_{\rm wz}} = \frac{A_{\rm wi}}{R_{\rm wi}L_{\rm wi}} + \frac{A_{\rm sh}}{R_{\rm sh}L_{\rm sh}} + \frac{A_{\rm wj}}{R_{\rm wj}L_{\rm wj}} \tag{8.10}$$

式中：r 为电阻，Ω；R 为电阻率，Ω · m；L 为等效长度，m；A 为等效横截面积，$\rm m^2$；$R_{\rm wz}$、$R_{\rm wi}$、$R_{\rm sh}$、$R_{\rm wj}$ 分别代表混合地层水、毛管束缚水、泥质、注入水电阻率，Ω · m；$A_{\rm wz}$、$A_{\rm wi}$、$A_{\rm sh}$、$A_{\rm wj}$ 分别代表混合地层水、毛管束缚水、泥质、注入水等效横截面积，$\rm m^2$；$L_{\rm wz}$、$L_{\rm wi}$、$L_{\rm sh}$、$L_{\rm wj}$ 分别代表混合地层水、毛管束缚水、泥质、注入水等效长度，m。

设等效长度是相等的，即

$$L_{\rm wz} = L_{\rm wi} = L_{\rm sh} = L_{\rm wj} \tag{8.11}$$

令式（8.10）两边同时乘等效长度的平方，得到：

$$\frac{V_{\rm wz}}{R_{\rm wz}} = \frac{V_{\rm wi}}{R_{\rm wi}} + \frac{V_{\rm sh}}{R_{\rm sh}} + \frac{V_{\rm wj}}{R_{\rm wj}} \tag{8.12}$$

式中：$V_{\rm wz}$、$V_{\rm wi}$、$V_{\rm sh}$、$V_{\rm wj}$ 分别为混合地层水、毛管束缚水、泥质、注入水等效体积，$\rm m^3$。

设泥质中的束缚水体积约占泥质体积的 20%，定义 $V_{\rm sh}V_{\rm wb}$=$0.2V_{\rm sh}$，注入水饱和度等于混合地层水饱和度减去毛管束缚水饱和度和泥质束缚水饱和度，得到：

$$\frac{S_{\rm wz}}{R_{\rm wz}} = \frac{S_{\rm wi}}{R_{\rm wi}} + \frac{V_{\rm sh}}{R_{\rm sh}} + \frac{S_{\rm wz} - S_{\rm wi} - 0.2V_{\rm sh}}{R_{\rm wj}} \tag{8.13}$$

式中：$S_{\rm wz}$、$S_{\rm wi}$ 分别为混合地层水饱和度、毛管束缚水饱和度，小数。

对式（8.13）进行变形，可以得到：

$$R_{\rm wz} = \frac{S_{\rm wz}}{\dfrac{S_{\rm wi}}{R_{\rm wi}} + \dfrac{V_{\rm sh}}{R_{\rm sh}} + \dfrac{S_{\rm wz} - S_{\rm wi} - 0.2V_{\rm sh}}{R_{\rm wj}}} \tag{8.14}$$

研究区块黏土主要是分散存在的，因此含水饱和度可以使用改进的 Simandoux 公式

$$S_{wz}=\left[\frac{1}{\left(\frac{V_{sh}^{1-0.5V_{sh}}}{R_{sh}}+\frac{\phi^{0.5m}}{\sqrt{R_{wz}}}\right)\cdot\sqrt{R_t}}\right]^{\frac{2}{n}} \tag{8.15}$$

对式（8.15）进行变形，可以得到

$$R_{wz}=\left[\frac{\phi^{0.5m}}{\left(\frac{1}{S_{wz}^{0.5n}\cdot\sqrt{R_t}}\frac{V_{sh}^{1-0.5V_{sh}}}{R_{sh}}\right)}\right]^{2} \tag{8.16}$$

式（8.14）中原始地层束缚水饱和度 S_{wi} 的取值范围在 0 和束缚水饱和度之间，混合地层水饱和度在束缚水饱和度和 1 之间，在这两个参数的取值范围内，必定存在合适的束缚水饱和度和混合地层水饱和度同时满足式（8.14）、式（8.16），计算此时的混合地层水电阻率。

2. 束缚水饱和度的计算

束缚水主要指岩石中不可自由流动的水，主要由毛管滞留水和薄膜滞留水两部分构成。束缚水饱和度是计算油、水相对渗透率的一个关键参数。

束缚水饱和度与储层本身的面孔率、储层物性、岩石润湿性、泥质含量等因素有关。因此，使用测井资料计算束缚水饱和度，主要根据束缚水饱和度与孔隙度、渗透率以及对应测井响应特征规律，基于明显变化规律的敏感参数，建立束缚水饱和度计算模型。但测井响应受众多因素影响，束缚水饱和度与测井响应相关性较差，难以准确求取束缚水饱和度。

BP 神经网络模型只需确定与束缚水饱和度相关的敏感参数，然后利用已知的岩心束缚水饱和度和对应的测井响应敏感参数，建立训练样本，根据内置神经单元构建合适的预测模型，就可以完成对束缚水饱和度的准确预测，不需要精细地研究单一敏感参数与束缚水饱和度的关系，极大地提高了计算束缚水饱和度的精度和效率。

分析岩心束缚水饱和度与对应的测井响应关系，寻找相关性较高的几条测井曲线，最终确定自然伽马、声波时差、补偿中子、密度作为敏感参数参与建模。将 4 条敏感曲线作为输入数据，岩心束缚水饱和度作为预测数据，构建 BP 神经网络模型，对束缚水饱和度进行预测。

3. 利用孔隙度计算残余油饱和度

通过分析岩心渗透率资料发现，残余油饱和度和孔隙度之间有良好的线性关系（图 8.14），随着孔隙度的变大，残余油饱和度逐渐减小，建立利用孔隙度计算残余油饱和度的模型：

$$S_{or}=-0.6348\phi+43.48 \tag{8.17}$$

4. 基于导电效率和高精度胶结指数的饱和度评价

当油层发生水淹后，岩石电阻率不仅受地层水电阻率 R_w、含水饱和度 S_w、泥质含量 V_{sh} 等因素的影响，同时还与有效孔隙度、含水孔隙度 ϕ_w 有关。由于研究区碳酸盐岩储层孔隙结构复杂，非均质性强，导致反映岩石胶结程度的胶结指数 m 不再是一个固定

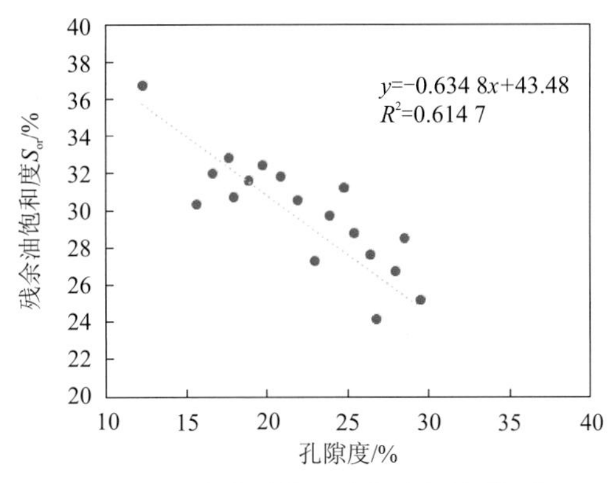

图 8.14　残余油饱和度拟合回归模型

的常数，基于定值 m 的阿奇公式饱和度模型不能很好地评价碳酸盐岩储层的饱和度。因此，小节提出基于导电效率和高精度 m 的饱和度评价方法。

1）岩石导电效率模型

对于储集层为各向同性且均质的岩石，岩石的导电性只与地层水有关，岩石的导电率就可以表示为

$$E=\frac{C_t}{C_w S_w \phi_e}=\frac{R_w}{R_t S_w \phi_e}=\frac{R_w}{R_t \phi_w} \tag{8.18}$$

式中：E 为导电效率；C_t 为岩石电导率；C_w 为地层水电导率；ϕ_e 为有效孔隙度，小数；ϕ_w 为含水孔隙度，小数；R_w 为地层水电阻率，Ω · m；R_t 为深侧向电阻率，Ω · m。

碳酸盐岩储集层非均质性强，各向异性复杂，难以建立起岩石导电效率和含水饱和度的理想模型，但在研究过程中，岩石导电效率与电阻率之间呈现出较好的相关性（图 8.15），拟合可得到利用深电阻率计算导电效率的幂函数关系式（8.19）。

$$E=\frac{R_w}{R_t S_w \phi_e}=\frac{R_w}{\phi_e S_w} R_t^{-1} \approx c R_t^f \tag{8.19}$$

式中：c、f 为函数拟合参数，在研究区，c=0.5807，f= −0.448。

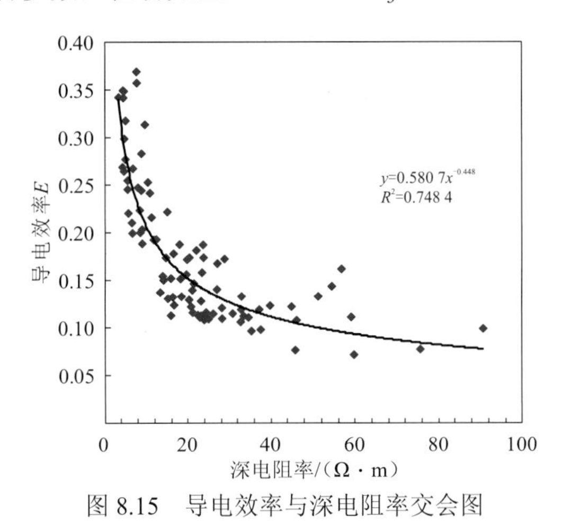

图 8.15　导电效率与深电阻率交会图

将式（8.19）代入式（8.18），得到含水饱和度的计算式（8.20）。

$$S_w = \frac{R_w}{R_t E \phi_e} = \frac{R_w}{c R_t^{f+1} \phi_e} \tag{8.20}$$

2）高精度 m 饱和度模型

根据 Maxwell 导电方程，地层因素与导电孔隙度之间存在关系

$$F = \frac{(x+1)-\phi_f}{x\phi_f} = 1 + \frac{G(1-\phi_f)}{\phi_f}, \quad G = \frac{1+x}{x} \tag{8.21}$$

式中：x 为孔隙几何形状参数；F 为地层因素；ϕ_f 为导电孔隙度。

针对区块不同岩性分别讨论 m 值的物理意义与有效孔隙度之间的数值关系，发现 m 值与有效孔隙度和导电孔隙度的差值之间存在强线性正相关关系（图 8.16）。导电孔隙度的求取是计算 m 值的关键。针对不同岩性进行分析，可以得到：在石灰岩和砂岩中，导电孔隙度和有效孔隙度之间为良好的线性关系；在白云岩中，导电效率和有效孔隙度之间的函数关系为乘幂关系（图 8.17）。因此，利用核磁共振测井资料可以求取有效孔隙度，然后通过有效孔隙度计算导电孔隙度，进而求取适应研究区的高精度胶结指数 m。

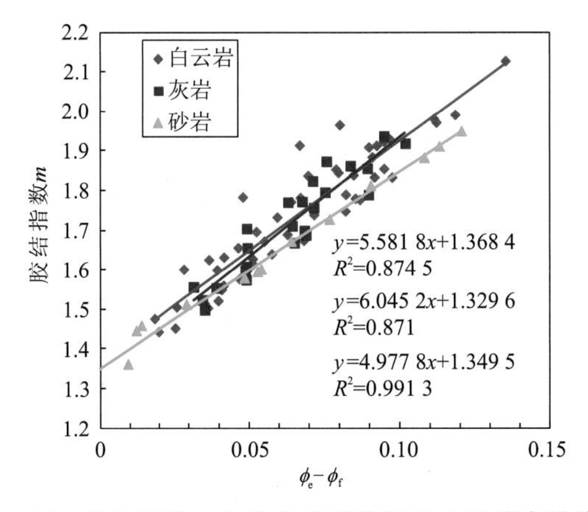

图 8.16　胶结指数 m 与有效孔隙度和导电孔隙度差值关系图

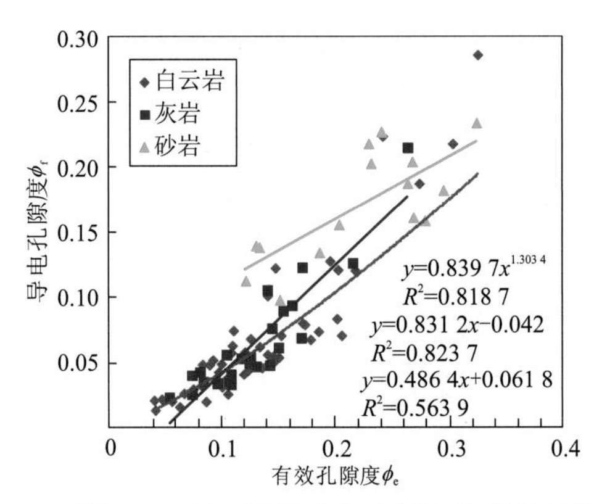

图 8.17　导电孔隙度与有效孔隙度关系图

将建立的导电效率饱和度模型和高精度 m 饱和度模型以及经典阿奇公式饱和度模型应用到 AG-7 井，对比与岩心饱和度的符合情况（图 8.18），可以看到阿奇饱和度模型与岩心含水饱和度差异最大，效果最差，计算精度明显低于高精度 m 饱和度计算模型和导

电效率计算模型；导电效率饱和度模型的计算精度最高，效果最好。因此，在研究区的水淹层评价中，采用导电效率模型计算含水饱和度。

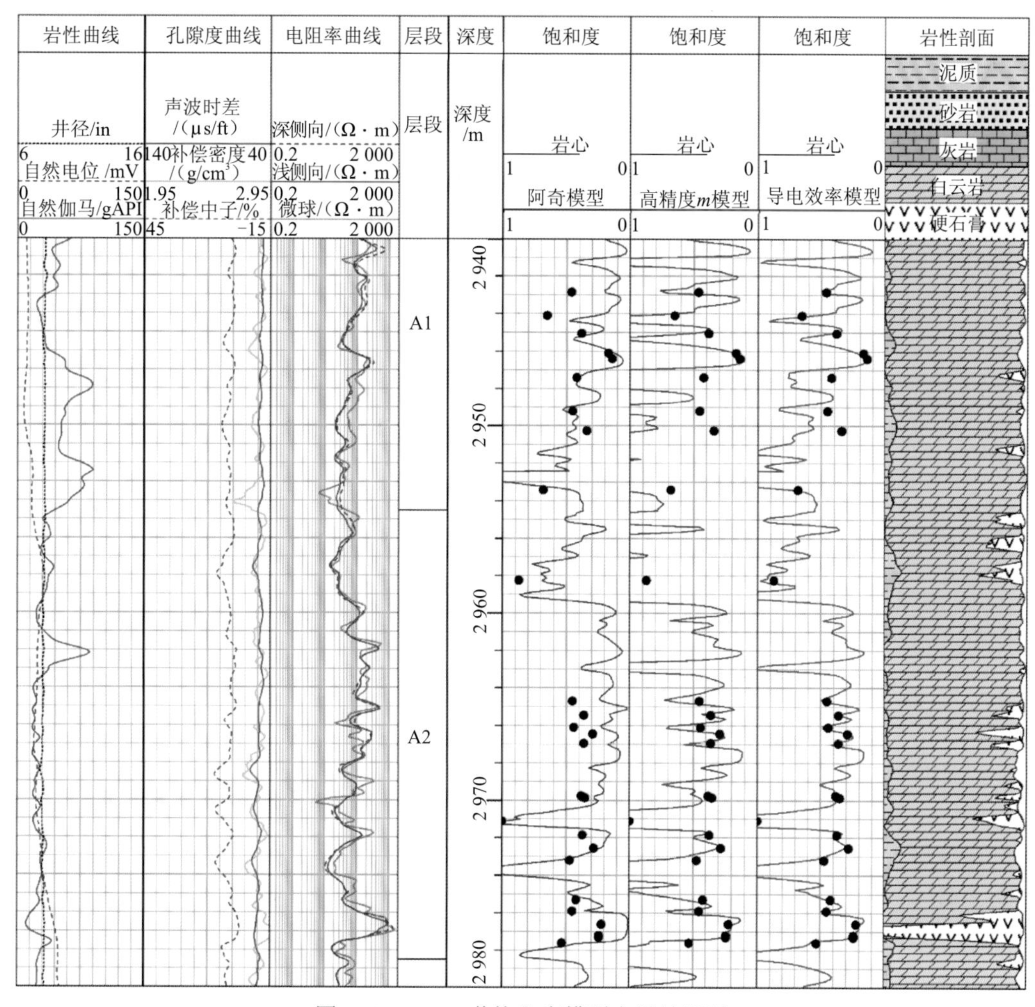

图 8.18 AG-7 井饱和度模型应用效果图

作导电效率饱和度和岩心饱和度交会图，如图 8.19 所示，可以看到导电效率饱和度与岩心饱和度基本在 45° 对角线附近分布，符合率达到了 88.89%。

8.4.3 水淹层综合解释评价

1. 产水率计算

产水率是指储层发生水淹后，产出的流体中，产水量占液体总产量的百分比。产水率的高低可以直接反映水淹程度的强弱，水淹程度越强，产水率就会越高。水淹层的产水率计算式如下。

$$F_{\mathrm{w}}=\frac{Q_{\mathrm{w}}}{Q_{\mathrm{w}}+Q_{\mathrm{o}}}=\frac{1}{1+\dfrac{K_{\mathrm{ro}}\mu_{\mathrm{w}}}{K_{\mathrm{rw}}\mu_{\mathrm{o}}}} \tag{8.22}$$

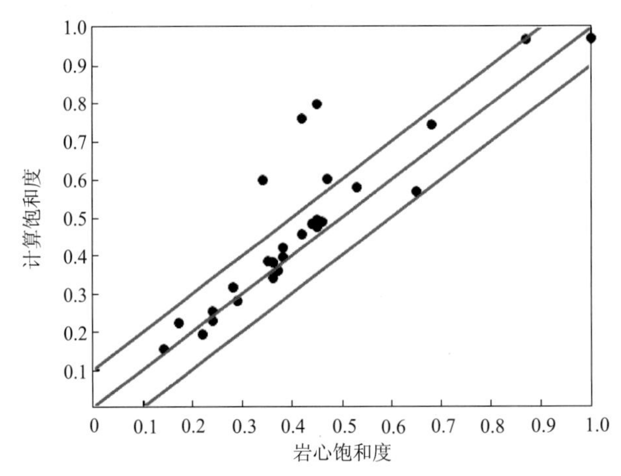

图 8.19　AG-7 井导电效率饱和度模型计算效果分析

式中：F_{w} 为产水率；Q_{w} 为水的产量；Q_{o} 为油的产量；K_{ro} 为油的相对渗透率；K_{rw} 为水的相对渗透率；μ_{o} 为油的黏度，mPa · s；μ_{w} 为水的黏度，mPa · s。

产水率主要由油水相对渗透率和水-油黏度比决定，综合分析研究区资料可得水油黏度比值为 0.2356。因此，油水相对渗透率的求取是计算产水率的关键。

统计分析研究区油水相对渗透率资料，发现计算的油、水相对渗透率比值和归一化含水饱和度有较好的相关性（图 8.20），其中归一化含水饱和度 S_{w}^{*} 的计算公式为

$$S_{\mathrm{w}}^{*}=\frac{S_{\mathrm{w}}-S_{\mathrm{wb}}}{1-S_{\mathrm{wb}}-S_{\mathrm{or}}} \tag{8.23}$$

式中：S_{w}^{*} 为归一化的含水饱和度。

油、水相对渗透率比值与归一化后的含水饱和度有良好的指数关系，通过归一化含水饱和度计算油、水相对渗透率，代入式（8.22），可以将产水率计算简化为式（8.24），产水率就直接与含水饱和度、束缚水饱和度、残余油饱和度等参数建立了计算模型。

$$F_{\mathrm{w}}=\frac{Q_{\mathrm{w}}}{Q_{\mathrm{w}}+Q_{\mathrm{o}}}=\frac{1}{1+16.423\mathrm{e}^{-7.274S_{\mathrm{w}}^{*}}\dfrac{\mu_{\mathrm{W}}}{\mu_{\mathrm{o}}}} \tag{8.24}$$

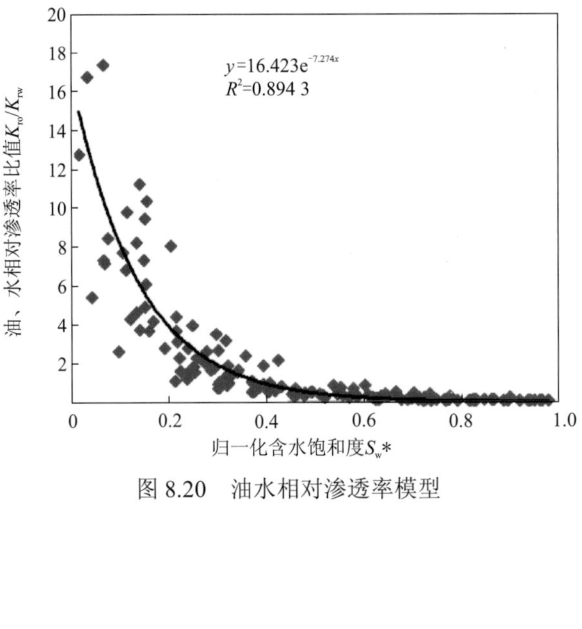

图 8.20　油水相对渗透率模型

2. 驱油效率计算

驱油效率通常利用油层发生水淹后，单位体积内采出的油量与油层未发生水淹时含油量的比值来表征。油层是油经过运移，将地层孔隙中的可动地层水驱走，只留下不可动孔隙中的束缚水形成的。油层中的原始含油饱和度为

$$S_o = 1 - S_{wb} \tag{8.25}$$

式中：S_o为原始含油饱和度，小数；S_{wb}为束缚水饱和度，小数。

当油层发生水淹后，注入水进入油层，水慢慢驱走可动流体孔隙中的可动油，在水淹过程中，地层剩余油饱和度为

$$S_{xo} = 1 - S_w \tag{8.26}$$

式中：S_{xo}为地层剩余油饱和度，小数；S_w为当前地层含水饱和度，小数。

油层中被注入水驱替掉的含油饱和度为

$$S_D = S_o - S_{xo} = S_w - S_{wb} \tag{8.27}$$

式中：S_D为被水驱替的油饱和度，小数。

水淹层的驱油效率就可以表示为

$$E_d = \frac{S_D}{S_o} = \frac{S_w - S_{wb}}{1 - S_{wb}} \tag{8.28}$$

式中：E_d为驱油效率。

3. 水淹级别划分

产水率和驱油效率都可以在一定程度上反映出水淹层的注水情况。结合已建立的产水率和驱油效率模型，本节建立适合研究区的水淹级别划分标准，见表 8.4。

表 8.4　M 区块油田水淹级别划分标准

级别	油层	弱水淹	中水淹	强水淹
产水率	$F_w<0.1$	$0.1\leqslant F_w<0.4$	$0.4\leqslant F_w<0.8$	$F_w\geqslant 0.8$
驱油效率	$E_d<0.05$	$0.05\leqslant E_d<0.2$	$0.2\leqslant E_d<0.4$	$E_d\geqslant 0.4$

参 考 文 献

[1] 雍世和, 张超谟. 测井数据处理与综合解释. 北京: 中国石油大学出版社, 2007.

[2] 谭廷栋. 裂缝性油气藏测井解释模型与评价方法. 北京: 石油工业出版社, 1987.

[3] 文华. 基于数学形态学的图像处理算法的研究. 哈尔滨: 哈尔滨工程大学, 2007.

[4] ZHAO J P, SUN J M, LIU X F, et al. Numerical simulation of the electrical properties of fractured rock based on digital rock technology. Journal of Geophysics and Engineering, 2013, 10(5): 055009.

[5] LU S L, MOLZ F J, LIU H H. An efficient, three-dimensional, anisotropic, fractional Brownian motion and truncated fractional Levy motion simulation algorithm based on successive random additions. Computers and Geosciences, 2003, 29(1): 15-25.

[6] MADADI M, SAHIMI M. Lattice Boltzmann simulation of fluid flow in fracture networks with rough, self-affine surfaces. Physical Review E, 2003, 67(2): 026309.

[7] YAN Y, KOPLIK J. Flow of power-law fluids in self-affine fracture channels. Physical Review E, 2008, 77(3): 036315.

[8] GARBOCZI E J. Finite element and finite difference programs for computing the linear electric and elastic properties of digital images of random materials NIST Internal Report 6269. Gaithersburg: National Institute of Standards & Technology, 1998[2023-12]. http://ciks.cbt.nist.gov/garboczi/.

[9] 聂昕. 页岩气储层岩石数字岩心建模及导电性数值模拟研究. 北京: 中国地质大学(北京), 2014.

[10] 刘学锋. 基于数字岩心的岩石声电特性微观数值模拟研究. 北京: 中国石油大学(北京), 2010.

[11] 徐炳高, 李阳兵, 董震. 川东北海相碳酸盐岩饱和度参数 m、n 确定方法. 测井技术, 2011, 35(1): 51-54.

[12] 郑应钊, 何等发, 马彩琴, 等. 西非海岸盆地带大油气田形成条件与分布规律探析. 西北大学学报(自然科学版), 2011, 41(6): 1018-1023.

[13] 丁汝蹇, 陈文学, 熊利平, 等. 下刚果盆地油气成藏主控因素及勘探方向. 特种油气藏, 2009, 16(5): 32-33.

[14] 黄隆基. 核测井原理. 北京: 中国石油大学出版社, 2008.

[15] 车卓吾. 测井资料分析手册. 北京: 石油工业出版社, 1995: 200-260.

[16] CLAVIER C, RUST D H. MID Plot: A new lithology technique. Houston: Society of Petrophysicists and Well Log Analysts, 1976.

[17] 塞拉. 测井资料地质解释. 肖义越 译. 北京: 石油工业出版社, 1992.

[18] DUDA R O, HART P E, STORK D G. Pattern classification. 2nd Edition. Hoboken: Wiley-Interscience, 2001: 557-559.

[19] 肖亮, 刘晓鹏, 陈兆明, 等. 核磁毛管压力曲线构造方法综述. 断块油气田, 2007, 14(2): 86-88.

[20] VOLOKITIN Y, LOOYESTIJN W J, Slijkerman W F J, et al. A practical approach to obtain primary drainage capillary pressure curves from NMR core and log data. Petrophysics, 2001, 42(4): 334-343.

[21] 何雨丹, 毛志强, 肖立志, 等. 核磁共振 T_2 分布评价岩石孔径分布的改进方法. 地球物理学报, 2005, 48(2): 373-378.

[22] 冯程, 石玉江, 郝建飞, 等. 低渗透复杂润湿性储集层核磁共振特征. 石油勘探与开发, 2017, 44(2): 252-257.

[23] 肖立志. 我国核磁共振测井应用中的若干重要问题. 测井技术, 2007, 31(5): 401-407.

[24] 王翼君, 崔刚, 唐洪明, 等. 碳酸盐岩核磁共振实验研究现状. 断块油气田, 2016, 23(6): 818-824.

[25] 颜其彬, 陈明江, 汪娟, 等. 碳酸盐岩储层渗透率与孔隙度、喉道半径的关系. 天然气工业, 2015, 35(6): 30-36.

[26] THOMEER J H M. Introduction of a pore geometrical factor defined by the capillary pressure curve. Journal of Petroleum Technology, 1960, 12(3): 73-77.

[27] SAEED F, SALIM N, ABDO A, et al. Using graph-based consensus clustering for combining K-means clustering of heterogeneous chemical structures. Journal of Cheminformatics, 2013, 5(1): 1-3.

[28] XINMIN G E, YIREN F, LIMIN T, et al. Pore structure typing of heterogeneous clastic reservoir using information entropy-fuzzy spectral clustering algorithm. Journal of Central South University(Science and Technology), 2015, 46(6): 2227-2235.

[29] 李洪奇, 谭锋奇, 许长福, 等. 基于决策树方法的砾岩油藏岩性识别. 测井技术, 2010, 34(1): 16-21.

[30] 赵倩, 杨斌, 李星, 等. 基于图版法决策树在流体识别中的应用. 测井技术, 2018, 42(6): 641-646.

[31] 张佩佩. 集成算法概述. 信息与电脑(理论版) , 2019, (3): 50-51.

[32] RODRÍGUEZ J J, KUNCHEVA L I, ALONSO C J. Rotation forest: A new classifier ensemble method. IEEE Transactions on Pattern Analysis and Machine Intelligence, 2006, 28(10): 1619-1630.

[33] AMAEFULE J O, ALTUNBAY M, TIAB D, et al. Enhanced reservoir description: Using core and log data to identify hydraulic (flow) units and predict permeability in uncored intervals/wells//SPE Annual Technical Conference and Exhibition. Houston: Society of Petroleum Engineers, 1993: 205-220.

[34] SWANSON B F. A simple correlation between permeabilities and mercury capillary pressures. Journal of Petroleum Technology, 1981, 33(12): 2498-2504.

[35] GUO B, GHALAMBOR A, DUAN S. Correlation between Sandstone Permeability and Capillary Pressure Curves. Journal of Petroleum Science & Engineering, 2004, 43(3-4):239-246.

[36] GUNTER G W, SPAIN D R, VIRO E J, et al. Winland pore throat prediction method a proper retrospect: New examples from carbonates and complex systems//SPWLA 55th Annual Logging Symposium. Abu Dhabi, UAE, 2014: SPWLA-2014-KKK.

[37] PITTMAN E D. Relationship of porosity and permeability to various parameters derived from mercury injection capillary pressure curves for sandstone. AAPG Bulletin, 1992, 76(2):191-198.

[38] NELSON P H. Permeability, porosity, and pore-throat size? A three-dimensional perspective. Petrophysics, 2005, 46(6): 452-455.

[39] 成志刚, 罗少成, 杜支文, 等. 基于储层孔喉特征参数计算致密砂岩渗透率的新方法. 测井技术, 2014, 38(2):185-189.

[40] KENYON W E, DAY P I, STRALEY C, et al. A three-part study of NMR longitudinal relaxation properties of water-saturated sandstones. SPE Formation Evaluation, 1988, 3(3):622-636.

[41] COATES G R, MILLER M, GILLEN M, et al. The MRIL in Conoco 33-1 an investigation of a new magnetic resonance imaging log//SPWLA 32nd Annual Logging Symposium. Midland, 1991: SPWLA-1991-DD.

[42] 李宁, 王克文, 张宫, 等. 应用 CT 分析及核磁测井预测碳酸盐岩产气量. 石油勘探与开发, 2015, 42(2): 150-157.

[43] LOOYENGA H. Dielectric constants of heterogeneous mixtures. Physica, 1965, 31(3): 401-406.

[44] OTSU N. A threshold selection method from gray-level histogram, IEEE Transactions on Systems, Man and Cybernetic, 1979, 9(1):62-66.

[45] HERRICK D C, KENNEDY W D. Electrical efficiency: A pore-geometric model for the electrical properties of rocks//SPWLA 34th Annual Logging Symposium, 1993: SPWLA-1993-HH.

[46] RUSSELL S D, AKBAR M, VISSAPRAGADA B, et al. Rock types and permeability prediction from dipmeter and image logs: Shuaiba reservoir (Aptian), Abu Dhabi. AAPG Bulletin, 2002, 86(10): 1709-1732.

[47] WANG B, ALAASM I S. Karst-controlled diagenesis and reservoir development: Example from the ordovician main-reservoir carbonate rocks on the eastern margin of the Ordos Basin, China. AAPG Bulletin, 2002, 86(9): 1639-1658.

[48] XU C. Porosity partitioning and permeability quantification in vuggy carbonates, Permian Basin, west Texas, U S A//PÖPPELREITER M, GARCÍACARBALLIDO C, KRAAIJVELD M. Dipmeter and borehole image log technology. AAPG Memoir 92, 2010: 309-319.

[49] BREIMAN L. Random forest. Machine learning, 2001, 45(1): 5-32.

[50] HOCHREITER S, SCHMIDHUBER J. Long short-term memory. Neural Computation, 1997, 9(8): 1735-1780.

[51] LUCIA F J. Petrophysical parameters estimated from visual descriptions of carbonate rocks: A field classification of carbonate pore space. Journal of Petroleum Technology, 1983, 35(3): 629-637.

[52] BRINK A D. Thresholding of digital images using two-dimensional entropics. Pattern Recognition, 1992, 25(8): 803-808.